石油石化安全知识培训教程

工程建设专业
危害因素辨识与风险防控

中国石油天然气集团有限公司人力资源部 编

中国石油大学出版社
CHINA UNIVERSITY OF PETROLEUM PRESS

山东·青岛

图书在版编目(CIP)数据

工程建设专业危害因素辨识与风险防控 / 中国石油天然气集团有限公司人力资源部编. --青岛：中国石油大学出版社，2023.6
石油石化安全知识培训教程
ISBN 978-7-5636-7269-1

Ⅰ．①工… Ⅱ．①中… Ⅲ．①石油化学工业－工业安全－安全培训－教材 Ⅳ．①TE687

中国版本图书馆 CIP 数据核字(2021)第 198783 号

书　　名	工程建设专业危害因素辨识与风险防控
编　　者	中国石油天然气集团有限公司人力资源部
责任编辑	杨　勇　陈丽雯(电话 0532-86983559)
封面设计	赵志勇
出 版 者	中国石油大学出版社
	(地址：山东省青岛市黄岛区长江西路 66 号　邮编：266580)
网　　址	http://cbs.upc.edu.cn
电子邮箱	zyepeixun@126.com
排 版 者	青岛天舒常青文化传媒有限公司
印 刷 者	泰安市成辉印刷有限公司
发 行 者	中国石油大学出版社(电话 0532-86983560，86983437)
开　　本	787 mm×1 092 mm　1/16
印　　张	21.25
字　　数	560 千字
版印次	2023 年 6 月第 1 版　2023 年 6 月第 1 次印刷
书　　号	ISBN 978-7-5636-7269-1
定　　价	80.00 元

编审人员名单

主　　编　牛连山　刘　睿
副 主 编　邵洪波　董俊军
编写人员　（按姓氏笔画排序）
　　　　　王普军　尹　铁　刘　勇　刘树权　刘晓文
　　　　　刘　智　祁永春　李瑞博　吴晓媛　汪　明
　　　　　张　凯　周　号　赵　辉　袁　浩
主　　审　苏令波
审核人员　（按姓氏笔画排序）
　　　　　王兴平　刘可夫　刘新儒　江　勇　李彦超
　　　　　杨　仲　何亚东　常英杰　常喜平

前 言
Preface

为进一步保障一线员工人身安全,控制生产过程安全风险,减少或消除安全生产事故,中国石油天然气集团有限公司人力资源部牵头组织、分专业编写了系列《石油石化安全知识培训教程》,以期满足员工安全知识学习、培训、竞赛、认定需要,促进一线员工学习风险防护知识,提升一线员工风险防控能力。

本系列教程以危害因素辨识与风险防控为主线,结合工作性质、现场环境特点,介绍员工必须掌握的安全知识,以及技能操作过程中的风险点源和防控措施,具有较强的实用性。本系列教程中还附有大量练习题,方便员工学习和培训,巩固和检验学习、培训效果。

本系列教程的出版发行,将为石油石化企业员工的危害因素辨识与风险防控培训工作提供重要抓手。更为重要的是,该系列教程的出版发行进一步展现了中国石油为避免安全生产事故所作的努力和责任担当,充分体现了其对员工安全的重视和关怀。

《工程建设专业危害因素辨识与风险防控》是系列教程之一。本书涉及油气储运工程建设、石油石化设备安装、石油金属结构制作安装、电气安装与变电运行等主要工程建设专业,讲述了安全理念与要求、基础安全知识、作业安全知识、特殊作业安全知识、事件事故与应急处置、典型事故案例分析等多个方面的内容。其中作业安全知识分专业编写,其他部分统一编写。本书配套在线平台,员工可利用手机移动端进行自主练习和组卷测试。

《工程建设专业危害因素辨识与风险防控》由管道局工程有限公司组织编写，中国寰球工程有限公司、工程建设有限公司参与编写，参与审核的单位有大庆油田有限责任公司、工程建设有限公司、辽河油田分公司、华北油田分公司等。本书的编写得到了管道局工程有限公司的赵亮、陈友君、王基翔、吴鸣、魏军锋等的大力支持和帮助。在此表示衷心感谢。

由于编者水平有限，书中错误、疏漏之处恳请广大读者提出宝贵意见。

编　者

2023 年 5 月

目 录 Contents

第一章　安全理念与要求 ... 1
- 第一节　法律法规和企业制度 ... 1
- 第二节　中国石油反违章禁令和 HSE 管理体系及原则 ... 13
- 第三节　危害辨识、风险评价与风险管控工具 ... 19

第二章　基础安全知识 ... 32
- 第一节　安全色与安全标志 ... 32
- 第二节　安全设施和器材 ... 36
- 第三节　个人劳动防护用品 ... 45
- 第四节　职业危害及预防 ... 53
- 第五节　交通安全 ... 61
- 第六节　危险化学品 ... 67
- 第七节　现场救护与逃生 ... 72

第三章　油气储运工程建设作业安全知识 ... 87
- 第一节　土建工程 ... 87
- 第二节　陆地油气管道安装 ... 90
- 第三节　海洋管道安装 ... 102
- 第四节　非开挖工程——水平定向钻穿越 ... 112
- 第五节　非开挖工程——盾构、顶管、直接铺管 ... 115
- 第六节　无损检测作业安全知识 ... 138

第四章　石油石化设备安装作业安全知识 ... 143
- 第一节　储罐安装作业 ... 143
- 第二节　动设备安装作业 ... 149
- 第三节　炉类安装作业 ... 152

第四节　起重设备安装安全知识 ·· 155

第五章　石油金属结构制作与安装作业安全知识 ····························· 163
   第一节　构件下料作业 ·· 163
   第二节　构件成型作业 ·· 167
   第三节　零部件组焊作业 ·· 169
   第四节　金属结构安装作业 ··· 172
   第五节　金属结构热处理作业 ·· 174
   第六节　耐压及气密性试验作业 ··· 175
   第七节　金属结构防腐（防火）作业 ·· 176
   第八节　常见石油金属结构安装工程 ·· 178

第六章　电气安装及变电运行作业安全知识 ······································ 188
   第一节　电气设备安装 ·· 188
   第二节　变电运行安全作业 ··· 201

第七章　特殊作业安全 ··· 215
   第一节　动火作业 ··· 215
   第二节　沟下作业 ··· 217
   第三节　高处作业 ··· 217
   第四节　临时用电作业 ·· 219
   第五节　进入受限空间作业 ··· 221
   第六节　起重吊装作业 ·· 223

第八章　生产事件、事故的应急处置 ··· 225
   第一节　事件、事故的分类分级 ··· 225
   第二节　事件、事故处置方法与流程 ·· 230
   第三节　应急救援 ··· 234

第九章　安全案例及分析 ·· 239
   第一节　机械伤害事故 ·· 239
   第二节　起重伤害事故 ·· 241
   第三节　坍塌事故 ··· 243
   第四节　火灾事故 ··· 246
   第五节　触电事故 ··· 247
   第六节　车辆伤害事故 ·· 249
   第七节　高处坠落事故 ·· 250
   第八节　爆炸事故 ··· 252

第九节　物体打击事故 …………………………………………………… 253
第十节　灼烫事故 ………………………………………………………… 257

练习题 ……………………………………………………………………… 259

参考答案 …………………………………………………………………… 314

参考文献 …………………………………………………………………… 329

第一章　安全理念与要求

安全理念也叫安全价值观，是在安全方面衡量对与错、好与坏的最基本的道德规范和思想，对于企业来说它是一套系统，应当包括核心安全理念、安全方针、安全使命、安全原则以及安全愿景和安全目标等内容。安全理念绝非一句简单的口号，而是企业安全文化管理的核心要素，不管提炼、修改还是传播，都应该慎之又慎。

其"理"在于正确地诠释了"安全"。安全的概念，我们都知道是"免除了不可接受的风险的状态"，它想说明两件事：一是不可能有绝对安全，"安全是相对的，风险是绝对的"，事实上，总会残留一些风险，因此，只可能有相对安全，"绝对安全"不过是一种理想状态，因为经济、技术的先进性只能是逐步发展的，我们不能跨越历史条件。但完全有可能无限趋近"绝对安全""本质安全"。二是所谓安全就是通过把风险降低到可容许的程度来达到安全。

"可容许风险"也是一个相对概念，它既要相对法律、法规、社会价值取向的规定，又要相对"对象"的要求的满足，是一种变化中的、动态的平衡，因为法律、社会在变，人的认识水平、要求也在变。这种平衡的最佳平衡点，就是我们寻求的、当下的安全最佳状态、合"理"状态。其特点是需要我们不断地、反复地进行平衡，才能满足人、机、料、法、环等诸要素各自的"安全可靠"与相互的和谐统一。

第一节　法律法规和企业制度

一、法律法规概述

法律体系是指我国全部现行的、不同的法律规范形成的有机联系的统一整体，是依据宪法的原则、立法原则制定的法律规范的集成。法律体系按照其法律地位和法律效力的层级可划分为法律、法规和规章。

（一）法律

法律特指由全国人民代表大会及其常务委员会依照一定的立法程序制定和颁布的规范性文件。法律是法律体系中的上位法，地位和效力仅次于宪法，高于行政法规、地方性法规、部门规章、地方政府规章等下位法。如《中华人民共和国安全生产法》《中华人民共和国环境保护法》《中华人民共和国消防法》《中华人民共和国道路交通安全法》《中华人民共和国劳动法》《中华人民共和国职业病防治法》等。

（二）法规

法规分为行政法规和地方性法规。

1. 行政法规

行政法规是由国务院组织制定并批准颁布的规范性文件的总称。行政法规的法律地位和法律效力低于法律，高于地方性法规、地方政府规章等下位法。如《安全生产许可证条例》《危险化学品安全管理条例》《特种设备安全监察条例》《生产安全事故报告和调查处理条例》《工伤保险条例》等。

2. 地方性法规

地方性法规是指由省、自治区、直辖市和设区的市人民代表大会及其常务委员会，依照法定程序制定并颁布的，施行于本行政区域的规范性文件。地方性法规的法律地位和法律效力低于法律、行政法规，高于地方政府规章。如《河北省安全生产条例》《天津市环境保护条例》《内蒙古自治区环境保护条例》等。

（三）规章

规章分为部门规章和地方政府规章。

1. 部门规章

部门规章是指国务院的部委和直属机构按照法律、行政法规或者国务院授权制定在全国范围内实施行政管理的规范性文件。部门规章的法律地位和法律效力低于法律、行政法规，高于地方政府规章。如《安全生产违法行为行政处罚办法》《安全生产事故隐患排查治理暂行规定》《生产经营单位安全培训规定》等。

2. 地方政府规章

地方政府规章是指由地方人民政府依照法律、行政法规、地方性法规或者本级人民代表大会或其常务委员会授权制定的在本行政区域内实施行政管理的规范性文件。地方政府规章是最低层级的立法，其法律地位和法律效力低于其他上位法，不得与上位法相抵触。如《河北省陆上石油勘探开发环境保护管理办法》《北京市危险废物污染环境防治条例》等。

二、《中华人民共和国安全生产法》

《中华人民共和国安全生产法》（以下简称《安全生产法》）于 2002 年 6 月 29 日由第九届全国人大常委会第二十八次会议审议通过，2002 年 11 月 1 日起施行；2014 年 8 月 31 日第十二届全国人大常委会对《安全生产法》进行了修订，自 2014 年 12 月 1 日起施行。根据 2021 年 6 月 10 日第十三届全国人民代表大会常务委员会第二十九次会议对《关于修改〈中华人民共和国安全生产法〉的决定》进行第三次修正，并于 2021 年 9 月 1 日起正式施行。《安全生产法》是在党中央领导下制定的一部"生命法"，是我国安全生产法治建设的重要里程碑。新修订的《安全生产法》标志着我国安全生产工作向科学化、法制化方向又迈进了一大步。新《安全生产法》的颁布实施有利于建立健全"党政同责、一岗双责、齐抓共管"的安全生产责任体系，进一步强化安全生产工作的重要地位，落实生产经营单位主体责任，加强政府监管，强化责任追究，预防和减少生产安全事故，保障人民群众生命和财产安全，促进经济社会持续健康发展。

（1）我国安全生产工作的基本方针。

《安全生产法》第三条规定：安全生产工作坚持中国共产党的领导。安全生产工作应当以人为本，坚持人民至上、生命至上，把保护人民生命安全摆在首位，树牢安全发展理念，坚持"安全第一、预防为主、综合治理"的方针，从源头上防范、化解重大安全风险。

安全生产工作实行"管行业必须管安全、管业务必须管安全、管生产经营必须管安全"的方式。强化和落实生产经营单位的主体责任与政府监管责任,建立生产经营单位负责、职工参与、政府监管、行业自律和社会监督的机制。

"安全第一、预防为主、综合治理"是安全生产的基本方针,是《安全生产法》的灵魂。新修订的《安全生产法》明确提出了安全生产工作应当以人为本,将坚持安全发展写入了总则,对于坚守红线意识,进一步加强安全生产工作,实现安全生产形势根本性好转的奋斗目标具有重要意义。安全生产,重在预防。《安全生产法》关于预防为主的规定,主要体现在"六先",即安全意识在先、安全投入在先、安全责任在先、建章立制在先、隐患预防在先、监督执法在先。

（2）从业人员的安全生产权利和义务。

生产经营单位的从业人员是各项生产经营活动最直接的劳动者,是各项法定安全生产的权利和义务的承担者。《安全生产法》第六条规定:生产经营单位的从业人员有依法获得安全生产保障的权利,并应当依法履行安全生产方面的义务。《安全生产法》第三章对从业人员的安全生产权利和义务做了全面、明确的规定,并且设定了严格的法律责任,为保障从业人员的合法权益提供了法律依据。

① 从业人员的人身保障权利。

《安全生产法》规定了各类从业人员必须享有的,有关安全生产和人身安全的最重要、最基本的权利,这些基本的安全生产权利可以概括为5项。

a. 获得安全保障、工伤保险和民事赔偿的权利。

《安全生产法》第五十一条规定:生产经营单位必须依法参加工伤保险,为从业人员缴纳保险费。

《安全生产法》第五十二条规定:生产经营单位与从业人员订立的劳动合同,应当写明有关保障从业人员劳动安全、防止职业危害的事项,以及依法为从业人员办理工伤保险的事项。生产经营单位不得以任何形式与从业人员订立协议,免除或者减轻其对从业人员因生产安全事故伤亡依法应承担的责任。

《安全生产法》第五十六条规定:因生产安全事故受到损害的从业人员,除依法享有工伤保险外,依照有关民事法律尚有获得赔偿的权利的,有权向本单位提出赔偿要求。

此外,《安全生产法》第一百零六条规定:生产经营单位与从业人员订立协议,免除或者减轻其对从业人员因生产安全事故伤亡依法应承担的责任的,该协议无效。

b. 得知危险因素、防范措施和事故应急措施的权利。

《安全生产法》第五十三条规定:生产经营单位的从业人员有权了解其作业场所和工作岗位存在的危险因素、防范措施及事故应急措施,有权对本单位的安全生产工作提出建议。

生产经营单位的从业人员是各种危害因素的直接接触者,而且往往是生产安全事故的直接受害者,所以《安全生产法》规定,生产经营单位的从业人员有权了解其作业场所和工作岗位存在的危险因素和事故应急措施,并且生产经营单位有义务向从业人员事前告知有关危害因素和事故应急措施,否则,生产经营单位就侵犯了从业人员的权利,并对由此产生的后果承担相应的法律责任。

c. 对本单位安全生产的批评、检举和控告的权利。

《安全生产法》第五十四条规定:从业人员有权对本单位安全生产工作中存在的问题提出批评、检举或控告。

从业人员一般都是生产经营单位生产作业活动的基层操作者,他们对安全生产情况尤其是安全管理中存在的问题、现场隐患最了解、最熟悉,具有他人不可替代的作用。只有依靠他们并赋予其必要的安全生产监督权和自我保护权,才能做到预防为主,防患于未然,才能保障从业人员的人身安全和健康。

d. 拒绝违章指挥和强令冒险作业的权利。

《安全生产法》第五十四条规定:从业人员有权拒绝违章指挥和强令他人冒险作业。很多事故的发生都是由于企业负责人或管理人员违章指挥或强令从业人员冒险作业造成的,所以法律赋予了从业人员拒绝违章指挥和强令冒险作业的权利,不仅是为了保护从业人员人身安全,也是为了警示生产经营单位负责人和管理人员必须照章指挥,保证安全,并且不得因从业人员拒绝违章指挥或强令冒险作业而对其打击报复。

e. 紧急情况下停止作业或紧急撤离的权利。

《安全生产法》第五十五条规定:从业人员发现直接危及人身安全的紧急情况时,有权停止作业或者在采取可能的应急措施后撤离作业场所。生产经营单位不得因从业人员在紧急情况下停止作业或者采取紧急撤离措施而降低其工资、福利等待遇或者解除与其订立的劳动合同。

由于生产活动中不可避免地存在自然或人为的危险因素,这些危险因素将会或可能会对从业人员造成人身伤害。例如,工程建设施工过程中可能发生的管沟大面积塌方、着火爆炸、有毒有害气体泄漏、危化品泄漏、自然灾害等紧急情况并且无法避免时法律赋予从业人员享有停止作业和紧急撤离的权利。

从业人员在行使停止作业和紧急撤离权利时必须明确以下4点:

一是危及从业人员人身安全的紧急情况必须有确实可靠的直接根据,凭借个人猜测或者误判而实际并不属于危及人身安全的紧急情况要除外。该项权利不能被滥用。

二是紧急情况必须直接危及人身安全,间接危及人身安全的情况不应撤离,而应采取有效的应急抢险措施。

三是出现危及人身安全的紧急情况时,首先是停止作业,然后要采取可能的应急措施,应急措施无效时再撤离作业场所。

四是该项权利不适用于某些从事特殊职业的从业人员,比如飞行员、船舶驾驶员、车辆驾驶员等,根据有关法律、国际公约和职业惯例,在发生危及人身安全的紧急情况下,他们不能或者不能先行撤离从业场所或岗位。

② 从业人员的安全生产义务。

《安全生产法》不仅赋予了从业人员安全生产权利,也设定了相应的法定义务。作为法律关系内容的权利与义务是对等的。从业人员在依法享有权利的同时也必须承担相应的法律责任。

a. 遵章守规,服从管理的义务。

《安全生产法》第五十七条规定:从业人员在作业过程中,应当严格落实岗位安全责任,遵守本单位的安全生产规章制度和操作规程,服从管理。根据《安全生产法》规定,生产经营单位必须依法制定本单位安全生产规章制度和操作规程,从业人员必须严格依照安全生产规章制度和操作规程进行作业,从业人员遵守规章制度和操作规程实际上就是依法进行安全生产。事实表明,从业人员违反规章制度和操作规程,是导致事故发生的主要原因,经营单位负责人和管理人员有权对从业人员遵章守规情况进行监督检查,从业人员对安全生产管理措施必须接受并服从管理。依照法律规定,从业人员如不服从管理,违反安全生产规章制度和操作规程,生产经营单位有权给予批评教育或依照相关制度进行处罚、处分,造成重大事故,构成犯罪的,依照刑法有关规定追究其刑事责任。

b. 正确佩戴和使用劳动防护用品的义务。

《安全生产法》规定,生产经营单位必须为从业人员提供必要的、安全的劳动防护用品,以避免或减轻作业和事故中的人身伤害。在《安全生产法》第五十七条中也规定"从业人员必须正确佩戴和使用劳动防护用品"。例如,所有人员进入施工现场必须佩戴安全帽,从事高处作业的人员必须佩戴安全带和防坠器等。另外,有的作业人员虽然佩戴和使用了劳动防护用品,但由于不会或者没有正确使用而发生的人身伤害的案例也很多。因此,正确佩戴和使用劳动防护用品是从业人员必须履行的法定义务。

c. 接受安全培训,掌握安全生产技能的义务。

《安全生产法》第五十八条规定:从业人员应当接受安全生产教育和培训,掌握本职工作所需的安全生产知识,提高安全生产技能,增强事故预防和应急处理能力。不同行业、不同生产经营单位、不同工作岗位和不同的设备设施有着不同的安全技术特性和要求,而且在石油工程建设服务领域随着工程建设水平的日益发展,更多的高新安全技术装备被大量使用,从业人员安全意识和安全技能的高低直接关系到生产经营活动的安全可靠性。所以法律规定从业人员(包括新招聘、转岗人员)必须接受安全培训,要具备岗位所需要的安全知识和技能以及对突发事故的预防和处置能力。另外,《安全生产法》第三十条规定:生产经营单位的特种作业人员必须按照国家有关规定经专门的安全作业培训,取得相应资格,方可上岗作业。

d. 发现事故隐患或者其他不安全因素及时报告的义务。

《安全生产法》第五十九条规定:从业人员发现事故隐患或者其他不安全因素,应当立即向现场安全生产管理人员或者本单位负责人报告;接到报告的人员应当及时予以处理。从业人员是生产经营活动的直接参与者,是事故隐患和不安全因素的第一当事人。许多事故就是由于从业人员在作业现场发现事故隐患或不安全因素后没有及时报告,延误了采取措施进行紧急处理的时机而导致。如果从业人员尽职尽责,及时发现并报告事故隐患和不安全因素,并及时有效地处理,完全可以避免事故发生和降低事故损失。发现事故隐患并及时报告是贯彻"预防为主"的方针,是加强事前防范的重要措施,所以《安全生产法》规定从业人员有发现事故隐患并及时上报的义务。

(3) 安全生产的法律责任。

① 安全生产法律责任形式。

追究安全生产违法行为的法律责任有3种形式,分别为:行政责任、民事责任和刑事责任。

② 从业人员的安全生产违法行为。

《安全生产法》规定,追究法律责任的生产经营单位有关人员和安全生产违法行为有下列7种:

a. 生产经营单位的决策机构、主要负责人、个人经营的投资人不依照本法规定保证安全生产所必需的资金投入,致使生产经营单位不具备安全生产条件的。

b. 生产经营单位的主要负责人未履行本法规定的安全生产管理职责的。

c. 生产经营单位与从业人员签订协议,免除或减轻其对从业人员因生产安全事故伤亡依法应承担的责任的。

d. 生产经营单位主要负责人在本单位发生重大生产安全事故时不立即组织抢救或者在事故调查处理期间擅离职守或者逃匿的。

e. 生产经营单位主要负责人对生产安全事故隐瞒不报、谎报或者迟报的。

f. 生产经营单位的从业人员不服从管理，违反安全生产规章制度或操作规程的。

g. 安全生产事故的责任人未依法承担赔偿责任，经人民法院依法采取执行措施后，仍不能对受害者给予足额赔偿的。

《安全生产法》对上述安全生产违法行为设定的法律责任分别是降职、撤职、罚款、拘留的行政处罚，构成犯罪的，依法追究刑事责任。

2020年12月26日，《中华人民共和国刑法修正案（十一）》已由中华人民共和国第十三届全国人民代表大会常务委员会第二十四次会议通过，2021年3月1日起实施。针对强令违章冒险作业罪，以及关闭生产安全设备设施和数据信息，拒不整改重大事故隐患，未经审批擅自开展高危生产作业活动等涉及生产安全等突出问题对刑法作出修改完善。

第一百三十四条规定：在生产、作业中违反有关安全管理的规定，因而发生重大伤亡事故或者造成其他严重后果的，处3年以下有期徒刑或者拘役；情节特别恶劣的，处3年以上7年以下有期徒刑。

强令他人违章冒险作业，或者明知存在重大事故隐患而不排除，仍冒险组织作业，因而发生重大伤亡事故或者造成其他严重后果的，处5年以下有期徒刑或者拘役；情节特别恶劣的，处5年以上有期徒刑。

第一百三十四条还规定：在生产、作业中违反有关安全管理的规定，有下列情形之一，具有发生重大伤亡事故或者其他严重后果的现实危险的，处一年以下有期徒刑、拘役或者管制：

a. 关闭、破坏直接关系生产安全的监控、报警、防护、救生设备、设施，或者篡改、隐瞒、销毁其相关数据、信息的。

b. 因存在重大事故隐患被依法责令停产停业、停止施工、停止使用有关设备、设施、场所或者立即采取排除危险的整改措施，而拒不执行的。

c. 涉及安全生产的事项未经依法批准或者许可，擅自从事矿山开采、金属冶炼、建筑施工，以及危险物品生产、经营、储存等高度危险的生产作业活动的。

三、《中华人民共和国环境保护法》

《中华人民共和国环境保护法》（以下简称《环境保护法》）是为保护和改善环境，防治污染和其他公害，保障公众健康，推进生态文明建设，促进经济社会可持续发展制定的国家法律。《环境保护法》于1989年12月26日由第七届全国人大常委会第十一次会议审议通过并实施。2014年4月24日第十二届全国人大常委会第八次会议对《环境保护法》修订通过，并于2015年1月1日起实施。这是《环境保护法》实施25年来进行的首次重大修改，此次修改的《环境保护法》有针对性地解决了多年来制约我国环境保护的一些突出问题，被称为"史上最严"环保法。

（1）《环境保护法》的适用范围。

《环境保护法》第二条规定：本法所称环境，是指影响人类生存和发展的各种天然的和经过人工改造的自然因素的总体，包括大气、水、海洋、土地、矿藏、森林、草原、湿地、野生生物、自然遗迹、人文遗迹、自然保护区、风景名胜区、城市和乡村等。第三条规定：本法适用于中华人民共和国领域和中华人民共和国管辖的其他海域。

（2）环境保护是国家的基本国策。

《环境保护法》第四条规定：保护环境是国家的基本国策。国家采取有利于节约和循环利用资源，保护和改善环境，促进人与自然和谐的经济、技术政策和措施，使经济社会发展与环境保护相协调。第五条规定：环境保护坚持保护优先、预防为主、综合治理、公众参与、损害担责的原则。第六条规定：一切单位和个人都有保护环境的义务。

（3）防治污染和其他公害的有关要求。

《环境保护法》中防治污染和其他公害的要求，主要针对排污企业和有可能造成污染事故或其他公害的单位做出法律规定，并对环境保护方面的法律制度做出了原则性的规定。

① "三同时"管理制度。

《环境保护法》第四十一条规定：建设项目中防治污染的设施，应当与主体工程同时设计、同时施工、同时投产使用。防治污染的设施应当符合经批准的环境影响评价文件的要求，不得擅自拆除或者闲置。

"三同时"制度是指对环境有影响的一切建设项目，必须依法执行环境保护设施与主体工程同时设计、同时施工、同时投产使用的制度。"三同时"制度是我国环境保护工作的一项创举，它与建设项目的环境影响评价制度相辅相成，都是针对新污染源所采取的防患于未然的法律措施，体现了《环境保护法》预防为主的原则。

② 排污单位的环境保护责任和义务。

《环境保护法》第四十二条规定：排放污染物的企业、事业单位和其他生产经营者，应当采取措施，防治在生产建设或者其他活动中产生的废气、废水、废渣、医疗废物、粉尘、恶臭气体、放射性物质，以及噪声、振动、光辐射、电磁辐射等对环境的污染和危害。排放污染物的企业、事业单位，应当建立环境保护责任制度，明确单位负责人和相关人员的责任。重点排污单位应当按照国家有关规定和监测规范安装使用监测设备，保证监测设备正常运行，保存原始监测记录。严禁通过暗管、渗井、渗坑、灌注或者篡改、伪造监测数据，或者不正常运行防治污染设施等逃避监管的方式违法排放污染物。

（4）环境保护的法律责任。

《环境保护法》第六章对环境保护的法律责任做出了明确的规定，最高人民法院、最高人民检察院也颁布了《关于办理环境污染刑事案件适用法律若干问题的解释》，同时，公安部、生态环境部、工业和信息化部、农业农村部也先后联合或单独下发了《行政主管部门移送适用行政拘留环境违法案件暂行办法》《环境保护主管部门实施按日连续处罚办法》《环境保护主管部门实施查封、扣押办法》《环境保护主管部门实施限制生产停产整治办法》《企业、事业单位环境信息公开办法》《突发环境事件调查处理办法》等行政法规，这些法律法规的集中出台表达了党和政府对惩治环境违法行为的决心。

① 按日连续经济处罚。

《环境保护法》第五十九条规定：企业事业单位和其他生产经营者违法排放污染物，受到罚款处罚，被责令改正，拒不改正的，依法做出处罚决定的行政机关可以自责令改正之日的次日起，按照原处罚数额按日连续处罚。

《环境保护主管部门实施按日连续处罚办法》第五条规定：排污者有下列行为之一，受到罚款处罚，被责令改正，拒不改正的，依法做出罚款处罚决定的环境保护主管部门可以实施按日连续处罚：

a. 超过国家或者地方规定的污染物排放标准,或者超过重点污染物排放总量控制指标排放污染物的。

b. 通过暗管、渗井、渗坑、灌注或者篡改、伪造监测数据,或者不正常运行防治污染设施等逃避监管的方式排放污染物的。

c. 排放法律、法规规定禁止排放的污染物的。

d. 违法倾倒危险废物的。

e. 其他违法排放污染物行为。

② 行政拘留。

《行政主管部门移送适用行政拘留环境违法案件暂行办法》第五条规定:《环境保护法》第六十三条第三项规定的通过暗管、渗井、渗坑、灌注等逃避监管的方式违法排放污染物,是指通过暗管、渗井、渗坑、灌注等不经法定排放口排放污染物等逃避监管的方式违法排放污染物。暗管是指通过隐蔽的方式达到规避监管目的而设置的排污管道,包括埋入地下的水泥管、瓷管、塑料管等,以及地上的临时排污管道;渗井、渗坑是指无防渗漏措施或起不到防渗作用的、封闭或半封闭的坑、池、塘、井、沟、渠等;灌注是指通过高压深井向地下排放污染物。

③ 追究刑事责任。

《关于办理环境污染刑事案件适用法律若干问题的解释》第一条规定:实施《中华人民共和国刑法》(以下简称《刑法》)第三百三十八条规定的行为,具有下列情形之一的,应当认定为"严重污染环境":

a. 非法排放、倾倒、处置危险废物 3 t 以上的。

b. 非法排放含重金属、持久性有机污染物等严重危害环境、损害人体健康的污染物超过国家污染物排放标准或者省、自治区、直辖市人民政府根据法律授权制定的污染物排放标准 3 倍以上的。

c. 私设暗管或者利用渗井、渗坑、裂隙、溶洞等排放、倾倒、处置有放射性的废物、含传染病病原体的废物、有毒物质的。

d. 致使乡镇以上集中式饮用水水源取水中断 12 h 以上的。

e. 致使基本农田、防护林地、特种用途林地 5 亩以上,其他农用地 10 亩以上,其他土地 20 亩以上基本功能丧失或者遭受永久性破坏的。

f. 致使公私财产损失 30 万元以上的。

g. 其他严重污染环境的情形。

根据《刑法》第三百三十八条规定,处 3 年以上 7 年以下有期徒刑,并处罚金。

四、《中华人民共和国劳动法》

1994 年 7 月 5 日,第八届全国人民代表大会常务委员会第八次会议审议通过了《中华人民共和国劳动法》(以下简称《劳动法》),自 1995 年 1 月 1 日起施行。《劳动法》的立法目的是保护劳动者的合法权益,调整劳动关系,建立和维护适应社会主义市场经济的劳动制度,促进经济发展和社会进步,在中华人民共和国境内的企业、个体经济组织(以下统称为用人单位)和与之形成劳动关系的劳动者,都适用《劳动法》。国家机关、事业组织、社会团体和与之建立劳动关系的劳动者,依照《劳动法》执行。

(1) 劳动者的基本权利。

《劳动法》第三条赋予了劳动者享有的8项权利：平等就业和选择职业的权利、取得劳动报酬的权利、休息休假的权利、获得劳动安全卫生保护的权利、接受职业技能培训的权利、享受社会保险和福利的权利、提请劳动争议处理的权利、法律规定的其他劳动权利。

(2) 劳动者的义务。

《劳动法》第三条设定了劳动者需要履行的4项义务：劳动者应当完成劳动的任务、劳动者应当提高职业技能、劳动者应当执行劳动安全卫生规程、劳动者应当遵守劳动纪律和职业道德。

(3) 劳动安全卫生。

① 用人单位必须建立健全劳动安全卫生制度，严格执行国家劳动安全卫生规程和标准，对劳动者进行劳动安全卫生教育，防止劳动过程中的事故，减少职业危害。

② 劳动安全卫生设施必须符合国家规定的标准。新、改、扩建工程的劳动安全卫生设施必须与主体工程同时设计、同时施工、同时投入生产和使用。

③ 用人单位必须为劳动者提供符合国家规定的劳动安全卫生条件和必要的劳动防护用品，对从事有职业危害作业的劳动者应当定期进行健康体检。

④ 从事特种作业的劳动者必须经过专门培训并取得特种作业资格。

⑤ 劳动者在劳动过程中必须严格遵守安全操作规程。

⑥ 劳动者对用人单位管理人员违章指挥、强令冒险作业，有权拒绝执行，对危害生命安全和身体健康的行为，有权提出批评、检举和控告。

(4) 职业培训。

《劳动法》第六十八条规定：用人单位应当建立职业培训制度，按照国家规定提取和使用职业培训经费，根据本单位实际，有计划地对劳动者进行职业培训。从事技术工种的劳动者，上岗前必须经过培训。

(5) 违法行为应负的法律责任。

用人单位违反《劳动法》规定，情节较轻的，由劳动行政部门给予警告，责令改正，并可以处以罚款；情节严重的，依法追究其刑事责任。

五、工伤保险条例

2003年4月27日国务院第375号令公布《工伤保险条例》，自2004年1月1日起实施。2010年12月20日，国务院第586号令对《工伤保险条例》进行了修订，自2011年1月1日起实施。《工伤保险条例》的立法目的是保障因工作遭受事故伤害或者患职业病的职工获得医疗救治和经济补偿，促进工伤预防和职业康复，分散用人单位的工伤风险。《工伤保险条例》对做好工伤人员的医疗救治和经济补偿，加强安全生产工作，实现社会稳定具有积极作用。

(1) 工伤保险。

① 具有补偿性。

工伤保险是法定的强制性社会保险，是通过对受害者实施医疗救治和给予必要的经济补偿以保障其经济权利的补救措施。从根本上说，它是由政府监管，社保机构经办的社会保障制度，不具有惩罚性。

② 权利主体。

享有工伤保险权利的主体只限于本企业的职工或者雇工，其他人不能享有这项权利。

如果在企业发生生产安全事故时对职工或者雇工以及其他人员造成伤害,只有本企业的职工或者雇工可以得到工伤保险补偿,而受到伤害的其他人员则不能享受这项权利。所以工伤保险补偿权利的权利主体是特定的。

③ 义务和责任主体。

依照《安全生产法》和《工伤保险条例》的规定,生产经营单位和用人单位有为从业人员办理工伤保险、缴纳保险费的义务,这就明确了生产经营单位和用人单位是工伤保险的义务和责任的主体,不履行这项义务,就要承担相应的法律责任。

④ 保险补偿的原则。

按照国际惯例和我国立法,工伤保险补偿实行"无责任补偿"即无过错补偿的原则,这是基于职业风险理论确立的。这种理论从最大限度地保护职工权益的理念出发,认为职业伤害不可避免,职工无法抗拒,不能以受害人是否负有责任来决定是否补偿,只要因公受到伤害就应补偿。

⑤ 补偿风险的承担。

按照无责任补偿原则,工伤补偿风险的第一承担者应是用人单位或者业主,但是工伤保险是以社会共济方式确定补偿风险承担者的,因此不需要用人单位或者业主直接负责补偿,而是将补偿风险转由社保机构承担,由社保机构负责支付工伤保险补偿金。只要用人单位或者业主依法足额缴纳了工伤保险费,那么工伤补偿的责任就要由社保机构承担。

(2) 工伤范围。

①《工伤保险条例》第十四条规定,职工有下列情形之一的,应当认定为工伤:

a. 在工作时间和工作场所内,因工作原因受到事故伤害的。

b. 工作时间前后在工作场所内,从事与工作有关的预备性或者收尾性工作受到事故伤害的。

c. 在工作时间和工作场所内,因履行工作职责受到暴力等意外伤害的。

d. 患职业病的。

e. 因工外出期间,由于工作原因受到伤害或者发生事故下落不明的。

f. 在上下班途中,受到非本人主要责任的交通事故或者城市轨道交通、客运轮渡、火车事故伤害的。

g. 法律、行政法规规定应当认定为工伤的其他情形。

②《工伤保险条例》第十五条规定,职工有下列情形之一的,视同工伤:

a. 在工作时间和工作岗位,突发疾病死亡或者在 48 h 之内经抢救无效死亡的。

b. 在抢险救灾等维护国家利益、公共利益活动中受到伤害的。

c. 职工原在军队服役,因战、因公负伤致残,已取得革命伤残军人证,到用人单位后旧伤复发的。

职工有《工伤保险条例》第十四条规定前 2 项情形的,按照本条例的有关规定享受工伤保险;职工有第三项情形的,按照《工伤保险条例》的有关规定享受除一次性伤残补助金以外的工伤保险待遇。

③《工伤保险条例》第十六条规定,职工符合本条例第十四条、第十五条的规定,但是有下列情形之一的,不得认定为工伤或者视同工伤:

a. 故意犯罪的。

b. 醉酒或者吸毒的。

c. 自残或者自杀的。

六、中国石油 HSE 制度

企业制度是关于企业组织、运营、管理等一系列行为的规范和模式的总称。企业制度体系是企业全体员工在企业生产经营活动中须共同遵守的规定和准则的总称,其表现形式或组成包括法律与政策、企业组织结构(部门划分及职责分工)、岗位工作说明,专业管理制度、工作流程、管理表单等各类规范文件。中国石油天然气集团有限公司(以下简称中国石油)作为集石油天然气勘探、开发、生产、炼制、储运、销售等施工服务为一体的特大型国有企业,生产现场具有点多面广、危险点源多、易燃易爆、工艺复杂等特点,稍有不慎就可能发生事故,造成人身伤害和财产损失。为了加强安全生产监督管理,落实国家安全生产法律法规和企业安全生产主体责任,防止和减少安全环保事故发生,保障员工和国家财产安全,中国石油制定了一系列 HSE 规章制度。

(一) 安全生产管理制度

在安全生产总体方针目标方面,中国石油制定了《安全生产管理规定》(中油质安〔2018〕340 号)等管理制度。明确指出中国石油要严格遵守国家安全生产法律法规,树立"以人为本"的思想,坚持"安全第一、预防为主、综合治理"的基本方针,要求各企业健全各项安全生产规章制度,落实安全生产责任制,完善安全监督机制,采用先进适用的安全技术、装备,抓好安全生产培训教育,坚持安全生产检查,保证安全生产投入,加大事故隐患整改和重大危险源监控力度,全面提高安全生产管理水平。在员工安全生产权利保障方面,要求各企业在与员工签订劳动合同时应明确告知企业安全生产状况、职业危害和防护措施;为员工创造安全作业环境,提供合格的劳动防护用品和工具。同时也要求员工应履行在安全生产方面的各项义务,在生产作业过程中遵守劳动纪律,落实岗位责任,执行各项安全生产规章制度和操作规程,正确佩戴和使用劳动防护用品等。

在风险和隐患管理方面,中国石油制定了《生产安全风险防控管理办法》(中油安〔2014〕445 号)、《安全环保事故隐患管理办法》(中油安〔2015〕297 号)、《重大危险源管理办法》(中油质安字〔2006〕740 号)等管理制度。中国石油对安全生产风险工作按照"分层管理、分级防控,直线责任、属地管理,过程控制、逐级落实"的原则进行管理,要求岗位员工参与危害因素辨识,根据操作活动所涉及的危害因素,确定本岗位防控的安全生产风险,并按照属地管理的原则落实风险防控措施。对安全环保事故隐患按照"环保优先、安全第一、综合治理;直线责任、属地管理、全员参与;全面排查、分级负责、有效监控"的原则进行管理,要求各企业定期开展安全环保事故隐患排查,如实记录和统计分析排查治理情况,按规定上报并向员工通报;现场操作人员应当按照规定的时间间隔进行巡检,及时发现并报告事故隐患,同时对于及时发现报告非本岗位和非本人责任造成的安全环保事故隐患,避免重大事故发生的人员,应当按照中国石油事故隐患报告特别奖励的有关规定,给予奖励。

在高危作业和非常规作业管理方面,中国石油制定了《作业许可管理规范》(Q/SY 1240—2009),要求从事高危作业(如进入受限空间、动火、挖掘、高处作业、移动式起重机吊装、临时用电、管线打开等)及缺乏工作程序(规程)的非常规作业等之前,必须进行工作前安全分析,实行作业许可管理,否则,不得组织作业。并对高危作业项目分别制定了相应的安全管理办法,如《动火作业安全管理办法》(安全〔2014〕86 号)、《进入受限空间作业安全管理办法》(安全〔2014〕86 号)等管理制度。

在事故事件管理方面,中国石油制定了《生产安全事故管理办法》(中油质安〔2018〕418号)、《生产安全事件管理办法》(安全〔2013〕387号)、《安全生产应急管理办法》(中油安〔2015〕175号)、《生产安全事故调查规则》(安全〔2013〕387号)、《生产安全事故和环境事件升级调查和升级处理补充规定》(安委〔2014〕4号)、《生产安全事故与环境事件责任人员行政处分规定》(中油监〔2017〕411号)等管理制度。要求各企业要开展从业人员,尤其是基层操作人员、班组长、新上岗人员、转岗人员安全培训,确保从业人员具备相关的安全生产知识、技能以及事故预防和应急处理的能力;发生事故后,现场有关人员应当立即向基层单位负责人报告,并按照应急预案组织应急抢险,在发现直接危及人身安全的紧急情况时,应当立即下达停止作业指令,采取可能的应急措施或组织撤离作业场所。任何单位和个人不得迟报、漏报、谎报、瞒报各类事故。所有事故均应当按照事故原因未查明不放过、责任人未处理不放过、整改措施未落实不放过、有关人员未受到教育不放过的"四不放过"原则进行处理。

(二)环境保护管理制度

中国石油为了推进节约发展、清洁发展、和谐发展,在环境保护方面先后出台了《环境保护管理规定》(中油质安字〔2006〕362号)、《环境保护先进集体和个人评选奖励办法》(中油质安字〔2006〕745号)、《环境监测管理规定》(中油安〔2008〕374号)、《建设项目环境保护管理办法》(中油安〔2011〕7号)、《环境事件管理办法》(中油安〔2016〕475号)、《环境事件调查细则》(质安〔2017〕288号)等管理制度。其中,《环境保护管理规定》中规定,每个员工都有保护环境的义务,并有权对污染和破坏环境的单位和个人进行批评和检举。员工应当遵守环境保护管理规章制度,执行岗位职责规定的环境保护要求。对于发生环保事件负有责任的员工,按照相关制度给予行政处罚或经济处罚。《环境保护违纪违规行为处分规定(试行)》中规定,基层工作人员有下列行为之一的,给予警告或者记过处分;情节较重的,给予记大过或者降级处分;情节严重的,给予撤职或者留用察看处分:

(1)违章指挥或操作引发一般或较大环境污染和生态破坏事故的。

(2)发现环境污染和生态破坏事故未按规定及时报告,或者未按规定职责和指令采取应急措施的。

(3)在生产作业过程中不按规程操作随意排放污染物的。

(4)在生产作业过程中捕杀野生动物或破坏植被,造成不良影响的。

(5)有其他环境保护违纪违规行为的。

对因环保事故、事件被人民法院判处刑罚或构成犯罪免于刑事处罚的人员应同时给予行政处分,管理人员按照《中国石油天然气集团公司管理人员违纪违规行为处分规定》(中油〔2017〕44号)执行,其他人员参照执行。

(三)职业健康管理制度

中国石油在职业健康工作方面坚持"预防为主,防治结合"的方针,建立了以企业为主体、员工参与、分级管理、综合治理的长效机制。

在职业健康管理方面先后出台了《职业卫生管理办法》(中油安〔2016〕475号)、《职业健康工作考核细则》(质安字〔2005〕81号)、《职业卫生档案管理规定》(安全〔2014〕297号)、《职业健康监护管理规定》《工作场所职业病危害因素检测管理规定》(质安〔2017〕68号)和《建设项目职业病防护设施"三同时"管理规定》(质安〔2017〕243号)等制度。

中国石油《职业卫生管理办法》中对员工职业健康权利和义务方面做出了明确规定：
(1) 员工享有的保护权利。
① 职业病危害知情权。
② 参与职业卫生民主管理权。
③ 接受职业卫生教育、培训权。
④ 职业健康监护权。
⑤ 劳动保护权。
⑥ 检举权、控告权。
⑦ 拒绝违章指挥和强令冒险作业权。
⑧ 紧急避险权。
⑨ 工伤保险和要求民事赔偿权。
⑩ 申请劳动争议调解、仲裁和提起诉讼权。
(2) 员工的义务。
① 遵守各种职业卫生法律、法规、规章制度和操作规程。
② 学习并掌握职业卫生知识。
③ 正确使用和维护职业病防护设备和个人使用的职业病防护用品。
④ 发现职业病危害事故隐患及时报告。
员工不履行前款规定义务的，所属企业应当对其进行职业卫生教育，情节严重的，应依照有关规定进行处理。

第二节　中国石油反违章禁令和 HSE 管理体系及原则

中国石油高度重视 HSE 管理工作，把 HSE 管理作为企业发展的战略基础，作为"天字号"工程摆在突出位置，从"九五"到"十三五"期间，中国石油 HSE 管理发展秉承并发扬了"三老四严""四个一样"等优秀管理传统和大庆精神、铁人精神。同时，中国石油开展国际 HSE 合作，通过学习与借鉴国外公司先进的 HSE 管理经验，扬其优势，摈其弊端，将中国石油的特点和 HSE 管理实践相结合，形成了具有中国石油特色的 HSE 管理体系。HSE 管理体系建设的重要成果之一就是形成了具有中国石油特色的先进 HSE 管理理念。

在指导思想上，建立了"诚信、创新、业绩、和谐、安全"的核心经营管理理念。形成了"环保优先、安全第一、质量至上、以人为本"的理念。遵守法律法规，关爱生命，保护环境，坚持安全发展、清洁发展，实现人与自然、企业与社会的和谐；继承和发扬优良传统，全员参与、综合治理，坚持注重实效，持续改进，不断提高 HSE 管理水平和绩效的 HSE 核心价值理念。以人为本抓安全；一切事故都是可以控制和避免的；安全源于责任心、源于设计、源于质量、源于防范。确立了"以人为本，预防为主，全员参与，持续改进"的 HSE 方针和追求"零伤害、零污染、零事故"和在健康、安全与环境管理方面达到国际同行先进水平的战略目标。

在责任落实上，提出了落实有感领导、强化直线责任、推进属地管理的基本要求，促进了"谁主管，谁负责"原则的有效落实。

在 HSE 培训上，树立了人人都是培训师和培训员工是落实直线领导的基本职责的观念。

在事故管理上，树立了"一切事故都是可以避免"的观念，形成了"事故、事件是宝贵资源"的共识。

在承包商管理上,明确将承包商 HSE 管理纳入企业 HSE 管理体系,统一管理;制定了《中国石油天然气集团公司承包商安全监督管理办法》(中油安〔2013〕483 号),提出了把好"五关"(单位资质关、HSE 业绩关、队伍素质关、施工监督关和现场管理关)的基本要求。

为进一步夯实 HSE 基础管理,中国石油在总结提炼基层 HSE 管理经验和方法的基础上于 2008 年 2 月 5 日颁布了《中国石油天然气集团公司反违章禁令》(以下简称《反违章禁令》),规范了全员岗位操作的"规定动作";2009 年 1 月 7 日,中国石油又出台了《中国石油天然气集团公司健康安全环境(HSE)管理原则》(以下简称《HSE 管理原则》),这是继发布《反违章禁令》之后进一步强化安全环保管理的又一治本之策。

一、《反违章禁令》

2008 年 2 月 5 日,中国石油颁布了《反违章禁令》。《反违章禁令》的颁布实施是从法令高度要求,令行禁止,规范作业人员安全生产行为,进一步转变员工观念,为人为己,强化安全生产意识,是遵循生产规律,循序渐进,构建中国石油安全文化的又一重大举措,也充分体现了中国石油强化安全管理、根治违章的坚定决心。

(一)6 大禁令

(1)严禁特种作业无有效操作证人员上岗操作。
(2)严禁违反操作规程操作。
(3)严禁无票证从事危险作业。
(4)严禁脱岗、睡岗和酒后上岗。
(5)严禁违反规定运输民爆物品、放射源和危险化学品。
(6)严禁违章指挥、强令他人违章作业。

员工违反上述禁令,给予行政处分;造成事故的,解除劳动合同。

(二)6 大禁令释义

1. 严禁特种作业无有效操作证人员上岗操作

特种作业是指容易发生事故,对操作者本人、他人的安全健康及设备、设施的安全可能造成重大危害的作业(国家应急管理部《特种作业人员安全技术培训考核管理规定》)。按照国家有关规定,特种作业包括电工作业、焊接与热切割作业、高处作业、制冷与空调作业、煤矿井下电气作业、金属非金属矿山安全作业、石油天然气安全作业、冶金(有色)生产安全作业、危险化学品安全作业、烟花爆炸安全作业以及国家安全监管总局认定的其他作业。

特种作业不同于一般的施工作业,其技术性、危险性和重要性都要远高于一般施工作业。2000 年某市商厦特别重大火灾事故,造成 309 人死亡;2010 年某市教师公寓特别重大火灾事故,造成 58 人死亡,直接经济损失 1.58 亿元。其原因都是电焊违章作业。所以国家很多法律法规都对特种作业及特种作业人员做出规定,如《安全生产法》第三十条规定:生产经营单位的特种作业人员必须按照国家有关规定经专门的安全作业培训,取得相应资格,方可上岗作业。此外,《企业施工劳动安全卫生教育管理规定》《特种作业人员安全技术培训考核管理规定》等法律法规均对特种作业人员持证上岗提出了明确要求。

从事特种作业前,特种作业人员必须按照国家有关规定经过专门安全培训,取得特种操作资格证书,方可上岗作业。生产经营单位有责任对特种作业人员进行安全生产教育和培训,保证从业人员具备必要的安全生产知识,熟悉有关的安全生产规章制度和安全操作规程,掌握本岗位的安全操作技能。特种作业人员经培训考核合格后由省、自治区、直辖市一级安全生产监管部门或其指定机构发给相应的特种作业操作证,考试不合格的,允许补考一次,经补考仍不及格的,重新参加相应的安全技术培训。特种作业操作证有效期为6年,每3年复审一次。特种作业人员在特种作业操作证有效期内,连续从事本工种10年以上,严格遵守有关安全生产法律法规的,经原考核发证机关或者从业所在地考核发证机关同意,特种作业操作证复审时间可延长至每6年一次。

特种作业人员未按照规定经专门的安全作业培训并取得相应资格,上岗作业的,按照《安全生产法》第九十七条规定:责令限期改正,处10万元以下的罚款;逾期未改正的,责令停产停业整顿,并处10万元以上20万元以下的罚款,对其直接负责的主管人员和其他直接责任人员处2万元以上5万元以下的罚款。在没有特种作业操作证的情况下,员工有权拒绝管理人员要求其从事特种作业的违章指挥。

2.严禁违反操作规程操作

规程就是对工艺、操作、安装、检定等具体技术要求和实施程序所做的统一规定。操作规程是企业根据生产设备使用说明和有关国家或者行业标准,制定的指导各岗位职工安全操作的程序和注意事项。制定操作规程是指对任何操作都制定严格的工序,任何人在执行这一任务时都严格按照这一工序来做,其间使用何种工具,在何时使用这种工具,都要做出详细的规定。一个安全的操作规程是人们在长期的生产实践过程中以血的代价换来的科学经验总结,是操作人员在作业过程中不得违反的安全生产要求。

有令不行,有章不循,按照个人意愿行事,必将给安全生产埋下隐患,甚至危及员工生命,通过对近年来中国石油通报的生产安全事故分析可以看出,作业人员违反规章制度和操作规程,是导致事故发生的主要原因。尤其在工程建设施工行业,发生作业地塌方、火灾爆炸、中毒、机械伤害、物体打击、起重伤害、高处坠落等事故的风险较高,作业人员严格遵守规章制度和操作规程是防范事故发生的重要措施,是保证安全生产的前提。

操作人员必须按照操作规程进行作业,国家有关法律都做出明确规定,如《劳动法》第五十七条规定:从业人员在作业过程中,应当严格落实岗位安全责任,遵守本单位的安全生产规章制度和操作规程,服从管理,正确佩戴和使用劳动防护用品。第五十四条规定:从业人员有权对本单位安全生产工作中存在的问题提出批评、检举、控告;有权拒绝违章指挥和强令冒险作业。

3.严禁无票证从事危险作业

危险作业是当生产任务紧急特殊,不适于执行一般性的安全操作规程,安全可靠性差,容易发生人员伤亡或设备损坏,事故后果严重,需要采取特别控制措施的作业。《反违章禁令》中的危险作业主要指高处作业、用火作业、动土作业、临时用电作业、进入有限空间作业等。

从事危险作业的人员必须经过严格的培训、考试并持有相应的上岗证书,但是仅拿到上岗证书还远远不够,对于大多数危险作业,不是单个或者几个操作人员就可以预见或者控制其操作对周围环境构成的持续性危害。根据国家有关规定,从事危险作业必须经主管部门办理危险作业审批手续。也就是说,在进行危险作业前必须办理作业许可证或者作业票,提前识别作业危害因素,制定并落实具体的安全防范措施,并得到上级主管部门的确认和批准。危险作业中必须有人进行监护或监督,确保每名参与作业人员清楚作业中的危害因素并严格落实防范措施,将安全风险降到最低。坚决杜绝各种野蛮施工、无票证和手续施工,坚决避免抢工期、赶进度、逾越程序组织施工等行为。

对于危险作业必须办理票证,国家相关法律法规也做出了明确规定。《安全生产法》第四十三条规定:生产经营单位进行爆破、吊装、动火、临时用电以及国务院应急管理部门会同国务院有关部门规定的其他危险作业,应当安排专门人员进行现场安全管理,确保操作规程的遵守和安全措施的落实。《危险作业审批管理制度》规定:凡属于危险作业范围的都必须经过主管部门办理危险作业审批手续。

4. 严禁脱岗、睡岗和酒后上岗

脱岗可以分为行为脱岗和精神脱岗2种。行为脱岗是指岗位人员擅自脱离职责范围内的岗位区域空间。精神脱岗是指人员虽然在岗位区域空间,但由于某些原因使得注意力脱离岗位职责范围,或是做与岗位职责无关的事情,造成岗位守卫不力的情形。广域地讲,脱岗甚至可以包括在岗上干私活、办私事、出工不出力、消极怠工、看电视、玩手机、玩游戏、聊天等。

睡岗是指人员在工作时间处于睡眠状态或者主观意识处于不清醒、有影响或不能够进行正常岗位操作或判断的行为。

酒后上岗是指在上岗之前饮酒,影响主观意识和判断能力,不能够正常完成工作职责,使得岗位守卫不力的行为。酒后上岗与个人饮酒的量没有关系,只要上岗就不允许饮酒。

"严禁脱岗、睡岗及酒后上岗"是"六大禁令"中唯一的一条有关违反劳动纪律的反违章条款,其危害有以下2个方面:一是可能直接导致事故发生,危及本人及其他人员的生命或健康,造成经济损失;二是违反劳动纪律,磨灭员工的战斗力,导致人心涣散,企业凝聚力和执行力下降。

5. 严禁违反规定运输民爆物品、放射源和危险化学品

民爆物品是指用于非军事目的,列入民用爆炸物品品名表的各类火药、炸药及其制品和雷管、导火索等点火、起爆器材。民爆物品具有易燃易爆的高度危险性,若在运输过程中管理不当,很容易造成爆炸、火灾等事故。其直接后果就是造成人员伤亡、影响企业的正常生产活动,造成巨大的社会损失。如2011年某市2辆运输改性铵油炸药(共72 t)的半挂车在停车场内发生爆炸,造成9人死亡,218人受伤,直接经济损失为8 869.63万元。

放射源是指用放射性物质制成的能产生辐射照射的物质或实体。放射源按其密封状况可分为密封源和非密封源。放射性的特点是放射线无色、无味,难以察觉,既以物质形态又以能量形式于无形之中危害公众健康和破坏生态平衡,放射源一旦丢失,不仅会造成极大的社会恐慌,而且环境被其污染将难以治理和恢复。工程建设施工企业活动范围都比较大,如探伤使用的放射源经常需要跨省市异地施工,因此放射源运输必须依照有关法律、标准和管理办法严格管理,杜绝违反规定运输放射源的现象,从而最大限度地减少放射源误照射、丢失、泄漏和污染等事故发生。

危险化学品是指具有毒害、腐蚀、爆炸、燃烧、助燃等性质,对人体、设施、环境具有危害的剧毒化学品和其他化学品。违反规定运输危险化学品不仅具有危害大、损失大、社会影响大等特点,而且一旦发生事故会给社会和家庭带来极大的负担和痛苦。2012年7月5日上午7点50分左右,在某市开发区铸钢公司,工作人员从一辆送货汽车上往下卸气瓶时,一只丙烷气瓶突然爆炸,2名气体厂的搬运工当场死亡,汽车驾驶员和2名铸钢公司员工受伤。事故主要原因是使用非专门车辆违规运输危险化学品并与氧气混装。车辆行驶中颠簸造成丙烷气瓶松动致使丙烷气体流出。装卸过程中有火花最终导致爆炸。

《安全生产法》《消防法》《环境保护法》等19部法律法规对运输民爆物品、放射源和危险化学品均做出明确规定。违反规定运输民爆物品、放射源和危险化学品不仅会受到企业的

6. 严禁违章指挥、强令他人违章作业

违章指挥、强令他人违章作业从狭义上来讲是指现场负责人在指挥作业过程中,违反安全规程要求,按不良的传统习惯进行指挥的行为。广义上来讲是指决策者在决策过程中和施行过程中,违反安全规程要求,按不良的传统习惯进行决策和实施的行为。违章指挥、强令他人违章作业违反了安全生产法保护从业人员生命健康安全的基本要求,破坏了企业安全规章制度的正常执行,而且容易导致事故发生。据统计,在全国每年发生的各类事故中,存在"三违"行为的超过总数的70%,而由于领导者"违章指挥,强令他人违章作业"所造成的事故超过1/3。

二、HSE管理体系及管理原则

(一) HSE管理体系

健康、安全与环境管理体系简称为HSE管理体系,或简单地用HSE MS(Health Safety and Environment Management System)表示。HSE MS是当前国际石油天然气工业通行的管理体系。它集各国同行管理经验之大成,体现当今石油天然气企业在大城市环境下的规范运作,突出了预防为主、领导承诺、全员参与、持续改进的科学管理思想,是石油天然气工业实现现代管理,走向国际大市场的准行证。健康、安全与环境管理体系的形成和发展是石油勘探开发多年管理工作经验积累的成果,它体现了完整的一体化管理思想。

(二) HSE管理体系的理念

HSE管理体系所体现的管理理念是先进的,这也正是它值得在组织的管理中进行深入推行的原因,它主要体现了以下管理思想和理念:

(1) 注重领导承诺的理念。

组织对社会的承诺、对员工的承诺,领导对资源保证和法律责任的承诺,是HSE管理体系顺利实施的前提。领导承诺由以前的被动方式转变为主动方式,是管理思想的转变。承诺由组织最高管理者在体系建立前提出,在广泛征求意见的基础上,以正式文件(手册)的方式对外公开发布,以利于相关方面的监督。承诺要传递到组织内部和外部相关各方,并逐渐形成一种自主承诺、改善条件、提高管理水平的组织思维方式和文化。

(2) 体现以人为本的理念。

组织在开展各项工作和管理活动过程中,始终贯穿着以人为本的思想,从保护人的生命的角度和前提下,使组织的各项工作得以顺利进行。人的生命和健康是无价的,工业生产过程中不能以牺牲人的生命和健康为代价来换取产品。

(3) 体现预防为主、事故是可以预防的理念。

我国安全生产的方针是"安全第一,预防为主"。一些组织在贯彻这一方针的过程中并没有规范化和落到实处,而HSE管理体系始终贯穿了对各项工作事前预防的理念,贯穿了所有事故都是可以预防的理念。事故的发生往往由人的不安全行为、机械设备的不良状态、环境因素和管理上的缺陷等引起。组织中虽然沿袭了一些好的做法,但没有系统化和规范化、缺乏连续性,而HSE管理体系系统地建立起了预防的机制,如果能切实推行,就能建立起长效机制。

(4) 贯穿持续改进可持续发展的理念。

HSE管理体系贯穿了持续改进和可持续发展的理念。也就是人们常说的,没有最好,只有更好。体系建立了定期审核和评审的机制。每次审核要对不符合项目进行改进,不断完善。这样,使体系始终处于持续改进的趋势,不断改正不足,坚持和发扬好的做法,按PDCA循环模式运行,实现组织的可持续发展。

(5) 体现全员参与的理念。

安全工作是全员的工作,是全社会的工作。HSE管理体系中就充分体现了全员参与的理念。在确定各岗位的职责时要求全员参与,在进行危害辨识时要求全员参与,在进行人员培训时要求全员参与,在进行审核时要求全员参与。通过广泛的参与,形成组织的HSE文化,使HSE理念深入每个员工的思想深处,并转化为每个员工的日常行为。

(三)《HSE管理原则》

2009年初,中国石油颁布了《HSE管理原则》。这是中国石油继发布《反违章禁令》之后,进一步强化安全环保管理的又一治本之策和深入推进HSE管理体系建设的重大举措。《反违章禁令》重在规范全体员工岗位操作的规定动作,而《HSE管理原则》是对各级管理者提出的HSE管理基本行为准则,是管理者的"禁令"。两者相辅相成,是推动中国石油HSE管理体系建设前进的2个车轮。《HSE管理原则》的实施既是对中国石油HSE文化的传承和丰富,也是对各级管理者提出的HSE管理基本行为准则,更是HSE管理从经验管理和制度管理向文化管理迈进的一个里程碑。

1. 9项原则

(1) 任何决策必须优先考虑健康安全环境。

(2) 安全是聘用的必要条件。

(3) 企业必须对员工进行健康安全环境培训。

(4) 各级管理者对业务范围内的健康安全环境工作负责。

(5) 各级管理者必须亲自参加健康安全环境审核。

(6) 员工必须参与岗位危害识别及风险评估。

(7) 事故隐患必须及时整改。

(8) 所有事故事件必须及时报告、分析和处理。

(9) 承包商管理执行统一的健康安全环境标准。

2. 9项原则释义

(1) 任何决策必须优先考虑健康安全环境。

良好的HSE表现是企业取得卓越业绩、树立良好社会形象的坚强基石和持续动力。HSE工作首先要做到预防为主、源头控制,即在战略规划、项目投资和生产经营等相关事务的决策时,同时考虑、评估潜在的HSE风险,配套落实风险控制措施,优先保障HSE条件,做到安全发展、清洁发展。

(2) 安全是聘用的必要条件。

员工应承诺遵守安全规章制度,接受安全培训并考核合格,具备良好的安全表现是企业聘用员工的必要条件。企业应充分考察员工的安全意识、技能和历史表现,不得聘用不合格人员。各级管理人员和操作人员都应强化安全责任意识,提高自身安全素质,认真履行岗位安全职责,不断改进个人安全表现。

(3) 企业必须对员工进行健康安全环境培训。

接受岗位HSE培训是员工的基本权利,也是企业HSE工作的重要责任。企业应持续对员工进行HSE培训和再培训,确保员工掌握相关HSE知识和技能,培养员工良好的

HSE 意识和行为。所有员工都应主动接受 HSE 培训,经考核合格,取得相应工作资质后方可上岗。

(4) 各级管理者对业务范围内的健康安全环境工作负责。

HSE 职责是岗位职责的重要组成部分。各级管理者是管辖区域或业务范围内 HSE 工作的直接责任者,应积极履行职能范围内的 HSE 职责,制定 HSE 目标,提供相应资源,健全 HSE 制度并强化执行,持续提升 HSE 绩效水平。

(5) 各级管理者必须亲自参加健康安全环境审核。

开展现场检查、体系内审、管理评审是持续改进 HSE 表现的有效方法,也是展现有感领导的有效途径。各级管理者应以身作则,积极参加现场检查、体系内审和管理评审工作,了解 HSE 管理情况,及时发现并改进 HSE 管理薄弱环节,推动 HSE 管理持续改进。

(6) 员工必须参与岗位危害识别及风险评估。

危害识别与风险评估是一切 HSE 工作的基础,也是员工必须履行的一项岗位职责。任何作业活动之前,都必须进行危害识别和风险评估。员工应主动参与岗位危害识别和风险评估,熟知岗位风险,掌握控制方法,防止事故发生。

(7) 事故隐患必须及时整改。

隐患不除,安全无宁日。所有事故隐患,包括人的不安全行为,一经发现,都应立即整改,一时不能整改的,应及时采取相应监控措施。应对整改措施或监控措施的实施过程和实施效果进行跟踪、验证,确保整改或监控达到预期效果。

(8) 所有事故事件必须及时报告、分析和处理。

事故和事件也是一种资源,每一起事故和事件都给管理改进提供了重要机会,对安全状况分析及问题查找具有相当重要的意义。要完善机制,鼓励员工和基层单位报告事故,挖掘事故资源。所有事故事件,无论大小,都应按"四不放过"原则,及时报告,并在短时间内查明原因,采取整改措施,根除事故隐患。应充分共享事故事件资源,广泛深刻汲取教训,避免事故事件重复发生。

(9) 承包商管理执行统一的健康安全环境标准。

企业应将承包商 HSE 管理纳入内部 HSE 管理体系,实行统一管理,并将承包商事故纳入企业事故统计中。承包商应按照企业 HSE 管理体系的统一要求,在 HSE 制度标准执行、员工 HSE 培训和个人防护装备配备等方面加强内部管理,持续改进 HSE 表现,满足企业要求。

第三节 危害辨识、风险评价与风险管控工具

石油工程建设服务行业是一个高风险行业,涉及健康、安全与环境的危害因素较多,所以危害辨识就至关重要,通过对危害辨识、风险评价,制定有效的风险管控措施,达到预防事故发生的目的,是我们落实安全第一、预防为主的主要方式。下面介绍一些工程建设施工专业常用的危害辨识与风险评价方法和风险管控工具。

一、基本概念

(一) 危害因素

可能导致人身伤害和(或)健康损害、财产损失、工作环境破坏、有害的环境影响的根源、状态或者行为,或其组合。

(二) 危害因素辨识

识别健康、安全与环境危害因素的存在并确定其特性的过程。

(三) 风险

某一特定危害事件发生的可能性,与随之引发的人身伤害或健康损失、损坏或其他损失的严重性的组合。

(四) 风险评价

评估风险程度应考虑现有控制措施的充分性,与随之引发的人身伤害或健康损害、损坏或其他损失的严重性的组合。

(五) 风险控制

采用工程建设制度、教育和管理等手段消除或削减风险,通过制定或执行具体的方案(措施),实现对风险的控制,防止事故发生造成人员伤害、环境破坏或财产损失。

(六) 隐患

在生产区域、工作场所中存在可能导致人身伤亡、财产损失或造成重大社会影响的设备、装置、设置、生产系统方面的缺陷和问题。

(七) 事故

造成死亡、人身伤害、健康损害、损坏或其他损失的意外情况。

二、危害因素辨识方法

危害因素辨识就是利用适当的科学技术手段与方法以及人的知识、技能、经验等,系统地找出生产作业中显在或潜在的与健康、安全和环境风险相关的危害因素。危害因素常分为人的因素、物的因素、环境因素和管理因素 4 类。危害因素的识别方法很多,常用的识别方法包括现场观察、安全检查表、工作危害分析、事件树分析、故障树分析等,不同的辨识方法适用不同的辨识对象。下面就工程建设施工行业常用的危害辨识方法进行介绍。

(一) 现场观察

现场观察法是一种通过检视生产作业区域所处地理环境、周边自然条件、场内功能区划分、设施布局、作业环境等来辨识存在的危害因素的方法。开展现场观察的人员应具有较全面的安全技术知识和职业安全卫生法规标准知识,对现场观察出的问题要做好记录,规范整理后填写相应的危害因素辨识清单。

(二) 安全检查表

安全检查表法是为检查某一系统、设备以及操作管理和组织措施中的不安全因素,事先对检查对象加以剖析和分解,并根据理论知识、实践经验、有关标准规范和事故信息等确定检查的项目和要点,以提问的方式将检查项目和要点按系统编制成表,在检查时按规定项目进行检查和评价以辨识危害因素。安全检查表主要有综合安全检查表、基层队(车间)安全检查表、岗位安全检查表、专业性安全检查表 4 种。与基层岗位员工直接相关的、使用最多的是岗位安全检查表(或称岗位 HSE 巡回检查表)。采油、输油、管道建设作业等各企业按照员工岗位职责和属地范围编制了检查表,岗位员工当班作业前,应按照岗位检查表进行岗位巡回检查,及时整改并汇报发现的问题,岗位安全检查每班不应少于一次。安全检查表的优点是简便、易行,应用范围广,针对性强,避免了检查的盲目性和随意性。其缺点是容易受到检查人员的经验、知识和占有资料局限等方面的限制。

(三)事件树分析

事件树分析法(简称 ETA)是根据规则用图形来表示由初因事件可能引起的多事件链,以追踪事件破坏的过程及各事件链发生的概率的一种归纳分析法。

事件树分析程序步骤为:

(1) 确定系统和寻找可能导致系统严重后果的初始事件,即把分析对象及其范围加以明确,找出初始条件,并进行分类,可能导致相同事件树的初始条件可划分为一类。

(2) 分析系统组成要素并进行功能分解,便于进一步开展分析。

(3) 分析各要素的因果关系及其成功或失败的 2 种状态,逐一列举由此引起的事件,并回答下列问题:

① 在何种条件下事件会进一步引起其他事件?
② 在何种不同的条件下会引起不同的其他事件?
③ 这一事件影响到哪些事件?它是否不只影响一个事件?

(4) 编制事件树,根据因果关系及状态,从初始事件开始,由左向右发展。

(5) 针对每一可能的事件制定相关的安全措施。

焊接造成火灾事件的事件树如图 1-1 所示。

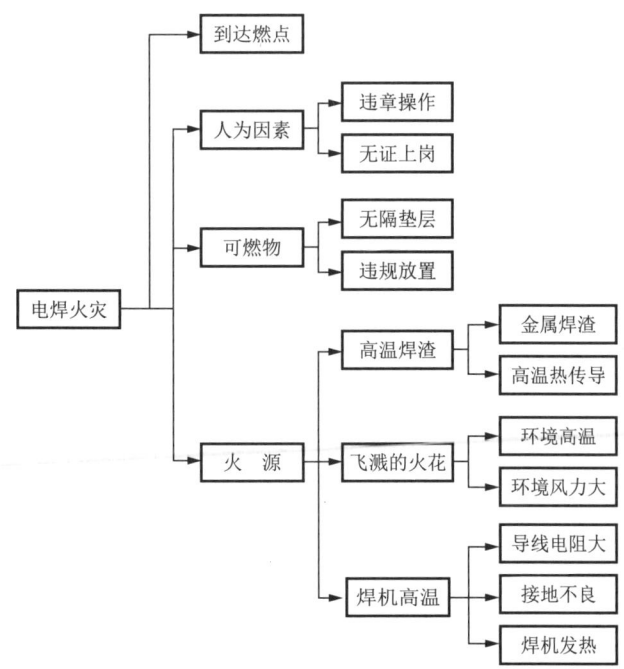

图 1-1 焊接造成火灾事件的事件树

(四)故障树分析

故障树分析法(也称"事故树",简称 FTA)是通过对可能造成系统失效的各种因素(包括硬件、软件、环境、人为因素等)进行分析,画出逻辑框图(故障树),从而确定系统失效原因的各种可能组合方式及其发生概率的一种演绎推理方法。

故障树分析的步骤为：

（1）确定所分析的系统。确定分析系统即确定系统所包括的内容及其边界范围。故障树分析的对象必须是确定的一类系统。例如，如果分析的是冲床系统，则必须明确是何种类型的冲床，开式的或闭式的；大型的、中型的或小型的；有无安全装置，何种类型的安全装置；是单人操作还是多人配合操作等。如果系统不明确，必然导致分析不明确，别人理解也困难。

（2）熟悉所分析的系统。熟悉系统是指熟悉系统的整个情况，包括系统性能、运行情况、操作情况以及各种重要参数等，必要时还要画出工艺流程图和布置图。

（3）调查系统发生的事故。这指的是调查所分析系统过去和现在发生的事故，将来可能发生的事故，同时调查本单位及外单位同类系统曾经发生的所有事故。

（4）确定故障树的顶上事件。确定顶上事件是指确定所要分析的对象事件。就某一系统而言，可能会发生多种事故，要根据风险评价的结果，确定易于发生且后果严重的事故作为故障树分析的对象，称为顶上事件。

（5）调查与顶上事件相关的所有原因事件。原因事件包括机械设备的原件故障，原材料、能源供应、半成品、工具等的缺陷，生产管理、指挥、操作上的失误与错误，环境不良等。

（6）故障树作图。按照演绎分析的原则，从顶上事件起，一级一级往下分析各自的直接原因事件，根据彼此间的逻辑关系，用逻辑门连接上下层事件，直至所要求的分析深度，最后就形成一株倒置的逻辑树形图。然后，根据逻辑门表示的逻辑关系，检查树图是否正确，即检查树图是否符合逻辑分析原则。按照逻辑门的链接状况，上一层事件是下一层事件的必然结果，下一层事件是上一层事件的充分条件。

以起重伤害事故为例编制故障树，如图1-2所示。

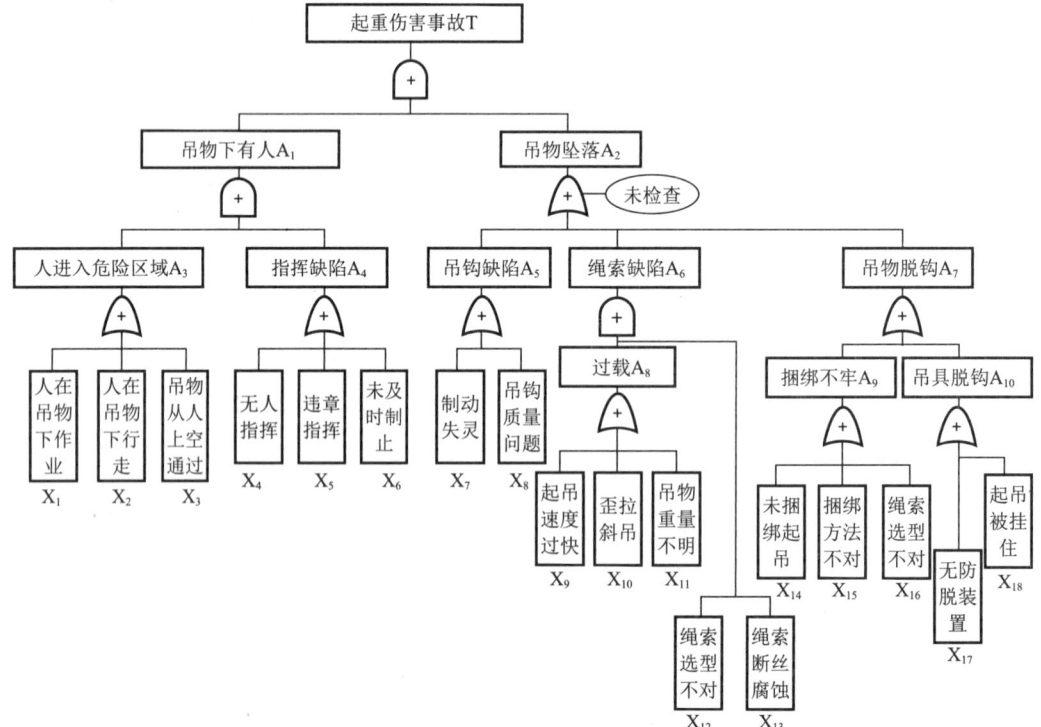

图1-2　起重伤害事故树

(五) 其他危害因素分析法简介

(1) 危险与可操作性分析(HAZOP)。该方法是指在开展工艺危险性分析时,通过使用指导语句和标准格式分析工艺过程中偏离正常工况的各种情形,从而发现危害因素和操作问题的一种系统性方法,是对工艺过程中的危害因素实行严格审查和控制的技术。HAZOP 分析的对象是工艺或操作的特殊点(称为"分析节点",可以是工艺单元,也可以是操作步骤),通过分析每个工艺单元或操作步骤,由引导词引出并识别具有潜在危险的偏差。

(2) 故障类型与影响分析法(FMEA)。此分析法是一种归纳的、定性的系统安全分析方法。它是根据可分的特性,按实际需要分析的深度,把系统分成一些子系统、单元,逐个分析各部分可能发生的故障和故障类型,查明各种故障类型对相邻元件、单元、子系统和整个系统的影响,以便采取相应的对策,提高系统的安全可靠性。其目的是辨识单一设备和系统的故障模式及每种故障模式对系统或装置造成的影响。

(3) 预先危险分析法(PHA)。预先危险分析法是指在进行某项工程活动(包括设计、施工、生产、维修等)之前,对系统存在的各种危险因素、出现条件以及事故可能造成的后果,进行宏观概略分析的系统安全分析方法。对于现役的系统或设备也可进行预先危险分析,考察其安全性,其主要目的是识别危险、评价危险并提出防控措施。

(4) 因果分析法。该方法是指把系统中产生事故的原因及造成的后果所构成的错综复杂的因果关系,采用简明的文字和线条加以全面表示的方法。用于表述事故发生的原因与结果的关系图形为因果分析图,因果分析图形状像鱼刺,故也称为鱼刺图。

三、风险评价的方法

风险评价的目的是评价危险发生的可能性及其后果的严重程度,以寻求最低事故率、减少损失和最优安全投资效益。常用的风险评价方法有 2 种。

(一) 风险矩阵法

风险矩阵法属于风险定性分析方法,是在风险分析的初级阶段以及对某些难以量化的风险事件进行分析时采用的方法。风险矩阵法是人们依靠经验对风险事件发生的概率及可能带来的损失做出主观判断,然后综合这两方面的结果来决定如何处置风险。目前常用的风险矩阵见表 1-1。

表 1-1　风险矩阵

后果严重程度分级	后果严重程度				事故发生可能性				
	人员 P	财物 A	环境 E	声誉 R	A	B	C	D	E
					在行业内发生过	在企业内发生过	在企业每年发生几次	在本队发生过	本队每年发生几次
0	无伤害	无	无	无					
1	轻 伤	极 小	极 小	极 小	正常操作但仍需继续改进				
2	小型伤害	小	小	小					
3	严重伤害	大	大	一定范围			引入风险削减措施		

续表 1-1

后果严重程度分级	后果严重程度				事故发生可能性				
	人员 P	财物 A	环境 E	声誉 R	A 在行业内发生过	B 在企业内发生过	C 在企业每年发生几次	D 在本队发生过	E 本队每年发生几次
4	重点	重大	重大	国内					
5	巨大	巨大	巨大	国际			不可接受		

用风险矩阵法进行风险评价时，首先要确定事故发生的可能性，在 A、B、C、D、E 5 个等级中选定一个，然后再确定事故后果的严重程度，在 0、1、2、3、4、5 这 6 个级别中确定一个级别，这 2 个因素交叉点落的区域代表不同的风险类型。风险类型分为不可接受的风险区域、需要引入风险削减措施的区域和可进行正常操作但仍需继续改进的区域。

（二）作业条件危险性评价法

作业条件危险性评价法（LEC 法）属于风险定量分析方法，是用与系统风险有关的 3 种因素指标值来评价操作人员伤亡风险的大小。这 3 种因素是：L（事故发生的可能性）、E（人员暴露于危险环境中的频繁程度）、C（一旦发生事故可能造成的后果）。作业条件危险性的大小以 3 个因素的分数值乘积 D 来评价，即

$$D = LEC$$

（1）事故发生的可能性（L）。此方法将事故发生的可能性分为 7 个等级，见表 1-2。

表 1-2 事故发生的可能性（L）

分数值	事故发生的可能性
10	完全可以预料
6	相当可能
3	可能，但不经常
1	可能性小，完全意外
0.5	很不可能，可以设想
0.2	极不可能
0.1	实际不可能

（2）人员暴露于危险环境的频繁程度（E）。人员暴露于危险环境的时间越长，受到伤害的可能性越大，相应的危险性也越大。此方法将人员暴露于危险环境的频繁程度分为 6 个等级，具体见表 1-3。

表 1-3 人员暴露于危险环境的频繁程度（E）

分数值	人员暴露于危险环境的频繁程度
10	连续暴露
6	每天工作时间内暴露
3	每周一次或偶尔暴露

续表 1-3

分数值	人员暴露于危险环境的频繁程度
2	每月暴露一次
1	每年几次暴露
0.5	非常罕见暴露

(3) 发生事故可能造成的后果（C）。发生事故造成的人员伤害和财产损失的范围变化很大，此方法将发生事故可能造成的后果分为 6 种情况，具体见表 1-4。

表 1-4 发生事故可能造成的后果（C）

分数值	发生事故可能造成的后果
100	大灾难，很多人死亡或造成重大财产损失
40	灾难，多人死亡或造成很大财产损失
15	非常严重，一人死亡或造成一定财产损失
7	严重，重伤或造成较小财产损失
4	重大，致残或造成很小财产损失
1	引人注目，不利于基本的安全卫生要素

(4) 危险性等级划分标准见表 1-5。

表 1-5 危险性等级划分标准（D）

分数值	风险级别	危险程度
>320	5	
160~320	4	高度危险需立即整改（制定管理方案及应急预案）
70~159	3	显著危险需整改（编制管理方案）
20~69	2	一般危险需要注意
<20	1	稍有危险，可以接受

注：根据 LEC 法划分的危险等级都是凭经验判断，难免带有局限性，应用时需要根据实际情况进行修正。

四、风险管控工具和方法

为了全面加强基层作业现场风险管控，中国石油 2010 年起推广应用工作前安全分析、工作循环分析、上锁挂签等风险管控工具，风险管控工具的使用对基层员工有效地辨识和防控基层现场作业风险和防范事故发生起到积极作用。

（一）工作前安全分析

工作前安全分析（JSA）是指事先或定期对某项工作任务进行风险评价，并根据评价结果制定和实施相应的控制措施达到最大限度消除或控制风险的方法。

1. 工作前安全分析的对象

鼓励基层单位针对任何工作都进行工作前安全分析。但工作前安全分析的对象更多针对的是非常规作业和高危作业，以及没有操作规程控制的作业。

(1) 基层作业现场的非常规作业通常包括：新的作业，临时作业，非计划性维修作业，承包商作业,偏离安全标准、规则和程序要求的作业,交叉作业,在承包商区域进行的作业,缺乏安全程序的作业,改变现有的作业等。

(2) 高危作业主要包括:高处作业、动火作业、进入受限空间作业、临时用电作业、吊装作业、挖掘动土作业、带压作业、放射源作业、管线打开作业以及其他危险性较高的作业等。

2. 工作前安全分析的管理流程

工作前安全分析通常分为 6 个步骤,分别为:识别工作任务、划分作业步骤、识别每个步骤中的危害、评估每一危害的风险、研究制定风险防范措施、沟通与审批。

(1) 识别工作任务。就是明确要干什么,以前干过没有,都是哪些人干,有没有承包商参与,在什么时间、什么地点干,干活时用到哪些工具、设备等。

(2) 划分作业步骤。按工作顺序把一项作业分成几个步骤,每一个步骤要具体而明确。步骤不可过细或过粗,过细造成烦琐费时,过粗造成风险遗漏。

(3) 识别每个步骤中的危害。包括:以前发生过的事故或出过的险情中应吸取的教训,该步骤涉及的工具和设备存在的危害和隐患,以及与作业过程相关的人员(员工及承包商)带来的危害等。

(4) 评估每一危害的风险。每一位参与作业的员工都说出此项作业的风险以及产生的后果,对可能造成人员伤害、环境污染、财产损失的危害进行评估,确定出主要风险。

(5) 研究制定风险防范措施。针对评估确定出的每个风险,制定并采取相应措施,如吊装作业,要选择与被吊物匹配的吊索具、人员远离吊装物、使用牵引绳及专人指挥等;检查维修作业,要拉闸断电、上锁挂签等。

(6) 沟通与审批。针对分析的结果,在全体参与作业人员中进行风险沟通,进行培训和指导,同时,针对大家反馈的意见,对有关措施进行补充和完善,属于作业许可的项目,要按作业许可要求办理审批。

3. 工作前安全分析的注意事项

(1) 工作前安全分析是基层抓好现场安全管理和控制事故的有效手段,是防控作业风险的科学方法,因此,基层对干部要高度重视。

(2) 对于经常性从事的作业项目,不要嫌麻烦,要将工作前安全分析的过程当成一次很好的再培训、再教育的过程,尤其对于较为危险的作业,以及重点环节、人员和环境发生变化时,更要认真开展。

(3) 工作前安全分析要鼓励每一个员工积极参与,但由于员工素质和经验的不同,可能识别的危害因素和提出的措施不一定很充分,因此,对于员工而言,参与工作前的安全分析就是进步,就值得鼓励和支持。

(4) 工作前安全分析必须在作业开始前完成,当施工过程中环境、人员、设备等情况发生较大变化时,应重新进行识别分析。

(二) 作业许可

作业许可通常是针对非常规作业和高危作业采取的许可审批措施,实现对危害和风险的有效识别、评估、沟通和遵守,从而保证作业过程的安全。它遵循"一事一议(工作前安全分析)、一事一案(工作方案或施工方案)、一事一批(作业许可审批)"的原则。

1. 作业许可的对象

作业许可仅针对非常规作业和高危作业。

(1) 非常规作业是指临时性的、缺乏程序规定的和承包商作业的活动,包括未列入日常维护计划的和无程序指导的维修作业,偏离安全标准、规则和程序要求的作业,以及交叉作业等。

（2）高危作业是指从事高空、高压、易燃、易爆、剧毒、放射性等对作业人员产生高度危害的作业,包括进入受限空间作业、挖掘作业、高处作业、移动式起重机吊装作业、管线打开作业、临时用电作业和动火作业等。

2. 作业许可的管理流程

作业许可管理流程通常分为4部分,分别为:作业申请、作业批准、作业实施和作业关闭。

（1）作业申请。作业负责人组织相关人员开展工作前安全分析,识别作业过程中存在的危害因素,制定并落实风险防范措施,与所有作业人员和相关方沟通有关情况,在确认工作可以安全地进行后,填写作业许可申请表,办理申请。

（2）作业批准。审批人对作业人员制定的措施进行书面审查和现场核查。当审批人不能到达现场核查时,必须指定专人到现场核查,并及时、如实汇报,确认无误后方可审批。

（3）作业实施。为保证风险防范措施得到落实,审批人应亲自或委派他人对作业过程进行监督。

（4）作业关闭。作业完成后,作业负责人和审批人(或其委派人)应对现场进行确认,确认合格后方可签字,并将许可证关闭。

3. 作业许可的注意事项

（1）办理作业许可证前必须进行工作前安全分析。

（2）所有作业许可审批人必须到现场进行一一核查。

（3）作业许可项目必须安排专人进行监督。

（4）作业完毕,要执行关闭程序,恢复现场,及确认清除隐患。

（三）上锁挂签

上锁挂签是指在检查维修作业或其他作业过程中,为防止人员误操作导致危险能量和物料的意外释放(如进入循环罐时,电机意外运转造成机械伤害;电气设备维修作业时,转盘意外转动造成伤害;管网维修时,管网内物料意外涌出等)而采取的一种对动力源、危险源进行锁定、挂签的风险管控措施。

1. 上锁挂签的对象

上锁挂签的对象通常是控制各种能量(机械能、电能、热能、化学能、辐射能等)意外释放的各种开关、按钮、阀门、手柄、插头等(如转盘控制手柄、电机开关、管道阀门、液压站电源启动开关)。

2. 上锁挂签的管理流程

上锁挂签的管理流程通常分为5部分,分别为:辨识、隔离、上锁挂签、确认和解锁。

（1）辨识。作业前,通过工作前安全分析,辨识作业区域内设备、系统或环境内所有的危险能量和物料的来源及类型,并确认有效隔离点。如防止焊接变位机意外运转造成人员伤害,有效隔离点就是焊接变位机的电路控制开关。

（2）隔离。根据辨识出的危险能量和物料及可能产生的危害,将阀件、电器开关、蓄能配件等设定在合适的位置或借助特定的设施使设备不能运转、危险能量和物料不能释放。如防止焊接变位机意外运转,就是让变位机的电路控制开关处于"断开"位。

（3）上锁挂签。对阀门、开关、插头等选择合适的安全锁,填写警示标牌,对上锁点进行上锁、挂标牌。

① 上锁方式分为单个隔离点上锁和多个隔离点上锁。

a. 单个隔离点上锁。

（a）单人作业对单个隔离点上锁。作业人员用各自个人锁对隔离点进行上锁挂牌。

（b）多人共同作业对单个隔离点的上锁有 2 种方式：一种是所有作业人员将个人锁锁在隔离点上；另一种是使用集体锁对隔离点上锁，集体锁钥匙放置于锁箱内，所有作业人员用个人锁对锁箱进行上锁挂签。

b. 多个隔离点上锁。用集体锁对所有隔离点进行上锁挂牌，集体锁钥匙放置于锁箱内，所有作业人员用个人锁对锁箱进行上锁挂签。

② 电气上锁的特殊要求。

a. 主电源开关是上锁点，现场启动/停止开关不可作为上锁点（如电机的红绿按钮不是上锁点，上级主电源开关才是上锁点）。

b. 若电压低于 220 V，拔掉电源插头可视为有效隔离，若插头不在作业人员视线范围内，应对插头上锁挂签，以阻止他人误插。

c. 采用保险丝、继电器控制盘供电方式的回路，无法上锁时，应装上无保险丝的熔断器并加警示标牌。

d. 若必须在裸露的电气导线或组件上工作，上一级电气开关应由电气专业人员断开或目视确认开关已断开。

e. 具有远程控制功能的用电设备，远程控制端必须置于"就地"或"断开"状态并上锁挂签。

（4）确认。上锁挂签后要确认危险能量和物料已被隔离或去除，锁定有效。确认的方式通常包括：

a. 观察压力表、液面指示器，确认容器或管道等储存的危险能量已被去除或阻塞。

b. 目视确认连接件已断开，转动设备已停止转动。

c. 对暴露于电气危险的工作任务，应检查确认电源导线已断开，所有上锁必须实物断开且经测试无电压存在。

d. 有条件进行试验的，应通过正常启动或其他非常规的运转方式对设备进行试验。在进行试验时，应屏蔽所有可能会阻止设备启动或移动的限制条件（如联锁）。对设备进行试验前，应清理该设备周围区域内的人员和设备。

（5）解锁。对上锁点进行拆除，恢复原来的工作状态。解锁分正常解锁和非正常解锁。

a. 正常解锁。上锁者本人进行的解锁。其具体要求如下：

（a）作业完成后，操作人员确认设备、系统符合运行要求，每个上锁挂牌的人员应亲自去解锁，他人不得替代。

（b）涉及多个作业人员的解锁，应在所有作业人员完成作业并解锁后，操作人员按照上锁清单逐一确认并解除集体锁及标牌。

b. 非正常解锁。上锁者本人不在场或没有解锁钥匙时，且其警示标牌或安全锁需要移去时的解锁。拆锁程序应满足以下 2 个条件之一：

（a）与上锁的所有人联系并取得其允许。

（b）操作单位和作业单位双方主管在确知上锁理由和目前工况的前提下方可解锁。

3.上锁挂签的注意事项

(1)上锁挂签是防止人员误操作和能量意外释放的有效方法,是作业者保护生命的工具,作业人员上锁挂签时必须做到自己上锁、自己解锁。

(2)上锁挂签时必须对隔离部位、锁具、锁定方式等进行认真确认,对锁定的效果进行验证后方可作业。

(3)作业前,要将上锁挂签情况及时与相关人员进行沟通,进一步规避误操作行为。

(4)整个作业期间,都应始终保持上锁挂签,不能擅自随意解除。

(5)安全锁钥匙须由作业人员本人保管。

(6)为确保作业安全,作业人员对隔离、上锁的有效性有怀疑时,可要求对所有的隔离点再做一次测试。

(四)启动前安全检查

启动前安全检查就是在设备启动和施工前对所有相关危害进行检查确认,并将所有必改项问题整改完成,确保不留隐患,然后批准启动的过程。如卷板机验收、大型十字臂自动焊机验收、设备检修后再次投产运行等。

1.启动前安全检查的适用范围

启动前安全检查主要适用于以下几种情况:

(1)新、改、扩建的设施设备。如新建输油站、压力容器生产车间等投运前。

(2)设备发生重大变更。如首次应用全自动焊接等新工艺前,首次应用新设备从事管道焊接前等。

(3)设备停产检修。如输油站装置完成检修投入使用前和注水泵检修后重新投入使用前。

(4)重大项目开工。如冬休和长时间等停工后的开工、打火开焊等。

2.启动前安全检查的管理流程

启动前安全检查通常包括 6 个环节,分别为:成立检查组、编制检查表、实施现场检查、召开审议会议、完成必改项的整改验收和批准启动。但根据投产项目的复杂程度,管理流程可以简化。

3.启动前安全检查的注意事项

(1)明确检查人员分工,并对检查表内容细化。

(2)安全检查的资料和问题整改的资料要随项目一起归档。

(3)对于启动前检查存在重大隐患的项目,在没有完成整改和验收前,任何人没有权力要求基层作业队冒险作业。

(五)安全观察与沟通

安全观察与沟通是为各级管理人员特别设计的一种对安全行为和不安全行为进行观察、沟通和干预的安全管理方法。通过观察与沟通,肯定员工的安全行为,纠正不安全行为,可以不断提高员工的安全意识和技能,同时,通过分析观察与沟通的信息建立,可为管理人员提供管理决策,从而减少不安全行为和事故的发生。

1.安全观察与沟通的对象

安全观察与沟通的对象是正在作业的人员。观察的内容包括:人员的反应、人员的站位、个人防护装备的使用、现场使用的工具和设备、作业的程序和步骤、人体工效学、现场规范化管理等。安全观察与沟通流程通常分为 6 部分：观察、表扬、讨论、沟通、启发和感谢。

2. 安全观察与沟通结果的应用

观察结束后，观察人员要填写"安全观察沟通报告表"，但不要记录被观察者的姓名，要定期对观察与沟通的结果进行统计分析，针对存在的问题采取措施，普遍性问题可建立安全里程碑（如观察结果普遍发现员工有生产时不戴安全帽的现象，就可以制定一个为期 20 天的里程碑式目标，集中 20 天的时间严抓严管）；不能解决的问题可上报上级部门进行处理（如员工普遍反映吊车吊钩缺少防脱保护等，由上级装备部门统一研究解决）。

3. 安全观察与沟通的注意事项

（1）要将"安全观察沟通报告表"放在大家都能触及的地方，鼓励员工积极开展安全观察与沟通，并及时记录。

（2）基层队干部要养成安全观察与沟通的工作习惯，在现场要经常性开展，并将其作为纠正不安全行为的有效手段和对员工实施在岗培训的重要方法。

（3）不管任何人，只要观察到不安全行为就要马上制止，否则就是对不安全行为的默许和放纵，会导致不安全行为进一步滋生蔓延。

（4）沟通时要让员工说话和表达意见，因为有些问题的根源并不是我们看到的表面现象，只有员工讲出来才能够找到问题的根本所在。如员工不戴护目镜，有时候是护目镜存在质量问题，戴上眩晕所造成的。

（5）基层队干部要阶段性地总结分析"安全观察沟通报告表"，及时掌握现场存在的各类问题，并及时研究具体的措施加以有效遏制和妥善解决。经过一段时间的努力，你就会发现问题将会越来越少，现场管理越来越规范。

五、属地管理

（一）属地管理的概念和内涵

属地管理广义上是指主要领导的管理范围、副职领导的分管领域、职能部门的业务领域、基层单位和员工的生产作业区域。属地管理的重点是生产作业现场的每个员工对自己属地区域内人员（包括自己、同事、承包商和访客）的行为安全、设备设施的完好、作业过程的安全、工作环境的整洁负责。

（二）实施属地管理的意义和作用

（1）HSE 需要全员参与，HSE 职责必须明确，必须落实到全员，尤其是基层的员工。员工的主动参与是 HSE 管理成败的关键。

（2）属地管理是落实安全职责的有效方法，使员工从被动执行转变为主动履行 HSE 职责，是传统岗位责任制的继承和延伸。

（3）实施属地管理，可以树立员工"安全是我的责任"的意识，实现从"要我安全"到"我要安全"的转变，真正提高员工 HSE 执行力。

（4）实行属地管理的目的就是要做到"我的区域我管理、我的属地我负责，人员无违章、设备无隐患、工艺无缺陷、管理无漏洞"，推动基层员工由"岗位操作者"向"属地管理者"转变。

（三）属地管理的方法

（1）划分属地范围。属地的划分主要以工作区域为主，以岗位为依据，把工作区域、设备设施及工器具细化到每一个人身上。

（2）明确属地主管。应将对所辖区域的管理落实到具体的责任人，做到每片区域，每台设备（设施），每个工（器）具，每块绿地、闲置地等在任何时间均有人负责管理，可在基层现场设立标示牌，标明属地主管和管理职责。

（3）落实属地管理职责。管理所辖区域保证其自身及在区域内的工作人员、承包商、访客的安全；对本区域的作业活动或者作业过程实施监护，确保安全措施和安全管理规定的落实；对管辖区域的设备设施进行巡检，发现异常情况，及时进行应对处理并报告上一级主管；对属地区域进行清洁和整理，保持环境整洁。

第二章　基础安全知识

第一节　安全色与安全标志

一、安全色

(一) 定义

(1) 安全色:传递安全信息含义的颜色,包括红、蓝、黄、绿4种颜色。

(2) 对比色:使安全色更加醒目的反衬色,包括黑、白2种颜色。

(3) 安全标记:采用安全色和(或)对比色传递安全信息或者使某个对象或地点变得醒目的标记。

(二) 颜色表征

1. 安全色

(1) 红色:传递禁止、停止、危险或提示消防设备、设施的信息。

(2) 蓝色:传递必须遵守规定的指令性信息。

(3) 黄色:传递注意、警告的信息。

(4) 绿色:传递安全的提示性信息。

2. 对比色

安全色与对比色同时使用时,应按表2-1要求搭配使用。

表2-1　安全色与对比色

安全色	对比色	安全色	对比色
红　色	白　色	蓝　色	白　色
黄　色	黑　色	绿　色	白　色

(1) 黑色。

黑色用于安全标志的文字、图形符号和警告标志的几何边框。

(2) 白色。

白色用于安全标志中红、蓝、绿的背景色,也可用于安全标志的文字和图形符号。

3. 安全色与对比色的相间条纹

相间条纹为等宽条纹,倾斜度约为45°。

(1)红色与白色相间条纹。

它是表示禁止或提示消防设备、设施位置的安全标记。

(2)黄色与黑色相间条纹。

它是表示危险位置的安全标记。

(3)蓝色与白色相间条纹。

它是表示指令的安全标记,传递必须遵守规定的信息。

(4)绿色与白色相间条纹。

它是表示安全环境的安全标记。

二、安全标志

(一)定义

安全标志是用以表达特定安全信息的标志,由图形符号、安全色、几何形状(边框)或文字构成。

(二)安全标志分类及基本构成形式

安全标志分禁止标志、警告标志、指令标志和提示标志四大类型。

1. 禁止标志

禁止标志的基本形式是带斜杠的圆边框,如图2-1所示。

图 2-1 禁止标志基本形式

常见的禁止标志如图2-2所示。

图 2-2 常见的禁止标志

2. 警告标志

警告标志的基本形式是正三角形边框,如图2-3所示。

常见的警告标志如图2-4所示。

图 2-3 警告标志基本形式

图 2-4 常见的警告标志

3. 指令标志

指令标志的基本形式是圆形边框，如图 2-5 所示。

常见的指令标志如图 2-6 所示。

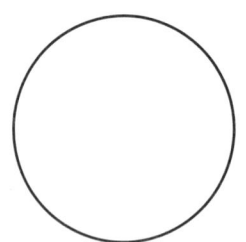

图 2-5 指令标志基本形式

图 2-6 常见的指令标志

4. 提示标志

提示标志的基本形式是正方形边框，如图 2-7 所示。

常见的提示标志如图 2-8 所示。

图 2-7 提示标志基本形式

图 2-8 常见的提示标志

(三) 消防安全标志

消防安全标志由几何形状、安全色、表示特定消防安全信息的图形符号构成。标志的几何形状、安全色、对比色和图形符号色的含义见表 2-2。

表 2-2 消防安全标志的含义

几何形状	安全色	安全色的对比	图形符号色	含义
正方形	红 色	白 色	白 色	标示消防设施（如报警装置和灭火设备）
正方形	绿色	白 色	白 色	提示安全状况（如紧急疏散逃生）
带斜杠的圆形	红色	白 色	黑色	表示禁止
等边三角形	黄色	黑色	黑色	表示警告

具体内容可参见 GB 13495.1—2015《消防安全标志 第 1 部分:标志》。

常见消防标志如图 2-9 所示。

灭火器

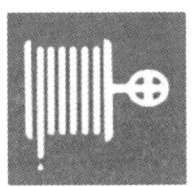
消防水带

手动报警按钮

发现灾情迅速拨打119

图 2-9 常见消防标志

(四) 石油天然气生产专用安全标志

石油天然气生产专用安全标志规定了石油天然气勘探、开发、储运、建设等生产单位生产作业场所和设备、设施的专用安全标志。

具体内容见 SY/T6355—2017《石油天然气生产专用安全标志》。

常见石油天然气生产专用安全标志如图 2-10 所示。

图 2-10　常见石油天然气生产专用安全标志

第二节　安全设施和器材

一、检测设施

在生产过程中对财产与人的健康、生命造成危害的因素大体上可以分为物理、化学与生物三方面。其中化学因素的影响危害性最大。而有毒有害气体又是化学因素中最普遍、最常见的部分。根据危害源将有毒有害气体分为可燃气体与有毒气体两大类。有毒气体又根据它们对人体不同的作用机理分为刺激性气体、窒息性气体和急性中毒的有机气体三大类。因此，快速检测出作业环境中存在有毒有害气体并及时报警对防范和降低相应伤害具有重要意义。生产作业现场通常使用气体检测仪对作业环境进行检测。

(一) 气体检测仪

1. 定义和分类

气体检测仪是一种气体泄漏浓度检测的仪器仪表工具，按照安装方式可分为固定式和便携式气体检测仪，按照检测方式可分为扩散式和泵吸式气体检测仪，按照被检测气体可分为硫化氢气体检测仪、可燃气体检测仪、氧气含量检测仪、复合气体检测仪等。气体检测仪主要利用气体传感器来检测环境中存在的气体成分和含量。

根据工程建设企业生产实际,现场使用较多的气体检测仪主要有单功能的氧气含量检测仪、可燃气体检测仪以及四合一气体检测仪,如图2-11所示。

图2-11　气体检测仪

2.适用范围

(1)氧气含量检测仪。

在经常使用氮气、惰性气体(氩气、氦气)等可能造成窒息的场所,如化验室、车间、厂房,应安装固定式氧气含量检测仪。对于一些临时性的有限空间作业,如清理容器储气罐、沉淀池等,在进入作业区域前,应进行强制通风,再使用便携式氧气含量检测仪进行检测,氧气含量符合要求方可进入作业。

(2)可燃气体检测仪。

便携式可燃气体检测仪多用于油气管道场站,如加压分输泵站抢维修、管道沟下抢维修现场,可能存在可燃气体逸出、积聚的区域。

(3)四合一气体检测仪。

四合一气体检测仪适用于以上单一或可能存在多种气体检测需求的现场。

3.使用要求

(1)首次使用前,需由有资质的检验单位对气体检测仪进行检定校准。

(2)使用时,应在非危险区域开启气体检测仪,气体检测仪自检无异常,检查电量充足后方可佩戴使用。

(3)严禁在危险区域对气体检测仪进行电池更换和充电。

(4)应避免气体检测仪从高处跌落,或受到剧烈振动。如意外跌落或受到剧烈振动,必须重新进行开机和报警功能测试。

(5)气体检测仪的传感器要根据其使用寿命定期由有资质的单位进行检验和更换,出具检验合格报告后方可继续使用。

(6)气体检测仪应建立台账和使用维护记录。

二、消防设施和器材

消防设施和器材是指火灾自动报警系统、自动灭火系统、消火栓系统、防烟排烟系统应急广播和应急照明、安全疏散设施、灭火器、防毒面具等用于灭火、防火以及火灾逃生的设施和器材。为便于理解,首先对引起火灾的原因以及灭火的原理做简单介绍。工程建设企业基层员工应重点掌握常见灭火器材的相关知识。

(一)燃烧与火灾

1. 燃烧和火灾的定义

(1)燃烧的定义。

燃烧是物质与氧化剂之间的放热反应,通常同时释放出火焰或可见光。

(2)火灾的定义。

火灾是指在时间和空间上失去控制的燃烧所造成的灾害。

(3)燃烧和火灾发生的必要条件。

同时具备氧化剂、可燃物、点火源,即燃烧的三要素。这3个要素中缺少任何一个,燃烧都不能发生或持续。获得三要素是燃烧的必要条件。阻断三要素的任何一个要素就可以扑灭火灾。

2. 火灾发展规律

通过对大量火灾事故的研究分析得出,典型火灾事故的发展分为初起期、发展期、最盛期、减弱期和熄灭期。初起期是火灾开始发生的阶段,这一阶段可燃物的热解过程至关重要,其主要特征是冒烟、阴燃;发展期是火势由小到大发展的阶段,一般采用 T 平方特征火灾模型来简化描述该阶段非稳态火灾热释放速率随时间的变化,即假定火灾热释放速率与时间的二次方成正比,轰燃就发生在这一阶段。最盛期的火灾燃烧方式是通风控制火灾,火势的大小由建筑物的通风情况决定。熄灭期是火灾由最盛期开始消减直至熄灭的阶段,熄灭的原因可以是燃料不足、灭火系统的作用等。由于建筑物内可燃物、通风等条件的不同,建筑火灾有可能达不到最盛期,而是缓慢发展后就熄灭了。典型的火灾发展过程如图 2-12 所示。

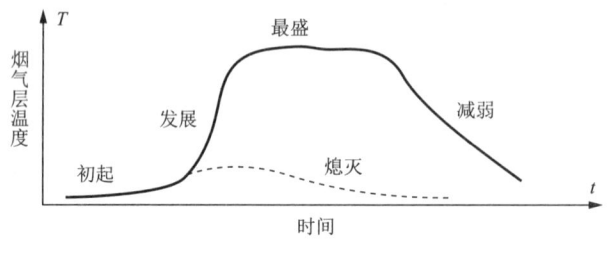

图 2-12 典型火灾发展过程

(二)灭火基本原理和措施

1. 灭火的基本原理

根据燃烧的基本条件,任何可燃物产生燃烧或持续燃烧都必须具备燃烧的必要条件和充分条件。因此,火灾发生后,灭火就是破坏燃烧条件、使燃烧反应终止的过程。灭火的基本原理可以归纳为4种,即冷却、窒息、隔离和化学抑制。前3种灭火作用主要是物理过程,化学抑制是一个化学过程。不论是使用灭火剂还是通过其他机械方式来灭火,都是利用上述4种原理中的一种或多种结合来实现的。

2. 灭火的基本措施

掌握了物质燃烧的条件,就可以了解预防和扑救火灾的原理。一切防火措施都是为了防止燃烧的3个条件同时存在,所能采取的基本措施是:控制可燃物、隔绝助燃物、消除点火源、阻止火势蔓延。

(三) 灭火器

灭火器由筒体、器头、喷嘴等部件组成,借助驱动压力可将所充装的灭火剂喷出,达到灭火的目的。灭火器结构简单、操作方便、轻便灵活、使用面广,是扑救初起火灾的重要消防器材。

1. 灭火器的分类

灭火器的种类很多,按其移动方式分为手提式、推车式和悬挂式;按驱动灭火剂的动力来源可分为储气瓶式、储压式、化学反应式;按所充装的灭火剂则又可分为清水、泡沫、酸碱、二氧化碳、卤代烷、干粉等灭火器。工程技术企业现场常用的灭火器是干粉灭火器和二氧化碳灭火器。

2. 常见灭火器的灭火原理和使用要求

(1) 干粉灭火器。

① 灭火原理。

干粉灭火器以液态二氧化碳或氮气作为动力,将灭火器内的干粉灭火剂喷出,利用干粉的化学抑制作用灭火。

② 适用灭火对象。

常用的 ABC 类干粉灭火器,不仅适用于扑救可燃液体、可燃气体和带电设备的火灾,还适用于扑救一般固体物质火灾,但都不能扑救轻金属火灾。

③ 使用要求。

使用干粉灭火器时,将其提至起火地点后,应选择上风有利地形,一只手握住喷管,另一只手拔掉保险销并紧握提柄,提起灭火器对准火焰根部进行喷射。

④ 注意事项。

干粉灭火器要防潮、防晒,不应存放于高温场所。使用前,应上下翻倒数次,使干粉预先松动,以利于干粉灭火剂的有效喷出。此外,由于干粉灭火剂冷却作用不大,因此扑救炽热物后,要注意防止可燃物复燃。

(2) 二氧化碳灭火器。

① 灭火原理。

二氧化碳灭火器是利用其内部充装的液态二氧化碳的蒸气压将二氧化碳喷出灭火的一种灭火器具,其通过降低氧气含量,使燃烧区窒息而灭火。此外,二氧化碳还有极低的汽化温度,可有效冷却可燃物。

② 适用灭火对象。

二氧化碳是一种无色的气体,灭火不留痕迹,并有一定的电绝缘性能等特点,因此,更适用于扑救 600 V 以下带电电器、贵重设备、图书档案、精密仪器仪表的初起火灾,以及一般可燃液体的火灾。

③ 使用要求。

使用二氧化碳灭火器时,将其提至起火地点后,站在上风口,应迅速戴好棉手套,将喇叭口对准火源,打开保险和开关,向火源根部喷射。

④ 注意事项。

二氧化碳灭火器在喷射过程中应保持直立状态,切不可平放或颠倒使用;不要用手直接握喷筒或金属管,以防冻伤;在狭小的室内空间使用时,灭火后操作者应迅速撤离,以防被二氧化碳窒息而发生意外;用二氧化碳灭火器扑救室内火灾后,应先打开窗通风,然后再进入,以防窒息；应每月对二氧化碳灭火器进行称重检查，发现质量减少5%或50 g（取两者中的小值）以上，应及时由厂家予以检查和补充。

（四）消防水带和消防水枪

消防水带是火场供水的必备器材。按材料不同分为麻织、锦织涂胶、尼龙涂胶；按口径不同分为 50 mm、65 mm、75 mm、90 mm；按承压不同分为甲、乙、丙、丁 4 级，各自承受的水压强度不同，水带承受的工作压力分别为大于 1 MPa、0.8～0.9 MPa、0.6～0.7 MPa、小于 0.6 MPa；按照水带长度不同分为 15 m、20 m、25 m 和 30 m。

消防水枪是灭火时用来射水的工具。其作用是加快流速，增大和改变水流形状。按照水枪口径不同分为 13 mm、16 mm、19 mm、22 mm 和 25 mm 等；按照水枪开口形式不同分为直流水枪、开花水枪、喷雾水枪、开花直流水枪 4 种。

（五）手抬式消防泵

手抬式消防泵是可以用人力手抬搬运并与轻型发动机组装的消防泵组，手抬式消防泵组采用轻型汽油机或柴油机与消防泵系统配套组成。

1. 日常检查

（1）检查通往室外的排气管是否严密，排气口应朝下。

（2）检查电瓶电量，每隔半年对电瓶进行维护保养，补加电解液。

（3）检查仪表是否完备，有无灰尘，螺栓是否紧固，传动罩是否完好无损。

（4）检查水泵各管路接头是否牢固，有无泄漏现象。

2. 柴油机启动前的准备

（1）检查柴油机各部分是否正常，各附件连接是否可靠。

（2）检查电启动系统电路接线是否正常，蓄电池是否充满电。

（3）向油底壳内加注机油至规定油面。向喷油泵、调速器内加注机油至规定油面。

（4）向热交换器内加满洁净冷却水。

（5）用手压燃油泵压油使燃油系统充满燃油并排除空气。

（6）向燃油箱内加满经过沉淀过滤的燃油。

3. 水泵启动前的准备工作

（1）在水泵轴承体内，应有足够的润滑剂。

（2）出水管路暂时关闭（启动成功后应立即开启出口阀）。

（3）取下水泵出口法兰上螺塞放气，有水溢出直至无气泡时拧紧，说明泵充满了水。

4. 启动运行

（1）柴油机的启动。

① 将喷油泵手柄推到空载，转速为 700 r/min 左右的位置。

② 将电钥匙打开，按下启动按钮，使柴油机启动。如果在 12 s 内未能启动，应立即释放按钮，2 min 后再做第二次启动。如果连续 3 次不能启动，应停止启动找出原因。

③ 柴油机启动成功后，应立即释放按钮，将电钥匙拨回中间位置，同时注意机油压力表，并检查柴油机各部分运转是否正常。

（2）柴油机的运转。

① 柴油机的预热。柴油机启动后，空载运行时间不宜超过 1 min，即可逐步增加转速到 1 000～1 200 r/min，并进入部分负荷运转。待柴油机的出水温度高于 75 ℃，机油温度高于

50 ℃,机油压力高于 0.25 MPa 时,才允许进入全负荷运转。

② 运行过程中,应注意各参数是否正常。为保证设备的可靠性,每星期应启动运行一次,至水温、机油温度均达到 60 ℃ 以上。

(3) 停机。

① 控制油门,使柴油机转速逐步降低至 700~1 000 r/min,运转 3~5 min 后,拨动停车手柄停机,尽量不要在全负荷状态下很快地将柴油机停下,以防出现过热等事故。

② 气温低,可能结冰时,停机后应将冷却水放干净,注意将所有的放水阀打开。

③ 水泵停机前应先慢慢关闭出口阀,待出口阀完全关闭再停机。

5. 注意事项

(1) 严禁在泵房内放置储存不相关的物品和工具。

(2) 严禁擅自开启电机设备和损坏机器设备。

(3) 开机时必须保持良好的通风及散热,打开门窗。

(4) 泵房内放置必要的消防设备便于应急。

(5) 消防泵每周至少开启一次,时间不少于半小时,保持良好备战状态。

三、防爆设施

(一) 爆炸

1. 爆炸的定义

广义地讲,爆炸是物质系统的一种极为迅速的物理的或化学的能量释放或转化过程,是系统蕴藏的或瞬间形成的大量能量在有限的体积和极短的时间内,骤然释放或转化的现象。

在这种释放和转化的过程中,系统的能量将转化为机械功以及光和热的辐射等。

2. 爆炸的分类

爆炸可以由不同的原因引起,但不管是何种原因引起的爆炸,归根结底必须有一定的能量。按照能量的来源,爆炸可分为物理爆炸和化学爆炸。

物理爆炸是由于液体变成蒸气或者气体迅速膨胀,压力急速增加,并大大超过容器的极限压力而发生的爆炸,如空压机储气瓶、蒸气锅炉超压爆炸。

化学爆炸是因物质本身发生化学反应,产生大量气体和高温而发生的爆炸,如炸药的爆炸,可燃气体、液体蒸气和粉尘与空气(一定浓度的氧气)混合物的爆炸等。

3. 爆炸极限

可燃物质(可燃气体、蒸气和粉尘)与空气(或氧气)必须在一定的浓度范围内均匀混合,形成预混气,遇到火源才会发生爆炸。这个浓度范围称为爆炸极限,或爆炸浓度极限。例如一氧化碳与空气混合的爆炸极限为 12.5%~74%,甲烷气体与空气混合的爆炸极限为 5%~15%。可燃性混合物能够发生爆炸的最低浓度和最高浓度,分别称为爆炸下限和爆炸上限。

(二) 防爆设施

1. 火星熄灭器

火星熄灭器(又名防火罩、防火帽)是一种安装在高温烟气排气管后,允许排气流通过,且阻止排气流内的火焰和火星喷出的安全防火、阻火装置。

工程建设企业油气输送场站存在油气溢出的风险,因此,同其他易燃易爆场所一样,进出车辆均应安装火星熄灭器。此外,易燃易爆场所使用的柴油机、锅炉等设备的排放系统也应安装火星熄灭器。

2. 安全阀

安全阀是安装在设备、容器或管道上,起超压保护作用的阀。当容器和设备内的压力升高超过安全规定的限度时,安全阀即自动开启,泄出部分介质,降低压力至安全范围内再自动关闭,从而实现设备和容器内压力的自动控制,防止设备和容器的破裂爆炸。安全阀在泄出气体或蒸气时,产生动力声响,还可起到报警的作用。安全阀需要每年检测一次,检测合格后方可继续使用。

四、防雷电设施

防雷装置分为两大类,外部防雷装置和内部防雷装置。外部防雷装置由接闪器、引下线和接地装置组成,即传统的防雷装置。内部防雷装置主要用来减小建筑物内部的雷电流及其电磁效应,如采用电磁屏蔽、等电位连接和装设电涌保护器(SPD)等措施,防止雷击电磁脉冲可能造成的危害。根据工程建设企业生产现场实际情况,仅对外部防雷装置简要介绍。

(一)接闪器

接闪器就是专门用来接受雷闪的金属物体。接闪的金属杆称为避雷器,接闪的金属线称为避雷线或架空地线,接闪的金属带、金属网称为避雷带或避雷网。所有的接闪器都必须经过引下线与接地装置相连。

避雷针、避雷线、避雷网和避雷带都是接闪器,它们都是利用其高出被保护物的突出部位,把雷电引向自身,然后通过引下线和接地装置,把雷电流泄入大地,以此保护被保护物免受雷击。接闪器所用材料应能满足机械强度和耐腐蚀的要求,还应有足够的热稳定性,以能承受雷电流的热破坏作用。

(二)引下线

引下线是连接接闪器与接地装置的圆钢或扁钢等金属导体,用于将雷电流从接闪器传导至接地装置。引下线应满足机械强度、耐腐蚀和热稳定的要求。

(三)接地装置

接地装置是接地体和接地线的总和,用于传导雷电流并将其流散入大地。

五、安全用电设施

(一)漏电保护器

漏电保护器是指电路中发生漏电或触电时,能够自动切断电源的保护装置。它包括各类漏电保护开关(断路器)、漏电保护插头(座)、带漏电保护功能的组合电器等。

1. 主要用途

在低压配电系统中装设漏电保护器能防止直接接触电击事故和间接接触电击事故的发生,也是防止电气线路或电气设备接地故障引起电气火灾和电气设备损坏事故的重要技术措施。

2. 漏电保护器的使用与维护要求

(1)对于使用中的漏电保护器,应至少每月用试验按钮检查一次其动作特性是否正常。雷击活动期和用电高峰期应增加试验次数。用于手持电动工具、移动式电气设备和不连续使用的漏电保护器,应在每次使用前进行试验。因各种原因停运的剩余电流动作保护装置再次使用前,应进行通电试验,检查装置的动作情况是否正常。对已发现的有故障的漏电保护器应立即更换。

(2)为检验漏电保护器在运行中的动作特性及其变化,应由有资质的检验单位定期进行动作特性试验。动作特性试验项目包括测试剩余动作电流值、测试分断时间、测试极限不驱动时间。进行特性试验时,应使用经国家有关部门检测合格的专用测试设备,由专业人员进行测试。严禁采用相线直接对地短路或利用动物作为试验物的方法进行试验。

(3)漏电保护器动作后,应认真检查其动作原因,排除故障后再合闸送电。经检查未发现动作原因时,允许试送电一次。如果再次动作,应查明原因,排除故障,不得连续强行送电。必要时对其进行动作试验,经检查确认剩余电流保护装置本身发生故障时,应在最短时间内予以更换。严禁退出运行、私自撤除或强行送电。

(4)漏电保护器运行中遇有异常现象,应由专业人员进行检查处理,以免扩大事故范围。漏电保护器损坏后,应由专业单位进行检查维护。

(5)在漏电保护器的保护范围内发生电击伤亡事故,应检查漏电保护器的动作情况,分析未能起到保护作用的原因,在未调查前,不得拆动漏电保护器。

(二)静电释放装置

1.静电的危害

静电危害是由静电电荷或静电场能量引起的。在生产工艺过程中以及操作人员的操作过程中,某些材料的相对运动、接触与分离等原因导致了相对静止的正电荷和负电荷的积累,即产生了静电。在有爆炸和火灾危险的场所,静电放电火花会成为可燃性物质的点火源,造成爆炸和火灾事故。人体因受到静电电击的刺激,可能引发二次事故,如坠落、跌伤等。

2.人体静电消除器

人体静电消除器采用一种无源式电路,利用人体上的静电使电路工作,最后达到消除静电的作用。它的特点是体积小,重量轻,不需电源,安装方便,消除静电时无感觉等。

当前人们穿人造织物衣服的现象极为普遍,而人造织物极易产生静电,静电往往积聚在人体上。为防止静电可能产生的火花,需在进入爆炸危险区域等处的扶梯上或入口处设置人体静电释放装置,如图2-13所示。

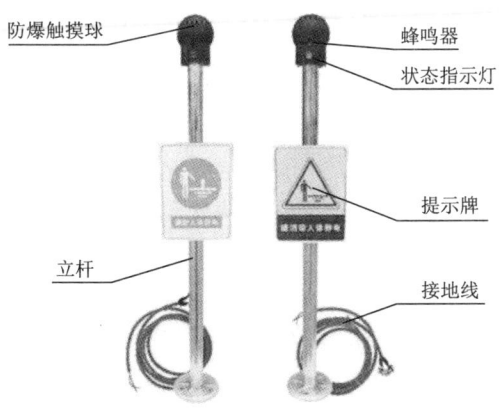

图2-13 人体静电消除器

六、防坠落器材和设施

(一)安全带

安全带是防止高处作业人员发生坠落或发生坠落后将作业人员安全悬挂的个体防护装备,如图 2-14 所示。

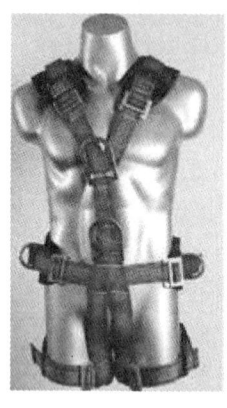 

图 2-14 安全带正确佩戴方式

1. 结构

(1) 安全绳:在安全带中连接系带与挂点的绳。

(2) 缓冲器:串联在系带和挂点之间,发生坠落时吸收部分冲击能量、降低冲击力的部件。

(3) 系带:坠落时支撑和控制人体并分散冲击力,避免人体受到伤害的部件。

(4) 主带:系带中承受冲击力的带。

2. 使用前检查

每次使用安全带前,除按要求检查安全带以外,还应检查安全绳及缓冲器装置各部位是否完好无损,安全绳、系带有无断股、撕裂、损坏、缝线开线、霉变;金属件是否齐全,有无裂纹、腐蚀、变形现象,弹簧弹性是否良好,以及是否有其他影响安全带性能的缺陷。如果发现存在影响安全带强度和使用功能的缺陷,应立即更换。

3. 穿戴要求

(1) 将安全带穿过手臂至双肩,保证所有系带没有缠结,自由悬挂,肩带必须保持垂直,不要靠近身体中心。

(2) 将胸带通过穿套式搭扣连接在一起。多余长度的系带穿入调整环中。

(3) 将腿带与臀部两边系带上的搭扣连接,将多余长度的系带穿入调整环中。

(4) 从肩部开始调整全身的系带,确保腿部系带的高度正好位于臀部下方,然后对腿部系带进行调整,试着做单腿前伸和半蹲,调整使两侧腿部系带长度相同,胸部系带要交叉在胸部中间位置,并且大约离开胸骨底部 3 个手指宽的距离。

4. 使用要求

(1) 安全带应高挂低用,拴挂于牢固的构件或物体上,应防止挂点摆动或碰撞,禁止将安全带挂在移动、带有尖锐棱角或不牢固的物件上。

(2) 使用坠落悬挂安全带的挂点应位于垂直于工作平面上方的位置,且安全空间足够高、大,防止摆动和碰撞,即高挂低用。

(3) 使用安全带时,安全绳与系带不能打结使用。

(4)安全绳(含未打开的缓冲器)有效长度不应超过 2 m,有 2 根安全绳(含未打开的缓冲器)时其单根有效长度不应超过 1.2 m,严禁将安全绳接长使用,如需使用 2 m 以上的安全绳应采用自锁器或速差式防坠器。

(5)使用中不得拆除安全带各部件,严禁修正安全带上的缝合方法、绳索或"D"形环等配件。

(6)安全带不使用时,存放地点不应接触高温、明火、强酸强碱或尖锐物体,不应存放在潮湿的地方。

(7)高处动火作业使用阻燃安全带,严禁使用普通安全带。

(二)速差自控器

1.结构及工作原理

高空防坠落速差自控器由本体、锦纶吊绳、安全钩、安全绳等组成,它是利用物体下坠的速度差进行自控的。正常使用时,安全绳将随人体自由伸缩,不需要经常更换悬挂位置,在器内机构的作用下,安全绳一直处于半紧张的状态,一旦人体失足坠落,安全绳的拉出速度加快,器内控制系统将立即自动锁止,确保人体不受伤害,负荷一旦解除又能恢复正常工作。

2.使用方法

(1)固定自控器:将自控器的锦纶吊绳跨过上方坚固钝边的结构物,用安全钩扣住吊环。

(2)把安全绳上的铁钩挂入使用者的安全带半圆环即可使用。

(3)自控器悬挂在使用者上方,高挂低用。

(4)使用时切勿使钢丝绳扭曲或打结,钢丝绳不能与其他绳索交叉缠绕在一起,也不能钩到他处或者被锐物干涉。

(5)严禁在传动机构旁使用,以免钢丝绳卷入传动机构而发生意外。

3.检查和维护保养

(1)使用前检查器具钢丝绳有无断股,锦纶吊绳是否被锐物割破,外观有无异常(如出现裂纹等缺陷);在正常情况下,拉出钢丝绳时发出"嗒嗒"锁止声表示工作正常可使用。

(2)锦纶吊绳严禁装在锐边固定物上,以免割破吊绳影响强度。

(3)雨天使用后要及时用干布擦干钢丝绳,以免钢丝绳加速锈蚀缩短使用寿命。

(4)每天使用完毕,钢丝绳必须缩回机体内。

(三)安全网

安全网可防止人、物坠落或避免、减轻物体打击伤害。

安全网使用时的注意事项包括以下几点:

(1)要选用有合格证的安全网。

(2)安全网若破损、老化应及时更换。

(3)安全网与架体连接不宜绷得太紧,系结点要沿边分布均匀、绑牢。

(4)立网不得作为平网使用。

第三节　个人劳动防护用品

劳动防护用品是指使员工在劳动过程中,免遭或者减轻事故伤害及职业危害的个人防护装备。

按照防护部位,劳动防护用品分为以下七类:第一类,头部防护用品,如安全帽、工作帽等;第二类,呼吸防护用品,如防毒面具、呼吸器等;第三类,眼面部防护用品,如防护面罩、防护眼镜等;第四类,听力防护用品,如耳塞、耳罩等;第五类,手部防护用品,如绝缘手套、电焊手套等;第六类,足部防护用品,如防砸鞋、绝缘鞋等;第七类,躯体防护用品,如工作服、雨衣、防辐射铅衣等。

一、头部防护用品

(一) 定义和分类

工程建设企业主要使用的头部防护用品是安全帽。安全帽是指对人体头部受坠落物及其他特定因素引起的伤害起防护作用的防护用品,一般由帽壳、帽衬、下颌附件组成。安全帽适用于大部分工作场所,在坠落物伤害、轻微磕碰、飞溅的小物品引起的打击、可能发生引爆的危险场所等应配备安全帽。

安全帽分为普通安全帽和防寒安全帽,其中,防寒安全帽根据帽壳内部尺寸不同分为大号和小号 2 种。

(二) 使用要求

(1) 使用安全帽时,要仔细检查合格证、使用说明、使用期限,并调整帽衬尺寸,其顶端与帽壳内顶之间必须保持 20~50 mm 的空间。有了这个空间,才能形成一个能量吸收系统,使遭受的冲击力分布在头盖骨的整个面积上,减轻对头部的伤害。

(2) 不能随意对安全帽进行拆卸或添加附件,以免影响其原有的防护性能。

(3) 佩戴时,应将安全帽戴正、戴牢,不能晃动,要系紧下颌带,调节好后箍,以防安全帽脱落。正确佩戴示例如图 2-15 所示。

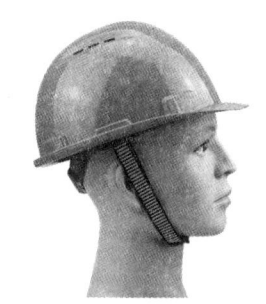

图 2-15 安全帽正确佩戴示例

(4) 破损或变形的安全帽以及出厂年限达到两年半(即 30 个月)的安全帽应进行报废处理。需要特别注意的是,受到严重冲击的安全帽,虽然其整体外观可能没有明显损坏,但其实际防护性能已大大下降,也应报废处理。

二、呼吸防护用品

呼吸防护用品是指防御缺氧空气和空气污染物进入呼吸道的防护用品。

工程建设企业生产、抢险中常用的呼吸防护用品有自吸过滤式防颗粒物呼吸器(习惯称为防尘口罩)和正压式呼吸器。

(一) 自吸过滤式防颗粒物呼吸器

1. 定义和分类

自吸过滤式防颗粒物呼吸器是靠佩戴者呼吸克服部件阻力,防御颗粒物等危害呼吸系统或眼面部的防护用品。在接触粉尘的作业场所,如进行打磨作业、喷砂作业、有限空间焊接作业时,作业人员应佩戴自吸过滤式防颗粒物呼吸器。

(1) 按照面罩结构可分为全面罩、可更换式半面罩和随弃式面罩。

全面罩是指能覆盖口、鼻、眼睛和下颌的密合型面罩,如图2-16(a)所示。

半面罩是指能覆盖口和鼻,或覆盖口、鼻和下颌的密合型面罩,如图2-16(b)所示。

随弃式面罩主要指由滤料构成面罩主体的不可拆卸的半面罩,如图2-16(c)所示。由于产品没有配件可以更换,通常无法清洗和消毒以保持面罩的卫生和清洁,因此通常只使用一个工作班,使用后随即整体废弃。

(a)全面罩　　　　　(b)可更换式半面罩　　　　(c)随弃式面罩

图2-16　自吸过滤式防颗粒物呼吸器

(2)按照过滤元件可分为KN和KP 2类,KN类只适用于过滤非油性颗粒物,KP类适用于过滤油性和非油性颗粒物。

根据过滤效率水平,KN类和KP类过滤元件均分为三级,即KN90、KN95、KN100,KP90、KP95、KP100,见表2-3。

表2-3　KN类和KP类过滤元件过滤效率

过滤元件的类别和级别	用氯化钠颗粒物检测	用油类颗粒物检测
KN90	≥90.0%	不适用
KN95	≥95.0%	
KN100	≥99.97%	

过滤元件的类别和级别	用油类颗粒物检测	用氯化钠颗粒物检测
KP90	≥90.0%	不适用
KP95	≥95.0%	
KP100	≥99.97%	

2.使用要求

(1)随弃式面罩佩戴时应调整好头带位置,按照自己鼻梁的形状塑造鼻夹,确保气密性良好。

(2)可更换式半面罩呼吸器佩戴时应调节好头带松紧度,并做佩戴气密检查。

(3)使用防颗粒物呼吸器时,随着颗粒物在过滤材料上累积,过滤效率通常会逐渐升高,吸气阻力随之逐渐增加。若使用者感到不舒适,应及时更换。

(4)随弃式口罩不可清洗,阻力明显增加时需整体废弃,更换新口罩。

(二)正压式呼吸器

1.定义和原理

正压式呼吸器是在任一呼吸循环过程中,面罩与人员面部之间形成的腔体内压力不低于环境压力的一种空气呼吸器。使用者依靠背负的气瓶供给所呼吸的气体,气瓶中的高压压缩气体被高压减压阀降为中压 0.7 MPa 左右,经过中压管线送至需求阀,然后通过需求阀进入呼吸面罩。吸气时需求阀自动开启,呼气时需求阀关闭,呼气阀打开,所以整个气流是沿着一个方向构成一个完整的呼吸循环过程。

在有毒有害气体(如氮氧化物、一氧化碳等)大量逸出的现场,以及氧气含量较低的作业现场,都应使用正压式呼吸器。

2. 结构

正压式呼吸器由供气阀组件、减压器组件、压力显示组件、背具组件、面罩组件、气瓶和瓶阀组件、高压及中压软管组件构成。

(1) 应急用呼吸器应保持待用状态,气瓶压力一般为 28～30 MPa,低于 28 MPa 时,应及时充气,充入的空气应确保清洁,严禁向气瓶内充填氧气或其他气体。

(2) 应急用呼吸器应置于适宜储存、便于管理、取用方便的地方,不得随意变更存放地点。

(3) 危险区域内,任何情况下,严禁摘下面罩。

(4) 听到报警哨响起,应立即撤出危险区域。

(5) 进入危险区域作业,必须两人以上,相互照应。

(6) 呼吸器及配件避免接触明火或处于高温环境。

(7) 呼吸器严禁沾染油脂。

(8) 气瓶压力表应定期由有资质的检验机构进行检测。

三、眼面部防护用品

(一) 定义和分类

眼面部防护用品是指防御电磁辐射,紫外线,有害光线、烟雾,化学物质,金属火花,飞屑,尘粒,并抗机械和运动冲击等伤害眼睛、面部和颈部的防护用品。

工程建设企业常用的眼面部防护用品是防护眼镜、防护面罩、打磨面罩和洗眼器。

防护眼镜是在眼镜架上装有各种护目镜片,防止不同有害物质伤害眼睛的眼部防护用品,如敲击作业时使用的防冲击眼镜(见图 2-17)、装卸放射源时使用的防辐射眼镜。防护眼镜按照外形结构分为普通型、带测光板型、开放型和封闭型。

防护面罩是防止有害物质伤害眼面部和颈部的防护用品,分为手持式、头戴式、全面罩、半面罩等多种形式。手持式焊接面罩和头盔式打磨面罩如图 2-18 所示。一种是焊接作业时使用,一种是打磨作业时使用。

洗眼器是在有毒有害危险作业环境下使用的应急救援设施。当现场作业者的眼面部接触有毒有害物质以及具有其他腐蚀性的化学物质时,洗眼器可以对眼面部进行紧急冲洗。但洗眼器只适用于紧急情况下,暂时减缓有害物对身体的进一步侵害,所以进一步的处理和治疗需要遵从医生的指导。工程建设企业生产现场常用的洗眼器如图 2-19 所示。

图 2-17　防冲击眼镜　　　图 2-18　手持式焊接面罩和打磨面罩　　　图 2-19　洗眼器

(二) 使用要求

(1) 进行存在固体异物高速飞出风险的作业,如打磨、敲击作业,作业人员要佩戴防冲击眼镜和专用打磨面罩。

(2) 进行存在液体喷溅风险的作业,如场站原油管道施工动火切割作业,作业人员应佩戴防喷溅眼罩。

(3) 防护眼镜每次使用前后都应检查,当镜片出现裂纹时,或镜片支架开裂、变形或破损时,应及时更换。

(4) 不应把近视镜当作防护眼镜使用。

(5) 应保持防护眼镜的清洁干净,避免接触酸、碱物质,避免受压和高温,当眼镜表面有脏污物时,应用少量洗涤剂和清水冲洗。

(6) 洗眼器内的水应定期更换,防止不清洁的水对人员造成二次伤害。

四、听觉器官防护用品

(一) 定义和分类

听力防护用品是指保护听觉、使人耳免受噪声过度刺激的防护用品。

工程建设企业常用的听力防护用品是耳塞和耳罩。

1. 耳塞

耳塞是指插入外耳道内,或置于外耳道口处的护耳器。耳塞按其声衰减性能分为防低、中、高频声耳塞和隔高频声耳塞,按使用材料分为纤维耳塞、塑料耳塞、泡沫塑料耳塞和硅胶耳塞。工程建设企业常用的是泡沫塑料耳塞,如图 2-20 所示。

2. 耳罩

耳罩是由压紧每个耳廓或围住耳廓四周而紧贴在头上遮住耳道的壳体所组成的一种护耳器。耳罩外层为硬塑料壳,内部加入吸引、隔音材料,如图 2-21 所示。

图 2-20 泡沫塑料耳塞

图 2-21 耳罩

(二) 使用要求

(1) 佩戴泡沫塑料耳塞时,应先洗干净手,将圆柱体搓成锥体后再塞入耳道,让塞体自行回弹充满耳道。

(2) 使用耳罩时,应先检查罩壳有无裂纹和漏气现象,佩戴时应注意罩壳的方向,顺着耳廓的形状戴好。佩戴时应将连接弓架放在头顶适当位置,尽量使耳罩软垫圈与周围皮肤相互密合,如不合适时,应移动耳罩或弓架,调整到合适位置为止。

(3) 无论戴耳罩还是耳塞,均应在进入噪声区前戴好,在噪声区不得随意摘下,以免伤害耳膜。如确需摘下,应在休息时或离开后,到安静处取出耳塞或摘下耳罩。耳塞或耳罩软垫用后需用肥皂、清水清洗干净,晾干后收藏备用。

五、手部防护用品

(一) 定义与分类

供作业者劳动时戴用并且具有保护手和手臂的功能的手套称为手部防护用品,通常人们称为劳动防护手套。

根据使用环境要求分为一般防护手套、各种特殊防护(防水、防寒、防高温、防振)手套、绝缘手套等。工程建设企业常用的手部防护用品主要有一般防护手套、耐酸碱手套、绝缘手套和电焊手套。

1. 一般防护手套

一般防护手套由纤维织物拼接缝制而成,具备一定的耐磨、抗切割、抗撕裂和抗穿刺性能,是普遍适用于一般生产作业活动的基础防护手套,如图 2-22 所示。

2. 耐酸碱手套

耐酸碱手套是指采用特殊橡胶合成,除了满足一般防护手套的机械性能外,还可满足在酸碱溶液中长时间连续使用的一种特殊性能防护手套,根据生产需要有长度 30~82 cm 不同规格的手套可供选择,如图 2-23 所示。

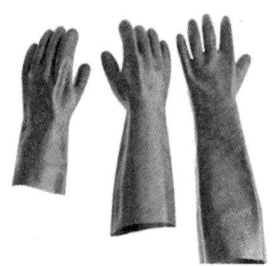

图 2-22　一般防护手套　　　　图 2-23　耐酸碱手套

3. 绝缘手套

绝缘手套又叫高压绝缘手套,是用绝缘橡胶或乳胶经压片、模压、硫化或浸模成型的一种特殊性能防护手套,主要用于电工作业,如图 2-24 所示。根据适用电压等级,绝缘手套可分为 0 级、1 级、2 级、3 级、4 级共 5 级,工程建设企业生产作业中多使用 0 级(380 V)和 1 级(3 000 V)绝缘手套。

4. 电焊手套

电焊手套是保护手部和腕部免遭熔融金属滴、短时接触有限的火焰、对流热、传导热和弧光的紫外线辐射以及机械性伤害的一种特殊性能防护手套,如图 2-25 所示。

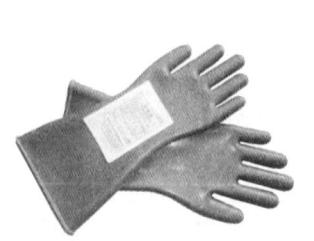

图 2-24　绝缘手套　　　　图 2-25　电焊手套

(三)使用要求

(1)首先应了解不同种类手套的防护作用和使用要求,以便在作业时正确选择,切不可把一般场合用手套当作某些专用手套使用。如棉布手套、化纤手套等作为电焊手套来用,耐火、隔热效果很差。

(2)在使用绝缘手套前,应先检查外观,如发现表面有孔洞、裂纹等应停止使用。

(3)绝缘手套使用完毕,应按有关规定保存好,以防老化造成绝缘性能降低。使用一段时间后应复检,合格后方可使用。

(4)所有手套大小应合适,避免手套指过长,被机械绞或卷住,使手部受伤。

(5)不同种类的手套有其特定的用途,在实际工作中一定要结合作业情况来正确使用和区分,以保护手部安全。

六、足部防护用品

(一)定义和分类

足部防护用品是防止生产过程中有害物质和能量损伤劳动者足部的护具,其主要指足部防护鞋(靴)。

按照 GB/T 28409—2012 规定,足部防护鞋(靴)常见种类包括保护足趾鞋(靴)、防刺穿鞋(靴)、导电鞋(靴)、防静电鞋(靴)、电绝缘鞋(靴)、耐化学品鞋(靴)、低温作业保护鞋(靴)、高温防护鞋(靴)、防滑鞋(靴)、防振鞋(靴)、防油鞋(靴)、防水鞋(靴)、多功能防护鞋(靴)。

多功能防护鞋(靴)除具有保护特征外,还具有上述鞋(靴)中所需功能。工程建设企业广泛应用的安全鞋也是一种多功能防护鞋(靴),它兼具防砸、防穿刺、防滑、耐油、防水等功能,如图 2-26 所示。

图 2-26 多功能防护鞋

(二)使用要求

(1)不得擅自修改安全鞋的构造。

(2)穿着安全鞋时,应尽量避免接触锐器,经重压或重砸造成鞋内钢包头明显变形的,不得再作为安全鞋使用。

(3)长期在有水或潮湿的环境下使用会缩短安全鞋的使用寿命,因此,安全鞋的存放场地应保持通风、干燥,同时要注意防霉、防虫蛀。

七、躯干(全身)防护用品

(一)定义和分类

躯体防护用品通常称为防护服,如一般防护服、防水服、防寒服、防油服、防辐射服、隔热服、防酸碱服等。工程技术企业生产作业使用较多的是一般防护服、防水服、防辐射铅衣、防爆服。

1.一般防护服

一般防护服是指防御普通伤害和脏污的躯体防护用品。工程建设企业根据生产现场需要,在一般防护服中加入导电纤维,使其具有防静电性能。

2. 防水服

防水服是指具有防御水透过和漏入的防护服,如劳动防护雨衣。

3. 防辐射铅衣

防辐射铅衣是一种阻挡或减弱辐射射线的有效用具,其主要适用于强放射源的操作人员,防止放射源操作人员的身体受到辐射伤害,如图 2-27 所示。防辐射铅衣的技术规范要求铅衣的铅分布要均匀,正常使用铅当量不会衰减。

4. 防静电服

防静电服是指为了防止服装上的静电积聚,用防静电织物为面料,按规定的款式和结构而缝制的工作服。防静电织物在纺织时,采用混入导电纤维纺成的纱或嵌入导电长丝织造形成的织物,也可采用经处理具防静电性能的织物。

图 2-27 防辐射铅衣

防静电服不产生静电,主要用于对静电微尘比较敏感的石油化工生产企业,以及其他防火防静电施工人员。

(二)使用要求

(1) 使用者应穿戴符合自身身材的防护服,防止过大或过小造成操作不便导致人身伤害。

(2) 沾染油污、酸碱等有害物质的防护服应及时清理和清洗,防止造成皮肤伤害。

(3) 防辐射铅衣的铅分布要均匀,正常使用铅当量不应衰减。

(4) 施工人员进入防静电区域前,首先穿戴好防静电服。穿戴防静电服要拉好拉链,防静电服衣兜内不能携带易产生静电的物品或火种。禁止在易燃易爆场合穿脱防静电服。禁止在防静电服上附加或佩戴任何金属物件。

八、防坠落用品

(一)攀爬自锁器

1. 适用范围

高处作业人员采用绳梯或钢爬梯上下攀爬时,必须采用攀爬自锁器。

2. 使用要求

(1) 主绳。

① 主绳设定应合乎攀爬自锁器的技术标准。

② 主绳应依据需要在设施架构起吊前设定好。主绳应垂直设定,上下两边确定在上下相同维护范围之内,严禁有连接头。主绳与设施架构的间隔还应考虑自锁器使用灵活便捷。

(2) 自锁器。

① 自锁器应符合产品技术标准。

② 使用前应将自锁器压入主绳试拉,当猛拉圆环时应锁止灵便。待查验安全螺丝、保险等完好无疑后,方可使用。

③ 安全绳和主绳严禁系结、绞结使用,绳钩必须挂在安全带连接环上使用,如果出现异常应先停用。

④ 严禁尖锐、易燃、强腐蚀性以及带电物块贴近自锁器以及主绳。

⑤ 自锁器应专人专用,无需使用时应妥当存放。
(二) 水平滑动保险器
1. 适用范围

水平滑动保险器适用在翼板宽为 80～360 mm 之间、厚度为 30 mm 的"H"字钢梁上使用。

2. 使用要求

(1) 水平滑动保险器必须与安全带一起使用。
(2) 水平滑动保险器的绳钩必须挂在安全带的连接环上。
(3) 严禁将绳系结使用。
(4) 各部件不可任意拆装,出现故障应先停用。

(三) 安全绳
1. 适用范围

安全绳适用 5 m 以上高度的二级悬空高处作业。

2. 使用要求

(1) 纤维绳式安全绳。
① 若绳索为多股绳,则股数不可低于 3 股。
② 绳头不可留出散丝。
③ 绳头编花前应经燎烫处置,编花后不需做燎烫处置,编花部位需加保护套。
④ 绳体在使用过程中不可系结。
⑤ 在贴近焊接、切割、热源等场合时,应对安全绳做好隔热维护。
⑥ 全部零配件应顺滑,无材料或生产制造问题,无尖角或锐利边沿。
(2) 钢丝绳式安全绳。
① 应由高强度钢丝搓捻而成,且捻制匀称、密不可分、不松散。
② 尾端在形成环眼前应采用铜焊或加金属材料帽(套)将散头收缩。
③ 应由整根钢丝绳做成,里边不应有连接头。
④ 绳体在结构上和使用过程中不可扭结,缠绕直径不宜过小。
⑤ 在腐蚀性环境中工作时,需有防腐对策。
(3) 绳尾端连接金属产品时,尾端环眼内要加支撑架。
(4) 要定期做好外形检查特性试验。佩戴前做好查验,有问题的不可使用。
(5) 凡安全带所配的安全绳总长度超出 3 m 的,必须配装缓冲器。
(6) 安全绳一次只供一人使用。严禁修改安全绳上的零配件。

第四节 职业危害及预防

一、职业危害

职业危害是职工生产劳动过程中所发生的对人身的威胁和伤害。职业危害因素指人们所从事的职业或职业环境中所特有的危险性、潜在危险因素、有害因素及人的不安全行为。职业危害包括 2 个方面:① 职业意外事故。它是指在职业活动中所发生的一种不可预期的偶发事故。② 职业病。它是指在生产劳动及其他职业活动中接触职业性有害因素引起的疾病。职业病与职业危害因素有直接联系，并且具有因果关系和某些规律性。

工程建设服务专业包括石油天然气工程、海洋石油工程、火电工程、核工业工程、冶金工程、石化工程、机械工程、兵器与船舶工程等。在石油天然气工程和海洋石油工程建设中经常会接触到氮氧化物、一氧化碳等有毒有害物质，同时还有各类设备带来的噪声和震动等物理危害因素。为贯彻落实《中华人民共和国职业病防治法》，切实保护劳动者健康权益，根据职业病防治工作需要，国家卫健委、安全监管总局、人力资源和社会保障部、全国总工会联合组织对职业病危害因素分类目录进行了修订，颁布了《职业病危害因素分类目录》（国卫疾控发〔2015〕92号）。

（一）高温的危害

在高温或同时存在高湿度或热辐射的不良气象条件下进行的劳动，通常称为高温作业。高温作业按其气象条件的特点可分为3个基本类型：高温强辐射作业、高温高湿度作业、夏季露天作业。工程建设企业经常需要在这样的条件下施工，尤其是操作机手和焊工，应特别注意高温作业危害，加强个人防护。

（1）健康危害：对人体体温调节、水盐代谢等生理功能产生影响的同时，还可导致中暑性疾病，如热射病、热痉挛、热衰竭等。

（2）理化特性：热辐射。

（3）防护措施：① 加强健康监护。除就业前体检外，在入暑前和暑期中，要动态观察高温作业人员的健康状况，发现有高温就业禁忌证者，应及时调离工作岗位。② 加强个人防护。工作服应宽大、轻便、不妨碍操作，宜采用质地结实、耐热、导热系数小、透气性能良好，并能反射热辐射的织物。要根据不同作业的需要，配备工作帽、防护眼镜、手套、鞋盖、护腿等个人防护用品。夏季露天作业者应配备宽边草帽、遮阳隔热帽或通风冷却帽等以防日晒。③ 调整作息制度。炎热季节可根据情况适当调整劳动休息制度，尽可能缩短劳动持续时间。如实行轮换制，增加工间休息次数，延长午休时间等。应在工作地点附近设置工间休息室或凉棚。④ 合理供应保健饮料。要及时补充水分和食盐，具体的数量取决于出汗量和食物含盐量。此外，还可以选用盐茶水、咸绿豆汤、咸菜汤和含盐汽水等。⑤ 加强营养。在高温环境中劳动时，能量和蛋白质的消耗都比较多，所以应进食高热量、高蛋白、高维生素的食物，多吃新鲜蔬菜和瓜果，注意补充维生素 A、B_1、B_2、C 等水溶性维生素和钾、钙、镁等矿物质。

（4）警示标志：注意高温。

（5）应急处理：将患者移至阴凉、通风处，同时垫高头部、解开衣服，用毛巾或冰块敷头部、腋窝等处，并及时送医院。

（二）焊接产生的紫外线、红外线的危害

（1）紫外线强烈作用于皮肤时，可发生光照性皮炎，皮肤上出现红斑、水疱，或出现水肿、眼痛、流泪等症状；严重的还可引起皮肤癌。紫外线作用于中枢神经系统，可出现头痛、头晕、体温升高等。它还作用于眼部，可引起结膜炎等症状。

（2）红外线：足够强度的红外线照射皮肤时，可出现红外线红斑，停止照射不久红斑即消失。大剂量红外线多次照射皮肤时，可产生褐色大理石样的色素沉着，这与热作用加强了血管壁基底细胞层中黑色素细胞的色素形成有关。一定强度的红外线直接照射眼睛时可引起白内障。较强的红外线可造成皮肤伤害，其情况与烫伤相似，最初是灼痛，然后是造成烧伤。

（3）焊接时可同时产生可见强光、不可见红外线和紫外线等，除电子束焊接会产生 X 射线外，其他焊接作业不会产生影响生殖机能一类的辐射线。

（4）防护措施：气割和电焊时可用护目玻璃，减弱电弧光的刺目及过滤紫外线和红外线。氩弧焊时，弧光最强，辐射强度也最大，紫外线强度达到一定程度后，会产生臭氧，工作时除要戴护目眼镜外，还应戴口罩、面罩，穿戴好防护手套、脚盖、帆布工作服。

（三）电磁场的危害

（1）工频电磁场：工频电磁场（EMF）是一些围绕在任何一种电气设备周围的人们肉眼所不能看见的"力"线。它对人体健康基本没有影响，但是也不要长期接触。

（2）高频电磁场：长期接触高频电磁场能引起自主神经功能紊乱和神经衰弱。其表现为全身不适、头昏头痛、疲乏、食欲缺乏、失眠及血压偏低等症状。

（四）气压引起的危害

（1）低气压：高原施工气压下降，机体为补偿缺氧就加快呼吸及血循环，出现呼吸急促、心率加快的现象。由于人体（特别是脑）缺氧，还会出现头晕、头痛、恶心、呕吐和无力等症状，甚至会发生肺水肿和昏迷。气压还会影响人体的心理变化，使人产生压抑情绪。

预防与护理措施包括：

① 对进入高原地区人员，应进行全面体格检查，一般健壮者较易适应低氧环境，凡孕妇及有明显心、肺、肝、肾等疾病，或处于高血压 Ⅱ 期，或患有癫痫、严重神经衰弱、消化道溃疡、严重贫血者，均不宜进入高原地区。

② 平时应加强体育锻炼，实行阶梯上升，使人逐步适应。登山速度至关重要，国内报道：如果 3 日内由平原抵海拔 4 200 m 处，急性高原病发生率为 83.5%，而由 2 261 m 经阶梯适应在 7~15 日内抵 4 200 m 处时，发病率仅为 52.7%。

③ 初入高原者应减少体力劳动，之后视适应程度逐步增加劳动量。高原的劳动环境大多处于海拔 4 000 m 以上，劳动能力会比平原降低 30%~50%，因此在高海拔区（3 500 m 以上）劳动定额应相应降低。在海拔 2 300 m 处，电炉炼钢工作人员较对照组出现的心电图改变较多，可能是过重体力劳动与低氧环境综合作用所致。应注意保暖，防止急性上呼吸道感染。

④ 初入高原时应多食碳水化合物类食物、多种维生素和易消化食品，高碳水化合物食品可提供葡萄糖和增强肺部弥散能力，以便在高原进行重体力劳动；禁止饮酒，有高山病症状者，睡眠时最好采取半卧位，以减少右心的静脉回流和肺毛细血管充血。

（2）高气压：高气压下工作易得减压病。急性减压病多在数小时内发病。一般减压越快，症状出现越早，病情也越重。

皮肤奇痒是减压病出现较早较多的症状，并伴有灼热、蚁行感、出汗。重者出现皮下气肿和大理石斑纹。

① 对肌肉、关节、骨骼系统的影响。气泡形成于肌肉、关节、骨膜处，则可引起疼痛。约 90% 的减压病人会出现关节痛，轻者酸痛，重者有跳动性、针刺或撕裂样剧痛，使患者关节运动受限，呈半屈曲状态，即屈肢症。骨内气泡可致骨坏死。

② 对神经系统的影响。出现截瘫，四肢感觉和运动功能障碍，直肠、膀胱功能麻痹等症状。若累及脑部，可造成头痛、感觉异常、运动失调、偏瘫，或眼球震颤、复视、失明、听力减

退、耳内晕眩等。

③ 对循环系统的影响。当有大量气栓时，可出现心血管功能障碍和淋巴系统受累，表现为脉细、血压下降、心前区紧压感、皮肤黏膜发绀、四肢发凉、局部浮肿，还可出现剧咳、咯血、呼吸困难、胸痛、发绀等肺梗死症状。

(五) 噪声的危害

噪声作业是指接触噪声暴露大于 80 dB 的作业。人长时间在高噪声环境下工作会致使听力减弱、下降，时间久了可引起永久性耳聋，并引发消化不良、呕吐、头痛、血压升高、失眠等全身性病症。

(1) 机械噪声。注水泵与电机的本体噪声属机械噪声，主要是由设备的运动件相对于固定件的周期作用所产生的噪声。它包括撞击噪声、摩擦噪声及转动系统的振动引发的噪声等。低频的周期力能激发较高频率的振动，当受迫振动的零件，其固有频率等于周期频率的整倍数时，则会使其产生强烈的共振，从而产生强烈噪声。

(2) 碳弧气刨噪声。利用石墨棒或碳极与工件间产生的电弧将金属熔化，并用压缩空气将其吹掉，实现在金属表面上加工沟槽的方法叫作碳弧气刨。工作时碳弧气刨噪声来源于压缩空气的高速运动，最高能达到 120 dB 左右，对人的听力伤害非常大。

(3) 野外施工发电机岗和柴油机岗噪声强度较高，应重点进行噪声防护管理。柴油机噪声大有两大源头：一个由缸的燃烧特性决定；另一个则是由供油系统产生。现在许多先进的柴油发动机已经在逐步着手解决这些问题，例如大众的 tdi 发动机，通过采用电控共轨柴油直喷技术，取消了供油分泵，因此相当程度减小了柴油机的振动和噪声。施工现场有条件时可为柴油机工作人员设观察处，与噪声源（柴油机）保持一定距离，观察处噪声强度应低于 85 dB，并且工作人员不应坐在柴油发电车驾驶舱内。对于某些发电机工作环境和柴油机工作环境（噪声可达到 115 dB 以上），选用单值噪声降低数较大的护耳器仍然难以达到防护效果，建议通过减少作业人员接触噪声的时间来达到防护效果。

(4) 防护措施：利用吸声材料或吸声结构来吸收声能，佩戴耳塞，设置隔声间、隔声屏，将空气中传播的噪声挡住、隔开。

(5) 应急处理：使用防声器如耳塞、耳罩、防声帽等。如发现听力异常，则到医院检查、确诊。

(六) 有毒有害气体（氮氧化物、一氧化碳、臭氧、乙炔）的危害

工程建设企业施工时经常会接触到有毒有害气体，尤其在管道施工焊接作业时，在焊接电弧所产生的高温和强紫外线作用下，弧区周围会产生大量的有毒气体，如一氧化碳、氮氧化物等。

(1) 氮氧化物的危害。氮氧化物是有刺激性气味的有毒气体。最常接触到的氮氧化物是二氧化氮，它为红褐色气体，有特殊臭味，当被人吸入时，经过上呼吸道进入肺泡内，逐渐与水起作用，形成硝酸及亚硝酸，对肺组织产生剧烈的刺激与腐蚀作用，引起肺水肿。

(2) 一氧化碳的危害。一氧化碳为无色、无味、无刺激性的气体，它极易与人体中运输氧的血红蛋白相结合，而且极难分离，因此，当大量的血红蛋白与一氧化碳结合以后，氧便失去了与血红蛋白结合的机会，使人体输送和利用氧的功能发生障碍，造成人体组织因缺氧而坏死。

(3) 臭氧的危害。臭氧为无色、有特殊的刺激性气味的有害气体，它对呼吸道黏膜及肺

有强烈的刺激作用。短时间吸入低质量浓度（0.4 mg/m³）的臭氧时，可引起咳嗽、咽喉干燥、胸闷、食欲减退、疲劳无力等症状，长期吸入低浓度的臭氧时，则可引发支气管炎、肺气肿、肺硬化等。

（4）乙炔的危害。乙炔是一种无色、无臭的可燃气体，其工业品具有使人不愉快的大蒜气味。乙炔由电石（CaC_2）与水作用而制得。乙炔与空气混合能形成爆炸性混合物，遇明火、高热能引起燃烧、爆炸。乙炔对人体的危害是具有弱麻醉作用。急性乙炔中毒的表现为：工人接触10%~20%（体积分数）的乙炔时，可引起不同程度的缺氧症状，出现头痛、头晕、全身无力等；吸入高浓度乙炔，初期为兴奋、多语、哭笑无常，然后眩晕、头痛、恶心和呕吐，或者共济失调、嗜睡等；严重患者出现昏迷、发绀、瞳孔对光反应消失、脉弱而不齐等症状。若停止吸入，症状可消失。

（5）防护措施：加强排风，严格佩戴防护用品；空气中有毒有害气体浓度超标时必须佩戴防毒面具。紧急事态检修或逃生时，建议佩戴正压自给式呼吸器。

（6）应急处理：使吸入者脱离现场至新鲜空气处。脱去患者污染衣物，保持呼吸畅通。呼吸困难时给予输氧，呼吸停止时及时进行人工呼吸（勿用口对口）。对眼黏膜处有刺激者用清水冲洗，及时就医。

（七）粉尘和烟尘的危害

（1）粉尘。粉尘对人体的伤害与粒径成反比，即粉尘粒径越小，对人的呼吸系统影响和伤害越大。粒径小于15 μm的尘粒，可进入呼吸道，称之为可吸入性粉尘。空气动力学粒径小于5 μm的粉尘，可能通过呼吸道，沉积在细支气管壁和肺泡壁上，导致咳嗽、咳痰、慢性鼻炎、慢性咽炎等症状，严重时可引发肺炎，乃至肺癌。工程施工作业现场的粉尘形式通常有电焊烟尘、打磨飞沫、喷砂粉尘等。

（2）焊接烟气中的烟尘。焊接烟尘是一种十分复杂的物质，已在烟尘中发现的元素多达20种以上，其中含量最大的是Fe、Ca、Na等，其次是Si、Al、Mn、Ti、Cu等。焊接烟尘中的主要有害物质为Fe_2O_3、SiO_2、MnO、HF等，其中含量最大的为Fe_2O_3，一般占烟尘总量的35.56%，其次是SiO_2，占10%~20%；MnO占5%~20%。焊接烟尘中有毒有害气体的成分主要为CO、CO_2、O_3、NO_x、CH_4等，其中以CO所占的比例最大。由于有毒有害气体产生量不大，且气体成分复杂，较难定量化，环评仅作定性分析，而对焊接烟尘则作定量化分析。焊接烟尘主要来自焊条的药皮，少量来自焊芯及被焊工件，根据有关资料调查显示，焊接烟尘的产生量与焊条的种类有关。长期在高浓度烟尘污染环境下工作，对劳动者身体健康极为不利。从事焊接作业的人员易出现以下2种情况：

① 金属烟热，是一种因吸入新生的金属氧化物烟尘而引起的一种金属性疾病。其主要症状是体温骤起、白细胞增多等。这种疾病的原因是：焊工在工作中焊接铜、锌等有色金属时产生氧化铁、氧化锰微粒和氟化物等烟尘，这种烟尘颗粒直径在0.05 μm左右，能通过呼吸道进入末梢支气管和肺泡，并穿透肺泡壁进入体内，刺激体温调节中枢，使机体产生发热效应。

② 电焊工尘肺，是长期大量吸入电焊烟尘所致的尘肺。电焊烟尘是由于高温使焊药、焊条芯和被焊接材料熔化蒸发，逸散在空气中氧化冷凝而形成的颗粒极细的气溶胶。电焊烟尘可因使用的焊条不同有所差异。如使用J422焊条焊接时，电焊烟尘主要为氧化铁，还有二氧化锰、非结晶型二氧化硅、氟化物、氮氧化物、臭氧、一氧化碳等；使用J507焊条时，除上述成分外，还有氧化铬、氧化镍等。因此，电焊工尘肺是一种混合性尘肺。

(3) 防护措施：必须佩戴个人防护用品，按时、按规定对身体状况进行检查，对除尘设施定期维护和检修，确保除尘设施运转正常。

(4) 应急处理：发现身体状况异常时要及时去医院检查治疗。

焊工、喷砂工应列为重点防尘岗位，工作场所应采取通风除尘技术措施。当以个人防护为主时，要求员工戴自吸过滤式全面罩以上防护级别的防尘呼吸器。

（八）电离辐射的危害

(1) 健康危害：放射源发射出来的射线具有一定的能量，它可以破坏细胞组织，从而对人体造成伤害。伽马射线对人体的伤害主要是杀伤白细胞和血小板。中子射线对人体的伤害主要是中子射线会被人体中的氢慢化，然后被人体内的氯或钠元素俘获，产生次生伽马射线杀伤人体的细胞。当人体受到大量射线照射时，可能会产生诸如头昏乏力、食欲减退、恶心、呕吐等症状，严重时会导致机体损伤，甚至可能导致死亡。但当人体只受到少量射线照射时，一般不会有不适症状，也不会伤害身体。

(2) 理化特性：放射性、极强的穿透性、电离辐射的电离和激发作用，电离辐射作用于机体而引起的病理反应，造成人体放射性损伤。

(3) 防护措施：放射性工作人员所接受的外辐射剂量的大小，与照射距离的远近、照射时间的长短以及屏蔽物的使用有着直接的关系。放射性射线的通量与距离的二次方成反比。所以，在使用放射源时，在保证工作顺利的条件下，应尽可能地增大人与放射源之间的距离，使人受到照射的剂量降到最低。从事放射性工作的人员受到的外照射累积剂量与照射时间成正比。因此，缩短放射性照射时间就是最好的防护方法。屏蔽防护是依据射线通过不同物质时会被不同程度减弱的原理，在操作人员和放射源之间使用适当的屏蔽材料，以减少对人体的伤害。

检测作业人员应加强放射源防护管理，运输、储存和使用放射源时应严格按相关控制规范进行屏蔽，作业人员应穿戴有效的防护用品，并配带个人计量计，个人计量计应及时检定。

(4) 对从事放射性作业人员的要求。

① 从事放射性操作的人员必须经过培训，懂得有关放射源的原理、特性、安全知识和防护方法，取得辐射法律法规与防护知识培训合格证。

② 必须懂得检测刻度时对装卸源的要求，经过装卸源的培训和练习并考核合格。

③ 放射源是重大的危险物品，必须严防丢失、泄漏和污染环境。必须严格遵守领还、押运、使用和暂存的安全规定。

④ 从事放射性作业前，必须到职业病防治医院进行体检，合格者才可从事这一工作，以后每年都必须进行一次体检，并由医院和工作单位建立体检档案。

⑤ 从事放射性作业的人员，必须注意合理分散接触剂量，切忌过于集中，必须保证营养和休息，离岗后进行体检。

实际上，在人们的生活环境中，放射性射线无处不在。如宇宙射线、建筑材料及人们日常的生活用具和食品中都会有一定剂量的放射性射线，但由于剂量不大，而人们自身又有一定的抵抗力和再生能力，因此，这些射线不会对人们有什么伤害。

经职业病防治医院体检后，符合从事放射性工作条件的人员，只要注意安全防护，在安全的剂量范围内从事作业，注意营养和休息，是可以保持身体健康的，违章蛮干将会导致严重的不良后果。

(5) 警示标志：注意电离辐射。

(6)应急处理：对于职业性放射性工作人员，由于从事的工作有连续性，其受照剂量有严格控制，超出时必须中断其放射性工作。

（九）气候与环境的危害

野外施工遭遇的高温、高湿、大风（雨雪）恶劣天气等自然因素以及洪涝灾害等环境因素，可能引起设备故障或人员失误，也是发生失控的间接因素。

(1)健康危害：冰雪天气对现场员工造成冻伤；强潮汐或涨潮时在潮间带或极浅海作业的人员或设备（车辆、作业船只）被淹；暴雨天气雷击造成人员受伤或设备损坏；山区存在发生洪灾、泥石流的风险；人员不适应高原、沙漠、海外热带环境等导致体质下降，出现不良反应。

(2)理化特性：极端天气，包括暴雪、雷雨、霜冻、大风、潮汐等；恶劣环境，包括高原地区、沙漠地区、海外热带环境等。

(3)应急处理：出现突发情况应及时转移设备设施，紧急情况要撤离人员。

(4)防护措施：首先应建立应急处置预案，开展演练，应对各类突发情况，还需配备相应的防护设施，出现紧急情况，现场负责人应组织人员有序撤离至安全地带，并向上级报告情况。出现人员受伤，应迅速组织抢救，并联系当地医院进行救治。

二、常见职业病及预防

职业病是指企业、事业单位和个体经济组织的劳动者在职业活动中，因接触粉尘、放射性物质和其他有毒、有害物质等因素而引起的疾病。

2013年12月23日，国家卫生健康委员会、人力资源和社会保障部、安全监管总局、全国总工会4部门联合印发《职业病分类和目录》，将职业病分为职业性尘肺病及其他呼吸系统疾病、职业性皮肤病、职业性眼病、职业性耳鼻喉口腔疾病、职业性化学中毒、物理因素所致职业病、职业性放射性疾病、职业性传染病、职业性肿瘤、其他职业病10类132种。

对从事职业活动的劳动者可能导致职业病的各种危害统称为职业病危害因素。石油行业存在的主要职业病危害因素有粉尘、化学因素、物理因素和生物因素。

(1)粉尘类职业病危害因素以打磨、喷砂、电焊烟尘和其他粉尘为主。电焊烟尘在电焊作业时短时间积聚导致粉尘浓度较高，特别是半自动自保护下焊接发尘量很大，就是在野外也应该注意防护。

(2)化学类职业病危害因素主要有 H_2S、CO、NO_x、SO_2、盐酸、烧碱、碳酸钠、重铬酸盐、硫酸钡、四乙基铅、溶剂汽油、锰及其无机化合物。化学类职业病危害因素存在于防腐剂、除锈剂产品的配制、循环和回收环节，柴油机发电运行环节，电焊作业环节。

(3)物理类职业病危害因素主要有噪声、手传振动、工频电场和电焊弧光。噪声主要来自柴油机、振动筛、离心机、除砂器等的运行过程；手传振动主要来自检修柴油机、振动筛工作、转盘转动等环节；工频电场主要存在于柴油发电机、SCR/MCC房附近；电焊弧光存在于电焊作业。

(4)生物类职业病危害因素主要有森林脑膜炎病毒等。

根据《中华人民共和国职业病防治法》关于职业病防治工作的规定，职业病防治工作坚持预防为主、防治结合的方针，建立用人单位负责、行政机关监管、行业自律、职工参与和社会监督的机制，实行分类管理、综合治理。劳动者依法享有职业卫生保护的权利。用人单位应当为劳动者创造符合国家职业卫生标准和卫生要求的工作环境和条件，并采取措施保障劳动者获得职业卫生保护。用人单位应当建立健全职业病防治责任制,加强对职业病防治的管理,提高职业病防治水平。

1. 职业病预防

（1）基础防控方面,以营养项目促进生理健康,以压力管理缓解职业紧张,以援助项目来应对职业健康突发情况。

（2）对粉尘类职业病危害因素的防控措施包括：生产设备自动化,合理选用焊接方法,采用降尘、除尘、通风、净化措施,加强个体防护。

（3）对化学类职业病危害因素的防控措施包括：生产设备密闭化、自动化,合理设计废弃物循环使用方法,采用低毒、无毒原料,设置报警系统,加强个体防护。

（4）对物理类职业病危害因素的防控措施包括：以网电设备替代柴油设备,以新设备代替老设备,给设备加装隔音装置,加强个体防护。

2. 职业病防与治

（1）严格执行职业卫生法规和卫生标准。

国家制定和颁布了一系列劳动保护法规和数百个职业卫生标准,这些法规和标准都是实践和科学实验的经验总结,是搞好职业病预防和控制工作的依据,必须认真贯彻执行,并对执行情况进行监督检查。

（2）对建设项目进行预防性卫生监督。

对新建、扩建、改建、技术改造和引进的建设项目中有可能产生职业危害的,要根据《工业企业设计卫生标准》的要求,在其设计、施工、验收过程中进行卫生学监督审查,使其职业卫生防护措施与主体工程同时设计、同时施工、同时运行使用。保证在其运行使用后能有良好的工作环境和条件。

（3）对工作环境职业危害因素进行监测和评价。

经常和定期监测工作环境中有害因素的浓（强）度,及时了解有害因素的产生、扩散、变化规律,鉴定防护设施的效果,以及对接触化学物质的劳动者的血、尿等生物材料中的有害物质或其他代谢产物及一些生化指标进行监测。发现工作环境中有害因素浓（强）度超过卫生标准或生物材料中化学物质的含量超过正常值范围时,要查明原因,为采取措施提供依据。

（4）对劳动者进行职业性健康检查。

应当对劳动者进行就业前、定期和离岗时的职业性健康检查。在就业前的检查中如发现有不宜从事某一职业危害因素作业的职业禁忌证者,不得安排其从事所禁忌的作业。定期健康检查便于早期发现病情,及时处理,防止职业危害的发展,为制定预防对策提供依据。

（5）建立职业卫生档案和劳动者个人的健康监护档案。

企业建立职业卫生和劳动者个人的健康监护档案,是加强职业病防治管理的要求。职业卫生档案主要包括工作单位的基本情况,职业卫生防护设施的设置、运转和效果,职业危害因素的浓（强）度监测结果与分析,职业性健康检查的组织和检查结果及评价。劳动者个人健康档案主要包括职业危害接触史,职业健康检查的结果,职业病的诊断、处理、治疗和疗养,职业危害事故的抢救情况等。

（6）消除职业危害,改善劳动条件。

① 禁止生产、进口和使用国际上禁止的严重危害人体健康的物质,如联苯胺、β 萘胺等强致癌物和有机汞农药等。

② 改善作业方式,减少有害因素扩散。

③ 加强设备的维护、检修和管理,减少有毒物质的跑、冒、滴、漏。

④ 搞好工作场所的环境卫生,消除有害物质的二次污染。

(7) 合理使用有效的个人防护用品。

在工作场所有害因素的浓(强)度高于国家卫生标准,或因进行设备检修而不得不接触高浓(强)度有害物质时,必须配备有效的个人防护用品。

(8) 注意个人卫生,合理安排劳动和休息,注意劳逸结合。

(9) 对女性职工要给予特殊保护,不得安排孕期、哺乳期的女性职工从事对其本人和胎儿(婴儿)有危害的工作。

(10) 开展健康教育,普及防护知识,制定职业卫生制度和操作规程。

用人单位领导和劳动者要通过培训,学习有关职业病防治的政策和法规、职业危害及其防护知识,提高对改善劳动条件、控制职业危害重要性的认识,防止职业病的发生。

(11) 职业病的诊断。

职业病的诊断应根据以下原则进行:有明确的职业史、工作环境有害因素的监测资料和生物监测资料等;症状、体征和常规实验室检查、物理学检查、生化检查、其他辅助检查等的结果与所接触的职业危害因素有明确的因果关系。

(12) 职业病患者的治疗。

职业病确诊后,根据职业病诊断机构的诊断结果,按以下原则进行治疗。

① 防止危害因素继续侵入人体。

② 促使已被吸收的危害因素排出体外。

③ 消除病因。

④ 特效拮抗治疗。

(13) 职业病患者的处理和劳动能力鉴定。

职业病患者在治疗或疗养后被确认不宜继续从事原有害工作的,应调离原工作岗位,另行安排工作。劳动能力受损程度应按照已颁布的《职工工伤与职业病致残程度鉴定》的标准进行鉴定,并按劳动保险条例,给予工伤保险待遇或职业病待遇。

(14) 职业病的报告和统计。

职业病的报告和统计是为制定职业病防治规划和检验职业病防治工作的成效提供重要的信息和依据。如果某企业或单位发现职业病患者,企业或单位有责任和义务按照《职业病报告办法》的要求,向当地卫生行政主管部门报告。

第五节　交通安全

一、交通风险因素、安全常识

道路交通系统有 3 个基本要素:人、车、环境。在 3 个要素中,驾驶员是环境的理解者和车辆操作指令的发出与执行者,是系统的核心;车和环境因素必须通过人才能起作用,三要素协作运行才能实现道路交通系统的安全性要求。

《中国石油天然气集团有限公司交通安全管理办法》指出,道路交通安全工作坚持"安全第一、预防为主、综合治理"的方针,依据车辆运行安全风险,实施车辆运行分级监控和驾驶员分级管理。

（一）人员因素

人员因素是影响道路交通安全的核心因素，包括驾驶员、行人和乘客等。

1. 驾驶员

此处所讲驾驶员是指中国石油及所属企业依法取得机动车驾驶证并持有驾驶相应车辆内部准驾证的人员（包含合同化员工及市场化用工人员）。驾驶员变更准驾车型应重新申领相应类别车型的内部准驾证。

人的心理活动对驾驶具有指向和调节控制作用，人的不安全行为是导致事故发生的直接原因。据有关资料分析，在道路交通事故原因中，因驾驶员各种交通违法行为造成的事故占70%以上，而影响安全驾驶导致事故发生的驾驶员自身因素是多方面的，有驾驶员心理因素、生理因素、不安全行为因素和驾驶经验知识及技能因素等。因此，识别和控制驾驶员自身的不安全因素，对于安全行车、预防事故的发生具有非常重要的现实意义。

（1）不安全行为。

① 超速行驶，当遇到紧急情况时没有足够的反应时间和制动距离。

② 安全带使用不正确，驾驶车辆时司机接打手机或与乘车人员闲聊、嬉闹，思想不集中。

③ 不注意或没按道路指示的标志行驶。

④ 随意停车，并在停车时未采取相应的安全措施。

⑤ 开快车、开赌气车、强超抢会、疲劳驾驶。

⑥ 安全车距不足、跟车不当、观察判断失误、交通信息处理不当。

⑦ 行驶中紧急制动、随意掉头和变道、违章拖曳故障车。

⑧ 酒后驾车。

（2）驾驶员的不安全心理。

惰性心理、侥幸心理、麻痹心理、急躁心理、从众心理、自负心理、消极心理、情绪异常、注意力不集中和事故倾向性个性心理等。

交通事故可能是由驾驶员情绪变化而导致发生的，例如：

① 因工作和生活中的各种原因，心情沮丧、压力大、悲伤、兴奋、烦躁。

② 受其他人的影响，驾驶员怀有挑逗、争强好胜的心情。

③ 由于其他车辆的剐蹭、碰撞，使驾驶员生气抱怨。

④ 当道路发生严重堵塞时，驾驶员心生怨恨。

⑤ 行驶中对他人的行为举动感到愤懑。

⑥ 驾驶时思考与驾车无关的事情。

2. 行人

行人的遵章意识、交通行为会对道路交通安全产生明显影响。行人的自由度大，且与车辆的行驶速度差距很大，在捷径心理的支配下，往往会突然闯到机动车前，特别是市区、学校等人员密集区域，由于结伴而行，在从众心理支配下，往往相互以对方为依赖，忽视交通安全而导致事故发生。

3. 乘客

乘客的行为也会对道路交通安全状况产生影响。乘客具备较强的安全意识，一旦事故发生能够采取必要的自救措施，有利于减少事故发生或降低事故的损害程度。

（二）设备因素

道路交通中的设备因素包括车辆、安全设施等。

1. 车辆

此处所讲车辆是指承担中国石油及所属企业生产经营任务的在道路上运行的机动车，包括自有和租赁的机动车，不含场（厂）内专用机动车。车辆应具有良好的行驶安全性，这是减少交通事故的必要前提。车辆的行驶安全性包括主动安全性和被动安全性。

主动安全性指车辆本身防止或减少交通事故的能力。它主要与车辆的制动性、动力性、转向、轮胎、操纵稳定性、结构尺寸、视野和灯光等因素有关。

被动安全性是指发生事故后，车辆本身所具有的减少人员伤亡、货物受损的能力。提高车辆被动安全性的装置有安全带、安全气囊、安全玻璃、安全门、灭火器等。

工程技术服务企业特种专业车辆多，危险货物运输车、起重机以及其他专业工程车辆，需要在普通车辆危害因素辨识的基础上进行再识别，并采取相应的预防措施。

车辆按照运行风险的大小分为一类车辆、二类车辆和三类车辆。一类车辆包括载运《危险货物品名表》（GB 12268）中的危险货物及《危险化学品目录（2015 版）》中的危险化学品的车辆（以下统称危险货物运输车辆），20 座及以上大型载客汽车，用于员工通勤的 10 座及以上中型载客汽车；二类车辆包括其他中型载客汽车，重型载货汽车（总质量为 12 t 及以上的普通货运车辆），地震仪器车、钻机车、井架车、修井车、压裂车、固井车、灰罐车、管汇车、捞油车、通信仪器车、消防车、电测车、物探专业的危险货物运输车等专项作业车，以及各类现场作业半挂车；三类车辆为除一类车辆、二类车辆以外的其他车辆。

按照《中国石油天然气集团公司交通安全管理办法》要求，一类和二类车辆应安装、使用符合国家和中国石油标准的卫星定位系统车载终端（以下简称车载终端），三类车辆可根据需要安装、使用车载终端。

行驶车辆应保证证照齐全，随车工具、备胎、灭火器、急救包齐全完好，倒车镜完整、清晰、安装牢固，车窗玻璃保持完好、透视良好，挡风玻璃附近无杂物，车灯、指示灯、手制动、脚制动性能良好，轮胎保证状态良好，适于其用途。座位及安全带保持完好，驾驶室内保持整洁，高、低音喇叭完好，保险杠、踏板安装牢固、无变形，电瓶连接良好、干净稳固，各部位无漏电。

涉及民爆物品运输的车辆应经设区的市级人民政府交通运输管理部门检验合格，并取得危险货物运输证。车辆结构牢靠，机械、电路性能良好，使用柴油动力，采用专用集装箱运输。安装标准的黄色"危险品"标志牌（旗）。车架上应安装导静电橡胶拖地带（皮卡车 1 条，卡车 2 条），并接地良好。排气管加装防火帽，配备不少于 2 具的 ABC 类干粉灭火器，卡车配置的灭火器单具规格不应小于 4 kg，皮卡车配置的灭火器单具规格不应小于 2 kg。装载量不得超过集装箱容积的 4/5，集装箱及货物合重不得超过车辆核定载重量。

从事油料运输的车辆应为专用油罐车，并取得危货运输证。车辆结构牢固，机械、电路性能良好，不应安装、使用无线电通信设施。应设置危险品标志，排气管安装防火帽，配备 2 具规格不小于 4 kg 的干粉灭火器。安装防静电接地装置，接地良好。配备照明用防爆手电，罐体及加油设备固定牢固，车内存放化学品安全技术说明书（MSDS）。

放射源的运输、领用和送还必须办理相关手续，以保证其随时处于受控状态。不论是近距离还是长途运输，放射源必须由作业人员或专职人员押运。运输途中，押运人员必须认真负责，保证源罐固定牢靠。同时源罐和源仓必须上锁，运载途中，应注意远离人群集中的场所,不得在城镇闹市停车。

2.安全设施

安全设施和道路交通安全有很大关系,安全设施一方面能够有效对驾驶员和其他出行者进行引导和约束,使驾驶员对车辆的操纵安全且规范,使其他出行者与机动车流保持合理的隔离,从而降低事故的发生率;另一方面能够在车辆出现操控异常后,有效地对车辆进行缓冲和防护,尽可能地减少人员伤亡和财产损失。

(三)环境因素

环境因素主要包括道路、行驶周围环境、天气气候等。

1.道路

道路应安全设计路面、视距、几何线形要素及交叉口等。

(1)路面。

路面状况与交通事故发生率密切相关,二者的关系见表2-4。

表2-4 不同路面状况与交通事故率的关系

路面状况	干燥	湿滑	路面不湿而滑	路面积雪结冰	合计
粗糙化前/%	21	44	15	2	82
粗糙化后/%	18	5	4	0	27

为满足车辆的安全运行要求,路面应具有以下性能:强度和刚度、稳定性、表面平整度、表面抗滑性、耐久性。

(2)视距。

行车视距是指为了保证行车安全,司机应能看到行车路线上前方一定距离的道路,以便发现障碍物或迎面来车时,采取停车、避让、错车或超车等措施,即完成这些操作过程所必需的最短时间内汽车的行驶路程。在道路平面和纵面设计中应保证足够的行车视距,以保证行车安全。

(3)线形。

道路几何线形要素的构成是否合理、线性组合是否协调,对交通安全有很大影响。

① 平曲线。平曲线与交通事故关系很大,曲率越大事故率越高,尤其是曲率大于10以上时,事故率急剧增加。

② 竖曲线。道路竖曲线半径过小时,易造成驾驶员视野变小、视距变短,从而影响驾驶员的观察和判断,易产生事故。

③ 坡度。据调查资料,平原、丘陵与山地3类道路交通事故率分别为7%、18%和25%,主要原因是下坡来不及制动或制动失灵。

(4)交叉口特性。

当2条或2条以上走向不同的道路相交时便产生交叉口,分平面交叉口和立体交叉口2类。立体交叉口不同交通流在空间上是分离的,彼此之间不发生冲突,而平面交叉口由于存在不同方向车流的冲突,从而易导致交通事故。因此,为保障交通安全,减少事故发生,在车流量较大的交叉口应尽量绕行或缓慢行驶。

2.环境

工种技术服务企业施工现场多为山坡、泥地、沙漠、戈壁等环境,尤其是山区道路路面狭窄,驾驶视线容易受阻,跟车、超车、会车存在危险;有些路段盘山绕行、临崖靠涧,容易发生翻车、坠崖的危险。节假日期间以及夜间行车可能因突发情况处理不及时等导致事故。因此驾驶员应减速,尽可能避免超车,谨慎驾驶。

3. 天气气候

雨天、雪天的路面以及北方冬季桥梁冰冻路面的摩擦系数降低,刹车距离加大,司机要加大车距,延长刹车距离。尤其是在桥梁冰冻路面,除降低车速和增大车距以外,还应采取防御性驾驶方式,紧握方向盘,尽可能在道路中间行驶,在时间和距离上为处理复杂情况提供条件。雾天能见度低,出现团雾安全风险更大,因此要多关注天气情况,避免雾天行车。

雨雪天行车注意事项包括:

(1) 保持良好的视野。雨天开车上路除了谨慎驾驶以外,要及时打开雨刷器,天气昏暗时还应开启近光灯和防雾灯。雪天清理车窗、后视镜等部位的积雪,保持视线清晰。

(2) 控制车速,不急转弯。要和前车保持足够的安全距离,出现情况应当缓踩刹车,避免车辆侧滑。

(3) 防止涉水陷车。当车经过有积水或者立交桥下、深槽隧道等有大水漫溢的路面时,首先应停车查看积水的深度,水深超过排气管,容易造成车辆熄火;水深超过保险杠,容易进水。不要高速过水沟、水坑,这样会产生飞溅,导致实际涉水深度加大,容易造成发动机进水。

(4) 注意观察行人。由于雨中的行人撑伞,骑车人穿雨衣,他们的视线、听觉、反应等受到限制,有时还为了赶路横穿猛拐,往往在车辆临近时惊慌失措而滑倒,使司机措手不及。遇到这种情况时,司机应减速慢行,耐心避让,必要时可选择安全地点停车,切不可急躁地与行人和自行车抢行。

二、乘车安全

(1) 上车后,必须系好安全带。

(2) 路边上下车,注意来往车辆,尽量从路边一侧车门上下车。

(3) 车辆行驶途中不得与司机闲聊、攀谈、嬉闹,不得打开车门。

(4) 不得往车窗外抛扔瓜果皮、烟头、矿泉水瓶等。

(5) 不得因为任何原因,催促司机提高车速、超速行驶,或要求司机长时间疲劳驾驶。

(6) 当前方出现异常情况时,不能高声喊叫或采取其他激烈方式,应及时轻声提醒司机注意。

(7) 除紧急或特殊情况在得到车辆管理者批准外,乘车人不得要求司机在夜间行驶、赶路尤其是寒冷季节或雨雾天气。

(8) 严禁超载。

(9) 禁止在客货两用车、货车车厢或车厢的货物上、护栏上、驾驶室顶部、踏脚板、防护板、车篷、底座、箱板上乘坐人员。

三、行车安全

交通事故是指车辆在道路上因为过错或者意外造成的人身伤亡或者财产损失的事件。

1. 交通运输的潜在风险

它包括但不局限于以下几种:

(1) 撞车或车胎爆裂造成人员抛甩出车外和挤、压、碰、撞、割伤。
(2) 车辆着火造成的人员烧伤以及设备损坏。
(3) 大车碾压和直接或间接碰撞行人。
(4) 车辆自燃、翻车、落水、掉沟、坠落。
(5) 撞击路标、树木、路边停放车辆。
(6) 车辆追尾及互相间刮擦等。

石油工程生产中无论上下班、搬运、生产组织都离不开车辆。交通安全既涉及生产组织的正常运行,也事关企业员工的身心健康。如何减少、避免交通事故是企业安全管理的重中之重,而提高驾驶人员的安全意识和安全技能、降低交通事故则是交通运输安全管理的核心。

2. 交通安全管控措施

交通安全管控措施是指导生产、确保交通安全的重要内容。它包括:
(1) 遵守公司交通安全规定及公司交通安全管理程序文件。
(2) 准驾制度,即无公司内部准驾证严禁驾驶公车。
(3) 驾车与坐车必须系安全带。
(4) 交通典型违章行为。
① 驾驶或乘车不系安全带。
② 无照驾驶或驾驶与驾驶证不相符的车辆。
③ 疲劳驾驶(连续驾车超过 4 h,当日每名驾驶员累计驾驶时间超过 8 h)。
④ 驾驶车辆超速或强行超车。
⑤ 将车辆交给、转借或安排无证人员进行驾驶。
⑥ 行车前未检查车辆或驾驶有隐患的车辆。
⑦ 行车前或行车中服用有碍行车安全的药物。
⑧ 违反交通规则或不服从交警指挥。
⑨ 钻机长途运输时,未进行前期道路勘查、制定相应防范措施。
⑩ 设备在长途运输前未进行捆绑。
(5) 加强派车管理和"三交一封"。
(6) 掌握防御性驾驶技术。

四、非道路交通

(一) 非道路范围

(1) 自建自管未列入规划的城市巷弄或村间路,或者称自行修建并自行负责管理的路面。
(2) 用于田间耕作的农村铺设的水泥路、沥青路、砂石路等机耕路。
(3) 村民宅前宅后建造的路段或自然通车形成的路面。
(4) 封闭式住宅小区内楼群之间的路面。
(5) 机关、团体、单位和厂矿的内部路面,火车站、机场、港口、货场内的专用路面。
(6) 撤村建居后尚未移交公安交通部门管理的路段。
(7) 晾晒作物的场院内。
(8) 断路施工而且未竣工或已竣工未移交公安交通部门管理的路段。

(9) 其他未列入公共交通管理范围的路段。

(二) 水上交通安全

1. 乘船安全注意事项

在冀东、南海等区域涉及海上作业，员工需乘船到达施工现场，水上行船，具有一定的危险。

(1) 乘船时要注意安全，上下船走浮桥时，注意脚下，防止滑倒跌入水中。不要把危险物品、禁运物品带上船。

(2) 不乘坐超载、无证、人货混装船以及其他简陋船只。

(3) 上下船要排队按次序进行，不拥挤、争抢，以免造成挤伤、落水等事故。

(4) 天气恶劣，如遇大风、大浪、浓雾等，应尽量避免乘船。

(5) 不在船头、甲板等地打闹、追逐，以防落水。不拥挤在船的一侧，以防船体倾斜，发生事故。

(6) 船上的许多设备都与保证船的安全有关，不乱动，以免影响正常航行。

(7) 夜间航行，不要用手电筒向睡眠者、岸边照射，以免引起误会或使驾驶员产生错觉而发生危险。

(8) 一旦发生意外，要保持镇静，听从有关人员指挥。

2. 翻船后自救方法

当遇到风浪袭击时，不要慌乱，要保持镇静，不要站起来或倾向船的一侧，要在船舱内分散坐好，使船保持平衡。若水进入船内，要全力以赴将水排出去。

如果发生翻船事故，要懂得木制船只一般是不会下沉的。人被抛入水中，应立即抓住船舷并设法爬到翻扣的船底上。在离岸边较远时，最好的办法是等待救援。

玻璃纤维增强塑料支撑的船翻了以后会下沉，但有时船翻后，因船舱中有大量空气，能使船漂浮在水面上，这时不要再试图将船正过来，要尽量使其保持平衡，避免空气跑掉，并设法抓住翻扣的船只，等待救助。

第六节　危险化学品

一、危险化学品的概念

危险化学品是指具有毒害、腐蚀、爆炸、燃烧、助燃等性质，对人体、设施、环境具有危害的剧毒化学品和其他化学品。在生产、经营、储存、运输、使用和废弃物处置过程中，容易造成人身伤亡和财产损毁。

二、危险化学品的危险特性

(一) 燃烧性

爆炸品、压缩气体和液化气体中的可燃性气体、易燃液体、易燃固体、自燃物品、遇湿易燃物品、有机过氧化物等，在条件具备时均可能发生燃烧。

(二) 爆炸性

爆炸品、压缩气体和液化气体、易燃液体、易燃固体、自燃物品、遇湿易燃物品、氧化剂和有机过氧化物等危险化学品均可能由于其化学活性或易燃性引发爆炸事故。

(三) 毒害性

许多危险化学品可通过一种或多种途径进入生命体内,当其在生命体内累积到一定量时,便会扰乱或破坏机体的正常生理功能,引起暂时性或持久性的病理改变,甚至危及生命。

(四) 腐蚀性

强酸、强碱等物质能对人体组织、金属等物品造成损坏,接触人的皮肤、眼睛、肺部或食道等时,会引起表皮组织坏死而造成灼伤。内部器官被灼伤后可引起炎症,甚至会造成死亡。

部分常见危险化学品的危险特性见表2-5。

表2-5 部分常见危险化学品的危险特性

物质名称	闪点/℃	燃点/℃	爆炸极限/%	危险特性
乙炔		305	2.5~80	极易燃
乙醇	13	443	4.7~19	易燃
苯	−11	562	1.2~8	致癌、易燃
硫化氢		260	4~46	有毒、极易燃
汽油	−58~10	280~456	1.4~7.6	高度易燃
甲烷		537	5~16	极易燃
一氧化碳		609	12.5~74	有毒、易燃
硫酸/硝酸				强腐蚀性
氢氧化钠				强腐蚀性

三、化学品安全技术说明书和危险化学品安全标签

(一) 化学品安全技术说明书

化学品安全技术说明书在国际上称作化学品安全信息卡,简称CSDS(Chemical Safety Data Sheet)或MSDS(Material Safety Data Sheet),是一份关于化学品燃爆、毒性和环境危害以及安全使用、泄漏应急处置、主要理化参数、法律法规等方面信息的综合性文件。

作为最基础的技术文件,化学品安全技术说明书的主要用途是传递安全信息,其主要作用体现在:

(1) 是化学品安全生产、安全流通、安全使用的指导性文件。
(2) 是应急作业人员进行应急作业时的技术指南。
(3) 为危险化学品生产、处置、储存和使用各环节制定安全操作规程提供技术信息。
(4) 为危害控制和预防措施的设计提供技术依据。
(5) 是企业安全教育的主要内容。

根据《化学品安全技术说明书内容和项目顺序》(GB 16483—2008)要求,化学品安全技术说明书主要包括以下内容:

(1) 危险性概述。简要概述该化学品最重要的危害和效应,主要包括危险类别、侵入途径、健康危害、环境危害、燃爆危险等信息。

（2）成分或组成信息。标明该化学品是纯化学品还是混合物。混合物应给出每种组分及其比例，尤其要给出危害性组分的浓度或浓度范围。

（3）急救措施。主要指现场作业人员受到意外伤害时，所需采取的自救或互救的简要处理方法，包括眼睛接触、皮肤接触、吸入、食入的急救措施。

（4）消防措施。说明合适的灭火剂及灭火方法和因安全原因禁止使用的灭火剂，以及消防员的特殊防护用品，并提供有关火灾时化学品的性能、燃烧分解产物以及应采取的预防措施等资料。

（5）泄漏应急处理。指化学品泄漏后现场可采用的简单有效的应急措施、注意事项和消除方法，包括应急行动、应急人员防护、环保措施、消除方法等内容。

（6）操作处置与储存。主要指化学品操作处理和安全储存方面的信息资料，包括操作处置作业中的安全注意事项、安全储存条件和注意事项。

（7）接触控制或个体防护。主要指为保护作业人员免受化学品危害而采用的防护方法和手段，包括最高容许浓度、工程控制、呼吸系统防护、眼睛防护、身体防护、手防护及其他防护要求。

（8）理化特性。主要描述化学品的外观及理化性质等方面的信息。

（9）稳定性和反应活性。主要叙述化学品的稳定性和反应活性方面的信息。

（10）毒理学资料。主要提供化学品的毒性、刺激性、致癌性等信息。

（11）生态学信息。主要叙述化学品的环境生态效应和行为，包括迁移性、降解性、生物积累性和生态毒性等。

（12）废弃处置。提供化学品和可能有有害化学品残余的污染包装的安全处置方法及要求。

（13）运输信息。主要是指国内、国际化学品包装与运输的要求及运输规定的分类和编号，包括危险货物编号、包装类别、包装标志、包装方法、UN 编号及运输注意事项等。

化学品安全技术说明书由化学品生产供应企业编印，在交付商品时提供给用户；化学品的用户在接收、使用化学品时，要认真阅读技术说明书，了解和掌握化学品危险性，并根据使用的情形制定安全操作规程，选用合适的防护器具，培训作业人员。

（二）危险化学品安全标签

危险化学品安全标签是用文字、图形符号和编码的组合形式表示化学品所具有的危险性和安全注意事项。

安全标签应粘贴、挂拴或喷印在危险化学品容器或包装的明显位置，粘贴、挂拴、喷印应牢固，以防在运输、储存期间脱落。

盛装危险化学品的容器包装，在经过处理并确认其危险性完全消除之后方可撕下标签，否则不能撕下相应的标签。

《化学品安全标签编写规定》(GB15258—2009)规定了危险化学品安全标签的内容、格式和制作等事项，主要包括以下内容：

（1）名称。用中英文分别标明危险化学品的通用名称。

（2）分子式。可用元素符号和数字表示分子中各原子数，位于名称的下方。若是混合物此项可略。

（3）化学成分及组成。标出化学品的主要成分和含有的有害组分、含量或浓度。

（4）警示词。根据化学品的危险程度，分别用"**危险**""**警告**""**注意**"3个词进行危害程度的警示。当某种化学品具有 2 种及 2 种以上的危险性时,用危险性最大的警示。警示词一般位于化学品名称下方,要求醒目、清晰。

(5) 危险性概述。简要概述化学品燃烧爆炸危险特性、健康危害和环境危害。说明要与安全技术说明书的内容相一致,并且位于警示词下方。

(6) 安全措施。表述化学品在其处置、搬运、储存和使用作业中所必须注意的事项和发生意外时简单有效的救护措施等,要求内容简明扼要、重点突出。

(7) 灭火。若化学品为易(可)燃或助燃物质,应提示有效的灭火剂和禁用的灭火剂以及灭火注意事项。

(8) 提示向生产销售企业索取安全技术说明书。

(9) 应急咨询电话。填写化学品生产企业的应急咨询电话和国家化学事故应急咨询电话。

四、危险化学品的运输、装卸、储存、使用与废弃要求

(一) 危险化学品运输、装卸要求

(1) 危险化学品装卸作业应由专人在现场负责指挥,装卸运输作业人员应按所装运危险化学品的性质,佩戴相应的防护用品,装卸时应轻装、轻卸,严禁摔拖、重压和摩擦,不得损毁包装容器,并注意标志,堆放稳妥。

(2) 在温度较高地区装运液化气体和易燃液体等危险化学品时,要有防晒降温措施。

(3) 危险化学品承运企业应取得危险化学品运输资质,否则不得从事危险化学品运输。

(4) 不得在托运的普通货物中夹带危险化学品,不得将危险化学品匿报或者谎报为普通货物运输。

(5) 运输危险化学品的车辆应按照《道路运输危险货物车辆标志》(GB13392)的规定安装或喷涂危险化学品警示标志,配备通信工具、人员防护和施救设备。易燃、易爆物品的机动车,其排气管应装防火帽。运输散装固体危险品时,应根据其性质,采取防火、防爆、防水、防粉尘飞扬和遮阳等措施。

(6) 通过公路运输危险化学品,应配备押运人员,并随时处于押运人员的监管之下,不得多装、超载。

(7) 运输的车辆应保持安全车速,保持车距,严禁强超抢会或超速行驶,不得进入危险化学品运输车辆禁止通行的区域。

(8) 运输危险化学品途中需要停车住宿或者遇有无法正常运输的情况时,应当向当地公安部门报告。

(9) 剧毒化学品在运输途中发生盗窃、丢失、流散、泄漏等情况时,承运人及押运人员应立即向当地公安部门报告,并采取一切可能的警示措施。

(二) 危险化学品储存要求

(1) 危险化学品应按其化学性质分类、分区存放,并有明显的标志,堆垛之间应留有足够的垛距、墙距、顶距和安全通道。

(2) 相互接触能引起燃烧、爆炸或灭火方法等不同的危险化学品,不得同库储存,应设专用仓库、场地或专用储存室,存储易爆品库房应有足够的泄压面积和良好的通风设施。

(3) 对于禁冻、禁晒的危险化学品,应有防冻、防晒设施;对储存温度要求较低的危险化

学品,储存设施应有降温设施;对于储存遇湿易溶解、燃烧、爆炸的物品,应有防潮、防雨措施。

(4) 危险化学品仓库应符合安全和消防要求,通道、出入口和通向消防设施的道路应保持畅通,设置明显标志,并建立健全岗位防火责任制、用电管理、岗位巡检、门卫值班等制度,严格执行防火、防洪(汛)、防盗等各项措施。

(5) 剧毒化学品储存应设置危险等级和注意事项的标志牌,专库(柜)保管,实行双人双锁管理,并报当地公安部门和负责危险化学品安全监督管理的机构备案。

(6) 严格执行危险化学品出入库管理制度,设专人管理,定期对库存危险化学品进行检查,严格核对、检验进出库物品的规格、质量、数量,并登记和做好记录。对无产地、无安全标签、无安全技术说明书和检验合格证的物品不得入库。

(7) 储存场所的安全设备和消防设施应按规定进行检测、检验,过期、报废以及不合格的禁止使用。

(8) 库房、储罐区的建筑设计应符合《建筑设计防火规范》《常用化学危险品贮存通则》等标准的规定。设置明显标志,并纳入要害部位管理。

(9) 危险化学品的储存应严格执行危险化学品的装配规定,对不可装配的危险化学品应严格隔离。

① 剧毒物品不能与其他危险化学品同存于同一仓库。
② 氧化剂或具有氧化性的酸类物质不能与易燃物品同存于同一仓库。
③ 盛装性质相抵触气体的气瓶不可同存于同一仓库。
④ 危险化学品与普通物品同存于一仓库时,应保持一定距离。
⑤ 遇水燃烧、易燃、自燃及液化气体等危险化学品不可在低洼、潮湿仓库或露天场地堆放。

(10) 储存易燃和可燃化学品的仓库、露天堆垛附近,不准进行试验、分装、封焊、维修、动火等作业。如因特殊需要,应按规定办理审批手续方可作业。

(11) 甲、乙类化学品的包装容器应当牢固、密封,发现破损、残缺、变形及物品变质和分解等情况时,应按规定及时处理。

(12) 储罐应符合国家有关规定,安全附件应齐全完好。

(13) 甲、乙类化学品库房不得与员工宿舍在同一座建筑物内,并应当与员工宿舍保持安全距离。甲、乙类化学品库房内不得设办公室、休息室。

(14) 闪点低于 28 ℃,沸点低于 85 ℃ 的易燃液体储罐,应有绝热措施或冷水喷淋设施。

(15) 罐区防洪大堤(墙)的排水管应当设置隔油池或水封井,并在出口管上设置切断阀。

(16) 储罐的防雷、防静电接地装置,应符合设计规范和安全管理要求。

(17) 应按规定为仓库保管人员配备符合要求的防护用品、器具。

(三) 危险化学品使用要求

(1) 使用危险化学品的单位,应编制相应的安全操作规程,设置工艺控制卡片。

(2) 使用危险化学品的场所,应配备相应的消防设施、防护器材和应急处理的工具、装备,生产、使用剧毒化学品的场所还应配备急救药品。

(3) 使用危险化学品的场所,其报警和联锁保护系统等安全设施应符合国家标准和行业规范规定,并定期进行维护、维修和检测,保持完好和安全可靠。

（4）使用单位对工作场所的危险化学品的危害因素应进行定期监测和评估,对接触人员定期组织职业健康体检,建立监测评估和人员健康监护档案。

（5）使用危险化学品的单位,应核对安全标签、安全技术说明书与实物相一致,并编制使用安全规程和注意事项。

（四）危险化学品处置要求

（1）基层使用的危险化学品应集中回收处置,严禁私自处置。

（2）处置危险化学品的设备、产品、原料时,应制定处置方案。处置方案应科学合理,符合国家标准和行业标准要求,并报所在地安全生产监督管理、环境保护和公安部门备案。

（3）剧毒物品的包装箱、纸袋、瓶、桶等包装废弃物,应由专人负责管理,统一销毁。金属包装容器不经彻底清理,不得改作它用。包装容器的销毁,应在安全、环保、公安等有关部门监护下进行。

（4）凡拆除的容器、设备和管道内有危险化学品的,应先清理干净,验收合格后方可报废。

（5）闲置不用的危险化学品应按规定处置。对于失效过期、已经分解、理化性质改变的危险化学品,不得转移,应组织销毁。

（6）危险化学品在报废销毁处理前,应进行分析、检验,根据物品的性质分别采取分解、中和、深埋、焚烧等相应处理方法。

第七节　现场救护与逃生

一、现场救护

无论多么周到详细的安全措施,或是多么安全可靠的防护工具,都不可能做到绝对的安全。如果在现场出现突发情况,在专业医务人员到达之前,现场人员应尽可能地利用当时当地所有的人力、物力为伤病者提供救护帮助,这就需要现场人员懂得一定的救护知识,如触电、中毒、异物窒息、灼伤、出血、骨折等突发情况的救护措施。

（一）异物窒息

人员在进食过程中突然极度呼吸困难、喘憋、表情痛苦、无法言语,继而出现面色发紫或苍白时,在场者应立刻判断其为气道误吸食物或异物发生窒息。

急性呼吸道异物堵塞在生活中并不少见,由于呼吸道堵塞后患者无法进行呼吸,故可能致人因缺氧而意外死亡。海姆里克腹部冲击法是比较快速有效的急救方法,该法在全世界被广泛应用,拯救了无数患者。

海姆里克腹部冲击法的原理是将人的肺部设想成一个气球,气管就是气球的气嘴儿,假如气嘴儿被异物阻塞,可以用手捏挤气球,气球受压球内空气上移,从而将阻塞气嘴儿的异物冲出,这就是海姆里克腹部冲击法的物理学原理。

其具体方法是:急救者环抱患者,突然向其上腹部施压,迫使其上腹部下陷,造成膈肌突然上升,这样就会使患者的胸腔压力骤然增加,由于胸腔是密闭的,只有气管一个开口,故胸腔(气管和肺)内的气体就会在压力的作用下自然地涌向气管,每次冲击将产生 450～500 mL 的气体,从而就有可能将异物排出。此方法可反复实施,直至阻塞物吐出,恢复气道的通畅为止。具体做法如图 2-28 所示。

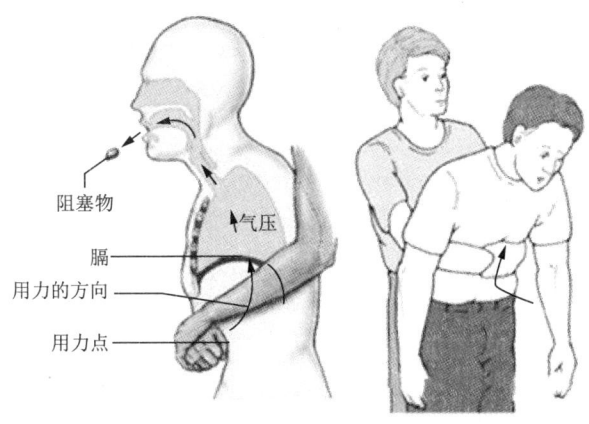

图 2-28　海姆立克腹部冲击法

如患者呼吸道部分堵塞而气体交换良好,救护员不要做任何处理,应尽量鼓励患者通过咳嗽,自行清除异物。患者无法自行咳出异物时,要采取海姆里克腹部冲击法,反复进行,直至异物清除。

(二) 灼伤

灼伤是由于热力、化学物质、电流及放射线所致引起的皮肤、黏膜及深部组织器官的损伤。灼伤分为低温灼伤和高温灼伤。低温灼伤虽然灼伤温度不高,并且创面疼痛感不十分明显,但是持续时间长,创面损伤严重,而且由于未引起重视可能造成较为严重后果,如电焊灼伤、手机充电时灼伤等。高温灼伤有其突发性,令人猝不及防,现场可能出现的高温灼伤有施工现场因火焰、开水、蒸汽以及与高温固体接触引起的组织损伤以及大剂量长时间放射性照射引起的损伤。

1. 轻微灼伤的救护

一般在生活中常见的有烧伤或烫伤,如手指不慎碰到电暖气、被热水烫伤等,可依照下列方法处理:

(1) 在水龙头下冲洗灼伤处至无疼痛感觉。
(2) 蘸干灼伤处,用敷料遮盖。
(3) 避免不必要的接触,以免擦破灼伤处。

2. 电弧灼伤眼睛的救护

发生了电光性眼炎后,其简便的应急措施是用煮过而又冷却的鲜牛奶点眼,还能止痛。使用方法是:开始几分钟点一次,之后,随着症状的减轻,点牛奶的时间可适当地延长。还可用毛巾浸冷水敷眼,闭目休息。经过应急处理后,除了休息外,还要注意减少光的刺激,并尽量减少眼球转动和摩擦。一般经过一两天即可痊愈。从事电焊工作的工人,禁止不戴防护眼镜进行电焊操作,以免引起不必要的事故。

3. 电灼伤的救护

被电灼伤的伤病者,表面看并不严重,但其实电流通过其身体时,已产生一定程度的体内灼伤。通常伤病者身上会有 2 处创伤:一处在电流进入身体的入口处;另一处在电流离开身体的出口处,它是由于电流通过身体时,产生热所致。严重者更可导致呼吸、心搏骤停或心室纤维性颤动和骨折等。电灼伤的处理方法是:

(1) 首先切断电源,如关闭电源或用绝缘物将伤病者与电流分开。

(2) 若伤病者无脉搏,立即施行心肺复苏。

(3) 检查伤病者有无其他损伤。

(4) 用无菌敷料遮盖受伤部位。

(5) 速送医院。

4. 严重灼伤的救护

(1) 防止继续灼伤。将热源与伤病者隔离,如衣物着火则灭火。

(2) 保持呼吸。检查伤病者呼吸是否有障碍,如有应立即处理。

(3) 检查其他伤势。检查伤病者有无其他严重的损害,如大量出血应先处理,并评估烧伤程度及面积。

(4) 降温。用水冲洗伤处,以降低温度,冲洗期间应将贴身衣物及金属物品除去,如手表、戒指或皮带等,直至皮肤温度恢复正常,但不要给伤者过度降温,如发现伤者发抖,应立即停止。

(5) 遮盖伤处。用无菌敷料、清洁的布单等覆盖伤处。

(6) 速送医院。预防或处理休克,尽快将伤病者送往医院。

5. 高压电灼伤救护

高压电灼伤是由电极或高压线引起的意外伤害(电压可高达 400 kV)。其处理方法是:

(1) 伤病者可能抛离电缆很远的地方。如发生这种情形,应根据伤势做适当救助。

(2) 如伤病者仍与电缆接触或位置非常接近电缆,则切勿试图施救。

(3) 切勿爬上设有电缆的塔架或柱上进行急救工作。

(4) 任何人必须远离电缆。

(5) 迅速把总电源关掉并立即通知相关部门。

高压电致伤的急救工作非常危险,除非确知该电缆已经不通电,现场附近的电流已被完全切断或已接地,且起重机或其他高大物体没有碰触高压线。

(三) 中毒

毒物是当人体摄入足够量后能损伤机体甚至致死的物质。毒物进入人体的途径有吸入、皮肤吸收、消化道摄入和注射等。通常情况下施工现场出现因食物变质导致的食物中毒的可能性大,症状以恶心、呕吐、腹痛、腹泻为主,往往伴有发烧,严重的还会脱水、酸中毒,甚至休克、昏迷等。几类常见中毒的具体救护方法如下。

1. 消化道摄入化学物质的救护

(1) 摄入一般化学物质的救护。

① 检查 ABC(气道、呼吸、循环)状况,必要时进行心肺复苏。

② 尽量明确是何种毒物。

③ 如果中毒者清醒,而摄入的是腐蚀性物质,让其多喝冷水或牛奶。

④ 不要试图催吐。

⑤ 拨打急救电话,如可能将中毒者送到最近的有条件的医院。

(2) 药物中毒的救护。

中毒者的中毒反应因摄入何种药物、多大剂量以及服用方法而异。

① 检查伤病者的反应。

② 检查 ABC 状况,必要时进行心肺复苏,置中毒者于恢复体位。

③ 不要催吐,但要保留呕吐物样本。

④ 拨打急救电话,如可能将中毒者送到最近的有条件的医院。

2.食物中毒的救护

食物中毒是由于摄入了含有不同种类致病细菌的食物引起的。

救护方法包括:

(1) 饮水。立即引用大量干净的水,对毒素进行稀释。

(2) 催吐。用手指压迫咽喉,尽可能将胃里的食物排出。

(3) 封存。将吃过的食物进行封存,避免更多人受害。

(4) 呼救。马上向急救中心呼救,越早去医院越有利于抢救,如果超过一定时间,毒物就会吸收到血液里,危险性更大。

(四) 触电

触电造成的伤害主要表现为电击和局部的电灼伤。严重电击可造成假死现象,即触电者失去知觉、面色苍白、瞳孔放大、脉搏和呼吸停止。触电造成的假死现象一般都是随时发生的,但也有的在触电几分钟甚至1~2天后才突然出现假死的症状。

工程技术各专业在现场施工中,涉及的电气设施有发电机、电动机、变压器、供电线路、各种调整控制设备、电气仪表、照明灯具及其他电气设备等,在电气设备设施的安装和运行过程中存在较大的触电风险。当现场发生触电事故时,急救动作要迅速,救护要得法。发现有人触电,切不可惊慌失措、束手无策,首先要尽快地使触电者脱离电源,然后根据触电者的具体情况,进行相应的救治。具体急救措施如下:

1.切断电源

人触电后,可能由于痉挛或失去知觉等原因而紧抓带电体,不能自行摆脱电源。这时,使触电者尽快脱离电源是救活触电者的首要因素。

(1) 低压触电。

① 触电地点有开关,立即断开。

② 触电地点无开关或距开关较远时,使用带有绝缘柄的电工钳或干木柄挑开电线。

③ 电线落在人身上,可用干燥衣服、手套、绳、木板拉人或拉开电线。

④ 触电者衣服干燥,又没有紧缠在身上,不至于使救护人直接触及触电者的身体时,救护人才可以用一只手抓住触电者的衣服,将其拉脱电源。

(2) 高压触电。

① 立即通知有关部门停电。

② 戴绝缘手套,穿绝缘鞋,用相应电压等级的绝缘工具拉开开关,并防止触电者脱离电源后可能的摔伤。

③ 抛掷裸线短路接地,迫使短路装置切断电源,注意勿抛到人身上。

2.触电急救

当触电者脱离电源后,应根据触电者和具体情况,迅速对症救护。现场应用的主要救护方法是人工呼吸法和胸外心脏按压法。触电者需要救治的,大体按以下几种情况分别处理。

(1) 精神清醒者。如果触电者伤势不重,神志清醒,但有心慌、四肢发麻、全身无力等症状,或者触电者在触电过程中曾一度昏迷,但已清醒过来,应使触电者安静休息,不要走动,严密观察,并请医生前来诊治或送医院。

(2) 神志昏迷者,但还有心跳、呼吸。应该使触电者仰卧,解开衣服,以利于呼吸;周围的空气要流通,要严密观察,并迅速请医生前来诊治或送医院检查治疗。

(3) 呼吸停止、心搏存在者。应用人工呼吸法诱导呼吸。

(4) 心搏停止、呼吸存在者。进行胸外心脏按压,并坚持不懈地进行下去,直至患者复苏或者确认死亡。在有设备的情况下,可予以起搏处理。

(5) 呼吸、心搏均停止者。同时进行人工呼吸和心脏按压,在现场抢救的同时,迅速请求医务人员赶赴现场,进行其他有效的抢救措施。

(6) 并发症处理。如有电灼伤创面,在现场要注意消毒包扎,减少污染。

(五) 骨折

1. 骨折的原因

(1) 直接暴力,骨骼在受暴力处折断。例如,被硬物击中头部导致颅骨骨折。

(2) 间接暴力,骨折发生于非受力处。例如,坠地时脚跟首先着地而使脊柱骨折。大部分骨折属于此类。

(3) 肌肉牵拉,肌肉的动作与骨的活动成反方向所导致。例如,上臂三头肌猛力牵拉,导致肘部骨折。

2. 骨折的种类

(1) 闭合性骨折(骨折与外界不相通)。

骨折处皮肤完整,骨折断端与外界不相通。

① 单纯性骨折,通常发生于低能量撞击时。

② 粉碎性骨折,通常发生于高能量撞击时,导致骨折周围或远端的血管、神经、肌肉等有损伤或坏死。

(2) 开放性骨折。

外伤导致骨折或骨折断端刺破皮肤,露出体表外。

① 软组织轻微损伤,通常发生于低能量撞击,伤口由内向外刺破。

② 软组织严重损伤,通常发生于高能量撞击,骨折周围的皮肤、血管、神经、肌肉等有损伤或坏死,皮肤有较大的伤口。

3. 骨折的症状体征

骨折包括以下全部或部分症状体征。

(1) 近期有受打击或摔倒的病史。

(2) 骨骼折断的声音。

(3) 肌肉牵拉的剧烈疼痛。

(4) 受损部位或附近疼痛和压痛,移动后加剧。

(5) 外出血或内出血。

(6) 扭曲或肿胀,接着出现瘀血。

(7) 受损部位力量或功能丧失,移动费力。

(8) 可能因骨折部位有大量出血而导致休克。

(9) 肢体缩短,可能会检测到骨擦音。

4. 骨折的处理原则

(1) 骨折时未必同时出现上述所有的症状,若有怀疑,应按骨折处理。

(2) 除非必要,切勿移动骨折部位或尝试将骨折部位复位。

(3) 不要让伤员吃喝任何东西。

(4) 拨打急救电话,或者将伤员送到最近的有条件的医院。

（5）确定是否有其他伤，并对出血部位进行及时处理。

（6）如果是开放性骨折，须先处理伤口，施加适当压力控制出血。

（7）用绷带、三角巾固定受伤部位，适当覆盖包扎伤口。

（8）根据伤病者的身形，尽量用宽带稳固。

（9）不可绑扎骨折部位。

（10）固定伤处后，尽可能将伤处略抬高，以减轻痛楚和肿胀。

（11）预防或处理休克。

5.骨折的固定方法与注意事项

（1）固定方法。

① 对出血部位进行及时处理。

② 将伤病者放在适当位置，就地施救。

③ 切勿随便移动骨折处，除非现场环境对伤病者或救护员有威胁。

④ 检查伤肢远端血液循环、皮肤感觉及活动能力。

⑤ 伤病者仰卧时，应从躯体下的天然空隙处（颈、腰、膝、足踝）将三角巾穿过。包扎下肢时，除足踝处，其余均用宽带。

⑥ 在适当位置（夹板与肌肉间、关节间、骨隆突处或骨折处）放软垫。

⑦ 用大量敷料并利用健肢或健侧做固定。

⑧ 包扎时力度均匀，动作轻快。

⑨ 包扎完成后应及时检查肢体远端血液循环、皮肤感觉及活动能力，救护员不为骨折或脱臼的肢体复位。

（2）注意事项。

① 在骨折两边施加压力止血。

② 用敷料遮盖暴露的断骨，以防感染。

③ 用大量敷料垫在骨折两边，并用绷带固定。

④ 可按一般性骨折的固定处理。

（六）严重出血

发现严重外出血时，首先应拨打急救电话，同时立刻对伤者进行处理，处理原则是控制出血，减少休克和感染。

作业现场常用的外出血止血方法有指压止血法、包扎止血法、屈曲肢体加垫止血法、止血带止血法等。

（1）指压止血法是最简捷的临时止血方法，用手指或手掌压迫出血部位动脉近心端，暂时控制出血，此方法是一种应急措施，止血效果有效但不能持久，故应在使用这种方法后最短时间内改用其他止血法。

（2）包扎止血法是最常用的临时止血方法，有加压包扎止血片和填塞止血法2种。加压包扎止血法适用于四肢的创伤出血，填塞止血法适用于腋窝、腹股沟及臀部的出血。

（3）屈曲肢体加垫止血法主要用于前臂和小腿出血，骨折和脱位禁用。

（4）止血带止血法适用于四肢动脉创伤引起的大出血或其他止血方法未奏效时。

包扎时应注意：

（1）救护员接触伤口前，必须先戴保护性手套保护自己。

（2）如果伤病者能配合，可以让他们自己直接压迫伤口。

（3）置伤病者于适当卧姿，检查伤口。对伤口中可直视、松动并易取出的异物，可小心去除，并用纱布轻轻擦掉。

（4）立即用干净敷料压迫伤口，可用另一软棉垫覆盖其上。确保敷料及棉垫将伤口完全覆盖。然后用绷带加压包扎固定。

（5）将受伤部位抬高到心脏水平以上的位置并辅以支托。如疑有肢体骨折，要小心搬动患肢。

（6）用合适的方法固定伤肢（如用三角巾悬吊上肢）。

（7）迅速将伤病者送到最近的有条件的医疗机构。

（七）化学品入眼

实验室实验过程中存在化学品入眼的风险。有些化学物品在溶化时会产生大量热能，可能造成严重的烧伤。因此，如化学物品不慎入眼仍是粒状未溶解，则用布揩擦清除，再用大量清水冲洗。有些化学物品暴露在空气中时易着火燃烧，在不能完全冲去时，应在运送伤者期间用水湿透敷料并遮盖在伤口上。

化学品入眼的救护：

（1）千万不能用手揉眼睛。因为手可能不干净。

（2）马上用大量的清水冲洗眼睛。如果化学品的腐蚀性强，冲洗后应立刻到医院处理。

（3）冲洗过程中应该不断地眨眼，有利于将眼睛中的化学品清除。

（4）最后，如果去医院做检查，要将化学品的包装袋一起带去，便于大夫诊断。

（八）溺水

溺水是指人淹没于水或其他液体中，由于液体充塞呼吸道及肺泡或反射性引起喉痉挛，发生窒息和缺氧。对于溺水者，除了积极自救外，还要积极进行陆上抢救。在冀东、海南等沿海地区施工时存在淹溺风险，应提前制定应急预案和控制措施。

1. 游泳过程中应注意的问题

（1）单身一人去游泳最容易出问题，如果你的同伴不是成年人，在出现险情时，很难保证能够得到妥善的救助。

（2）身体患病者不要去游泳。中耳炎、心脏病、皮肤病、癫痫、红眼病等慢性疾病患者，及感冒、发热、精神疲倦、身体无力时都不要去游泳，因为上述病人参加游泳运动，不但容易加重病情，而且还容易发生抽筋、意外昏迷，危及生命。传染病患者易把病传染给他人。

（3）参加剧烈运动后，不能立即跳进水中游泳，尤其是在满身大汗、浑身发热的情况下，不可以立即下水，否则易引起抽筋、感冒等。

（4）被污染的（水质不好的）河流、水库，有急流处，两条河流的交汇处以及落差大的河流湖泊，均不宜游泳。一般来说，凡是水况不明的江河湖泊都不宜游泳。

（5）恶劣天气如雷雨、刮风或天气突变等情况下，也不宜游泳。

（6）应该相互关照、相互关心，而不应该相互嬉水，或捉弄对方。一起去游泳，如果有人提前上岸，要告诉同伴。一起去游泳应该一起回家。

（7）游泳前应做适当准备活动，以防抽筋。

（8）要注意休息，不要长距离游泳，不要远离同伴。如果感到身体不适，要告诉同伴并上岸休息，在岸上观看同伴游泳，留心他们的安全。

2. 游泳中的紧急情况及自救

（1）抽筋是肌肉不自主地强直性收缩，水温过低或游泳时间过长，都可能引起抽筋，发生抽筋时最重要的是保持镇静,不惊慌。

它的一般处理办法为:

① 如果发现有抽筋现象,应立刻停止游泳,上岸休息,并对抽筋部位进行按摩。

② 如果在深水中发生抽筋,且自己无力处理,而周围又无同伴,应向岸边呼救,千万不要慌张。

再次强调:不管发生什么样的抽筋,都先向同伴或其他游泳者呼叫:"我抽筋了,快来人呀!"

(2) 溺水的急救。

① 发现溺水者后将其救上岸的方法。

a.可将救生圈、竹竿、木板、绳索等物抛给溺水者,再将其拖至岸边。

b.若没有救护器材,成年人可以入水直接救护。接近溺水者时要转动他的髋部,使其背向自己,然后拖运。拖运时通常采用侧泳或仰泳拖运法。溺水者因为逃生潜意识会挣扎、会死死勒紧救护者,救护者应有充分准备。

② 岸上急救溺水者的方法。

a.迅速清除溺水者口、鼻中的污泥、杂草及分泌物,拉出舌头避免堵塞呼吸道,保持呼吸道畅通。

b.将溺水者举起,使其俯卧在救护者肩上,腹部紧贴救护者肩部,头脚下垂,以使呼吸道内积水自然流出,但不要因为呛水而耽误了进行心肺复苏的时间。

c.进行口对口人工呼吸及心脏按压,并尽快联系急救中心或送医院。

(九) 中暑

中暑是指长时间暴露在高温环境中或在炎热环境中进行体力活动引起机体体温调节功能紊乱所致的一组临床症,以高热、皮肤干燥以及中枢神经系统症状为特征。核心体温达41 ℃是预后严重不良的指征,体温超过40 ℃的严重中暑病死率为41.7%;若超过42 ℃,病死率为81.3%。

现场救护方法为:

(1) 停止活动并在凉爽、通风的环境中休息。脱去多余的或者紧身的衣服。

(2) 如果患者有反应并且没有恶心呕吐,给患者喝水或者喝运动饮料,也可服用人丹、十滴水、藿香正气水等药物。

(3) 让患者躺下,抬高下肢15~30 cm。

(4) 用湿的凉毛巾放置于患者的头部和躯干部以降温,或将冰袋置于患者的腋下、颈侧和腹股沟处。

(5) 如果30 min内患者情况没有改善,寻求医学救助。如果患者没有反应,开放气道,检查呼吸并给予适当处置。

(十) 休克与昏迷

1.休克

休克是机体遭受强烈的致病因素侵袭后,由于有效循环血量锐减,组织血流灌注显著减少,致全身微循环功能不良,生命重要器官严重障碍的综合症候群。此时机体功能失去代偿,组织缺血缺氧,神经-体液因子失调。其主要特点是:重要脏器组织中的微循环灌流不足,代谢紊乱和全身各系统的机能障碍。简言之,休克就是机体对有效循环血量减少的反应,是组织灌流不足引起的代谢和细胞受损的病理过程。

休克救治原则为:通常取平卧位,必要时采取头和躯干抬高 20°～30°,下肢抬高 15°～20°,以利于呼吸和下肢静脉回流,同时保证脑灌注压力;保持呼吸道通畅,并可用鼻导管法或面罩法吸氧,必要时建立人工气道,呼吸机辅助通气;维持比较正常的体温,低体温时注意保温,高温时尽量降温;及早建立静脉通路,并用药物维持血压。尽量保持患者安静,避免人为搬动,可用小剂量镇痛药和镇静药。但要防止呼吸和循环抑制。

2. 昏迷

昏迷是完全意识丧失的一种类型,是临床上的危重症。昏迷的发生提示昏迷者的脑皮质功能发生了严重障碍。其主要表现为完全意识丧失,随意运动消失,对外界的刺激反应迟钝或丧失反应,但还有呼吸和心跳。根据昏迷程度的深浅可分为轻度昏迷、中度昏迷和重度昏迷 3 种类型。

昏迷的现场急救原则为:

(1) 所有患者均需要去医院做进一步诊治,故应尽快将患者送医院。

(2) 保持患者呼吸道通畅,及时清理气道异物,对呼吸阻力较大者使用口咽管,亦可使患者采取稳定侧卧位,这样即可防止咽部组织下坠堵塞呼吸道,又有利于分泌物引流,防止消化道的内容反流导致的误吸。因此侧卧位是昏迷患者入院前必须采取的体位。

(3) 供氧,建立静脉通道,维持血压及水电平衡,对呼吸异常者提供呼吸支持(面罩气囊人工呼吸、气管插管、呼吸兴奋剂等),对抽搐者给予地西泮类药物,对于高颅压患者给予脱水药物等。

(4) 根据导致昏迷的原发疾病及原因采取有针对性的治疗措施,如针对感染采用抗生素治疗,针对缺氧性昏迷的供氧,针对低血糖的补充糖类等。

(十一) 防体温过低

1. 注意着装保暖

穿防寒服。防寒服隔热值高,携带方便,既能防风,又能防水,是一种理想的防寒用具。

2. 寒从脚下起

鞋的材料要选通气性好的,如帆布、皮革等,穿橡胶与塑料鞋,脚在出汗以后,易发生冻伤,硬而紧的鞋子妨碍脚部的血液循环,也易发生冻伤,当脚趾有麻木感(冻伤预兆)时,可作踏步运动,以促进血液循环。

3. 经常活动按摩

要尽量减少皮肤暴露部位,对易于发生冻疮的部位,有必要经常活动或按摩,避免接触导热快的物品,如金属与手的接触或雪与臀部的接触,可使热量加速丧失,引起局部冻伤。

体温过低时,身体就难以再次自我加热,因此须从体外加热,但进行体外快速加热会促使冰冷的血液流入体内,进一步加重病情,可将热物体放在以下部位:腰背部、胃部、腋窝、后颈、腕部、裆部,这些部位血流接近体表,可以携带热量进入体内。

4. 及时补充能量

人体在寒冷环境中要维持体温,代谢就必然增加,体力消耗增多,只有增加营养物质的摄取量才能满足人体需要,因而高热量的蛋白质、脂肪类的食物应该比平常摄入增加,酒精和水不能产热,寒冷时绝对不要饮酒,饮酒虽然暂时可以造成身体发热的感觉,但实际上酒精使血管膨胀,增加了身体的散热,导致体力衰弱,绝对不要饮酒来御寒。

二、现场逃生

无论是自然灾害还是人为事故,其共同特性是发生的时间、地点不确定和危害程度的不可预知,因此掌握一些逃生知识和技巧,采取积极有效的措施,尽量减少损失是很有必要的。

(一) 地震逃生

现场作业发生地震时,第一感知人应立即大声呼喊"地震了,大家赶紧撤离"并利用其他有效方法发出警示信号。就地选择开阔地逃生,不要随便返回房内,逃生时应避开高大建筑物或构筑物、沟下、电线杆、立交桥等。山区要避开山脚、陡崖,以防山崩、滚石、泥石流等。撤离到安全地带后,现场负责人组织清点员工人数,及时向上级部门汇报情况。

(二) 洪灾逃生

汛期到来尤其是暴雨来临时,沿河居住、洪水多发区、泄洪区、河道内的人员,应及时收听、收看气象部门通过电视、广播、手机等发布的气象预报,并根据预报采取相应的防御措施;应及时掌握当地政府发布的相关信息,做好个人的防灾准备;应利用通信工具,拨打气象声讯服务电话,及时了解当地可能出现的各种天气变化,做好逃生准备。

(1) 平时应尽可能多地了解洪灾防御的基本知识,配备救生衣等防护物品,掌握逃生自救的本领。给汽车加满油,保证随时可以开动。

(2) 汛期多听多看天气预报,留意险情可能发生的前兆,提醒周围人员随时做好安全转移的思想准备。

(3) 要观察、熟悉周围环境,预先设定紧急情况下躲险避险的安全路线和地点。

(4) 一旦发现情况危急,及时向主管人员和周围人员报警,有序撤离。

(5) 施工现场突发洪水,未及时撤离的人员可集中在高处等待救援。

(6) 无论是孤身一人还是聚集人群,突遇洪水围困于基础较牢固的高岗台地或砖混、框架结构的住宅楼时,只要有序固守等待救援或等待陡涨陡落的山洪消退后即可解围。遭遇洪水围困于低洼处的岸边、干坎或木、土结构的住房时,有通信条件的,可利用通信工具向当地政府和防汛部门报告,寻求救援;无通信条件的,可制造烟火或来回挥动颜色鲜艳的衣物或集体同声呼救,不断向外界发出紧急求助信号,求得尽早解救;情况危急时,可寻找体积较大的漂浮物等,主动采取自救措施。

(三) 火灾逃生

施工现场焊接作业时距离可燃物距离过近、油料距发动机过近、车辆携带的油料泄漏遇火、野外营地和基地的电路使用不合格电线或私拉乱接短路产生火花、炊事用火不慎、员工违反规定在禁火区内动火、故意搞破坏人员的纵火等均可造成火灾事故的发生。

火灾造成人类死亡的主要原因是火焰烟雾中毒所致的窒息。因烟雾中含有大量的一氧化碳及塑料化纤燃烧产生的氯、苯等有害气体,火焰又可造成呼吸道灼伤及喉头水肿,这些因素足可使浓烟中的遇险者在 3~5 min 内中毒窒息身亡。另外,发生仓库失控着火后人员可能直接被大火吞没烧死。

发生火灾后正确逃生是关键,现场人员要做到:

(1) 发生初期火灾时,第一发现人要大声呼叫报警,并立即进行扑救,同时报告现场负责人。

(2) 及时断开着火区电源,现场负责人立即组织人员迅速展开初期火灾的扑救工作,切断易燃物输送源或迅速隔离易燃物等。

（3）若火势严重超出现场的控制能力，应立即拨打就近火警电话，并及时向应急办公室汇报，并说明火情类型、行车路线，指派专人在门口迎接消防车，并负责带到现场。

（4）将着火区无关人员迅速疏散到安全区，确定安全警戒区域，安排专人负责警戒。在专业消防队到达之前，参加救火的人员要服从现场第一责任人的统一指挥，在专业消防队到达之后，听从现场消防指挥员的统一指挥，员工配合消防队做好灭火及其他工作。

（5）现场有伤员时，及时救护并联系就近医院进行救治。

（四）易燃易爆介质泄漏逃生

（1）当发生易燃易爆介质泄漏时，应迅速通知一切可能危及安全区域的动火作业，应注意避免过猛、过急、敲打等动作，防止电器开停可能引发的火种。迅速切断易燃易爆介质来源，管道发生泄漏时，若时间允许，应在第一时间内杜绝危险区域内的一切火源和电源。

（2）逃生过程中不要向顺风方向跑，要尽量绕到上风方向去，并尽量用湿毛巾捂住口、鼻。过于紧急时，可用尿浸湿衣物或手帕捂住口鼻，逆风逃生，或用湿润的泥土捂住口鼻。

（3）封锁事故现场和危险区域。迅速撤离、疏散现场人员，设置警示标志，同时设法保护相邻装置、设备，应杜绝火源、切断电源、防止静电火花，并尽量将易燃易爆物品搬离危险区域，防止事态扩大和引发次生事故。

（五）山体滑坡逃生

山体滑坡是指山体斜坡上某一部分岩土在重力（包括岩土本身重力及地下水的动静压力）作用下，沿着一定的软弱结构面（带）产生剪切位移而整体地向斜坡下方移动的作用和现象。它是常见地质灾害之一。山体滑坡不仅造成一定范围内的人员伤亡、财产损失，还会对附近道路交通造成严重威胁。当不幸遭遇山体滑坡时，首先要沉着冷静，不要慌乱。为了自救或救助他人，应该做到如下几点：

（1）迅速撤离到安全的避难场地，避难场地应选择在易滑坡两侧边界外围。遇到山体崩滑时要朝垂直于滚石前进的方向跑。在确保安全的情况下，离原居住处越近越好，交通、水、电越方便越好。切记不要在逃离时朝着滑坡方向跑，更不要不知所措，随滑坡滚动。千万不要将避难场地选择在滑坡的上坡或下坡，也不要未经全面考察，从一个危险区跑到另一个危险区。同时要听从统一安排，不要自择路线。

（2）要迅速环顾四周，向较为安全的地段撤离。一般除高速滑坡外，只要行动迅速，都有可能逃离危险区段。逃离时，以向两侧跑为最佳。在向下滑动的山坡中，向上或向下跑均是很危险的。遇到山体崩滑，当人无法继续逃离时，应迅速抱住身边的树木等固定物体。可躲避在结实的障碍物下，或蹲在地坎、地沟里。应注意保护好头部，可利用身边的衣物裹住头部。

（3）对于尚未滑动的滑坡危险区，一旦发现可疑的滑坡活动，应立即报告邻近的村、乡、县等有关政府或单位，并立即组织有关单位、部队、专家及当地群众参加抢险救灾活动。

（4）滑坡时，极易造成人员受伤，当受伤时应呼救拨打120。120是全国统一的急救中心电话号码。凡遇到重大灾害事件、意外伤害事故、严重创伤、急性中毒、突发急症，在对伤员或病人实施必需的现场救护的同时，应立即派人拨打120，寻求急救中心的援助。

（5）山体滑坡发生后的科学自救方法。

① 滑坡停止后，不应立刻回家检查情况。因为滑坡会连续发生，这时候回家可能会遭

到第二次滑坡的侵害。只有当滑坡已经过去,并且自家的房屋远离滑坡,确认完好安全后,方可进入。

② 及时清理疏浚,保持河道、沟渠通畅。做好滑坡地区的排水工作,可根据具体情况砍伐随时可能倾倒的危树和高大树木。

③ 公路的陡坡应削坡,以防公路沿线崩塌滑坡。

救助被滑坡掩埋的人和物,需掌握正确的救助方法,其要领是:将滑坡体后缘的水排开。从滑坡体的侧面开始挖掘。先救人,后救物。

(六) 海上平台逃生和海上铺管船逃生

海上平台施工风险大,因远离陆地,在突发井喷失控、火灾、海啸等事故或自然灾害时,选择有效逃生方法是关键,首先人员应取得"海上求生""海上急救""船舶消防""救生艇筏操纵"和"海上直升机逃生"培训证书;临时出海人员也应提前接受现场安全教育。

出现突发情况,应针对不同的天气情况采取与之相适应的不同逃生方法。

(1) 守护船。若天气海况允许,守护船可作为弃岛逃生工具。守护船能否到达人工岛靠船装置并撤离人员,主要取决于潮位(水深)及风力条件,只要能够满足守护船航行的条件即可采用守护船逃生。根据其他海上油田的作业经验,船舶安全航行和靠泊海上设施条件建议如下:需满足吃水水深要求、风力小于 6 级、浪高小于 1 m、能见度大于 0.5 nmile、无海冰。

采用守护船逃生的风险较低,应优先选取此方式撤离人员。选取此方式逃生应充分掌握该海域的潮汐变化情况,不得冒险航行,避免守护船搁浅、翻沉。如为开敞海域,当风力达到或超过 6 级时,海域浪高将超过 1 m,对船舶航行将带来较大的安全隐患。

(2) 直升机。在冬季结冰期和海况恶劣的情况下,直升机是撤离的最好方法。

(3) 救生艇(筏)。在无冰期或海水水位允许时,可使用救生艇(筏)进行撤离。由于守护船到达需一定时间,若情况十分危急,可先通过救生艇逃生,再撤离到守护船上。使用救生艇逃生所具备的条件主要是水深,但考虑到人员最终需要撤离到守护船,因此也要满足守护船安全航行的条件。另外,当海面有油火存在时,不能使用救生筏逃生。

(4) 要通过一切可能的手段,将自己遇险的具体情况(时间、地点、遇险性质、所需帮助等)和报警求救信号发送出去,一般可通过甚高频电话(VHF)、DSC、GMDSS 卫星通信系统、应急示位标、单边带等船用救生设备发送,在条件允许时,也可直接用手机拨打水上遇险报警电话:城市区号+"12395"求救。

(5) 一旦落入水中,一定要保持情绪稳定,不能慌张,尽量减少在水中的活动,特别是水温低时尽量不要游泳,抱住可以漂浮的物体,最大可能地保持体力,延长在水中的待救时间。

海上铺管船逃生方法有如下几条:

(1) 铺管船起火。发生火灾时,盲目地跟着已失去控制的人乱跑乱撞是不行的,一味等待他人救援也会贻误逃生时机,积极的办法是赶快自救或互救逃生。火势蔓延还未烧到船舱时,被火势围困人员应迅速往露天甲板和主甲板疏散。然后借助救生器材向水中和来救援的船只逃生。撤离时用湿毛巾捂住口鼻,尽量弯腰快跑,远离火区。

(2) 若船在航行时机舱着火,机舱人员可利用尾舱通向上甲板的出入孔逃生。船上工作人员应向船的前部、尾部和露天甲板疏散,必要时可利用救生绳、救生梯向水中或来救援的船只上逃生,也可穿上救生衣跳进水中逃生。如果火势蔓延,封住走道,来不及逃生者可关闭房门,不让烟气、火焰侵入。情况紧急时,也可跳入水中。

(3) 当船前部某一楼层着火,还未蔓延到机舱时,应采取紧急靠岸或自行搁浅措施,让船体处于相对稳定状态。被火围困人员应迅速往主甲板、露天甲板疏散,然后,借助救生器材向水中和来救援的船只上逃生。

(4) 当船上某一客舱着火时,舱内人员在逃出后应随手将舱门关上,以防火势蔓延,并提醒相邻客舱内的旅客赶快疏散。若火势已蹿出封住内走道,相邻房间的旅客应关闭靠内走廊房门,从通向左右船舷的舱门逃生。

(5) 当船上大火将直通露天的梯道封锁致使着火层以上楼层的人员无法向下疏散时,被困人员可以疏散到顶层,然后向下施放绳缆,沿绳缆向下逃生。

(6) 需要弃船时,听到沉船警报信号(1 min 连续鸣笛七短声,一长声)应穿好救生衣按照各个船舱内疏散示意图撤离,弃船后应远离沉船以防被下沉船舶造成的旋涡卷入海底。

总之,要听从指挥向上风方向有序撤离,避免争先恐后而发生混乱和意外事故。

(七) 沙漠逃生

进入沙漠施工前,施工人员应穿戴信号服,配备足量的食物和水,检查设备的完好程度,确保通信设施畅通,及时做好沙暴、大风等恶劣天气的防范措施。营区上空悬挂队旗和设置信号灯,帮助施工人员判定营区方位。带足应急设备、物资,装有能够联系到主营地的电台。

出车前,检查确认车辆性能良好,装有 GPS,配备足够的饮用水、封装食品、食盐(因季节、人员而定)、火柴等生活用品;急救包、指南针、工区地形图、手电筒、通信电台(民用民爆物品运输车除外)、信号服、信号帽等用品;防寒(防沙)靴、墨镜、备用加厚衣服和厚毯等防护用品。

沙漠中突遇沙尘暴等特殊天气时,自我保护最重要,独自逃生不可取,应采取:

(1) 遇沙尘暴天气,施工人员做好防沙尘暴准备。施工人员佩戴相关防护设施:防风镜、防尘口罩等。

(2) 如需撤离,随同队伍撤到安全地点,并由现场负责人清点人数,及时向上级部门汇报,请求救援工作。

(3) 灾情结束后,现场负责人立即组织人员彻底清理沙子,对受沙尘损害严重的设备及时进行修复,恢复生产并上报灾情经过及损失情况。

(4) 路途中突遇沙尘暴,人员将上衣扎进腰上的皮带里,采取顺风方向就地趴下,脸朝下;在面前挖一个小坑,方便呼吸,同时将领口提高,上衣盖在头上。取随身携带的饮用水浇在毛巾等物品上,将这些物品盖在嘴上,防止沙尘进入呼吸道。趴伏一定时间后,利用间隙机会起来活动;如果风没有停下来的迹象,挪个地方继续上述动作,并坚持等待下去。记住不要偏离原地太远。

(5) 如果迷失在沙漠中,做好以下逃生工作:

① 在沙漠中遇险一定要避免恐慌,应保持冷静,清点自己所带物资,做好每日计划,以达到自救的效果。

② 合理饮水,分多次小口饮用,最好是含在口中,保证口腔湿润,使水分在体内充分利用。

③ 在沙漠中跟踪动物的足迹,常常可以找到水源。或是根据植物判断,如生长芦苇的地方一般 1~5 m 以下有地下水;芦苇生长茂密的地方,地下水深仅在 1 m 左右;有芨芨草生长的地方地下水在地表下 2 m 左右;生长着柽柳等灌木丛的地方,通常地表下 6~7 m 深处有地下水;有胡杨林生长的地方地下水距地表一般 5~10 m。此外,牧民废弃的牛羊圈可能

有水源,凡是有水井的地方,牧民会在附近堆石块作为标记。

④ 有湿沙或苦咸水的地方,为获取可饮用的淡水,可挖一个直径 1.5 m、深 1 m 的沙坑,上面覆一层透明洁净的塑料薄膜,四周用石块或沙子压牢,再在塑料薄膜中间放一块小石头,使之呈漏斗状。在这个漏斗状的薄膜尖端下面预先放一个接水的容器,阳光透过塑料膜使湿沙坑中的水汽蒸发,水蒸气遇到塑料膜结成水滴,顺漏斗状的塑料膜滴入容器中。据试验,这种简易的太阳蒸馏法,每天可产生淡水约 1.5 L。冬季在沙漠中,可将苦咸水装在容器中冻冰,以使其淡化。结冰的即为可饮用的淡水。

⑤ 除了地表水以外,动植物的汁液、体液也是可以饮用的水源。

⑥ 食物方面,可以吃一些沙漠中的特产小型水果、植物的根部、多肉植物的茎等,一些无毒的蛇和昆虫烤熟后可食用。

⑦ 沙漠中白天的地表温度通常在 40~50 ℃,最高可达 80 ℃。在沙漠中,阴影处的气温可比阳光直射处低 7~8 ℃。白天应尽量利用岩石凸出部、干河沿或汽车等阴影遮蔽,避免阳光直射。若可能则挖一沙坑,上覆雨布等物,既能遮挡太阳的直射,又能减少炎热的地表沙传导的热量。躲避阳光时,应采取坐姿。

⑧ 在沙漠中不能穿短袖衣裤。穿衣戴帽既可隔绝外界的热空气,还能防止热辐射。迷途遇险的人员最好穿白衬衣,白色衣服可反射 50% 的太阳辐射,也便于救援者发现。头部除戴帽之外,还可用毛巾或布等包盖,避免头部暴晒。因沙漠地区气温变化急剧,沙漠行动要注意白天防晒,夜间防寒。

⑨ 在沙漠中白天炎热,夜间却是寒冷的,在夜间赶路可以避免在白天流失过多水分,消耗的体力和体内的水分都比白天少,因此可以考虑白天在阴凉处休息,夜晚赶路。

⑩ 沙漠也是非常危险的地方,会有毒蛇、毒蝎及其他有毒昆虫等,还可能遭遇暴洪,因此除了对毒虫野兽的防范,还要避免在河床上休息、行走,避免突然而来的暴洪。夜间可点燃篝火,驱赶野兽。

⑪ 白天判断方向可以用一根标杆(直杆),使其与地面垂直,把一块石子放在标杆影子的顶点 A 处;约 10 min 后,当标杆影子的顶点移动到 B 处时,再放一块石子。将 A、B 两点连成一条直线,这条直线的指向就是东西方向。与 AB 连线垂直的方向则是南北方向,若在北半球,则向太阳的一端是南方,反之则是北方。

⑫ 夜间天气晴朗的情况下,可以利用北极星判定方向。寻找北极星首先要找到大熊星座(即人们所说的北斗星)。该星座由 7 颗星组成,开头就像一把勺子一样。当找到北斗星后,沿着勺边 A、B 两星的连线,向勺口方向延伸约为 A、B 两星间隔的 5 倍处有一颗较明亮的星就是北极星。北极星指示的方向就是北方。还可以利用与北斗星相对的仙后星座寻找北极星。仙后星座由 5 颗与北斗星亮度差不多的星组成,形状像 W。在 W 缺口中间的前方,约为整个缺口宽度的 2 倍处,即可找到北极星。

⑬ 沙漠地区景物单调,常常使人迷失方向。沙漠地区因风的作用,沙丘移动,道路不固定。可根据地面上的马、驴、驼的粪便来寻找辨认道路,成规律者,一般是人畜走过的路线。如实在无路可走,可以沿着骆驼的足迹行进,在干渴的沙漠中,骆驼对水源有一种特殊的敏感,依此常能找到水源。在固定、半固定的沙丘上,道路少但比较顺直,变迁不大。只要保持了总的行进方向,便可一直走下去。在有流沙的地区,个别路段会被覆盖,出现左右绕行的道路,这种绕行距离一般不会很远,应及时回到原行进方向上,切勿沿岔路直下而入歧途。在沙漠地区,还应注意不要受海市蜃楼的迷惑。

⑭ 在沙漠中寻求救援时,夜间可在高处点燃火堆,白天可燃烟,在火中放青草就会发出白烟,可每隔十几秒钟放一次青草,正确的方法是 6 次/min,这是世界上通用的求救信号。

还应在易被空中或地面发现的地方用石块或其他物品摆放求救的信号。同时用镜子或其他发亮的金属物作为信号反光镜,向有飞机声音的方向闪动,即使听不到飞机的声音,也要每隔一段时间向地平线方向闪动一次。这种方法在沙漠中的联络距离可达 10 km 以上。当被救援飞机发现之后,切不要离开原地,以待救援。

总之,沙尘暴来临时,最可靠的隐蔽场所是营房或者车辆(越大越重的车辆越安全),其他地方都比较危险,只能依靠个人的自救技能逃生。

第三章 油气储运工程建设作业安全知识

第一节 土建工程

长输管道工程中的土建工程主要包括施工通道与施工作业带、设备基础浇筑、站场工程场地平整、管道水工保护、线路站场其他房屋建设。

一、施工通道与施工作业带

施工通道就是施工作业带与现有道路的连接通道。施工通道包括施工作业带内的便道和连接施工作业带的道路。施工通道应平坦且具有足够的承压能力，能保证施工机具和设备的行驶安全。本节通过对现场情况和各类机械设备在作业过程中的危害因素进行辨识，并制定相应的防控措施来减少对作业人员的伤害，从而达到安全施工作业的目的。

1. 危害因素

（1）地形恶劣，坡度大，土质构成不稳固，容易造成设备倾覆、人员伤害。

（2）设备操作手操作失误，导致违章操作。

（3）在架空线路下作业，容易造成架空线路刮断、人员触电等；在视线不好的或特殊的地形中作业时，无人指挥或监护，容易造成设备倾覆，刮碰架空线路，破坏地下设施，碾压作业带外土地等。

（4）作业带未按施工规范或图纸要求进行修整，作业带内树木或杂物未清理干净，有突出的树桩等，容易造成设备倾覆、人员伤害等。

（5）设备操作手不了解地下构筑物或其他地下设施，容易破坏地下构筑物，挖断地下光缆、管线等。

（6）驾驶员不熟悉路况，容易刮碰高压线路或其他构筑物，压塌桥梁；驾驶员不熟悉作业带情况，容易造成超占地碾压，破坏地表；设备超限，容易造成人员伤害、设备损坏等。

2. 防控措施

（1）需要进行降坡处理的陡坡，按照设计规定进行降坡处理；必要时修筑设备施工平台。

（2）操作手必须持证上岗，在使用新型设备、设施时，应对操作手进行重新培训，考核合格后方可作业。设备操作手启动设备前应对周围环境进行观察并鸣笛示警。在坡道上被迫熄火停车时，应拉紧手制动，下坡挂倒挡，上坡挂前挡，并将前后轮楔牢，设置专人进行指挥、监护。

（3）在架空线路下作业时，必须设置监护、指挥人员，并配备指挥哨；操作人员保持注意力高度集中,听从指挥人员的指挥,任何停止指令都必须听从。严格按照《施工现场临时用电安全技术规范》(JGJ 46)要求,与架空线路保持安全距离。在特殊地段作业时,现场必须设置监护、指挥人员;监护、指挥人员不得脱岗、睡岗。

(4) 进行作业带清理前,项目部组织技术人员、安全管理人员、测量放线人员对操作手进行交底;指挥、监护人员发现遇有标志桩及其他明显标志时,应及时告知操作手。清理作业带时,作业带表面应平整,满足施工机械安全作业要求,并彻底清除作业带内的树木、庄稼、植被等易燃物。

(5) 拉运设备前,应提前确定好拉运路线,组织有关人员对运输线路现场踏勘;对驾驶员和押运员进行安全交底;必要时制定专项拉运方案并落实;要勘察与架空电力线路的安全距离,桥、涵的限高、限宽及承重,弯道转弯半径等。提前选定好卸车位置,且卸车位置便于作业;驾驶员应谨慎驾驶,避免碾压作业带以外的土壤等,并应有专人指挥作业。拉运设备时必须有专人负责,专人带车。

二、设备基础浇筑

1. 危害因素

(1) 开挖时塌方、落物或滑坡,容易造成设备损坏、人员伤害。
(2) 地下构筑物被破坏,设备出现故障,作业区狭窄等,容易造成设备倾覆、人员伤害。
(3) 材料搬运、摆放动作不当,容易引起摔倒、机械伤害,且有加大人员受伤的风险。
(4) 振捣器电缆破损,容易造成人员触电。
(5) 在泥浆池周边作业,容易失足坠落造成淹溺。

2. 防控措施

(1) 开挖时按施工方案进行支护;作业前对员工进行防塌方意识的安全教育。对沟边存在裂纹、松动的浮石进行清理;采取降水、支护措施。基坑边设置警示标志及警示带,保持安全距离,开挖前检查和确认是否有地下障碍物。

(2) 操作手持证上岗,经过入场安全培训;设备启动前检查确认其周围无人员靠近;定期对设备进行检查及维护。

(3) 多人搬运同一重物时,负重均匀;作业过程中注意对电线电缆的保护;作业严格按照钢筋工安全操作规程进行。

(4) 施工前检查电缆,确保电缆、漏电保护器完好;合理安排作业时间和人数,交替作业。

(5) 在泥浆池四周设置防护栏和明显的安全警示标志;在泥浆池上方做好遮盖。

三、站场工程场地平整

1. 危害因素

(1) 渣土外运时设备操作不规范,容易因车辆碰刮、物体打击造成人员伤害和车辆损坏。
(2) 设备倾覆造成设备损坏、人员伤害。
(3) 过往车辆、人员坠入路边管沟;儿童在管沟内嬉戏、游泳造成人员伤害和财产损失。
(4) 穿路管沟回填不当,路面下陷造成人员伤害和财产损失。
(5) 设备碰坏地面附着物,接触电线、高压线造成人员触电伤亡和财产损失。

2.防控措施

(1)具体执行作业指导书、作业计划书;执行《公路工程施工作业和公路施工机械安全操作规程》;执行《安全环保管理规定》《设备管理办法》等。使用前检查所有工器具固定是否牢固;操作人员控制好安全距离。

(2)设备距离管沟满足1 m以上安全距离;在松散、潮湿地质或沟深超过4 m处,管沟安全距离加大;斜坡上施工严格实行许可证管理制度,采取安全措施;设备性能良好,操作手不得脱岗。

(3)及时将路边、靠近村庄边的管沟和不具备连头条件的基坑进行回填,减少管沟暴露时间;暂时不能回填的管沟,要树立明显的标牌,夜间设安全警示标志;回填作业前,确认沟内无人。

(4)管线回填过程中进行夯实处理,采取洒水、加铺碎石反复碾压等措施,确保路面有足够的承载力。

(5)作业前识别环境风险,注意观察瞭望;与架空线路保持安全距离,设专人监护、指挥。

四、管道水工保护

1.危害因素

(1)施工时修建便道、砍伐树木致其倾倒和设备移动,容易造成人员伤害。

(2)斜坡溜车造成人员伤害和设备损坏。

(3)在设备下或其周围坐卧休息,容易造成人员伤害。

(4)设备碰坏地面附着物,接触电线、高压线,造成人员触电伤亡和财产损失。

(5)生、熟土未分层回填造成生态破坏。

(6)地貌恢复(水工保护)有缺陷造成水土流失等。

2.防控措施

(1)现场要有专人指挥、专人监护,非相关人员远离设备作业区域;树木倾倒方向禁止有人,避开架空线路。

(2)回填等作业设备在斜坡上作业时,需掩牢枕木或修筑工作平台。

(3)禁止人员在设备下或其周围坐卧、停靠;设备启动前和设备启动时应增加安全监护人员指导,按安全交底要求执行启动运行要求。操作手观察周围,轰油门鸣笛后才能移动设备;现场配备遮阳伞和休息区。

(4)作业前识别环境风险,注意观察瞭望;与架空线路保持安全距离,设专人监护、指挥。

(5)管沟开挖时生、熟土分层堆放,先回填生土,后回填熟土。

(6)严格按照设计要求进行地貌恢复和水工保护。

五、线路站场其他房屋建筑建设

1.危害因素

(1)高温天气致使员工身体暴晒在紫外线下,造成灼伤或中暑;暴风雨易引发洪水和泥石流,造成员工围困、失踪,设备损坏;雷电天气易发生雷击事件,造成人员伤害及设备损毁;沙尘暴天气和暴雪天气易造成员工围困、冻伤、迷路等。

（2）砍伐树木致其倾倒和设备移动，造成人员伤害。

（3）模板安装和拆除时，吊装设备、电焊设备、电缆器材模板吊装就位，造成物体打击、火灾、设备损坏、人员砸伤、高处坠落等。

（4）泥浆工操作搅拌机，造成机械伤害、人员伤害；泥浆外溢造成污染环境；在泥浆池周边作业，失足坠落造成淹溺等。

2. 防控措施

（1）机组管理人员和作业人员每天晚上关注第二天的天气预报，避开恶劣天气作业；作业前应了解施工沿线的大致地貌情况；遇有高温天气时，机组应合理安排作业时间，尽量避免高温期间施工；夏季应带足饮用水，配备必要的防暑清凉药品；放线时，作业人员应携带有效的通信工具，遇有突发事件，紧急呼救；作业时，携带方向指示装置和应急食品，冬季作业时，还应配备必要的防寒应急物资；雷雨季节时，项目部应组织作业员工培训防雷知识；在沙漠区域作业时，项目部应组织作业人员培训沙漠危害避险措施；雨季在河床或山区冲沟内施工时，应在上游处设置监护人员，便于突发洪水时的紧急通知；夜间停止作业时，应将设备停放至河堤或高地上。

（2）现场要有专人指挥、专人监护，非相关人员远离设备作业区域；树木倾倒方向禁止有人，避开架空线路。

（3）模板吊运时绑扎牢固，吊点可靠；吊物下方严禁站人；焊接前清除作业区附近、下方易燃物品，下方禁止站人；脚手架搭设符合安全规定；人员系好安全带。

（4）作业人员佩戴防尘口罩；在泥浆搅拌机上盖好防护网，防止人员跌入搅拌机内。设置专门的废弃池，不随意排放废弃材料；及时清理泥浆池周围外溢泥浆。泥浆池四周设置防护栏，并有明显的安全警示标志；在泥浆池上方做好遮盖。

第二节　陆地油气管道安装

一、管道勘察与设计

1. 危害因素

（1）在沙漠、戈壁、原始森林或林区行走、作业，通信设施不畅通、缺水，容易造成人员迷路和脱水死亡。在高原地区作业时容易因缺氧造成头疼、窒息和肺炎等人身伤害。

（2）蛇虫等有害生物叮咬，使人员中毒、感染疾病；在疫区作业，容易造成人员感染。

（3）在公路、铁路地段测量造成交通事故；在地形复杂以及山区测绘，人员踩空坠落；在河流区域进行测量，造成人员、设备落水等。

（4）测量器具与高压线接触导致人员触电伤害。

（5）设计管道线路穿越文物保护区、水源、自然保护区、生态保护区等，破坏环境。

（6）材料选材、设备选型不合理，造成能耗浪费和排放超标。

（7）野外作业遇到高温、暴风雨、高寒、沙尘暴等极端恶劣天气。高温天气致使员工身体暴晒在紫外线下造成灼伤或中暑；暴风雨易引发洪水和泥石流，造成员工围困、失踪，设备损坏；高寒天气易造成员工围困、冻伤；沙尘暴天气易造成员工迷路、受困等。

（8）在疫区作业容易造成人员感染。野外食宿易生病、遭受野生动物攻击等，造成人员伤害、财产损失。

(9) 在雷电高发区作业易遭到雷击等造成人员伤害等。

2. 防控措施

(1) 禁止单人进行野外作业，配备 GPS 定位系统和通信设备；在通往营地的道路上设置路标；车辆内配备适量的食品、饮用水和应急药物。

(2) 配备吸氧设备和药品；选择身体条件适合的员工执行任务；培训作业人员掌握相关知识，配备解毒和防蚊虫等药物；工作人员穿长袖、长裤、戴防蚊面罩，衬衫下摆放在裤子内，将裤子下缘塞到袜子中，尽量减少皮肤暴露面积；在有蛇虫出没的草地上行走时用木棍敲击地面，以使蛇虫受惊逃走。

(3) 测量人员穿防滑胶鞋，做好个人防护；在大于 30°的陡坡或者垂直的悬崖峭壁上作业时，使用保险绳、安全带；租用性能可靠的船只，配备监护人员；配备救生衣、救生圈等救生用具；尽可能避开洪水季节；刮五级以上大风时，停止作业。

(4) 在电网密集地区进行测量作业时，应避开变压器、高压输电线等危险区；禁止使用金属标尺；工作人员穿信号服；设立警示标志并安排人员瞭望。

(5) 设计时要考虑施工和运行管理占用国家文物保护地、生态环境保护地、自然保护地、土地最少。

(6) 设计时要考虑环境的特殊性，选择环保节能的材料、设备；优化各设备间距，减少管道的往返，减少材料使用；加强设计审核工作。

(7) 指定专人负责每天晚上关注第二天的天气预报，避开恶劣天气作业。作业前应了解勘察沿线的大致地貌情况。遇有高温天气时，合理调配作业时间，避免高温时段室外作业；增加休息次数，延长午休时间；购置遮阳帽、太阳镜和涂抹防晒霜等防护用品；配备人丹、清凉油、万金油、风油精、十滴水、薄荷锭、藿香正气水等防暑药品。遇到雷雨大风天气，停止露天活动和高处等户外危险作业，撤离可能发生山洪、滑坡、泥石流等灾害的危险地区。冬季为作业人员配备防水的防寒保暖服；交通工具配备取暖设施和防滑装备，携带方向指示装置和应急食品。遇暴雪冰冻等极端天气应停止一切户外作业，户外作业突遇暴雪时，人员应立即转移到安全场所，并立即报告项目部或公司。发生沙尘暴时，作业人员应聚集在牢固、没有下落物的背风处采用蒙头、戴护目镜或者把头低到膝部的方式躲避，如果沙尘天气持续时间较长，立即与项目部或公司取得联系，不要盲目行动。

(8) 对当地传染病和地方病进行充分的了解，提前注射传染病疫苗；配备相应的防护用品和药品；有条件的可以合理安排作业时间，避开传染病的高发期。野外营地应选择地面干燥、地势平坦、水源无污染的背风场地；带干净饮用水，不采食野菜、野果；教育职工注意识别和防止接触有毒植物。入住安全可靠性好的旅店，关好门窗，晚上早归宿；保管好个人贵重物品；培训作业人员掌握相关知识，配备急救药品和有效的防护用品；避免单独一人出行；当遇到野兽时不要惊慌失措大声喊叫，可点火吓退野兽。

二、管道施工前准备

1. 危害因素

(1) 测量放线。

① 有害生物造成中毒和传染疾病。

② 路况差，交通条件复杂，道路旁作业无警示标志，作业人员注意力不集中，造成人员伤害、车辆损坏。

③ 社会依托差造成事故后果扩大和社会影响大。

(2) 扫线(作业带清理)。

① 地形恶劣,坡度大,土质构成不稳固,造成设备倾覆、人员伤害。

② 设备操作手操作失误,违章操作,造成设备倾覆、机械伤害。

③ 机械故障造成设备倾覆、机械伤害。

④ 设备操作手不了解地下构筑物或其他地下设施,破坏地下构筑物,挖断地下光缆、管线。

⑤ 在架空线路下作业,造成架空线路刮断、人员触电。

⑥ 在视线不好或特殊地形中作业时无人指挥或监护,造成设备倾覆,刮碰架空线路,破坏地下设施,碾压作业带外土地。

⑦ 作业带未按施工规范或图纸要求进行修整,作业带内树木或杂物未清理干净、有突出的树桩等,造成人员伤害、设备损坏。

(3) 设备装、卸、运输。

① 爬行设备自行通过拖板车引桥爬行时无人指挥或监护,造成爬行设备下滑、掉桥,翻车设备损坏,人员伤害。

② 吊具、索具、卡具有缺陷,造成吊物坠落、设备倾翻。

③ 急转弯、紧急制动,设备未封车、掩挡,造成设备损毁、人员伤害。

④ 车辆机械故障造成人员伤害、设备损坏。

⑤ 驾驶员不熟悉路况,刮碰高压线路或其他构筑物,或导致桥梁坍塌。

⑥ 设备超限造成人员伤害、设备损坏。

⑦ 吊臂安装不正确,钢丝绳安装不正确,未安装限位器等,造成机械伤害等。

(4) 营地建设。

① 太靠近重大危险源,或设置在自然灾害频发的地理位置,容易导致关联风险。

② 危险化学品存放不当,造成火灾、爆炸、环境污染。

③ 防洪防雷措施不到位,引发火灾、雷击、洪涝。

④ 没有建立或健全营地管理办法,因管理漏洞导致火灾、触电、食物中毒、疾病传染、环境污染等。

⑤ 无消防设施,突发火情时不能及时进行扑救,导致火情扩展;电气线路老化、超负荷使用造成火灾;电器设施损坏,导致触电事故,造成人员受伤。

⑥ 食堂没有配置消毒设备,无单独的操作间,造成疾病交叉感染。

⑦ 采购的食品不符合卫生标准,造成食物中毒。

⑧ 饮用水超标影响员工身体健康,甚至导致地方病的发生。

⑨ 无娱乐设施使员工精神不能得到有效放松,疲劳感扩大,情绪波动大,导致意外事件。

2.防控措施

(1) 测量放线。

① 项目部负责向当地防疫部门咨询,落实本地常见的有毒蛇虫,并向作业人员进行培训和交底;培训内容必须包括当地的蛇虫叮咬后的危害、应急药品的使用和心肺复苏等内容;配备相应的应急药品;作业人员按规定穿戴个人防护用品;在血吸虫多发的地区,进入水泽施工的人员配备专用防护用品。

② 沿路或过路作业时,应设置明显的警示标志,并穿着醒目的服装;严禁在路上嬉戏打

闹;设置监护、指挥人员。山区行车应聘用有山区驾驶经验的驾驶员从事车辆驾驶工作;山区行车限速行驶。加强车辆日常维护保养。严格要求司机杜绝车辆带病上路。杜绝疲劳驾驶和酒后驾驶。司机严格遵守山区行车交通规定,严禁强超抢会。

③ 作业前项目部向员工进行交底,交底内容包括施工地形、地貌、路况、社会依托、应急知识等;配备必要的应急物资。

(2) 扫线(作业带清理)。

① 进行作业带清理前,项目部组织技术人员、安全管理人员、测量放线人员对操作手进行交底;需要进行降坡处理的陡坡,按照设计规定进行降坡处理;必要时,修筑设备施工平台进行作业;在坡道上被迫熄火停车时,应拉紧手制动,下坡挂倒挡,上坡挂前挡,并将前后轮楔牢;设置专人进行指挥、监护。

② 操作手必须持证上岗;在使用新型设备、设施时,应对操作手进行重新培训,考核合格后方可作业;设备操作手启动设备前应对周围环境进行观察并鸣笛示警。

③ 加强设备的日常维护保养;项目部定期组织,对设备的使用情况、保养情况进行检查;严禁非作业人员靠近正在作业的机械设备;操作手发现机械故障后,必须及时告知维修人员进行修理,在仍然存在故障时,坚决拒绝进行操作。

④ 指挥、监护人员发现标志桩及其他明显标志时,及时告知操作手。

⑤ 在架空线路下作业,必须设置监护、指挥人员,并配备指挥哨;操作人员保持注意力的高度集中,听从指挥人员的指挥,任何停止指令都必须听从;严格按照《施工现场临时用电安全技术规范》(JGJ 46)要求与架空线路保持安全距离。

⑥ 在特殊地段作业,现场必须设置监护、指挥人员;监护、指挥人员不得脱岗、睡岗。

⑦ 进行作业带清理前,技术人员按照施工图纸及规范要求向指挥人员和操作手进行交底;清理作业带时,作业带表面应平整,满足施工机械安全作业要求,并彻底清除作业带内的树木、庄稼、植被等易燃物;作业带清理完毕,项目部应组织相关部门和施工作业单位对作业带进行验收。

(3) 设备装、卸、运输。

① 设备操作手必须经验丰富,技能熟练,且持证上岗;极端天气下若无可靠的安全保证措施,不得进行设备搬迁作业;爬行设备通过拖板车引桥爬行时,必须有专人监护、指挥。

② 安装设备时,吊装作业使用的吊具、锁具必须符合要求;作业前,作业人员必须对吊具、索具进行检查;拆除、安装设备时,特种作业人员必须持证上岗。

③ 拉运设备时,必须进行牢靠捆扎和掩挡;拉运设备负责人应对设备封车、掩挡情况进行检查;吊管机装车前必须将起重臂拆下;驾驶员应严格控制车速,转弯时限速,避免急刹车;押运人员禁止乘坐在被拉运的设备上;长途拉运或路况复杂时,可派车进行跟送;内部车辆可安装 GPS 监控系统进行限速跟踪。

④ 拖板车驾驶员定期对车辆进行维护和保养,落实车辆"三检制",即出车前检查、途中检查和回场后检查,不得开带病车辆;项目部定期对机动车辆的车况和性能进行检查;带车人应监督驾驶员出车前的车辆自检执行情况。

⑤ 设备拉运前,应提前确定好拉运路线,组织有关人员对运输线路进行现场踏勘;对驾驶员和押运员进行安全交底;必要时制定专项拉运方案并落实;要勘察与架空电力线路的安全距离,桥、涵的限高、限宽及承重,弯道转弯半径等。

⑥ 拉运设备前,应提前确定好拉运路线,并了解沿线的道路交通状况,制定设备拉运方

案并落实;设备拉运时必须有专人负责,专人带车。

⑦ 设备的拆除、安装必须有专职的设备管理人员和维修人员进行统一指挥;安装吊臂时,必须按照要求安装行程限位器;拆除吊臂时,应首先拆除限位器,避免限位器被挤压损坏;设备安装后,操作人员对安装部位及协调部位进行复查,符合要求后,方可进行试操作。

(4) 营地建设。

① 营地选址远离重大危险源;营地不得设置在河床、冲沟、山顶、泥石流频发地段;选择社会依托较好的地理位置;充分了解当地的地方病,并针对地方病的防治方法购买必要的防护用品。

② 营地员工居住地禁止存放燃油、油漆、民爆物品等危险物品;设置危险物品专门存放区,配备消防器材,并进行隔离、警示;加强危险物品的管理,无关人员禁止进入危险物品存放区域。

③ 做好营地的防洪防雷工作,疏通排水渠道,安装防雷装置。

④ 健全项目营地食堂、职工宿舍、环境卫生等管理制度,责任要落实到人;项目部定期对施工队伍和承包商营地各项管理制度的落实情况进行检查,对不符合要求的责令整改;在传染病暴发期,营地管理人员应每天关注当地传染病的发展情况,并采取相应的控制、隔离措施。

⑤ 按照防火要求配备相应的消防器材;划分责任区,专人负责。选择营地后,应组织电工对营地的电气线路进行排查,对存在隐患的电气线路进行更换;对用电的负荷进行测算,不能满足要求时应更换;营地内的电气线路应统一进行布置,严禁私拉乱接;职工宿舍管理制度应包含相关用电要求;营地管理人员应定期对员工的用电情况进行检查,发现问题立即责令整改。

⑥ 食堂炊事员应定期体检;食堂设置独立的操作间,非工作人员禁止进入厨房;必须配备满足消毒需求的合格消毒设施,并落实相关责任人。

⑦ 严格控制食品的采购来源,禁止采购病、死家禽肉和变质的食品;肉类应从合法商贩处采购,且肉类有相应的卫生检疫标志。

⑧ 建立单位的企业文化,加强员工的团结和凝聚力;建设员工娱乐活动室,配备娱乐设施;加强日常生活设施的建设,保障员工的日常生活条件,缓解员工的紧张和疲惫心理。

⑨ 非自来水的饮用水必须经过防疫卫生部门检验合格;如果该地区因水质问题存在地方病,也应对自来水进行检验。

三、管道施工过程

1. 危害因素

(1) 管材装卸。

① 钢管摆动造成人员伤害。

② 钢管坠落造成人员伤害、设备损坏、管材损坏。

③ 滚管造成人员伤害、管材损坏。

④ 吊具、索具、卡具缺陷造成人员伤害、设备损坏、管材损坏。

⑤ 脱钩造成人员伤害。

⑥ 吊车支撑不平稳、不牢固造成人员伤害,设备倾覆、损坏。

⑦ 架空线路安全距离不够造成触电,通信、供电中断。

（2）管材运输。

① 道路转弯半径不够造成翻车、人员伤害、通行受阻。

② 山路、陡坡造成翻车、溜车，人员伤害，制动失灵。

③ 恶劣天气（雨、沙尘暴、暴风、雾、冰、雪、高温、低温、洪水、泥石流）造成交通事故、人员伤害、车辆损坏、窜管、滚管。

④ 车辆故障造成人员伤害和交通事故。

⑤ 管托、立柱、挡板强度不够造成钢管位移、人员伤害、车辆损坏、交通肇事。

⑥ 捆绑不牢造成窜管、滚管、人员伤害、财产损失。

（3）布管。

① 滚管造成人员伤害、管材损坏。

② 钢管摆动造成人员伤害。

③ 吊带破损，钢丝绳滑绳、断裂造成人员伤害、设备损坏、管材损坏。

④ 脱钩造成人员伤害、管材损坏。

⑤ 架空线路安全距离不够造成触电，通信、供电中断。

⑥ 不良地形、地貌造成人员伤害，设备倾覆、淤陷。

（4）组对焊接。

① 管口清理、清根除锈产生飞溅物、粉尘造成人员伤害、尘肺。

② 钢管移动，弹管碰撞人员造成挤伤、碰伤、砸伤。对口器滑落造成挤伤、碰伤、砸伤，设备损坏。

③ 管口预热时产生的明火、高温，气瓶泄漏造成烧伤、烫伤、火灾、爆炸。

④ 塌方（沟下组焊）、落物打击造成人员伤害。设备间安全间距不足造成人员伤害、设备受损。坡地造成人员伤害、设备损坏。

⑤ 吊带、钢丝绳破损、断裂，吊管机滑绳造成人员伤害、设备损坏、管材损坏。

⑥ 电源线老化、破损，设备漏电，插座无防潮、防水措施，保护不好造成触电。

⑦ 洪水、泥石流造成漂管、设备损坏、人员淹溺。

⑧ 焊接弧光、烟尘伤害眼睛及皮肤，危害呼吸道等。

⑨ 焊接作业区附近存在易燃物造成火灾。

⑩ 坡地维修设备和设备下滑造成人员伤害、设备损坏。

2. 防控措施

（1）管材装卸。

① 注意操作人员之间的相互配合；人员与管材和设备保持安全距离；起吊作业时应慢起、缓摆、轻放；钢管管口两端系牵引绳；作业区域禁止人员停留。

② 吊装前检查钢丝绳，卡具应安全、可靠；捆索作业由专业人员进行；合理控制起吊高度；重物移动范围内不得站人。

③ 禁止从底层抽管；管垛底层两侧要掩牢；堆管层数、高度要符合规范要求；设置警示标志，禁止攀爬管垛。

④ 检查吊具、索具、卡具的磨损情况，若超过规定标准，应及时更换。

⑤ 防脱钩保险装置完好；吊钩要卡牢管口两端；司索指挥在起吊前进行检查。

⑥ 场地平整，支腿满伸，支点稳定。

⑦ 合理选择起吊位置，避开架空线路；操作手操作前进行观察；现场设专人指挥，专人

监护。

(2) 管材运输。

① 对运管线路进行提前踏勘,不能满足要求的,修筑运管道路,碾压平整、土质坚硬;特殊地段安排专人监护、指挥。

② 封车前检查绳、索具等封车用具;封车后仔细检查封车是否牢固;连续长下坡时对刹车片采取降温措施;配备掩木、牵引绳等。

③ 收集气象信息,避免恶劣天气出车;冰雪天运输采取防滑措施;合理控制车速,不盲目驾驶;保持通信畅通,配备应急物品。

④ 检查车辆的制动、转向、防雾灯,确保车辆性能处于完好状态,车辆执行"三检制",严禁带病出车。

⑤ 运前对管托、立柱、挡板进行检查,确保强度和高度满足要求;途中对管托、立柱、挡板进行复查。

⑥ 途中对捆绑情况进行复查。

(3) 布管。

① 自上而下顺序取管,禁止从底层抽管;采取有效掩牢措施;距管沟大于 1 m。

② 注意操作人员之间的相互配合;人员与管材和设备保持安全距离;起吊作业时应慢起、缓摆、轻放;用牵引绳配合布管。

③ 定期检查吊带、绳索的磨损情况,超过规定标准,及时更换。

④ 机械操作手经常检查钢管吊绳和吊钩;防脱钩保险装置完好。

⑤ 操作手操作前进行观察,与架空线路保持安全距离;现场设专人指挥,专人监护。

⑥ 吊管机与管沟保持安全距离;禁止布管配合人员倒行或在吊管机行驶方向正前方行走;吊管机在坡陡地段应采取防滑措施;在水网或沼泽地行走,采取防淤陷措施,保障设备行走安全。

(4) 组对焊接。

① 使用前检查砂轮片、钢丝刷,不应有缺陷;配备防护面具、口罩;砂轮机作业时,切线方向禁止站人。

② 人体任何部位禁止位于两管口之间;吊装前检查钢丝绳,卡具应安全、可靠;管材支撑牢固;不得强力组对。

③ 对口时应有专人指挥;内对口器(内焊机)行走时,应认真观察行走所到达的位置,做到准确控制停在管口处,防止内对口器(内焊机)滑落伤人;装卸外对口器时,应注意配合,防止砸伤人员。

④ 不要触摸加热后的管口、器具;严禁用明火加热液化气罐;加热时烤把不要对人,不用时放在烤把架上;液化气胶管、减压阀无泄漏,连接牢固;气瓶的搬运、保管和使用严格执行有关安全规程;不准戴有油脂的手套操作气瓶,气瓶、阀门不准粘有油脂。

⑤ 按设计对管沟进行放坡;清理边坡土、石块;设备、工器具与沟边保持安全距离;设置防塌箱;配备逃生梯;安排专人监护。隧道内作业保持通风除尘;防风棚内作业设排风装置;佩戴护目镜;非焊接人员避免直视弧光。

⑥ 定期检查绳索的磨损情况,超过规定标准,及时更换;吊臂和管下方禁止站人。

⑦ 施工前对电源线、电动设备、焊钳等工器具进行检查;配备漏电保护装置,接地、接零完好;插座放置在支架上,禁止放置在潮湿地面上;在潮湿及易导电区域,手持电动工具操作

人员应穿绝缘鞋;焊工身体不得接触二次回路导电体;焊工配备符合安全规定的个人防护用品,包括工作服、绝缘手套、鞋、垫板等;设备的安装、检修等由专业人员进行。妥善处置火源周围的易燃物;配备消防器材;人员离开前确认无火灾隐患。

⑧ 设备停放时,两台设备之间的距离必须大于1.2 m,距离小于1.2 m时设备间设置安全警示带并设置专人监护;禁止人员在设备间停留;设备移动时鸣笛警示,指派专人现场监护。

⑨ 作业前对设备进行检查,确保性能完好;设备在坡地上停放时必须加设掩木掩牢;设备上坡时,设备后加挂掩木;设备下坡时,要加设牵引链。坡地维修设备时,要修筑平台;设备下要加设掩木;现场专人进行监护。

⑩ 及时了解当地气象信息变化,暴雨天气禁止作业,做好相应应急准备,人员、设备撤离至安全地带。

四、管道试压

1. 危害因素

(1) 试压头预制。

① 飞溅物、弧光造成皮肤灼伤、眼睛受伤。

② 物体打击造成挤伤、砸伤。

(2) 试压头预试压。

① 高压阀门、管材、管件、仪表破裂造成人员伤害、设备损坏。

② 试压程序错误造成试压头破裂从而导致人员伤害。

(3) 试压头与管线安装。

① 飞溅物、弧光造成皮肤灼伤、眼睛受伤。

② 物打击造成挤伤、砸伤。

③ 沟下作业时塌方造成人员伤害。

(4) 管道注水。

① 漏电造成人员伤害、设备损坏。

② 注水压力大造成临时管路破裂、人员受伤、财产损失。

(5) 升压和稳压。

① 试压头悬空颤动造成焊道破裂,发生人员伤害。

② 高压阀门、管材、管件、仪表破裂造成人员伤害。

(6) 泄压。

① 泄压过快引起管线飞起造成物体打击,发生人员伤害。

② 高压水流冲击造成飞溅,发生人员伤害。

(7) 排水。

① 高速排水引起排水管震颤或弹飞造成物体打击,发生人员伤害。

② 排水不当发生环境破坏。

2. 防控措施

(1) 试压头预制。

① 佩戴护目镜、口罩;非焊接人员避免直视弧光。

② 试压头吊装时禁止使用阀门做吊点,应单独焊接双吊耳;管墩支撑平稳牢固;试压头

底部焊接固定支座。

(2) 试压头预试压。

① 高压阀门、试压头管材、管件、压力表压力等级必须高于试压管道压力等级;高压阀门及管材检测报告和合格证齐全;高压阀门、管材与主管材焊接位置加焊加强板(或凸台);试压头所有焊道必须经过无损检测且合格。

② 严格按照方案进行试压,缓慢升压;试压现场进行隔离警戒,隔离区严禁人员进入;封头正前方为高危区,隔离范围应扩大;压力观察和泄压控制采取有效隔离措施(例如使用望远镜、钢盔等);试压头需进行编号,在使用中控制使用频次和级别。

(3) 试压头与管线安装。

① 佩戴护目镜、口罩;非焊接人员避免直视弧光。

② 试压头吊装时禁止使用阀门做吊点,应单独焊接双吊耳;管墩支撑平稳牢固;试压头底部焊接固定支座。

③ 按设计对管沟进行放坡;设置防塌箱;配备逃生梯;安排专人监护。

(4) 管道注水。

① 专职电工负责现场用电作业;操作人员进行用电培训;依据临时用电规范安装漏电保护器和接地线;电缆接头做防水处理,夜间照明充足。

② 临时管道承压等级符合高差要求;注水管加固,防止管道震颤开裂;现场设有应急排水渠道。

(5) 升压和稳压。

① 试压头裸露长度不应超过 2 根整管;试压头裸露部分间隔支撑。

② 操作时进行岗前培训;试压头正前方为高危区域,设置警界区域,专人监护,严禁人员靠近;试压管道路口、两端等危险位置设警示标志,周围村庄张贴公告,严禁靠近;升压作业有专人指挥,严格按照程序进行升压,严禁升压过快,保证升压期间的稳压时间,确认无异常后方可继续升压;压力强度达到后严禁接触承压阀门或管道,仪表观察和阀门操作使用远程设施;试压设备紧急泄压装置有效;高压阀门手柄正前方严禁站人;开关阀门时人员站在手柄侧方;高压阀门轻开轻关;保证夜间照明充足,合理安排倒班,夜间作业时 2 人以上配合工作。

(6) 泄压。

① 控制泄压速度,严禁泄压过快;泄压管应进行加固,出口严禁向下;泄压有专人指挥。

② 泄压区域设警界标志,泄压有专人监护。

(7) 排水。

① 排水管必须加固或压实;排水管管口严禁向下,防止飞管;排水管保持畅通。

② 排水方向设置水流缓冲池;试压水化验合格后才能进行排放。

五、管道埋地与地貌恢复

1. 危害因素

(1) 管道回填。

① 设备倾覆造成设备损坏、人员伤害。

② 过往车辆、人员坠入路边管沟;儿童在管沟内嬉戏、游泳造成人员伤害、财产损失。

③ 穿路管沟回填不当,路面下陷造成人员伤害、财产损失。

(2)地貌恢复。

① 生、熟土未分层回填造成生态破坏。

② 地貌恢复(水工保护)有缺陷造成水土流失、环境破坏。

2.防控措施

(1)管道回填。

① 设备距离管沟满足 1 m 以上安全距离;在松散、潮湿地质或沟深超过 4 m 处,管沟安全距离加大;在斜坡上施工时严格实行许可证管理制度,采取安全措施;设备性能良好,操作手不得脱岗。

② 及时将路边、靠近村庄边的管沟和不具备连头条件的基坑进行回填,减少管沟暴露时间;暂时不能回填的管沟,要树立明显的标牌,夜间设安全警示标志;回填作业前,确认沟内无人和其他动物。

③ 管线回填过程中进行夯实处理,采取洒水、加铺碎石反复碾压等措施,确保路面有足够的承载力。

(2)地貌恢复。

① 管沟开挖时生、熟土分层堆放,先回填生土,后回填熟土。

② 严格按照设计要求进行地貌恢复和水工保护。

六、管道投运

1.危害因素

(1)投产准备。

① 人员未经培训、带病上岗造成人员伤害、财产损失。

② 人员上岗时未正确着装造成人员伤害、财产损失。

(2)干线来气。

① 过滤网堵塞,管线内压力升高导致管线憋压造成人员伤害。

② 来气脱水不合格,含水超标导致管道冰堵造成财产损失。

(3)管线干燥。

① 管线干燥不彻底,管道冰堵造成财产损失。

② 来气脱水不合格,含水超标导致管道冰堵造成财产损失。

(4)氮气置换。

① 发球筒或干线置换时未控制注氮温度,注氮连接处管道开裂造成财产损失、人员伤害、环境污染。

② 阀门养护未做好,流程切换实施不利造成财产损失。

③ 电动、气动阀门操作不正确造成财产损失、人员伤害。

④ 安全阀投运时校验过期,憋压造成财产损失。

⑤ 放空时未注意天气和风向,引发爆炸造成财产损失、人员伤害。

⑥ 气体检测报警装置失灵,气体泄漏导致火灾或爆炸造成财产损失、人员伤害、环境污染。

⑦ 输气管线未实施点火排放,引发爆炸造成财产损失、人员伤害。

(5)切换流程。

① 仪表系统调度记录不清,记错流程,造成憋压、爆管,发生财产损失、人员伤害、环境

污染。

② 高处站立不稳摔下造成人员摔伤,物体打击造成人员伤害。

③ 开(关)错阀门,造成憋压,导致放空,下游用户停气造成财产损失。

④ 启动流量计操作不当,损坏仪表,计量不准造成财产损失。

2. 防控措施

(1) 投产准备。

① 举办培训班,严格进行上岗前专业培训,上岗人员考核合格取得上岗证才能上岗;上岗人员事先进行体检,体检不合格严禁上岗。

② 按照公司的要求配发工作服,未穿工作服严禁进入投产运行现场。

(2) 干线来气。

① 监测管道压力防止超压;若发生憋压,及时更换或清洗分离器;发生天然气泄漏、爆管、火灾时人员撤离到安全地带,上游停止进气,上下游进行放空,在事故地段进行安全警戒和隔离。

② 加强对来气的含水检测,不接收含水超标气体;降低冰堵段管线压力;对冰堵段采取加热等措施;在天然气输送前加抑制剂(甲醇、乙醇等);天然气在管输前深度脱水,降低其露点;在降压前加热。

(3) 管线干燥。

① 降低冰堵段管线压力;对冰堵段采取加热等措施;在天然气输送前加抑制剂(甲醇、乙醇等);降低露点;在降压前加热。

② 加强对来气的含水检测,不接收含水超标气体;降低冰堵段管线压力;对冰堵段采取加热等措施;在天然气输送前加抑制剂(甲醇、乙醇等);天然气在管输前深度脱水,降低其露点;在降压前加热。

(4) 氮气置换。

① 严格控制注氮温度高于规定值;采取注氮加热措施。

② 操作前接到调度令,调度监护,现场由技术员监护,实施前进行模拟操作。

③ 严格执行设备维护保养制度;注入清洗液、密封脂,维修阀门。

④ 严格执行定期校验规定,投用前检查校验记录。

⑤ 放空前先观测风向,安全范围内禁止明火及带入火种。

⑥ 2个人检测2遍,采用2种可燃气体检测仪进行检测。

⑦ 按要求和实际情况点燃火焰。

(5) 切换流程。

① 操作前进行模拟操作,实行操作票制度,操作前接到调度令,调度监护,现场由技术员监护。

② 设立栏杆等防护设施,系安全带;操作时身体不要正对阀门泄压孔或注脂孔等易脱落附件处。

七、其他风险

1. 危害因素

(1) 高寒地区施工。

① 低温冻伤。

② 低温设备、机具损坏。

③ 低温吊具、索具断裂。

④ 大雪封山,交通阻断增大受困、饥饿风险。

⑤ 设备火灾造成人员伤害、设备损坏。

⑥ 车辆故障、暴雪造成冻伤、交通事故、打滑、侧翻。

(2) 热带地区施工。

① 高温中暑。

② 蚊虫叮咬、毒蛇袭击、地方病、食物中毒造成人员伤害。

③ 溺水死亡。

(3) 夜间施工。

① 视线不良造成碰伤、摔伤、物体打击等。

② 昼夜温差大造成冻伤、感冒、疾病。

③ 脱岗、睡岗和疲劳作业导致岗位安全事故,造成人员伤害。

④ 恶劣天气造成人员伤害、财产损失。

⑤ 人员走失造成人员伤害。

(4) 山区施工。

① 洪水、山体滑坡造成人员伤亡、财产损失。

② 滑落、坠落造成人员伤亡、设备倾覆。

③ 施工造成水土流失,影响自然保护区、风景名胜区等特殊地段环境。

④ 森林火灾造成环境污染、植被破坏、人员伤害、财产损失。

⑤ 坡地临时维修设备造成人员伤害、设备损坏。

2. 防控措施

(1) 高寒地区施工。

① 配备必要的防冻疮、防风湿等冬季疾病预防类药品;根据不同工种,为员工增添棉马甲、防寒帽、护膝、护腰,不得以棉帽代替安全帽;在工地必须配备暖房,暖房内放置开水、食品,为员工及时补充热量、能量;合理安排作业时间,定期轮换,缩短作业人员在寒冷环境下的持续暴露时间。

② 根据施工特点,采用适合高寒环境使用的燃油和润滑油;配备适应高寒环境的大容量蓄电池;配置发动机冷却液、燃油箱、燃油管路、液压油箱保温器;设备机具、材质要符合高寒环境的要求。

③ 使用合格低温钢丝绳和吊管带;严禁使用被水浸湿冻凝的吊管带。

④ 为防备大雪封山和交通不畅,应提前储备 15 d 以上的粮食、蔬菜以及燃料,保证员工衣、食、住。

⑤ 严禁用明火加热的方法启动设备、车辆。

⑥ 野外行驶车辆必须 2 台以上方可出行;通信联络畅通,配备车载电台;更换雪地胎、配备防滑链;配备应急防寒物资、食品。

(2) 热带地区施工。

① 高温季节,合理安排工作时间,尽量避开高温时段施工;现场设置遮阳篷、遮阳伞、休息区供施工人员休息;带足饮用水,配备制冰机,提供冷饮、冰块、绿豆汤等解暑饮品;配备防中暑应急药品,学习防中暑应急知识。

②选择营地时尽量避开自然灾害多发地区;施工人员携带避蚊虫和毒蛇的药品;施工人员穿戴好工装、高腰工作靴,尽量减少皮肤裸露;严禁食用腐败食品、不明植物果实;学习地方病预防知识。

③教育职工不得进入河道、湖泊游泳;水上作业时,施工人员必须穿救生衣。

(3)夜间施工。

①照明充足;设置荧光警示标志;施工人员穿戴设有荧光条的劳保用品;设专人指挥、监护;基坑周围设置围栏警戒。

②配带防寒衣物;配带应急药品。

③合理安排施工人员值班、倒班作业,防止连续长时间加班;加强岗位监护和巡视;发电机、吊管机、起重机等关键设备操作人员严禁擅离岗位。

④了解掌握当地气象信息;合理组织,避免恶劣天气夜间施工。

⑤班前和班后清点人数;进入受限空间或危险区域(隧道、管沟、基坑等)前要签字登记,出来后要消项登记,防止人员丢失;划定现场的工作区和人员集中地,不得超出范围活动。

(4)山区施工。

①掌握天气动态,提前预警;汛期管材不得存放在河道、低洼处,设备停放在高地平坦处;夜间现场值班人员应选择设备附近安全地带宿营;管线下沟后及时回填,并采取防漂浮措施;对易滑坡的山体进行降坡、护坡。

②作业前对施工设备制动、转向进行检查;对于陡坡地段应修筑作业平台,设备停留时用枕木掩牢;设置生命线,用绳索上下固定,便于人员上下移动;用地锚、绳索固定管材、设备;布管、组对时使用2根吊带,保持管子平衡;管子放入沟内后采取土袋或挡桩方法防止下滑;坡度较大时,预制管段采用牵引敷设。

③尽可能减少砍伐,不得损坏施工区域以外的树木、草地;管沟开挖时表层土、深层土分开放置,回填时先回填深层土,再回填表层土;按要求恢复地貌、植被;在环境敏感地区设置警戒线和警告牌等标志,做好文物、生态保护工作;妥善处理各类废弃物,禁止排放至水源地等保护区。

④执行"一盒火"制度,严格控制火种;严禁吸烟;作业带内的树木、杂草等易燃物清理干净;设备和机具不得放置在灌木丛中;配备消防器材,关键区域由林区消防员监护作业。

⑤修筑平台;设备下用掩木掩牢,必要时用地锚稳固;设备制动系统锁死;无关人员不得在设备附近停留。

第三节 海洋管道安装

海底管道是通过密闭的管道在海底连续地输送大量油(气)的管道,是海上油(气)田开发生产系统的主要组成部分,也是最快捷、最安全和经济可靠的海上油气运输方式。海管铺设需要专业的技术装备支持,如工程船、铺管设备、挖沟设备等,海洋管道建设具有普遍的海上施工所具备的特点,同时由于管线的重要性,在各个方面又需要严格控制。海洋管道施工投资大、质量要求高、施工环境变化大、施工组织复杂、对环境保护要求高。因此,海洋管道施工各个环节都需要提前进行谨慎的风险评估和各项完善的准备工作。下面以铺管为主线,简要介绍各项作业的关键及本质安全危害因素和相应削减措施。

一、铺管前作业

铺管前作业是铺管开始的必要准备工作,对铺管作业的连续性有关键的支撑作用。同时,海上作业在施工开始前,需要做好 HAZOP 分析、施工安装设计、质量检验计划、安全、应急等各项工作和文件编制,确保整个施工过程安全可控。

(一) 施工准备

铺管前作业施工准备包括从人员、管理、文件、资源、环保到计划、执行、检查等多方面的工作。

1. 危害因素

(1) 恶劣的天气(风、浪、涌、流、潮汐、能见度等)预测不准,影响作业进度,带来巨大的潜在安全风险。

(2) 海底设施障碍(海管、电缆、光缆和沉没残骸等)预调查不完整,造成施工过程风险不可控。

(3) 作业组织差和人员能力不足,造成指挥混乱、沟通不良,承包商水平和管理不到位。

(4) 水面干扰,渔船、拖网等捕捞作业及其他海上干扰,影响施工安全和进度。

(5) 作业程序不充分,造成较多临时决策,盲目作业出错,极大影响海上施工安全和经营成果。

(6) 作业应急程序和后勤保障不足,应急准备差,应急能力差,造成风险施工。

2. 防控措施

(1) 在历年数据分析基础上设置独立来源天气预报,并派现场气象员支持;如历年数据分析无法满足要求,可增设独立来源专业海上天气预报,并对关键环境参数进行监测,选择合适的窗口期开展施工作业。

(2) 在铺管开始前进行铺管前调查和路由清理,清理有直接影响的障碍物,并提前设计锚位,布锚时避开疑似障碍物。

(3) 进行全面的设计、技术、安全、质量交底,明确各级管理程序,在施工方案中明确指挥系统,包括沟通方式和通道。

(4) 提前确定海事警戒,安排海事通告,安排警戒船,同时评估大型船舶通过时对作业的影响,有针对性地采取措施,并进行大型船舶通过通报。

(5) 施工前编制详细作业程序和应急程序,安排技术交底,作业前确定所有的安装程序,通过审批,预留相对充分的准备时间。

(6) 应急作业程序中详细编制相关部门的应急联络渠道和方式,海事部门应急对接和协调,同时针对项目配备相应的应急保障物资。

(二) 预调查

依据业主提供的海底调查报告,施工方进行二次调查核实,主要对地形、地貌、障碍物、地层分布进行调查,包括水深、潮流、潮位等复核工作。

1. 危害因素

(1) 人员落水。人员在工作船舷边作业,失足滑落,受伤、失踪。

(2) 设备故障。设备存有缺陷,维保不当,预调查结果失真。

(3) 因作业船一般较小,存在恶劣天气船舶倾覆等安全风险。

2. 防控措施

(1) 安排作业安全监督,人员在舷边作业时必须穿救生衣和配备必要的安全防护用具。

(2) 作业前进行设备调试和检验(技术监督局标定)。

(3) 密切关注天气,提前安排船舶进出场。

(三) 路由预处理

路由预处理包含多项可能存在的工作,如清理预调查发现的路由障碍物(礁石、渔网等),施工区域预挖沟、不平整处理以及在役管缆的挖沟下沉和保护等。

1. 危害因素

(1) 船舶和设备存有缺陷、维保不当导致作业中断。

(2) 潮差、操纵失误引起的船舶搁浅。

(3) 预调查没有发现的障碍物残留,清理不干净影响作业进度。

(4) 挖沟深度不够,达不到设计要求,对管线运营安全性造成影响。

(5) 潜水设备故障,潜水员受困。

(6) 在役管缆处理作业失误(挖沟下沉、混凝土连锁排回填和船舶布锚)。

(7) 挖沟作业不精确,挖沟偏离。

(8) 预挖沟底不均,少挖漏挖,造成管线应力超标。

2. 防控措施

(1) 作业前进行相应的检验和测试(例如 CCS、ABS 检验,船舶主要设备的测试)。

(2) 提前策划施工窗口期,根据潮汐表规定作业范围,所有船员持证上岗,做好技术交底和必要培训。船舶进入施工海域开始挖沟作业前,专业测量工程师应进行平面坐标点位和水深测量等预调查工作。使用测深仪对预挖沟海域及两侧各 50 m 范围进行详细实测,记录测量数据并绘制水深图,掌握高低潮位时该海域内水深的变化情况。

(3) 铺管前再次进行铺管前调查,再次排查,确保作业区影响施工的障碍物明确可控。

(4) 严格执行挖沟程序,验收过程中测量挖沟结果,可增加挖沟次数,达到设计要求。

(5) 制定作业应急措施,严格执行人员持证上岗和设备设施校验,同时使用双套供氧系统。通过潜水梯入水时,水流速度应不大于 0.5 m/s,蒲福风力等级应不大于 4 级。蒲福风力等级大于 4 级小于 5 级(风速 17~21 节,浪高 1.8 m)时,应评估现场具体条件决定是否潜水;通过潜水吊笼或开式潜水钟入水时,水流速度应不大于 0.5 m/s,蒲福风力等级应不大于 5 级。水流速度超出上述限制条件,因特殊情况需要潜水时,应评估现场具体条件,采取更有效的安全防护措施,确保潜水员安全。蒲福风力等级大于 5 级小于 6 级(风速 22~27 节,浪高 3.0 m)时,应评估现场具体条件决定是否潜水。

(6) 完善施工程序和计算分析,根据计算结果采用浮筒锚泊系统,采取单次挖沟深度控制等措施,同时建议增大处理长度,确保在役管缆下沉充分。制定应急维修措施,对可能存在的损坏具备及时处理的能力。施工期间,船舶按要求悬挂施工旗帜,并严格在向海事局发布的坐标点范围内施工,警告附近施工、运输、停滞的船只。对第三方管缆及设备,除提前得到海事局及当地有关部门通知外,还可利用侧扫声呐、多波束等测量设备进行检测,从而采取覆盖、倒运等措施加以保护,可以有效地避免损坏第三方管缆及设备。

(7) 根据抓斗船数据和待挖区域的预挖沟宽度、平均原始高程、边坡坡比及抓斗船的排斗,划分开挖网格图,以确定依次开挖的路径及范围。

(8) 按照"纵移挖长、横移挖宽"方法进行挖泥。抓斗船纵向挖完一个断面后,应绞锚前进一定距离开始下一断面开挖。每个开挖断面间有 1/4～1/3 的搭接,通过对抓斗的控制实现搭接,防止漏挖。完成后,视情况对沟底进行平整处理。船舶控制锚缆拖带水下平整装置作业。

(四) 水工作业

海管安装水工作业主要为海管登陆使用,有多种形式,在此以大堤登陆为典型案例进行阐述。

1.危害因素

(1) 地锚设置拉力不足,造成拖拉失败,引起安全风险。

(2) 地锚设置受力不均,角度有偏差,引起地锚连接件损坏或地锚移位,造成拖拉失败、人员伤害。

(3) 大堤回填材料不满足要求,大堤后续运营风险增加,造成财产损失、人员伤害。

(4) 作业带绿化恢复不能满足要求,植被存活率低,环境受到影响。

2.防控措施

(1) 施工前,详细了解地质参数和地层结构,根据具体的参数设计地锚结构形式,进行计算,按标准和作业工况选取充足的安全系数,施工中严格控制各项参数的落实。

(2) 施工前进行详细的施工前测量:① 控制点交桩;② 场区控制点设置及维护;③ 测量前对平面控制点、水准点、水尺进行检查复核;④ 测量的方法和精度以及所用仪器符合现行行业标准规定;⑤ 测量结果及时交工程师认可。同时,现场安装严格按照设定的坐标点进行,并在施工开始前做好拉力测试工作。

(3) 抛石施工应符合《防波堤设计与施工规范》(JTS 154-1—2011)中相关规定。抛石所用石料必须满足:① 在水中浸透后的强度:对于表层护面或护底块石应不低于 50 MPa,对于垫层块石应不低于 30 MPa;② 块石不成片状,无严重风化和裂纹;③ 抛石单块质量要求见图纸,对于所用抛石,没有具体要求的,原则上优先选用大块石,但块石的最小质量不得低于 10 kg;④ 护底块石的厚度不得小于设计厚度。

(4) 施工中,购买专业种植植物的土壤,使用翻土机进行翻土、摊平,移植原有植物品种或购买相同品种的树种、草皮进行人工栽种,最后进行浇水养护确保其成活率,满足当地园区及绿化管理部门的相关要求。

(五) 材料运输

材料运输包括工程主材、辅材等的运输,涉及安全质量的主要运输风险在于管材的运输。

1.危害因素

(1) 陆地运输管线失稳,造成人员伤害、设备损坏、管材或其防腐层受损。

(2) 管线吊装失控,造成人员伤害、财产损失。

(3) 海上运输失稳,带来安全风险和质量风险。

(4) 过驳吊装异常,危险工况造成人员伤亡。

2.防控措施

(1) 运输车板采取保护管线的措施,例如横向垫枕木,上层铺设胶皮与管线隔开,同时用 45°楔形木块加以固定,管线上下层采用压缝式摆放。管线与管线、管线与围栏之间用稻草捆隔离,设置外围支护,装载完毕用手拉葫芦横向跨过半挂车紧固在车板耳钩上,与管材接触处用稻草捆或胶皮隔离,防止破坏防腐层。同时根据管线层数计算结果严格执行层数限制。

(2) 管子吊装使用管材专用吊具,以防止对管口及管子防腐层造成损伤。吊缆配有横向绳索,在吊装管子时可以方便地操纵管子的方向。管子装船过程中,需要调整管子方向。吊索具需经过检验,吊装需经过力学分析计算。

(3) 运输船装载至预置数量后,由船方人员负责绑扎固定管踩。绑扎完毕,离港驶往铺管船所在区域给铺管船供管。接近铺管船区域时,提前与铺管船负责人确认是否需要立即靠泊卸管。如果得到卸管的通知,则由运管船船长与铺管船船长协调靠泊卸管。如果当时不能卸管,运输船需要驶往附近锚地抛锚停泊等待卸管通知。待接到卸管通知后,立即起锚驶往铺管船,两船船长保持通信畅通,协调靠泊卸管。管线在甲板上采用保护措施避免管线损伤;核算船舶甲板承受载荷能力;核算侧向支护强度;以上部分核算需结合船舶在海洋环境载荷中的运动。

(4) 过驳吊装需提前核算吊装索具和吊装能力,按要求配备索具。船舶靠泊过程中需提前确定好靠泊措施,如靠泊球、系缆等。海况恶劣条件下禁止靠船。吊装司索及配合人员须劳保齐全,穿戴救生衣。管线两端安装晃绳并有专人指挥。遇到紧急情况执行应急措施,如人员躲避等,被吊物旋转不可控时应及时放入水中避免碰撞。

(六) 海上限位桩作业

海上限位桩的作用是保护拖拉管线,限制管线拖拉过程中的形变,确保拖拉过程安全。在管缆密集区域可采用钢板桩保护水土,以保护在役管线电缆,同时可用于拖拉管线的限位。

1. 危害因素

(1) 吊机故障或操作失误导致定位桩坠落,造成人员受伤。

(2) 位置不准或倾斜过大导致拖拉受阻。

(3) 限位桩打桩深度不足,拖拉过程中桩失效,导致管线损伤,拖拉失败。

2. 防控措施

(1) 作业前,检验吊装设备并做安全交底。

(2) 施工人员在交通船上用定位系统进行测量,在管线路由上确定桩位点,其误差不能大于 0.5 m,并下红色浮标作为标志。施工期间,测量船舶必须在平潮期出港作业,以减少潮汐对桩位点准确度的影响。

(3) 限位桩需提前获取地质资料,并对打桩深度进行计算,核算单桩侧向承载力,并按计算要求打到指定深度。

二、铺管作业

(一) 船舶就位

1. 危害因素

(1) 流速改变,船舶漂移,可能引起碰撞事故,导致船舶失控。

(2) 其他风险如人员落水、船舶搁浅、设备损坏等。

2. 防控措施

(1) 提前规划就位时间,在流向转变之前完成 3～4 个锚的就位。

(2)按前述各项要求全面识别和规避风险。

(二)作业线管线安装

铺管船作业线管线安装为流水线施工,包括管线破口、平移、消磁、预热组对、焊接、检测、防腐等安装过程。工作站数量视船舶情况而定,各有差异。

1. 危害因素

(1)焊接设备、检测设备故障,造成焊接缺陷,影响进度。

(2)管口错边量超标,组对困难,焊接质量变差,影响作业进度。

(3)焊渣引燃易燃物造成人员受伤。

(4)其他风险如机械伤害等。

2. 防控措施

(1)配备备用设备,作业前制定检查制度,各项标定设备完成标定,并对所有设备进行试机。

(2)严格按照设计要求验收管材;在陆地上对所有管道测量分类,提前匹配组对管口;增加坡口保护;对于无法组对的管口在中转站进行椭圆度矫正。

(3)清理焊接工作面,配备移动式灭火器、消火栓,全方位安全教育和交底,LPG气瓶布置在工作站外开放区域,加强监管巡检。

(4)按常规作业安全要求执行各项安全制度。

(三)拖拉施工

拖拉施工一般适用于海管两端登陆部分,拖拉施工需选择窗口期持续作业,一次成功,其中对窗口期要求最高的是岸拖作业方式。

1. 危害因素

(1)钢丝绳缺陷引起岸拖钢丝绳断裂,人员受伤。

(2)定滑轮及基础不牢,定滑轮脱落,钢丝绳卡轮憋力过大,作业中断。

(3)横流引起海管横向力过大,管线发生弯曲,损坏管线和定向桩。

(4)过往船只相撞造成管道漂浮、人员伤亡。

(5)浮筒脱落,管线下沉,增加摩擦力,造成管线拖拉失败。

(6)钢丝绳受力过大,打结,抗拉性能降低,导致破断、人员伤害、拖拉失败。

2. 防控措施

(1)作业前检测钢丝绳(取得船级社认证证书);设置安全警戒,禁止人员靠近作业区域,设置必要防护措施。同时对拖拉头、绞车等设施进行检验。

(2)完善拖拉计算报告,制定详尽作业程序,各关键受力点核查,选择合适的受力配件,严格按照程序执行各项准备工作,并进行负荷拖拉力测试。

(3)对定位桩承载和纵向间距进行计算,现场按要求施工;选择合适的气候时间窗口(大潮汛选择进场,中潮汛施工),现场开展测流;施工前进行24小时流速监测和潮位监测。

(4)实行24小时警戒,驱逐过往船只,尤其是渔船、快艇等,设置警戒区域,提前拦截、通知,并发布海事公告。

(5)按要求增加绑扎带,确保浮筒绑扎牢固,同时预留绑扎带和气囊,用于应急使用。

(6)按计算报告要求选用适用的钢丝绳。

(四)平管段铺设

平管段铺设也称正常铺设,以铺管船为载体完成海管正常铺设施工,正常铺管过程中除铺管船自身作业外,配合作业包括起抛锚、运管、定位、过程调查、潜水作业、ROV操作等,是海管铺设核心装备——铺管船作业的典型工况。

1. 危害因素

(1) 海管受力过大,应力超标,发生屈曲。

(2) 疏于监控和定位出错,造成铺管路由偏差,延误工期。

(3) 海床不平,自由悬跨跨度过大,海管受损。

(4) 海管实际路由与设计不符,无法通过验收,海管铺设失效。

(5) 起抛锚未按布锚图实施,造成溜锚、船舶偏移、海管损坏,影响船舶安全。

2. 防控措施

(1) 提前了解水文数据,选择合适的窗口期施工;完成铺管计算,确保施工过程可控;对于无配重薄壁管道,增加张紧器压溃计算,必要时改变防腐层外部结构,增加防滑颗粒;铺设全过程使用屈曲检测器进行屈曲检测;全过程监控张紧器张力、托管架角度、托辊支反力等数据,结合敏感性分析结果,确保计算符合性,出现异常及超标情况及时排查,必要时暂停作业;一旦出现湿式屈曲,根据计算结果选择是否下放管道,启动湿式屈曲应急预案。

(2) 提前检查、标定、测试定位设备和备用设备,过程中定期校核。

(3) 路由预处理后进行测量验收,及时处理不平整处,过程调查增加海床不平整度检查。

(4) 增加着泥点监控,根据实际定位位置检验计算符合性。

(5) 严格执行起抛锚作业程序,按规定布锚图实施,船舶实时监控各锚缆受力情况,出现超标倾向及时调整。

(五) 临时弃拾管

当出现风浪条件超标、台风恶劣天气以及无法满足施工所需的必要条件时,需要进行临时弃拾管作业,将管线放置于海床上。

1. 危害因素

(1) 临时弃拾管选择时机不及时,造成人员伤害、管线损伤、船舶损伤等。

(2) 下放时牺牲缆断裂造成海管受损。

(3) 张紧器和A/R绞车配合不及时,造成弃拾管失效,管线损伤。

2. 防控措施

(1) 实时关注天气预警,如遇计算报告中无法满足的作业天气,提前安排临时弃管计划。

(2) 施工准备的牺牲缆、连接件以及各种索具提前检验认证完毕方可投入使用。

(3) 使用铺管船前完成张紧器和A/R绞车检测及现场成品管试验,定期检查张紧器运行状态。

(六) 海上连头

海上连头分水下连头和水面连头,在浅水域海上连头是最常用的一种焊接方式。

1. 危害因素

(1) 作业过程中风浪增大,对口失败。

(2) 起吊对口过程中连头口角度不准,无法完成连头。

(3) 对口间隙过大或过小,无法完成连头。

(4) 管线与船舷挤压，造成人身伤害。
(5) 喷砂工作造成人身伤害。
(6) 管线起吊和下放控制失误，管线损伤。

2. 防控措施

(1) 选择海上环境好的天气开展对口作业，遇到紧急风浪，下放管道等待海况转好。
(2) 设计计算中完整分析每个步骤和边界条件，施工中严格遵守，如遇不匹配情况按边界条件调整角度。
(3) 增加短节，等待适合潮位，调整平管高度。
(4) 焊接平台设置横向限位。
(5) 喷砂工作时无关人员撤离，工作人员穿戴整齐防护服。
(6) 严格按照计算书步骤，统一指挥，分步执行和校验。

三、铺管后作业

(一) 立管、膨胀弯安装

立管、膨胀弯按照连接方式一般可以分为水下法兰连接和整体立管连接，此2种连接方式的施工技术均已十分成熟。其中水下法兰连接方式是指平管、膨胀弯、立管之间采用法兰连接，立管和膨胀弯分别进行预制，然后在水下通过法兰将三者连接。而与之相对应的整体立管连接方式是指平管、膨胀弯、立管之间采用在水面以上组对、焊接、检验，然后整体下放的方式。

1. 危害因素

(1) 测量误差。水下的视距较低，水底海流的影响，测量钢丝在水下呈悬链线状态等导致测量长度与实际长度存在一定误差。
(2) 法兰配合出现问题，导致现场重新起吊膨胀弯，更换法兰，管道材质不合适，将平管的材料用于膨胀弯等。
(3) 预制偏差，厂家提供的弯头角度和长度在产品合格情况下可能存在一定偏差。
(4) 安装移位。在焊接过程中，焊口角度偏差较大，导致膨胀弯长度和角度发生改变。

2. 防控措施

(1) 使用法兰测量仪测量膨胀弯技术可有效保障膨胀弯连接的合格率和施工效率。
(2) 在预制前检查膨胀弯弯头的角度和长度，排除膨胀弯弯头制造偏差。
(3) 装船准备期间认真检查膨胀弯组成的所有部件，包括直管部分、弯头，还包括法兰的证书检查，弯头角度的现场复测，管道和弯头的壁厚检查，法兰与垫圈的配合情况和外观检查，确保所有使用材料与规格书相符。
(4) 尽量减小下料和焊接角度的误差，提高膨胀弯的焊接质量。

(二) 后挖沟作业

海底管道铺设完成后，进行挖沟掩埋，可以增加海底管道的在位稳定性，防止海底管道漂移，还可以为海底管道在渔业、航运等活动中提供保护。

1. 危害因素

(1) 后挖沟机骑跨在管道上作业，可能碰撞管道造成管道损坏。
(2) 后挖沟机可能与管线路由偏移，造成磕碰管线，使管线受损。

(3) 作业期间遭遇大风无法继续进行作业。

(4) 后挖沟机作业时部分区域泥质过硬造成开挖缓慢。

(5) 后挖沟机骑跨在管道上作业,可能因碰撞导致管道配重层损坏。

(6) 挖沟过程中由于扫海不彻底,导致管线路由杂物较多,造成杂物堵塞抽吸臂,影响抽吸效果,降低挖沟效率。

2. 防控措施

(1) 针对后挖沟机骑跨在管道上可能造成的接触性破坏,一方面使用大型吊机时需时刻保持对后挖沟机的吊力,确保挖沟机与管道之间的接触力在可控范围之内;另一方面,在挖沟机和管道接触的地方,布置橡胶保护隔片,确保轻微接触不会刮伤管线。

(2) 后挖沟机上配备形态监控系统,时刻监控水下状态。挖沟机在作业过程中,可以依靠前方的传感器确定前进方向,依靠左右两侧传感器明确挖沟机是否存在左右偏移,并将信息直接反馈到中控室,以便现场工程师可以根据反馈的信息及时调整挖沟机水下状态。

(3) 当预报有寒潮、突发怪风、雷阵雨、狂浪恶劣天气出现时,安全部将消息以短信形式发送给每艘船舶船长和每位防风防台防浪责任人,做好防风防浪工作。当风力达到6级及以上时应停止施工作业,在风力不大于9级的情况下船舶以原地避风方式待机,大于9级风力时,启动项目避台应急预案,船舶应拖至锚地避台,或选择更安全的方式避台,将船舶拖离台风中心。

(4) 在后挖沟过程中,若开挖缓慢,首先检查设备各传感器参数是否正常,确认设备正常后选择平潮期停止作业,由潜水员下水对海底泥质情况进行探摸,查看海底泥质是否发生变化并带泥质样本上船进行比对分析。项目部技术人员根据泥质情况调整喷嘴布置方案,调整完后查看开挖效果,效果明显则继续进行挖沟作业,若效果不明显则调整喷冲系统进行作业。

(5) 在挖沟作业过程中若出现挖沟机损坏管线配重层的情况,应立即停止挖沟作业,由潜水员下水进行探摸,确认损坏情况。首先对破损处进行修整,然后在其外部用直径略大于混凝土管道外壁的钢套筒包住破损处,钢套筒做成两个半圆形,接缝处用螺丝上紧,封住环形空间的两端后,注入水泥。

(6) 在扫海时尽量将路由区域内杂物清理干净,铺管、挖沟过程中安排交通船或锚艇对铺管船、挖沟船前500 m范围内的渔网、地笼进行清理,防止铺管过程中管线将渔网、地笼直接压在管线底下,致使挖沟过程中堵塞抽吸臂。施工过程中每两个锚位派潜水员下水探摸抽吸口情况,对抽吸口的杂物进行清理。

(三) 回填作业

海底管道回填有多种方式,比较常用的包括原土回填、粗砂回填、碎石回填、砂带回填和连锁排覆盖等,风险主要集中在船舶机械操作、落水、水下操作等,浅水区域操作施工精度容错率高,技术风险较低,水深一般为20~50 m,目前国内开始使用导管回填以提高回填精度,替代抛填方法。

1. 危害因素

(1) 船舶随涌浪晃动,导致导管上下摆动损耗过大。

(2) 回填作业时导管堵塞,导致作业中断。

2. 防控措施

(1) 首先选在合适的天气进行施工,其次施工时24小时作业,若遇风浪影响天气,则选在当天的 4 个平潮期前后各 2 h 施工,减少涌浪对施工的影响。

(2) 首先导管选用合适管径的导管,同时由水下高清摄像头实时监控回填粗砂,一旦堵塞及时停止填料,并使用大功率冲水设备配合潜水员进行疏通。

(四) 清管测径试压干燥作业

1. 危害因素

(1) 施加压力后的管线压力高,容易对人造成伤害。

(2) 电气线路通电后具有电能,容易发生触电事故。

(3) 测径板检查到变形、弯曲或多处严重划痕。

2. 防控措施

(1) 严格按照打压、泄压程序和设计压力操作,严禁超压;压力表、减压阀等安全装置必须经检测合格完好;盲板应焊接严密、牢靠;危险区域内应拉设警戒线,设立安全警示标志。

(2) 合理布设电缆线路,防止受外力影响;使用前检查确认电缆绝缘完好。

(3) 重新发送一枚测径清管器,在消除其他因素影响的情况下,如测径清管器进入收球筒时猛烈撞击收球筒的盲板,以确定管段是否有变形;增加背压,使清管器运行尽量平稳,以减小形变;检查所有管道安装的施工记录,发现可疑(能够引起测径不合格)的施工点,找出当时的施工人员回忆情况,如果可行,进行开挖,以找出变形位置并修补,并再次进行测径作业;在上一个方法不行时,通过仔细检查测径清管器运行的流量和压力记录,初步估算有可能出问题的位置,发送一枚带跟踪仪的测径清管器,仔细寻找管道变形的位置,进行开挖,并修补变形位置,再次进行测径作业。

(五) 后调查

1. 危害因素

(1) 测量设备损坏。

(2) 人员落水,气象灾害等。

2. 防控措施

(1) 严格按照测量设备安全规范进行施工;作业前应对作业设备进行检查,确定入水设备的安全情况;作业时应设有设备监控人员,时刻监控设备状态。

(2) 水上作业人员必须经过水上救生和逃生培训;作业时必须穿救生衣;不准带病作业;注意水情和气象预报,遇到危及人身和设备安全等的气象灾害时,人员及时撤离。

(六) 标志安装

海管标志物海上部分主要为警示浮标,沿海管路由设置,用以警示过往船只。

1. 危害因素

(1) 标志安装时发生船舶事故。

(2) 潮水涨落等气象因素对作业的影响。

2. 防控措施

(1) 施工期间,船舶按要求悬挂施工旗帜,配备专用警戒船,加强现场瞭望,做好交通警戒,确保施工船舶和过往船舶的安全,施工船舶应配备有效的通信设备并在指定的频道上收听,主动与过往船只联系沟通,将本船的施工、航行动向告知他船,确保航行安全。

(2) 项目部、施工船舶必须根据作业区域的实际情况和季节变化,制定施工安全技术措施,并严格遵照执行。

第四节　非开挖工程——水平定向钻穿越

水平定向钻穿越是将石油工业的钻井技术和传统的管线施工方法结合在一起的一项施工技术，它具有施工速度快、施工精度高、成本低等优点，可用于输送石油、天然气、石化产品、水（污水）等流体和电力、光缆各类管道的施工。它不仅应用于河流和水道的穿越，同时还广泛应用于高速公路、铁路、机场、海岸、岛屿、山体、经济林、密布建筑物、水源地、文物保护区、管道密集区等不宜开挖或开挖成本较高的地段的穿越、陆海穿越、海海穿越等多种方式。此外，该项技术还被用于煤层气开采。

本节通过对主要水平定向钻穿越设备设施及作业过程中的危害因素进行辨识，并制定相应的防控措施来减少对作业人员的伤害，从而达到安全施工作业的目的。

一、施工准备

施工准备是指在水平定向钻施工前，对施工场地进行操作作业，使其达到施工条件的前期准备工作。其内容包括扫线、便道施工、泥浆配制。

（一）扫线作业

1. 危害因素

（1）推土机、挖掘机频繁移动，碰撞作业人员。

（2）推土机、挖掘机出现滤油器堵塞、供油不足等故障。

2. 防控措施

（1）现场要有专人指挥、专人监护，非相关人员远离设备作业区域。

（2）推土机、挖掘机开动前应对周围、底部及行走机构进行检查，确认无人和障碍物后方可开动，开动时应发出信号。

（3）操作手工作时，严禁接打电话。

（4）推土机、挖掘机发动前应检查润滑油、液压油、冷却液、制动液、启动系统及各部件，确认符合要求，离合器及变速杆处于空挡位置。

（5）做好设备维修检验及运转记录。

（二）便道施工作业

1. 危害因素

树木砍伐倾倒，设备移动伤人。

2. 防控措施

现场要有专人指挥、专人监护，非相关人员远离设备作业区域。树木倾倒方向禁止有人，避开架空线路。

（三）泥浆配制作业

1. 危害因素

（1）人员吸入膨润土粉尘，易引发尘肺病等人体伤害。

（2）搅拌机、泥浆罐、泥浆泵伤人。

（3）膨润土吊运时坠落伤人。

（4）泥浆渗漏、外溢造成人员淹溺。

(5) 人员在泥浆罐上登高作业时坠落。
(6) 泥浆管连接处脱落,造成人员伤害。

2. 防控措施

(1) 作业人员佩戴防尘口罩。
(2) 作业区域设置防风围挡设施。
(3) 操作人员按规程作业,在设备做动作前鸣笛示警。
(4) 设备移动、回转时,人员禁止在设备工作半径内停留。
(5) 泥浆池铺垫防渗膜,设置硬围护及警示标志。
(6) 做好泥浆回收和处理。
(7) 泥浆罐爬梯安装扶手,护栏完整牢固,连接踏板稳固。
(8) 泥浆罐开口处设置警示标志。
(9) 夜间作业时照明充足。
(10) 使用专用卡具连接泥浆管路。

二、设备安装与拆卸

设备安装与拆卸是指水平定向钻施工前,施工设备和机器的安装调试准备工作。其内容包括:设备进场、钻机组装、设备调试。

1. 危害因素

(1) 设备移动造成人员伤害。
(2) 设备起重吊装造成人员伤害。
(3) 钻杆滚落造成人员伤害。
(4) 电缆漏电,未按要求铺设线缆,导致人员触电。

2. 防控措施

(1) 设备进场前设置警示带,严禁闲杂人等进入。
(2) 设备、设施就位派专人指挥、监护。
(3) 设备移动前鸣笛警示。
(4) 检查吊、卡、索具安全完好,吊车支腿满伸、支撑稳固。
(5) 起重吊装作业设专人指挥,旗语、信号清晰明确。
(6) 起重机进行回转、变幅、吊钩升降等动作之前,应鸣笛警示。
(7) 起重机械作业时,起重臂旋转半径内严禁有人停留、作业或通过;严禁用起重机载运人员。
(8) 吊臂与架空线路保持安全距离。
(9) 使用牵引绳稳定吊物。
(10) 起吊重物应绑扎牢固,不得在重物上再堆放或悬挂散物件;标有起吊悬挂位置的物件,应按标明的位置悬挂起吊;吊索与重物棱角之间应加衬垫。
(11) 钻杆堆放区采取防滚落措施。
(12) 严禁非工作人员进入现场。
(13) 场地内钻杆倒运使用吊带。
(14) 电缆绝缘良好,按要求架空或埋地,过路电缆加套管。
(15) 做好用电设备的接零、接地、漏电保护。

(16) 电工作业必须 2 人进行。

(17) 电路开关闭合前,检查电器安装、电路维护、电路接线等作业,现场要有人监护,互相提醒。

(18) 做好上锁挂签。

三、水平定向钻穿越作业

水平定向钻穿越作业是指采用水平定向钻机将穿越管段按照设计轨道通过障碍物,完成穿越工作。作业过程主要存在机械伤害、交通伤害、人员坠落、环境污染等危害,其中穿越过程中泥浆配制作业的危害因素与防控措施与上述相同。其内容包括:导向钻进、扩孔、洗孔、管道回拖。

1. 危害因素

(1) 设备碰撞、物体打击造成人员伤害。

(2) 高压液压管爆裂造成人员伤害。

(3) 出入土点两岸配合不协调,操作失误造成人员伤害。

(4) 在钻机平台上进行卸钻杆等作业时,人员坠落造成人员身体伤害。

(5) 钻机及发电机工作产生噪声,造成环境污染且人员听力受到伤害。

(6) 油罐渗漏,引发火灾,造成环境污染及人员伤害。

2. 防控措施

(1) 检查确认吊、卡、索具安全完好,吊车支腿满伸,支撑稳固。

(2) 起重吊装作业设专人指挥,旗语、信号清晰明确。

(3) 起重机进行回转、变幅、吊钩升降等动作之前,应鸣笛警示。

(4) 起重机械作业时,起重臂旋转半径内严禁有人停留、作业或通过;严禁用起重机载运人员。

(5) 吊臂与架空线路保持安全距离;使用牵引绳稳定吊物。

(6) 起吊重物应绑扎牢固,不得在重物上再堆放或悬挂散物件;标有起吊悬挂位置的物件,应按标明的位置悬挂起吊;吊索与重物棱角之间应加衬垫。

(7) 定期对高压液压管路进行检查;及时进行更换老化的液压管路;保证管路连接正确且牢固可靠;及时进行补充高压液压管路液压油。

(8) 钻机工作时,要确保两岸通信工具电量充足,信号良好,联络畅通。

(9) 钻机护栏必须安装完好,且牢固。

(10) 作业人员配备耳塞,并在人口密集区设置遮挡。

(11) 油料存放区设置隔离带,与作业区域保持安全距离。

(12) 油罐采用标准储油罐,罐底下方铺设防渗材料。

(13) 现场严禁烟火,配备规格和数量满足要求的消防器材。

四、辅助作业

辅助作业是指水平定向钻穿越中钻孔、扩孔、回拖、洗孔工序之外的施工作业。作业过程主要存在机械伤害、粉尘污染、高处坠落、环境污染等危害。其内容包括:发送沟开挖、注水、管线下沟、地貌恢复。

1. 危害因素

(1) 滚管下沟,动作不一造成人员伤害。
(2) 滚轮架倾覆造成人员伤害。
(3) 推土机、挖掘机等工程机械施工造成人员伤害。
(4) 泥浆坑处理不当,易造成环境污染和人员伤害。

2. 防控措施

(1) 管线下沟统一指挥,设置警示标志,专人监护巡视。
(2) 滚轮架基础要平整密实,滚轮架就位保持同一轴线;吊装就位滚轮架时,鸣笛警示,现场设专人指挥;同时,滚轮架间距布设合理。
(3) 挖掘机操作前,必须检查各部件有无脱落、松动或变形。
(4) 推土机、挖掘机作业时设专人指挥、监护,非相关人员远离设备作业区域。机械作业前操作手注意观察,移动设备前鸣笛警示。
(5) 机械行走时,严禁任何人上下传递物品;应注意车辆和行人,行走前要注意检查机械四周及履带上是否有人或物件,刹车及转向不应过猛,行走时,不得离开操作位置。
(6) 设备移动、回转时,人员不要在设备工作半径内停留。
(7) 对废弃泥浆外运至地方有关部门指定地点,集中进行处理,恢复地貌。

第五节　非开挖工程——盾构、顶管、直接铺管

一、施工准备

(一) 竖井施工

竖井可采用矿山法、明挖法、沉井法、地下连续墙法等工法施工,主要涉及爆破作业、高处安全作业、起重作业和开挖作业等四大高危作业。

1. 危害因素

(1) 作业人员未按要求穿戴劳动防护用品,如安全带、安全帽和防滑鞋等,可能造成人身伤害。
(2) 爆破开挖作业时,未按照安全要求防护,导致石块飞溅,伤害人员和设备。
(3) 进行竖井开挖作业时,容易发生塌方或滑坡,造成人员和设备伤害。
(4) 竖井坑边作业易发生高处坠物,导致人员受伤。
(5) 起重吊装作业时,因吊索吊具断裂、钢丝绳缺陷等造成设备失稳、设备损坏和人员伤害。
(6) 明挖法施工的危害因素包括:

① 挖掘过程中涌水、涌砂、井壁塌方、落物,造成人员伤害和设备损坏;吊土时起重伤害,井口坠落,造成人员伤害。
② 钢筋的加工、吊运、搬运或摆放动作不当均可导致人员摔倒、绊倒、回弹打击等伤害;起吊时钢筋坠落造成起重伤害。
③ 模板安拆造成物体打击;焊接焊渣飞溅形成火灾;焊接弧光和烟伤害眼睛及皮肤;混凝土浇筑振捣时施工电缆破损发生触电。

(7) 地下连续墙法施工的危害因素包括:

① 泥浆制作中产生的粉尘造成人员伤害及环境污染;泥浆外溢造成环境污染;在泥浆池周边作业时,人员失足坠落造成淹溺。

② 槽段开挖时发生人员坠入槽段中造成淹溺;抓斗中渣土泄漏造成物体打击;钢筋加工和钢筋笼吊运中设备电缆破损造成触电,操作失误造成机械伤害;钢筋或钢筋笼起吊时吊物坠落造成起重伤害。

③ 连续墙浇筑时电缆破损造成触电;模板安装和拆除或模板吊装时吊物从高处坠落伤人;电焊机接地不良,电缆漏电致使人员触电身亡。

(8) 沉井法施工的危害因素包括:

① 混凝土浇筑时易发生电缆电气设备漏电造成人员触电,废电焊条头遗落、焊渣飞溅造成火灾,焊接弧光伤眼;吊物坠落造成设备损坏,砸伤人员。

② 开挖下沉中意外涌水、涌砂,造成人员和设备被掩埋。

2. 防控措施

(1) 竖井施工机组人员作业前应参加机组班前会,了解当天工作任务和作业相关风险。作业前应按照规定正确穿戴劳动防护用品。

(2) 由具有民爆专业资质的人员作业;规范现场管理,计算爆破飞石最大飞行距离,划定警戒区,设置爆破现场警戒人员;爆破区域必须覆盖,覆土应满足爆破安全需要,严格筛选覆土,严禁混杂有石块或卵石;由专业人员确认爆破成功后,方可解除现场警戒,并由专业人员对盲炮进行处理。

(3) 竖井开挖时按照设计方案进行支护;作业前对员工进行防塌方安全教育;确认基坑放坡达标,必要时采取支护措施;作业时,坑内(井内)应备逃生梯,操作人员在进入操作坑(竖井)前检查操作坑有无塌方隐患,设专人监护;地下水位较高时,采取降水措施。

(4) 在竖井坑边作业时,加强管理,禁止无关人员入内;竖井周围设置合格的围栏;安排专人进行看护和上下井人员登记。

(5) 起重吊装作业时,严禁超重起吊作业,严禁违章指挥与操作;吊车支腿应加垫木或钢板保持作业稳固;作业前确保设备、吊具完好。与作业坑边缘保持安全距离,吊车大臂及吊装轨迹下严禁站人。

(6) 明挖法施工的防控措施包括:

① 竖井钢筋绑扎,材料搬运时,多人搬运同一重物,应该负重均匀;作业过程中注意对电线电缆的保护;作业严格按照钢筋工安全操作规程进行;在钢筋回弹区域内严禁站人;由熟练人员操作设备;设备上的防护措施牢固可靠;电缆绝缘良好,按要求架空或埋地,过路电缆加套管;做好用电设备的接零、接地、漏电保护。严禁钢筋直接压放在电缆上。

② 模板吊运时绑扎牢固,吊点可靠;吊物下方严禁站人;焊接前清除作业区附近、下方易燃物品,下方禁止站人。焊接时佩戴护目镜;非焊接人员避免直视弧光;混凝土浇筑施工前检查电缆、漏电保护器的完好性;合理安排作业时间和人数,交替作业。

(7) 地下连续墙法施工的防控措施包括:

① 泥浆制作中作业人员佩戴防尘口罩,在泥浆搅拌机上盖好防护网,防止人员跌入搅拌机内;在泥浆池四周设置防护栏,并有明显的安全警示标志;在泥浆池上方做好遮盖。

② 槽段开挖时在敞开槽段旁设置警示标志,严禁非作业人员靠近;在敞开槽段上方做好遮盖。抓渣作业设备旋转半径内严禁站人;电缆绝缘良好,按要求架空或埋地,过路电缆加套管;做好用电设备的接零、接地、漏电保护。在钢筋回弹区域内和切割砂轮切线方向严

禁站人;检查砂轮有无缺陷、破损,防护罩是否完好。

③ 连续墙浇筑时,做好用电设备的接零、接地、漏电保护;模板吊运时绑扎牢固,吊点可靠,吊物下方严禁站人;焊接前清除作业区附近、下方易燃物品,下方禁止站人。

(8)沉井法施工的防控措施包括:

① 刃脚制作与吊装和沉井制作时,电焊机接地良好;检查电缆,确保电缆无破损;配置合格的漏电保护器;清除作业区附近、下方易燃易爆物品,电焊工作业时必须佩戴防护面罩。焊接时佩戴护目镜,非焊接人员避免直视弧光;吊车吊装时所处的地基加固牢固,吊车支腿满伸、垫稳;模板吊运时绑扎牢固,吊点可靠;模板安装时固定牢固防止跑模,高处作业时人员系好安全带,浇筑时佩戴好防护眼镜。

② 沉井开挖下沉中严禁设备带病作业;在设备旋转半径内严禁站人;挖斗严禁在驾驶室上方经过;沉井下沉时防止意外涌水、涌砂,在井壁上悬挂足够数量的安全梯子;采取有效的井壁支护措施;专人查看井壁的情况,发现异常,立即疏散人员和设备;沉井下沉过程中严格做好下沉高度监测和地面沉降监测,保证均衡下沉。

(二)隧道端头加固

1.危害因素

(1)钻机钻进过程中,打桩机械震动偏斜,倾覆伤人和损坏设备。

(2)在接钻杆过程中,作业人员将手脚放置在配合接头或钻头下方,存在钻头掉落、钻杆突然下放的风险,导致作业人员手脚被挤压、砸伤。

(3)水泥浆制备过程中产生粉尘,危害人员健康。泥浆泄漏,污染环境。钻机在提钻喷浆过程中,人员靠近桩孔,浆液喷射到人员身上造成伤害。

(4)地质改良区域咬合桩咬合不到位,与设计位置存在偏差,导致加固效果差,存在端头加固强度不合格的风险,进而带来坍塌风险。

(5)高压注浆泵在运转过程中,高压易导致爆管伤人。

(6)注浆过程中操作人员未佩戴劳动防护用品,注浆浆液飞溅接触皮肤、眼睛等造成伤害。

(7)高压旋喷桩加固盾构机进洞区域,加固效果不好,在始发时,容易造成洞门、地层与盾构机壳体间形成涌水、涌砂通道,可能造成竖井被淹、地表沉降、坍塌等风险。

(8)在作业过程中,电气设备漏电,设备电缆缺陷发生触电事故,造成人员伤亡。

2.防控措施

(1)作业人员在接钻杆过程中,手脚严禁放在配合接头或钻头下方。

(2)水泥浆制备过程中产生粉尘,人员佩戴好口罩;作业区域设置防风围挡设施。控制好水泥浆压力,优化工艺,充分利用水泥浆处理装置。在钻杆喷浆提钻过程中人员禁止靠近桩孔,以防浆液喷射到眼睛内。

(3)地质改良区域孔位应进行准确的放样,施工机具设备及辅助设备应提前入场并进行调试,确保设备正常运转。

(4)高压注浆泵在运转过程中,操作手严格控制泵的转速来控制压力,密切观察高压注浆时注浆泵压力表的变化。

(5)注浆过程中操作人员应将安全帽、工作服、防护眼镜、胶皮手套等佩戴齐全,防止浆液接触皮肤造成伤害。

(6)在作业过程中,电气设备要有防雨、防潮、防损坏保护措施,要设置漏电保护装置,确保漏电保护开关有效可靠，防止设备电缆缺陷发生触电事故，造成人员伤亡。

（三）附属设施安装调试

1. 危害因素

（1）安装附属设备设施时，未对辅助工具进行安全检查，造成人员伤害。

（2）螺栓或销轴连接部位未安装到位，造成设备损坏或设备运行时设备零件飞出伤人。

（3）处理泥水和安装井壁管路电缆时，人员发生跌落，或工具掉落伤人。

（4）附属设施设备调试时，异物飞溅伤人，设备故障损坏。

（5）吊装作业失控造成人身伤害；吊装过程中吊篮、管路与井壁或其他物体发生碰撞，造成人员受伤和设备损坏。

（6）管路通水试压中，管卡接续不达标，压力水喷射伤人或淋湿设备。

2. 防控措施

（1）附属设施安装使用工具前，应首先检查工具的连接是否牢固；两人配合进行作业时，把持受击打物品的人员，应位于大锤击打方向的侧面；使用大锤进行击打作业时，严禁戴手套进行作业，其他人员严禁站立在击打方向的前、后方。

（2）设备安装必须有专职的设备管理人员和维修人员进行统一指挥；设备安装后，操作人员对安装部位及协调部位进行复查，确认符合要求后，方可进行试操作。

（3）人员在高处作业时应系好安全带，做到高挂低用，井壁作业时搭好脚手架，确保围护结构牢固。同时，人员上下脚手架时做好登记，并系好安全带。

（4）设备启动运转前，严格按照操作流程检查好每处节点部位，确保安全可靠；现场应有专人监督，无关人员禁止进入现场；运转设备应有专人看护，发现问题及时停止并做好记录。

（5）要求现场施工人员佩戴安全帽；起重工必须持证上岗，起重作业严格执行操作规程；起重作业信号要标准；无关人员严禁进入作业范围内；加强设备保养维护和检修，保持设备、吊具处于完好状态；现场 HSE 监督人员加强监护；在吊装过程中防止吊篮、管路与井壁或其他物体发生碰撞，必须认真做好安全防范措施，确保吊装过程的安全可靠；吊装必须保证吊车司机和施工人员通信顺畅，信号能及时准确地传递，确保作业的安全。

（6）管路通水试压前，专人检查管口接续质量和管路固定质量，通水前设置好警戒范围，专人看管，防止压力水泄漏伤人和管路受压震动崩开砸人。

（四）洞门破除

1. 危害因素

（1）采取人工破除洞门混凝土时，人员站立不稳跌落平台，破除过程中吸入粉尘导致疾病。

（2）洞门破除过程中，洞口可能发生涌水、涌砂，淹及竖井和设备，威胁施工人员人身安全。

（3）在洞门底部范围内，受空间限制影响，人员活动空间有限，可能造成石块飞溅伤人或作业人员相互影响磕碰受伤。

（4）在始发洞门密封吊装下井之前割除洞门钢板，割除时容易发生钢板跌落伤人和切割火星伤人。

（5）使用盾构机破除洞门混凝土时，顶进推力过大，容易造成主机偏转，导致设备损坏和人员伤害,加剧刀盘、刀具磨损。

2.防控措施

(1)破除洞门混凝土时,搭建好施工平台和上下台阶,安装好护栏便于施工,人员在平台施工时应系好安全带;作业时佩戴好口罩和防护面罩,穿戴好劳动保护服。

(2)洞门破除前,通过钻探取芯提前获取洞口处地质改良效果,竖井排水坑配备应急排水泵,通电调试好;洞口预留注浆管路,接续好注浆泵,一旦洞门破除过程中渗漏水量较大,及时进行二次补浆封堵。

(3)在洞门底部进行空间作业,最多安排两人于两侧进行作业,以免相互干扰,佩戴好护目镜,防止飞溅渣土块伤害眼睛。

(4)洞门破除前,对钢板进行割除,需要分块分区域进行切割,先割除下部钢板,移走后再进行上部割除,作业时搭设好平台和佩戴好防护用品,露出的素混凝土,最后用盾构机顶进,利用刀盘切削洞口混凝土。

(5)使用盾构机破除洞门混凝土时,严格控制顶进推力和刀盘转速,在主机两侧焊接好限位,控制顶进速度,以达到保护刀盘、刀具的目的。

(五)盾构机、顶管机安装调试

1.危害因素

(1)盾构机安装连接管口、电缆紧固不牢,造成设备调试时管口渗漏水和电气故障。

(2)设备接通电源后,电源电缆破损漏电,通电区域带电,过往人员遭电击受伤。

(3)调试时若气温较低,调试使用的冷却水和液压油易产生冰冻造成设备损坏。

(4)设备调试时,前方无人监管,贸然启动刀盘旋转、拼装机旋转时,伤害他人人身安全。

(5)调试完成后拆解油管、气管及水管时未泄压,造成高压油、气和高压水伤人。

(6)设备调试项目时,整体调试导致设备故障损坏。

2.防控措施

(1)设备接通电源前,由电气工程师检查电压是否正常,检查所有的信号电缆和电源电缆是否完好,如有损坏及时更换。

(2)通电时由专业电工进行合闸,无关人员远离通电区域,避免送电后漏电伤人。

(3)调试时若气温相对较低,调试使用的冷却水和液压油在调试结束后容易产生冰冻造成设备损坏。

(4)设备调试时,要有专人看护,并立醒目标示牌,人员需在安全范围内活动,以防机械伤人;监护人与操作人保持联系畅通,发现问题随时停止调试内容。

(5)调试完成后,在确保油管、气管及水管内压力泄为零后再将管路拆除,防止发生高压油、气和高压水伤人事故。

(6)设备调试要有调试方案和表格,逐项逐部位排查调试,不能丢项目,分项调试完成后,才可以进行通电整机调试。

二、盾构、顶管始发

(一)盾构出洞及负环掘进、顶管出洞顶进

1.危害因素

(1)盾构、顶管在砂层中始发,易发生洞门涌水、涌砂现象,易发生地面大面积沉降、竖井被淹的严重后果。

（2）在盾构始发过程中，可能发生洞门密封破损，密封失效和钢套筒密封效果不好，导致渗漏。

（3）盾构始发和在砂层中掘进时，存在因掘进面坍塌、地层超挖等导致地面沉降。

（4）盾构掘进过程中盾尾密封失效，导致盾尾涌水、涌砂，危及人员、隧道及设备设施等的安全。

2.防控措施

（1）安装前洞门密封帘布橡胶板应检查帘布橡胶的整体性、硬度及老化程度；盾构机进入密封前，在帘布橡胶板外侧及盾构刀盘涂抹一定量的油脂；盾构机下井前，拆除刀盘边缘刮刀和滚刀，防止刀盘通过密封机时损伤密封机。

（2）盾构掘进时，严格控制掘进参数和出渣量，实时监测泥水处理出渣，控制开挖面水土压力平衡地层压力，保证掘进不超挖。

（3）地面设置沉降监测点，始发期间实时监测数值变化，加强地面沉降监测，及时反馈到掘进司机处，作为调整掘进参数的参考依据。

（4）发生坍塌后，查看塌方情况，设置安全围挡，将救援设备及材料及时调送到事故现场，进行砂石回填，地基加固，防止后续次生灾害的发生。

（5）负环掘进时，严格控制顶力，将负环连接成整体。负环要分段安装，分段撤去顶进油缸顶力，避免主机后退和开挖面失稳。拼装管片时，严禁缩回全部千斤顶，管片拼装到位及时伸出千斤顶到规定压力。

（6）盾构掘进时，及时补充盾尾密封油脂，防止盾尾密封受损，引起盾尾渗漏砂和水。选用优质的盾尾油脂，应具有足够的黏度、流动性、润滑性和密封性能。定期检查盾尾密封刷质量，发现磨损严重，及时停机更换密封刷。

（7）始发掘进过程中严格控制泥水压力，防止泥水压力过大造成洞门密封损坏。始发掘进时推力要小，推进速度要慢，刀盘转速适当降低，要让刀盘在每一断面的切削时间长一些，以使刀盘正面阻力均匀，从而保持盾构机的正确位置和正常状态。

（8）顶管顶进时同步进行润滑泥浆注入，无润滑泥浆不得进行顶进；高度重视润滑泥浆减摩要求，当注入量不达标时，应停止顶进，持续注入润滑泥浆，直至达到要求后再恢复顶进，保证润滑减阻效果。

（9）预防地面沉降、隆起，应该详细了解地质状况，及时调整施工参数；尽快摸索出施工参数的设定规律，严格控制平衡压力及推进速度设定值，避免其波动范围过大；按理论出土量和施工实际工况定出合理出土量；根据地面监测情况，及时调整施工参数，如推进速度、平衡压力、出土量等。

（二）盾构首环管片拼装、顶管首根管节安装

1.危害因素

（1）盾构首环管片拼装质量不合格。

（2）盾构首环管片与钢环接缝处渗漏水。

（3）顶管首环管节润滑注浆孔堵塞，未安装预埋件，导致管节与主机脱离旋转，连接处密封不严有渗漏水现象。

2.防控措施

（1）管片首环拼装时严格控制拼装质量，安排有经验的拼装手进行拼装，发现错台超标,及时停止,拆解后重新拼装,确保拼装的每块质量合格。

(2) 管片首环拼装前,靠近钢环一侧的管片端面应粘贴橡胶板进行密封处理。管片拼装过程中严格控制错台量,片与片之间的密封条尽可能地完全挤压,避免由于不均匀受力将密封条损坏而导致隧道漏水。

(3) 顶管的首环管节应设置不少于4个润滑注浆孔,保证对主机所在区域的润滑注浆量;另外,在管节左右两侧预埋钢板,焊接吊耳,使用螺栓与主机连接成一体,防止管节旋转;首环可加装质量优良的止水密封条,承插时确保安装质量,上下左右间隙适中。

(三) 拖车安装

1.危害因素

(1) 拖车下井组装中管路接错可能导致爆管和渗漏。

(2) 掘进距离不到位不能满足拖车吊装下井要求,造成拖车二次吊装和再次掘进。

(3) 拖车下井后进行电缆、管路组装,连接时人员可能发生磕碰和受伤。

(4) 高压电缆接续时,相序接混、螺栓虚接和箱子未严实封盖,造成送电后设备相序报警或者漏电伤人。

(5) 拖车连接进行整体调试时,电气、液压、水路各系统故障或渗漏,导致始发掘进不能进行。

2.防控措施

(1) 拖车吊装下井,由专人指挥,系好揽风绳,下方禁止站人,防止磕碰周围井壁和管路;组装拖车管路时按照标志进行接续,避免接错或者紧固不到位。

(2) 盾构机掘进完成后,安排专人测量空间距离,防止预留空间不满足拖车下井需求,避免二次吊装。

(3) 拖车下井后进行电缆、管路组装,人员连接时佩戴好劳保用品。

(4) 在拖车组装时,接续高压电缆时需将螺栓紧固到位,防止虚接造成配电箱爆炸;配电箱两端接线口需用防爆胶泥严密封堵,接线柱绝缘套绑扎牢固无松动;配电箱箱盖盖严实;电缆终端上不同颜色的标志与系统箱的相序一致;电缆绝缘状况良好,无受潮,表面无水渍。

(5) 拖车连接进行整体调试前,分别检查电气、液压、水路各系统是否连接完成,单独进行检测调试,确保无误后再进行整体运转调试。

(四) 盾构轨道拆除与道岔安装

1.危害因素

(1) 始发轨道拆除后,在吊装过程中,可能与井壁或其他物体发生碰撞导致轨道掉落。

(2) 在井下井口安装道岔轨道时,使用电焊机等电气设备,因下雨和潮湿可能漏电,设备电缆缺陷可能引发触电事故,造成人员伤亡。

(3) 随处乱扔废电焊条头,造成环境污染;对电焊机等电气设备的安装、拆除由非专业电工操作施工,造成人员触电伤亡。

(4) 道岔安装不符合规范要求,不能实现变轨道作业,导致车辆脱轨或者不能变轨,损害设备及造成人员伤害。

2.防控措施

(1) 为防止始发轨道在吊装过程中与井壁或其他物体发生碰撞,必须认真做好安全防范措施,确保吊装过程的安全可靠。

(2) 在井下井口安装道岔轨道时,需要用到电焊机等电气设备,要有防雨、防潮、防损坏保护措施,要设置漏电保护装置,确保漏电保护开关有效可靠,防止设备电缆缺陷导致触电事故,造成人员伤亡。使用电焊机前地线接地良好,避免过热烫伤人员。并且地线接触良好,接头处设立明显安全标志,避免人员接触接头。

(3) 焊接作业完成后废电焊条头统一放在回收筒里,避免随意乱扔,污染环境;对电焊机等电气设备的安装、拆除必须由持证的专业电工进行操作施工。

(4) 轨道道岔安装过程中,通过测量放线,将始发轨道中心线和支撑切点位置刻画于竖井底板上,以指示轨道安装位置;根据轨道预埋图纸对每个预埋板进行测量放线,确认水平位置及标高,对轨道预埋钢板进行调平作业,并加垫5~20 mm厚钢板进行调平作业。

(5) 在道岔安装过程中安装基座前,必须检查地面是否平整,是否达到预定高度,所有地脚螺栓是否已按导轨基础图的要求预埋;严格按照设计要求,复核实际尺寸,使用前通过调试检验安装质量和效果。

(五) 盾构洞门密封拆除

1. 危害因素

(1) 拆除洞门密封过程中,接缝处漏浆、漏水严重,可能导致竖井隧道被淹。

(2) 拆除洞门密封后,第一环管片加固不牢固可能导致第一环管片变形掉落。

(3) 吊装作业时,可能发生吊物掉落或吊索具损坏断裂,造成人员伤害,设备损坏。

(4) 在钢套筒上和钢管支撑切割作业过程中,可能发生高处跌落伤人,气割火焰飞溅伤人。

(5) 在向外拉推力垫、钢环及管片过程中可能发生倾斜倒塌伤人,在向外顶推力垫和洞门密封时,千斤顶偏斜伤及周围人员。

2. 防控措施

(1) 拆除钢套筒前,保证不漏浆或漏水的前提下才能进行钢套筒拆除工作;提前做好洞口处二次注浆作业,压力和注浆量达到设计要求后,通过管片注浆孔或预留孔检查漏水漏浆情况,在达到施工方案注浆效果的前提下,再进行洞门密封拆除作业。

(2) 拆除洞门密封前,将隧道口附近2~3片环管片连接成整体,防止拆除洞门密封结构后,第一环管片发生管片变形掉落。

(3) 吊装作业时,检查吊耳焊接是否牢固,吊具、锁具是否完好,系好缆风绳,由专人进行指挥,吊物竖井下方严禁站人,保障人员设备安全。井下吊装至井上及安装过程需要吊车实现,项目部所联系的吊装公司要具备合法资质,吊装作业由专人指挥,吊装司机持有效特种作业操作证,严格遵守吊装作业操作规程。

(4) 在钢套筒洞门密封上和钢管支撑切割作业过程中,施工人员应系好安全带,防止坠落造成人员伤亡。切割作业时,氧气、乙炔瓶要固定牢固,间隔大于5 m;切割作业前清除作业区附近易燃易爆品,无关人员远离,切割作业人员佩戴好防护面罩和护目镜及手套,在钢套筒洞门密封切割作业区域放置消防工具防止发生火灾。

(5) 在向外拉推力垫、钢环及管片过程中一定要平稳移动,防止发生倾斜倒塌,固定好钢环防止发生钢环掉落;在向外顶推力垫和洞门密封时,千斤顶要固定好,防止偏斜伤及周围人员。

三、盾构掘进、顶管顶进

(一) 盾构掘进与顶管顶进的危害因素和防控措施

1. 危害因素

(1) 顶管顶力骤增,管节抱死,无法继续顶进。顶力持续增加,造成反力墙破损。

(2) 地下水丰富、工作水压较大,将直接导致顶力增大,同时将对洞门密封造成威胁,尤其是在气温较低的北部地区进行冬季施工,极易发生洞门密封冻裂导致密封失效。

(3) 盾构处在承压水砂层中,由于正面压力设定不够高,缺少必要的砂土改良措施以及盾尾密封失效,而引起正面及盾尾涌砂、涌水导致盾构突沉、隧道损坏。

(4) 在盾构上部为硬黏土、下部为承压水砂层时,由于硬黏土过硬很难顶进,而承压水砂层则因受压不足不能疏干而发生液化流失导致盾构突沉。另外,对于上软下硬的地层,亦可出现盾构抬头现象。上述情况将直接导致施工轴线与设计轴线发生较大偏差。

(5) 盾构有时需要穿越地下较复杂的障碍物,如自来水管、交通要道等,出现轴线偏差、地表沉降或隆起将直接影响居民生活及生命财产安全。

(6) 覆土太浅时极易发生地层击穿或地表塌陷。

(7) 在含有有害气体(硫化氢、甲烷、一氧化碳等)的地层施工,人员作业安全存在较大隐患。

2. 防控措施

(1) 当顶管施工发生顶力过大时,宜通过以下措施加以处置:

① 结合成本、工效、资源投入等多方面因素计算中继间投入数量,合理布置中继间位置。

② 施工前应根据地勘报告及实时施工情况计算出合理推力范围,一旦发生顶力骤增及时停机加以处置。

③ 当顶力超出合理顶力范围时,及时调整润滑减阻泥浆配比。配比需经试验确定。

(2) 在硬岩顶进过程中,应调配性能良好的循环泥浆,可有效降低刀具工作温度,进而保护刀具。循环泥浆还应具备良好的携渣能力,使石粉、石屑悬浮于浆液中顺畅排出。润滑减阻泥浆的配置也应考虑沉渣影响,可迅速在管节外形成泥浆套有效减阻。另外,可在设计初期对管节进行适应性改造,加装冲洗孔,防止沉渣抱死管节。

(3) 顶管冬季施工应着重考虑低温环境对洞门密封的影响,一方面对工作井整体或井下井口工作区、洞门密封进行保温;另一方面加强管节外部润滑,进入密封前涂抹黄油或石蜡减小摩阻。

(4) 高水压地层盾构掘进,应确保盾尾油脂注入量,同时应根据地层静态水土压力适当提高密封油脂的注入压力。

(5) 在盾构、顶管穿越地下构筑物、房屋及交通道路等敏感区域时,应加强施工的轴线控制,加大轴线及地表沉降测量频次。另外,应加强刀盘前部压力控制,针对不同地层预先制定匹配的贯入度,施工过程中结合刀盘前部压力,动态调整掘进速度及刀盘转速,减少地层扰动,避免超挖、欠挖。

(6) 在富水的松散地层中进行盾构、顶管施工时,应对管片、管节密封标准、规格进行适当提升。

(7) 穿越区域覆土较浅,在掘(顶)进过程中应严格控制出土量,同时加大地面沉降测量频次。若发生出土量骤增或骤减,应立即停机,对地上区域进行封闭、疏导。

(8)盾构、顶管施工应在主机区域设置气体检测系统,在含有有害气体的地层中进行施工应加大前部作业面通风换气量。另外,在富含瓦斯的地层中施工还应对设备的电气系统进行适当改造,避免爆燃。

(9)盾构、顶管施工前应开展刀具配置研究。在岩石、卵石等刀具磨损严重的地层中施工应选择具备开舱换刀条件的盾构、顶管施工设备,特别是在富水的卵石地层中施工,设备还应具备加压进舱作业条件。

(二)盾构管片拼装、顶管管节安装

1. 危害因素

(1)管片拼装头损坏,或管片拼装螺栓孔滑扣,导致吊装、拼装时管片脱落,造成人员伤亡、设备损坏。

(2)管片吊机不能正常运转,行走时发生顿挫甚至脱轨。卷线器不能联动,造成吊机线缆卡住、拉断。

(3)喂片机联动故障,遥控失灵,造成管片破损,亦可造成人员挤伤。

(4)管片拼装时管片密封受挤压造成破损,最终导致密封失效,在富水地层易发生涌水、涌砂事故。

(5)管片拼装错台量超过标准规范要求,造成管片受力不佳。当错台量达到一定程度时,管片密封失效,在不良地层隧道施工中极易发生隧道坍塌和涌水、涌砂事故。

(6)拼装作业区人员集中,设备故障或误操作导致管片脱落时易造成人员伤亡。

(7)推进油缸误操作造成管片破损和人员挤伤。

(8)管片安装期间,在连接和紧固管片连接螺栓时工具掉落,伤及协同作业人员。

(9)管片未完成拼装时,人员穿梭,存在管片坠落伤人隐患。

(10)顶管管节吊装为整体吊装,吊装重量大,且涉及盲吊指挥,安全隐患大。

(11)顶管管节吊装就位后顶进插接,若现场沟通不畅极易发生人员挤伤,或将电缆、管路等挤压损坏。

2. 防控措施

(1)在施工作业现场适当位置悬挂安全操作规程、设置警示标志牌和警示灯。

(2)检查管片拼装头是否有破裂和损坏,拼装孔是否有破损和失效,若有必须立即更换拼装头和同类型完好的管片。

(3)管片吊机应进行日常维护保养和检查。

① 对行走轨道、吊链加注润滑脂。

② 检查控制盒按钮、开关动作是否正常,必要时检修更换。

③ 检查电缆卷筒盒控制盒电缆滑环,防止电缆卡住、拉断。

④ 检查管片吊具磨损情况,必要时维修或更换。

(4)及时清理喂片机底部的杂物及泥土,各润滑点每日加注润滑脂,检查和调整同轴同步齿轮马达工作情况。

(5)管片吊机、管片拼装作业人员要事先培训,经考核合格后方可上岗。

(6)管片吊机、拼装机使用前应进行空载试验。

(7)管片吊机调运管片过程中操作人员要严格控制行驶速度,避免吊机撞击伤人。严禁非作业人员在吊机行驶区域通行或停留。

(8) 管片拼装机在抓好管片旋转时严禁非作业人员进入拼装机旋转半径内,旋转中管片拼装机操作人员必须看清旋转半径内人员,并鸣警报器,亮警示灯。

(9) 管片拼装时,推进油缸操作人员必须明确信号,确认作业人员安全后再动作。拼装机操作人员必须站在安全可靠位置,严禁将手、脚放在环缝和千斤顶的顶部,以防机械伤害。

(10) 使用过程中出现异常情况应立即停机并报请专业人员修理,不得带病运转。

(11) 安装管片拼装头一定要拧紧,吊运过程中管片下方严禁人员通行、停留。

(12) 管片安装时,应根据管片安装位置收回该处油缸,严禁将非安装处油缸同时收回,以防盾构机回退。

(13) 封顶块拼装就位完成连接和螺栓紧固前,作业人员严禁进入其下方。

(14) 拼装机必须在整环管片连接螺栓紧固到位后才可将抓取装置与管片分离。

(15) 顶管管节吊装前应对吊机、吊具及吊装作业人员资格进行核查,无误后方可开展吊装作业。

(16) 管节、管片吊装下井时,井下井口应与吊车司机、井上井口值班人员保持通信畅通。

(17) 管节放置应尽可能平稳,与前一节管节保持轴线统一。若顶管轴线出现栽头、抬头现象,应提前做出相应措施,切不可强行顶进插接,以防损坏承插口及密封。

(18) 顶进、承插前,应确定承插部位无人员停留,线缆、管路等物资已清理完成。

(19) 如发现顶管管节密封、承插口损坏,应及时更换。

(三) 管路及线缆接续安装

1. 危害因素

(1) 盾构施工管道及电缆接续,牵引拖车或操作伸缩管时,由于沟通、指挥不畅导致机械伤害。

(2) 由于盾构隧道坡度、抽排泥浆设备等因素导致管道内泥浆未能全部排出,拆除管道后泥浆污染隧道。

(3) 顶管管道及电缆接续与管节安装同步进行,交叉作业过程中通信、指挥不畅将直接导致机械伤害及设备损坏。

(4) 管道接续过程中,人员配合不当导致机械伤害。

2. 防控措施

(1) 牵引拖车、伸缩管动作需由专人进行操作,操作前需与共同作业人员确认环境情况,确认作业区域无障碍物、无穿行人员后方可操作。

(2) 拆除管道前,应利用管道泵将管道内泥浆顺排污管排出。为避免管道内形成真空,可在伸缩管处预制、焊接一阀门进行控制。

(3) 顶管管道接续与管节安装作业时,应由专人操作主顶液压站。顶进前需确认管节间无人员停留,无其他物资。

(四) 盾构壁后注浆、顶管润滑注浆

1. 危害因素

(1) 盾构壁后注浆材料和浆液配方选取有风险。它主要表现在注浆材料的流动性、浆液的凝胶时间、浆液的固结体强度等特性的控制。注浆材料和浆液配方的选取直接关系到注浆施工效果,不同地层对注浆材料的选取要求不同。

(2) 盾构壁后注浆参数选取有风险。它主要表现在控制注浆压力、注浆量、注浆速率和注浆时间等方面。注浆参数的选取关系到注浆效果以及对周围环境的影响。

(3) 盾构壁后注浆施工有风险。它主要表现在注浆施工的准备是否完善、浆液的配制以及浆液的存储与运输等方面。注浆施工是注浆效果能够达到设计要求的关键。

(4) 盾构壁后注浆效果评价有风险。它主要表现在注浆监测手段是否合理、注浆量是否满足设计要求以及注浆检测等方面。注浆效果评价是检验注浆材料、注浆参数、注浆施工是否合理的重要环节,注浆效果评价直接关系到注浆的成功。

(5) 顶管施工时,由于润滑减阻泥浆注入不均匀,或配比不合理,造成主顶及中继间顶力过大。

(6) 顶管顶进过程中,某点位润滑泥浆注入压力过大造成爆管。

2. 防控措施

(1) 由于盾构隧道壁后注浆材料的性能受岩体条件、施工方式、价格等多种因素的影响,所以在施工前需针对区间地层进行分析,通过大量的室内与现场对比试验,选择适合现场条件的壁后注浆材料及配合比。

(2) 注浆量必须经计算确定,以超挖间隙量为基础,结合地层、线路适当考虑注浆系数,以达到充填密实。但由于盾构纠偏、浆液收缩、浆液流入地层裂隙等情况,实际注浆量一般比理论计算量要大,超注量要根据具体地层情况确定。

(3) 注浆压力最佳值应在综合考虑地基条件、管片强度、设备性能、浆液特性和土仓压力的基础上确定,理论上注浆压力(压入口处)应略大于地层土压和水压之和,以达到对环向空隙有效充填而非劈裂注浆,以免扰动管片周围的原状土而引起地面甚至隧道的沉降。在遇到管道深度变化大,地层也变化大,故注浆压力一直处于变化状态的情况时,要根据深度与地层的变化及时调整压力参数。

(4) 注浆要在衬砌脱出盾尾,即盾构推进时同步进行,当衬砌脱出盾尾,盾构推进到位后,定量的浆也应全部压完,以及时填充衬砌外的空隙,减少地面沉降。

(5) 顶管施工中应及时注入润滑减阻泥浆,一方面泥浆可在管节外形成泥浆套减小阻力,另一方面一定压力的泥浆可填充管节与土体间隙起到一定支撑作用。

(6) 润滑减阻泥浆配比应经试验确定,一经采用不得私自调整配比。

(7) 为防止泥浆注入不均,可在注入管节处安装分配阀组,实现逐点依次注入。注入过程中需有专人进行巡检,发现局部注入压力过大则停机进行处置。

(8) 顶管施工前需计算每米理论注入量,施工过程中根据实际顶进速度调整泥浆注入速度。施工结束后需注入水泥浆对其进行置换,防止隧道变形及渗漏水。

(五) 物料运输

1. 危害因素

(1) 大坡度盾构隧道物料运输存在物料、平板车倾覆,以及电机车脱轨的风险。

(2) 电机车蓄电池输入容量小,换用频率高,造成窝工。另外,由于充电方法不当或电池存储不当导致电池虚电,使用时电量很快用完,导致电机车在运输中失电,在坡度隧洞易造成溜车,对设备及人员造成威胁。

(3) 在紧急情况下,由于刹车失灵或损坏,造成定位不准及溜车事故,对人员及设备造成伤害。

(4) 垂直运输(吊装)作业人员工作经验不足,现场指挥混乱,无警戒线或警戒标志,存在安全隐患。

(5) 天气恶劣,无法进行吊装作业。

(6) 吊运物资上放置其他物品,且未采取固定措施,吊装过程中发生滑脱。

(7) 吊装过程中吊索、吊具发生崩断引发事故。

(8) 起重区域地基承载力不足,或起重机支腿失稳引发事故。

2. 防控措施

(1) 针对大坡度物料运输,需着重考虑运输机具选型,重点考虑其爬坡及制动能力。运输过程中对运输物料进行捆绑加固,防止滑脱。

(2) 对电机车蓄电池进行针对性的维护保养,能有效延长蓄电池的使用寿命,提高充电质量,降低设备故障率,保障安全。

(3) 充分利用电机车的电自动刹车、气动刹车,在电机车发生溜车现象时按下紧急制动。

(4) 制作挡轨器,在装卸物料或临时停车时将其放置于轨道,防止溜车事故发生。

(5) 管片台车、砂浆台车装设防溜钩链,防止可能由后配套溜车造成的人员损伤、设备损坏。

(6) 盾构机尾部增设防撞护栏,当机车离开台车时就关闭防撞杠,机车进入之前打开防撞杠。

(7) 垂直运输(吊装)作业人员必须经过专业培训,持证上岗。非紧急、意外情况下,现场由专人统一指挥,信号明确。严格执行吊装作业"十不吊"原则。

(8) 夜间作业应有足够照明。遇暴雨、大雾、6级及以上大风等恶劣气象条件不得进行吊装作业。原则上吊物上方不得放置其他物品,如有需要绑扎牢固后再进行吊装。

(9) 吊装作业前,需对吊装区域场地进行平整。若承载力明显不足,可采取土体置换、铺设钢板等措施进行改良。起重机支腿必须铺垫钢板或枕木。

(10) 定期对吊索、吊具进行外观检查及载荷试验。

(六) 隧道通风

1. 危害因素

(1) 随着盾构隧道长度的增加,隧道前部含氧量逐渐降低,长期在此环境下作业危害人员健康。

(2) 由于空气流动性差,造成盾构主机及拖车设备散热不良,长期处于高温工作状态。

(3) 在富含瓦斯等可燃、有害气体的地层作业,极易发生爆燃及人员窒息等事故。

(4) 大断面盾构隧道内风筒安装属高处作业,隧道内湿滑,安装时极易发生跌落,危及人员安全。

2. 防控措施

(1) 为确保盾构施工设备正常运转,延长设备使用寿命,保证作业人员健康、安全,需对隧道内进行通风。施工前结合作业人员数量、环境温度等因素计算理论通风量,确定风机及风筒选型,合理布设。

(2) 在盾尾、拖车等人员聚集作业区域安装气体检测设备,实时监测有害气体及氧气含量。

(3) 由于隧道内不具备使用高处作业安全带条件,为保证人员作业安全,在风筒安装作业时可采取多人配合作业、电机车配合作业等措施。

(七) 渣土处理及外运

1. 危害因素

(1) 盾构渣土颗粒细小、含水率高,处置不当容易造成环境污染和安全隐患,若不能及时解决渣土外运带来的道路破坏和环境影响,还会因渣土不能及时外运而带来盾构施工受阻。

(2) 渣土风干后遇风形成粉尘,影响空气质量;遇雨季则泥水四溢,影响环境。

(3) 渣土上粘带的建筑泥浆中的 Mg^{2+}、Fe^{3+} 等离子倾入江河污染水质,严重时造成水污染事故。

2. 防控措施

(1) 充分利用净化系统设备,实现渣土分级脱水分离和干化,达到回收再利用。

(2) 预先计算每米理论出渣量,结合实际出渣情况及施工进度制订渣土运输计划。另外,渣土运输单位需服从项目统一调度及管理,制定车辆及驾驶员管理规程,做好车辆"三检"工作,即出车前的检查、行驶中的检查、收车后的检查。

(3) 弃渣应运输至指定永久弃渣场堆放,周边做水工保护防止水土流失,同时根据设计要求进行修坡、复绿。对于需要回填的盾构、顶管隧道,部分渣土可临时存放于场区内用于后续回填作业,避免反复倒运增加成本。

(4) 渣土运至指定地点后,需苫盖土工布。多雨地区需按设计要求砌筑带反滤、排(截)水功能的挡土墙。

(5) 对于含水量较大的渣土,需对渣土进行晾晒后方可运输,以规避运输过程中及倾倒处的环境污染。

(八) 进舱作业

1. 危害因素

(1) 进舱作业人员身体不适,加压过程中出现耳部疼痛,呼吸困难或头痛、头昏等症状,无法开展舱内作业。

(2) 未按照减压方案进行逐级减压,人员发生手脚或各关节红肿疼痛。

(3) 舱内人员在作业过程中发生创伤,无法继续作业。

(4) 地层富含甲烷、一氧化碳等有害气体,危及作业人员安全。

(5) 压力表、压力传感器、气体阀门故障,导致舱内压力失稳。

(6) 地层稳定性差,进舱过程中掌子面土体发生坍塌或出现涌水、涌砂。

(7) 作业过程中供电中断,将对进舱作业人员构成严重威胁。

(8) 舱内环境潮湿,极易发生触电事故。

(9) 舱内空间狭小,进行焊接、切割作业时易发火情。

2. 防控措施

(1) 进舱人员应首先进行体检,条件合格人员方可进舱。如舱内人员感觉不适,且不适感持续,则启动减压程序,减压出舱后在地面监控室休息并观察 1 h,如无任何症状则可回生活区宿舍。

(2) 人员一旦出现危险状况,要求各岗位值守人员,根据岗位分工,加强沟通,保证人员撤离和抢救路线畅通,保证隧道、井上和井下运输畅通。如减压不彻底发生不良反应,应立即送到高压氧室,进入高压氧舱实施急救治疗。

（3）如舱内人员受到轻微创伤，首先利用急救箱内药品及其他辅助措施对出险人员做简单救护，并准备逐级减压撤出。舱外值守人员联系地面负责人，通知医疗救助人员并准备担架进入气压舱外守候。

（4）如果大面积出血或骨折等，首先舱内人员利用急救箱内药品及其他辅助措施对受伤人员做简单救护，然后通知地面医务人员（有治疗减压病资格）进舱进行急救，症状缓和后按程序减压，然后将受伤人员缓慢放置到担架上固定好，将人员抬至竖井井底，使用门吊和吊桶将受伤人员运至地面，送到定点医院实施救助。

（5）进舱前向进舱人员详细介绍进舱作业的注意事项，讲明通话和信号联系方法。讲明舱内防火的重要性、采取应急措施的方法。进舱人员在进舱前 24 h 内禁止饮酒或饮用加气饮料，确保足够休息时间。

（6）舱内做好气体监测及记录，一旦发现有害气体浓度增加，需立即采取通风、换气措施。当有害气体浓度持续增加时，需立即停止作业。另外，进舱前需要求进舱人员主动交出火种和易压坏的贵重物品（如手机、手表、打火机、香烟等）。

（7）在加压初始阶段，如舱内压力指示有异常时，应及时查明原因，未排除可疑现象前不可继续加压。气压设定必须合理，除要求稳定开挖面外，还应考虑施工人员在高压情况下的身体承受能力。

（8）为保障进舱作业人员在开挖面失稳的情况下能及时撤离，在刀盘开口部位考虑安装挡板保护。地层极不稳定时，需向掌子面压改性浆液稳固土体后，开展作业。

（9）刀盘舱出现涌水、涌砂，舱内工作人员马上停止手中一切工作后撤到前盾内，关好刀盘舱门，若刀盘舱门未能及时关闭，人员直接撤离至人闸舱内，保证人身安全。

（10）人员进舱前，电气工程师需对发电机进行全面检查，确保作业过程中发电机可迅速启动。一旦发生断电，舱内工作人员立即关闭舱门，防止气压下降过快，并马上进入人闸舱启动减压程序。

（11）发生触电事故时首先要求电气工程师切断电源，切记不能用手、脚去接触伤者，以免造成再次触电。同时舱内人员使用干燥的木棒、塑料等绝缘器物给触电者切断电源。切断电源后，应立即检查伤者伤情，重点检查呼吸和心跳。需要时，立即做心脏按压和人工呼吸，如果症状缓和，按程序减压，然后送至定点医院治疗。

（12）人员进入气压舱前，气压舱内提前准备好泡沫和干粉灭火器、适量干沙袋和石棉隔火材料，发生电气火灾时严禁用水救火。舱内如发生火灾，当火势较小时，立即使用灭火器、沙袋、石棉隔火材料扑救（使用湿毛巾捂住嘴和鼻子，防止气体中毒）。当预感到火势会迅速发展或火势较大扑救困难时，舱内人员立即撤入人闸舱，进行空气置换并启动减压程序，准备撤出，舱外人员立即关闭舱内进空管路，开启排气管路。盾构司机应关闭气压舱内的一切电源，防止火势扩大和触电的危险，停止一切可能发生火花的操作。人员全部撤离出高压舱后，舱内压力全部释放，安全保障人员进入气压舱，检查火势情况，处理后续事宜。

（九）中继间安装及使用

1. 危害因素

（1）中继间安装数量及位置不正确，造成主顶压力过大损坏管节，从而发生涌水事故。

（2）中继间作业人员与顶管司机、主顶作业人员通信不畅，易发生事故。

（3）中继间规格较大，属于大型吊装。吊装过程中存在吊车支腿失稳、吊索吊具老化损坏、吊车规格不符及指挥不当等风险。

(4) 中继间与前部管节姿态不佳,难以承插或损坏密封。主顶与中继间存在夹角,也将引起中继间受力不均,造成损坏。

(5) 中继间往复运动,管节密封极易发生磨损、失效,进而造成涌水、涌砂事故。

(6) 液压站、油管、油缸等发生渗漏油,污染作业环境。人员通行也存在滑倒隐患。

(7) 中继间处连接管路、延长电缆发生挤压,造成爆管、漏电,隧道内作业人员存在安全隐患。

2. 防控措施

(1) 顶管施工前,应结合地质报告及水文情况,合理制定中继间使用方案,明确安装位置及数量。

(2) 中继间材质应尽量选择摩阻较低的钢结构形式,结构设计应稳固,充分结合中继间油缸行程、前后管节密封数量及结构形式等因素。

(3) 中继间吊装前,应对吊车、吊具及吊装作业人员资质情况进行校核,确保中继间内所有油缸已固定牢固。

(4) 中继间吊装应由专人指挥,方向由吊装工操作缆风绳进行调整。吊装就位后割除吊耳,吊耳焊接位置打磨光滑。

(5) 插装前应在承插口位置涂抹润滑脂,以防损坏密封。

(6) 恢复顶进前应调整主顶油缸与中继间接触位置,防止受力不佳造成中继间损坏。

(7) 每日应对中继间液压站、油缸及油管进行检查,如发生渗漏油应立即予以处置。

(8) 定时向中继间前后密封处加注润滑脂,防止密封磨损失效发生涌水事故。

(9) 中继间应安排专人巡检或值守,且应与顶管司机、主顶操作等岗位人员保持通信畅通。

四、盾构、顶管贯通

盾构、顶管贯通指沿设计轴线,设备进入预留接收井或基坑,施工完成接收洞门永久结构。

(一) 贯通前准备

1. 危害因素

(1) 由于测量失误导致盾构、顶管不能精准进洞,亦可能发生机头顶到接收洞门外部,造成接收洞门密封失效,进而导致涌水、涌砂。

(2) 洞门破除的渣土在盾构、顶管顶进时被挤在机头与密封之间,导致密封破损失效。

(3) 不能准确预判盾构、顶管进洞姿态,导致设备无法推进至接收基座。

(4) 集水坑内排污泵故障,不能及时排水,水量大时造成设备淹没。

(5) 地下水丰富,水压较大,端头加固未能达到预期效果,存在涌水、涌砂风险。

(6) 竖井内设施设备安装涉及吊装作业,如存在管控不力,将导致人员伤亡事故。

2. 防控措施

(1) 在盾构、顶管施工至到达范围时,需对盾构、顶管位置进行复测,明确成洞隧道中心轴线与设计轴线关系,同时对接收洞门位置进行复测,确定贯通姿态及掘进纠偏计划。

(2) 盾构、顶管到达前一个月应完成进洞段的端头加固,并检查确认加固效果满足盾构、顶管接收要求。

(3) 盾构、顶管到达前一周对洞门进行一次破除,待机头进入加固范围时快速将洞门围护结构剩余部分破除,确保钢筋割除干净。

(4) 为防止盾构机进洞时推出的渣土损坏密封,应在洞门第一次破除、渣土被完全清理后安装洞门放水装置。安装方法同始发洞门。

(5) 接收基座的中心轴线应与隧道设计轴线一致,同时还需要兼顾设备出洞姿态。

(6) 竖井内排污泵应提前安装调试,为避免设备故障导致无法排水,必要时安装 2 台排污泵,一备一用。

(7) 涉及吊装作业人员需进行专项培训,取得相关资格证书后方可上岗。吊装作业前应对吊机、吊具、吊索进行核查,与方案不符或存在损坏需停工整改。

(8) 贯通前应编制完善的专项技术方案,并报公司技术管理负责人、监理审查、审批。贯通方案应结合各岗位情况分级进行交底,明确岗位职责及分工。

(二) 进洞段掘进

1.危害因素

(1) 洞门破除发生涌水、涌砂。

(2) 进洞时发生涌水、涌砂,土体流失,地表塌陷。

(3) 在加固区拼装的管片往往比出加固区拼装的管片存在明显高差,影响隧道有效净尺寸,导致进洞时姿态突变。

(4) 透水量大,排污泵排水不及时造成设备淹没。

2.防控措施

(1) 预先复核基座轴线。刀盘破除洞门后,再次核实实际轴线与基座轴线。当洞口段隧道设计轴线处于曲线状态时,应考虑基座与设计曲线的减缓夹角扩大方向放置,两轴线接触点必须设于洞口内侧面处。另外,基座框架结构的强度和刚度能克服通过土体加固区时设备产生的摩擦力,以及设备自身重力和刀具切入地层所产生的扭矩。

(2) 合理控制盾构、顶管姿态,尽量使设备在没有离开基座前轴线的前提下与基座中心轴线保持一致。

(3) 基座底面、支撑与井底预埋件之间要铺垫平实,焊接紧密。

(4) 根据地层情况制定合理的土体加固方案,并在破除洞门前设置观察孔,检查加固效果,以确保在土体加固效果良好的情况下破除洞门。

(5) 布置井点降水管,将地下水位降至能确保进洞安全水位。

(6) 尽量减少土体无支撑时间,刀盘到洞门密封距离尽量缩短,保证设备完好性,提高管片拼装时间,尽早调整折页压板位置并紧固螺栓。

(7) 尽早完成洞门封堵,减少水土流失。

(8) 进洞推进时注意观察刀盘周边刀具,避免割伤密封圈。密封圈可涂抹润滑油增加润滑性。

(9) 当地层富水时,可采用水下接收的工艺,降低涌水、涌砂风险。

(三) 盾构管片拼装

1.危害因素

(1) 管片在脱离盾尾后发生下沉和变形。

(2) 进洞前管片由于无反作用力约束发生变形。

(3) 管片变形严重,导致连接螺栓折断引发事故。

2.防控措施

(1) 预先将进洞段加固区管片的上部分用槽钢连接起来,增加隧道刚度。
(2) 拼装管片时及时复紧螺栓,提高抗变形能力。
(3) 在洞内管片底部填塞枕木或槽钢支撑,必要时用钢丝绳束紧或在内部焊接支撑。

(四) 盾构机、顶管机拆除

1.危害因素

(1) 管路拆除未事先泄压,泥浆喷涌伤及人身安全。
(2) 电气设备防护不当,泥浆、地下水喷淋导致设备损坏。
(3) 动力线路未断电就开展拆除作业。
(4) 液压管件接头未做防护,造成管路污染,后续使用直接造成其他元件损坏。
(5) 暴力拆解造成设备损坏。
(6) 吊机配合拆解时指挥不当造成人员受伤、设备损坏。
(7) 设备拆解涉及高处作业,作业环境湿滑极易发生跌落。
(8) 井下物资摆放混乱,人员交叉作业时易发生人身伤害。

2.防控措施

(1) 接收井壁可预先放置预埋件,安装紧线器及钢丝。人员高处作业时可将安全带卡扣悬挂于钢丝上以确保人身安全。
(2) 预先制定切实可行的设备拆解方案,明确组织分工及井下布置。拆解完成的零件应放置于指定地点存放,并做防水、防潮措施。
(3) 泥浆管路拆解前应先置换清水对其进行清洗。完成后在井口或隧道最低点处进行泄压。
(4) 电气设备拆解应由电气工程师进行作业,各线缆接头应做防水处理。
(5) 大型电气设备应苫盖雨布,防止喷淋造成设备损坏。
(6) 设备的机械、电气、液压系统拆解应有详尽的作业指导书,列明所需人员、设备、工具及物资。
(7) 液压系统拆解完成后,管路接头采用丝堵进行封堵。废弃液压油统一回收处理。
(8) 配合拆解作业的吊机应由专人进行查验,内容包括设备规格型号、钢丝绳完好程度、吊车司机从业资格、设备合格证等。

(五) 洞门封堵

1.危害因素

(1) 洞门封堵不及时,导致涌水、涌砂事故。
(2) 涌水量较大,井下无法实施洞门封堵作业。
(3) 止水用砂浆、水泥浆初凝时间长,止水效果不佳,影响后续永久封闭洞门的施工作业。
(4) 过早拆除洞门模板,造成洞门垮塌,甚至发生涌水、涌砂事故。

2.防控措施

(1) 具备洞门封闭条件后,尽早进行封堵,以防水土流失造成涌水、涌砂。
(2) 水下贯通可利用管片(管节)注浆孔对洞口处进行注浆止水,临时封闭管片(管节)与洞门间隙。
(3) 作业使用脚手架时,应预先编制专项方案并进行严格检查。

(4) 封堵用砂浆、水泥浆及混凝土配比应经试验确定,一经采用不可擅自更改。

(5) 涌水量较大的地层可先进行管片壁后注浆或管节壁后砂浆置换,再顶出盾尾,以防间隙过大造成涌水、涌砂。

(6) 当洞门漏水量较大影响混凝土浇筑时,可辅之引流的方式进行混凝土浇筑。若漏水量极大,可选取适当材料进行填堵,再配合引流进行浇筑。

(7) 浇筑混凝土应振捣均匀、密实,未达到设计强度前不可拆卸模板及支撑。

五、直接铺管工程

(一) 施工准备

1. 基坑施工

基坑施工是指直接铺管工程中,施工人员按照设计要求,采用放坡开挖、钢板桩等施工方法,利用挖掘机、吊车、焊机等专业的机械设备,完成直接铺管基坑施工。施工过程中主要存在机械伤害、触电、掩埋、跌落、环境污染等危害。

(1) 危害因素。

① 施工人员未按要求穿戴劳动保护用品,可能造成人身伤害。

② 基坑周边未设置防护围栏,可能造成人员跌落伤害。

③ 基坑放坡不足或钢板桩支护不足,可能造成基坑坍塌导致设备和人员被掩埋。

④ 基坑周边堆放渣土,当重型机械设备停放或通过时,可能造成基坑坍塌导致设备和人员被掩埋。

⑤ 基坑周边有地下管道、电缆、光缆、高压线等设施时,未保证足够的安全距离或未提前采取保护措施,可能造成人员伤害、设备损坏、环境污染和不良的社会影响。

(2) 防控措施。

① 施工人员严格佩戴劳动保护用品。高处作业应佩戴安全帽,焊接作业要佩戴焊接手套和焊帽等。

② 基坑周边应设置高度不低于1 m的硬质护栏结构。

③ 基坑结构和尺寸应严格按照设计图纸实施,满足施工安全要求和使用要求。

④ 基坑周边2 m范围内不允许堆土或让重型车辆通行。

⑤ 基坑周边存在地下管道和线缆时,应提前进行人工探挖,确定其准确位置,根据其功能,对管道和线缆进行迁改或保护处理,具体处理方案按照运行方、业主、监理等单位要求执行。

2. 设备设施安装调试

设备设施安装调试是指直接铺管工程中,直接铺管的掘进机、推管机及为其施工提供辅助作业的泥水分离设备、泥浆制备与注入系统、测量系统、发电机、配电室、管路、线缆等设备设施的安装与调试作业。施工过程中主要存在机械伤害、触电、跌落等危害。

(1) 危害因素。

① 附属设施安装设备安装时未对辅助工具进行安全检查,造成人员伤害。

② 螺栓或销轴连接部位未安装到位,造成设备损坏或设备运行时设备零件飞出伤人。

③ 安装泥水处理和安装井壁管路电缆时,具有人员发生跌落、工具掉落伤人等隐患。

④ 附属设施设备调试时,异物飞溅伤人,设备故障损坏。

⑤ 吊装作业失控造成人身伤害;吊装过程中吊篮、管路与井壁或其他物体发生碰撞,造

成人员伤害和设备损坏。

⑥管路通水试压中,管卡接续不达标,压力水喷射伤人或淋湿设备。

(2)防控措施。

①附属设施安装使用工具前,应首先检查工具的连接是否牢固;两人配合进行作业时,把持受击打物品的人员应位于大锤击打方向的侧面;使用大锤击打作业时,严禁戴手套进行作业,其他人员严禁站立在击打方向的前、后方。

②设备安装必须由专职设备管理人员和维修人员进行统一指挥;设备安装后,操作人员对安装部位及协调部位进行复查,认为符合要求后,方可进行试操作。

③人员高处作业时系好安全带,做到高挂低用,井壁作业时搭好脚手架,做好四周维护,保证牢固,人员上下做好登记并系好安全带。

④设备启动运转前,严格按照操作流程检查好每处节点部位,确保安全可靠,现场由专人监督,无关人员禁止进入现场,运转设备由专人看护,发现问题及时停止并做好记录。

⑤要求现场施工人员佩戴安全帽;起重工必须持证上岗,起重作业严格执行操作规程。起重作业信号要标准;无关人员严禁进入作业范围内。加强设备保养维护和检修,保持设备、吊具处于完好状态。现场 HSE 监督人员加强监护。在吊装过程中防止吊篮、管路与井壁或其他物体发生碰撞,必须认真做好安全防范措施,确保吊装过程的安全可靠;吊装时必须保证吊车司机和施工人员通信顺畅,信号能及时准确地传递,确保作业的安全。

⑥管路通水试压前,由专人检查管口接续质量和管路固定质量,通水前设置好警戒范围,由专人看管,防止压力水泄漏伤人和管路受压震动崩开砸人。

3.穿越管段就位(包括管段沿轴线放置,并与掘进机连接)

穿越管段就位是指利用吊管机或吊车将拟穿越的管道放置在穿越轴线的延长线上,并将管道前端与直接铺管掘进机尾端焊接连接的施工过程。施工过程中主要存在机械伤害、物体打击等危害。

(1)危害因素。

①吊管机或吊车的起重量不足,或数量不足,或间距不足,可能发生管道侧滚或设备倾覆,造成人身伤害或设备损坏。

②吊带、吊篮等吊具破损未更换,可能发生管道跌落,造成人身伤害或管道损坏。

③作业人员违章指挥,可能造成人身伤害和机械设备损坏。

(2)防控措施。

①应根据管道重量、管道所需移动的距离,确定吊管机、吊车等所需数量、起吊位置等。

②吊装前,应进行详细的技术安全交底。

③吊装时,应由专业人员进行统一指挥。

④对于吊索具有损坏且不符合规范要求的,应进行更换。

(二)直接铺管始发

1.入洞推进

入洞推进是指直接铺管掘进机在推管机作用下,刀盘通过洞门密封进入地层的施工过程。施工过程中主要存在机械伤害、人员跌落等危害。

(1)危害因素。

施工人员站在直接铺管掘进机上方观察掘进机刀盘通过洞门过程,可能发生人员跌落伤害。

(2) 防控措施。

施工人员应站在两侧观察刀盘通过洞门过程,当需要观察掘进机刀盘上部通过洞门情况时,可停止推进,搭设梯子观察。

2. 洞门的封堵移除

(1) 危害因素。

钢板桩拔除或洞门前方土体开挖时,可能发生物体打击或人员跌落伤害。

(2) 防控措施。

钢板桩拔除过程中,人员应远离。土体开挖后,在距离形成的沟槽边缘 1 m 之外设置警示带。

3. 掘进机检查孔封闭

(1) 危害因素。

① 掘进机检查孔封闭过程中,可能发生物体打击伤害。

② 施工人员站在直接铺管掘进机上方安装检查孔封门,可能发生人员跌落伤害。

(2) 防控措施。

① 在吊装掘进机检查孔封门时,应由专人指挥。吊装前,应检查吊具,保证吊具完好性。

② 施工人员应站在搭设的梯子上安装封门,梯子应由专人扶持。

4. 洞口处掘进机或管道支撑调整

(1) 危害因素。

在使用吊车或千斤顶调整掘进机或管道支撑高度时,可能发生设备跌落,造成设备损坏或人员伤害。

(2) 防控措施。

使用吊车或千斤顶前,检查吊具、千斤顶等是否完好,满足使用要求。

5. 中间机架托轮调整

(1) 危害因素。

① 操作人员未按照操作规程操作,可能造成人身伤害。

② 施工人员未按照托轮高度参考值实施,在施工过程中可能造成托轮损坏。

(2) 防控措施。

① 严格按照操作规程对设备进行操作,操作前应对操作人员进行上岗培训。

② 施工人员应按照穿越设计轴线的入土角度,以及掘进机和管道的规格型号,并根据相应的参考值,调整托轮的高度。掘进机逐节通过托轮,然后变成管道通过托轮,掘进机直径逐节变小,最终变成管道直径,在此过程中,应根据相应的直径变化,调整托轮高度。

(三) 管道推进

1. 夹管器夹紧

(1) 危害因素。

① 未按照要求设定夹紧压力,可能造成管道损坏。

② 夹管器内衬橡胶损坏或脱落,可能造成管道本体和防腐层损坏。

(2) 防控措施。

① 结合管道直径和壁厚,根据施工最大推力,按照夹紧力参考值设定最高夹紧力。

② 及时修复夹管器内衬橡胶,保证橡胶完好。

2. 管道推进与夹管器复位

(1) 危害因素。

① 操作人员未按操作规程操作,可能造成人身伤害或设备、管道损坏。

② 设备存在故障未维修依然进行作业,可能造成设备损坏。

(2) 防控措施。

① 操作人员未按照缓慢纠偏的原则进行纠偏操作,或操作人员控制设备推进速度过快,来不及纠偏,导致掘进机各节之间出现相反方向的较大位置偏差,可能造成连接部位出现螺栓或销轴断裂,设备被折断,造成设备被土体掩埋或被地下水淹没的事故。推进速度不宜超过 250 mm/min。

② 当推力达到地锚计算可承受最大推力的 80% 时,应安排专人观察地锚是否有结构变化或位移变化。当推力达到地锚计算可承受最大推力的 90% 时,应对地锚结构进行加固,增强结构强度,确保结构稳定可靠。

③ 夹管器声光警报装置损坏,夹管器在复位过程中可能碰撞人员,造成人身伤害。

④ 推管机两根主推油缸不同步运动,容易造成油缸损坏,夹管器也会损伤管道。

3. 泥水循环

(1) 危害因素。

操作人员未按操作规程操作,可能造成设备损坏或环境破坏。

(2) 防控措施。

① 掘进机内或后方泥水管路堵塞或由于压力过高,造成管卡脱开,大量泥水进入掘进机,淹没设备。根据地层条件,按照掘进机能够承受的性能指标,严格控制掘进速度、进渣量等技术参数。

② 在砂层、砾石、卵石等地层,应使用泥浆掘进,控制掌子面稳定,避免地层塌陷,造成地表沉降和环境破坏。

4. 润滑注浆

(1) 危害因素。

操作人员未按操作规程操作,可能造成设备损坏或环境破坏。

(2) 防控措施。

注浆压力过高,泥浆击穿掘进机上方覆盖土层,发生地面冒浆,造成环境破坏。注浆压力过高,造成掘进机或管道内注浆管路绷断,发生设备被淹情况。

5. 管汇及电缆移动

(1) 危害因素。

① 管汇移动过程中,管路接头被拉断,可能造成环境污染。

② 电缆移动过程中,电缆保护套损坏或接头被拉断,造成人员触电或设备损坏。

(2) 防控措施。

① 管汇包括泥水管路、注浆管路等,由于管路接头连接不牢固,或结构在管汇移动过程中反复受到扭力,造成管路结构拉断,泥水或泥浆外流,造成环境污染。应采用带插销或其他锁定结构的管卡连接管路接头,保证接头连接的可靠性。采用挖掘机或装载机移动管汇时,不应拖拽或拉动距离较长的管汇,应在短距离内移动管汇。

② 采用挖掘机或装载机移动电缆时,应在短距离内移动电缆。移动电缆应采用吊带或

专用吊具进行操作,防止损伤电缆保护套。电缆结构应采用专用接头结构,具有一定强度,保证电缆连接的可靠性。

6. 泥水处理及渣土外运

(1) 危害因素。

① 泥水处理设备未设置安全防护栏,可能造成人员跌落伤害。

② 操作人员在高处检查、维修或施工过程中观察泥水处理设备运转状态时,未按要求佩戴安全带,可能造成人员跌落伤害。

③ 渣土外运时,车辆没有加装防尘装置,可能造成扬尘等环境影响。

④ 渣土外运时,含有大量水分,可能造成环境污染。

⑤ 人员未按操作规程操作设备,可能造成触电、机械伤害。

(2) 防控措施。

① 泥水处理设备平台应安装不低于 1 m 的护栏结构。上下钢梯或爬梯,应具有扶手或护栏结构。

② 高处作业时应按要求佩戴安全带。

③ 检查或维修渣浆泵、振动电机、振动筛等设备设施时,应停机后进行检查和维修。

④ 渣土外运前,应将待外运的渣土堆放至预定的临时堆放地点,自然放置到干燥,且具备外运条件后,装车外运。

⑤ 渣土运输车必须配置防尘装置。

7. 管道防腐层电火花检测

(1) 危害因素。

管道推进过程中未进行防腐层电火花检测,可能发生管道防腐层在进入地层前有破损而未被发现的情况,破损部位将造成管道进入地层后,管道本体不断发生锈蚀而损坏。

(2) 防控措施。

在管道推进过程中,应在始发基坑尾端后 10～20 m 位置设置电火花检测仪,安排专人检查和记录防腐层检测情况,发现管道防腐层破损时,应停止推进,及时将破损防腐层修复后再恢复推进。

(四) 直接铺管贯通

1. 贯通前准备(道路、接收基坑、吊装等)

(1) 危害因素。

① 接收场地进场道路或管线作业带不满足设备运输要求,可能造成设备损坏和人员伤害。

② 接收基坑周边地基或基坑结构不稳定,可能造成设备损坏和人员伤害。

③ 吊装吊具未进行检查或更换,可能造成设备损坏和人员伤害。

(2) 防控措施。

① 接收场地进场道路或管线作业带应压实或铺垫钢板,提高地基承载力,以满足重型车辆运输设备的要求。

② 接收基坑应严格按照设计图纸实施,满足接坑结构稳定。

③ 吊装前,应充分检查钢丝绳有无断丝断股情况,有损坏且不符合规范要求的吊索具应进行更换。

2.掘进机拆除

(1) 危害因素。

① 吊装吊具未进行检查或更换,可能造成人身伤害或设备损坏。

② 操作人员未按规程操作,可能造成人身伤害。

(2) 防控措施。

① 吊车在吊装设备时,应在满足作业半径要求前提下,尽量远离基坑边缘。

② 吊装作业严格按照操作规程操作,严禁吊车超作业半径或起重重量进行吊装,严禁违章指挥。

③ 进行管道与主机火焰切割分离时,严格按照操作规程操作,佩戴好防护用品,避免人身伤害。同时,对掘进机内部管路和线缆用石棉布等防火材料进行保护,防止火焰损坏设备设施。

第六节 无损检测作业安全知识

无损检测(Non-distructive Testing,简称 NDT)就是在不损坏试件的前提下,以物理或化学方法为手段,借助先进的技术和设备器材,对试件内部及表面的结构及其性质、状态进行检查和测试的方法。

射线检测(Radiographic Testing,简称 RT)、超声波检测(Ultrasonic Testing,简称 UT)、磁粉检测(Magnetic Testing,简称 MT)和渗透检测(Penetrant Testing,简称 PT)是开发较早、应用较广泛的缺陷探测方法。到目前为止,这 4 种方法仍是承压类特种设备制造安装过程中质量检验最常用的无损检测方法。在长输管道施工中,由于主要焊接缺陷位于焊接接头内部,所以射线检测和超声波检测应用更为广泛。

在长输管道无损检测作业过程中,存在较大风险的作业环节主要有检测施工、交通运输、营地安全和检测后期处理等。

一、检测施工

检测施工是指在管道建设中,无损检测人员按照指令,使用专有设备对管道焊接接头进行检测数据采集的作业。由于管道建设多处于荒郊野外,地形复杂,自然环境恶劣,在检测作业过程中不仅存在检测方法本身固有的人身危害,还存在环境、地质、气候、野生动物等可能因素带来的人身伤害。

(一) 作业伤害

1.危害因素

(1) 报警器失灵或灵敏度降低,作业人员未按要求进行防护,可能造成辐射伤害。

(2) 夜间作业照明不足,可能造成人员伤害、设备损坏。

(3) 夜间作业,睡岗和疲劳作业现象致使发生岗位安全事故,造成人员伤亡。

(4) 人员从高处坠落,导致人员受伤或有生命危险。

(5) 管沟塌方、滚管、悬石坠落导致人身伤害或死亡以及设备损坏。

(6) 射线机、TOFD 探伤仪丢失或被窃导致人身伤害以及财产损失。

2.防控措施

(1) 每天工作前要对射线剂量仪(射线报警器)进行严格检查;安放警戒标志和警戒灯,

放射工作人员必须穿戴防护用品;在检测操作中随时检测 X 射线机的辐射情况,采用距离、屏蔽灯方法做好安全防护;定期对放射工作人员进行专业健康体检,如发现职业禁忌证及时调离工作岗位,并进行必要的治疗。

(2) 增设足够亮度的光源,重要或危险部位应设警示灯并清除通道上的障碍。

(3) 科学合理安排施工人员作息时间,保证充沛的精力,防止连续长时间施工现象,负责人要带班,加强岗位监护和巡视。

(4) 高处检测时,要携带安全带谨慎操作,施工单位要配备防护网、安全跳板等设施。

(5) 下沟作业前检查管沟附近是否有开裂,是否有松动的土石块,严禁人员在管沟内休息;沟下作业时,沟上要有专人警戒,密切观察环境变化,机动车不允许离开现场,必须戴安全帽,做好劳动保护。

(6) 严格按照惯例制度保管、使用检测设备;在射线机储备库安装监视报警装置。

(二) 自然灾害(高温天气、暴风雨、雷电、暴雪、沙尘暴、洪水)

1. 危害因素

(1) 高温天气致使员工身体受紫外线灼伤或出现中暑。

(2) 暴风雨易引发洪水和泥石流,造成员工围困、失踪以及设备损坏。

(3) 雷电天气易发生雷击事件,造成人员伤亡及设备损毁。

(4) 暴雪天气易造成员工围困、冻伤。

(5) 沙尘暴天气易造成员工迷路、受困。

2. 防控措施

(1) 管理人员和作业人员及时关注第二天的天气预报,避开恶劣天气作业,作业前应了解施工沿线的大致地貌情况。

(2) 制定并落实夏季防暑、降温及冬季防冻措施。

(3) 遇有高温天气时,应合理安排作业时间,尽量避免高温期间施工,夏季应带足饮用水,配备必要的防暑清凉药品。

(4) 作业人员应携带有效的通信工具,遇有突发事件,紧急呼救。

(5) 作业时,携带应急食品,冬季作业时还应配备必要的防寒应急物资。

(6) 雷雨季节时,项目部应组织作业员工培训防雷防汛知识并预先了解当地汛期的历史最低和最高水位等,在戈壁沙漠区域作业时,项目部应组织作业人员培训沙漠危害避险措施。

(7) 雨季在河床或山区冲沟内施工时,应在上游处设置监护人员,便于在突发洪水时紧急通知;夜间停止作业时,应将设备停放至河堤或高地上。

(8) 积极组织开展应对灾害天气的应急演练。

(三) 野生动物伤害

1. 危害因素

(1) 野兽攻击可能造成人身伤害及在逃避时造成迷路。

(2) 蚊子、马蜂、蚂蟥、毒蛇等虫蛇叮咬。

2. 防控措施

(1) 项目部负责向当地相关部门咨询,落实本地常见的大型攻击型野兽、有毒虫蛇,并向作业人员进行培训和交底。

（2）培训内容必须包括当地的野兽危害和虫蛇叮咬后的危害。

（3）培训掌握外伤初步救治方法、应急药品的使用、心肺复苏等内容。

（4）配备相应应急药品，包括外伤药、止血药、蛇药等。

（5）在茂密丛林、戈壁、沙漠等地形作业时，还应携带方向辨识设备。

（6）作业人员按规定穿戴个人防护用品，在血吸虫多发地区进入水泽的施工人员还应配备专用防护用品。

二、交通运输

无损检测作业经常在夜间进行，交通运输过程中存在交通事故及社会不良治安等风险隐患。

（一）交通安全

1. 危害因素

（1）车况不良造成人员伤害、车辆损坏。

（2）夜间通行易发生交通事故，造成人员伤亡。

（3）疲劳驾驶、超速行驶、不系安全带、人货混装等造成财产损失、人员伤害、车辆损坏。

2. 防控措施

（1）做好车辆"三检"工作，确保车况良好，出车前对车辆的安全技术状况进行全面监护，不出带有隐患的车辆，车内配备逃生锤、灭火器等应急物资。

（2）按规定对车辆进行检查、维修和保养，并做好记录。

（3）轮胎、转向、制动、灯光、喇叭、后视镜、雨刷器等安全附件齐全，性能可靠，无漏油现象。

（4）夜间行车必须经过主管领导批准，选取驾驶技术好、经验丰富、精力充沛的驾驶员。

（5）夜间驾驶，应保证两人以上，在荒漠或道路、治安不好的施工地点，要尽量派两辆车出行。

（6）加强对驾驶员出车前的安全教育，杜绝违章行为。根据《中华人民共和国道路交通安全法实施条例》第六十二条规定，连续行车4小时，必须停车休息，时间不得少于20分钟。必要时配备2名驾驶员，轮换驾驶。

（7）禁止酒后赤脚或穿拖鞋驾车，严禁超载超速、未系安全带、接打手机等违章驾驶行为。

（8）严格遵守限速规定。

（9）驾驶员有义务提醒乘车人员系好安全带。

（二）路遇抢劫攻击

1. 危害因素

（1）遇到抢劫和攻击，造成财产损失、人员伤害、车辆损失。

（2）射线机、TOFD探伤仪被窃或损坏，造成财产损失、人员伤害。

2. 防控措施

（1）偏僻以及社会治安不稳定的地区出行车辆，避免司机独自驾驶车辆。

（2）人员上车后要立即锁车门，通风时不要将车窗玻璃完全降下，在行车途中不得搭载不认识的人员，尽量避免深夜在无人烟的荒野行车。

(3) 检测设备运往现场途中,配备 2 名司机轮流开车,注意将设备捆扎结实,做好防火防盗准备,一旦被窃,要立即报警,防止事态恶化。

(4) 保持通信畅通。

三、营地安全

营地分为办公区域和生活区域,大部分为临时租用房屋,因租用房屋的新旧程度、设施齐全程度、供水供电状况等因素导致存在不同的办公和生活安全风险。

(一) 办公安全

1. 危害因素

(1) 触电造成的人员伤害、财产损失。

(2) 火灾造成的人员伤害、财产损失。

(3) 复印时,有害气体的扩散造成的职业伤害。

2. 防控措施

(1) 加强职工的安全意识、知识教育,定期检查办公场所电源插座、电气设备、电加热设备的安全情况,离开办公室前及时关闭电源开关。

(2) 在进入办公区域时要注意住所的安全条件,首先熟悉住所的安全通道,掌握防火逃生、自我救护等知识。

(3) 加强复印室的通风,控制每批次文件复印量。

(二) 生活安全

1. 危害因素

(1) 食堂没有配置消毒设备,无单独的操作间,造成疾病交叉感染。

(2) 食堂无食品储存间和保温设备,造成食品腐败、食物中毒。

(3) 采购的食品不符合卫生标准,造成食品腐败、食物中毒。

(4) 饮用水污染物超标,影响员工身体健康,甚至导致地方病的发生。

(5) 燃气式洗浴间不通风且设备设置在洗浴间,造成人员窒息和中毒。

(6) 电气式洗浴设备未安装漏电保护器或未做接地,造成人员触电伤亡。

2. 防控措施

(1) 食堂炊事员应定期体检,食堂设置独立的操作间,非工作人员禁止进入厨房。

(2) 必须配备满足消毒需求的合格消毒设施,并落实相关责任人。

(3) 设置食品储存间,生、熟食必须分开存放。蔬菜存放要符合要求并指定专人管理,定期进行检查。

(4) 严格控制食品的采购来源,禁止采购病、死家禽肉和变质的食品。肉类应从合法商贩处采购,且肉类有相应的卫生检疫标志。

(5) 非自来水的饮用水必须经过防疫卫生部门检验合格。如果该地区因水质问题存在地方病,也应对自来水进行检验。

(6) 燃气式洗浴设备禁止安装在洗浴间内,洗浴间应通风良好。

(7) 电气式洗浴设备加装漏电保护器,安装接地。

四、检测后期处理

检测后期处理是将检测施工时所采集的检测信息进行处理、分析、判断的环节,存在的风险隐患存在于暗室处理、底片评定和超声数据判读等环节。

(一)暗室处理

1. 危害因素

(1) 显影液、定影液产生的化学气味对人体造成伤害。

(2) 显影、定影时药液溅入眼睛、烧蚀皮肤,造成伤害。

(3) 含有害化学品的废弃显、定影液,对土壤和水体造成污染。

(4) 暗室处理后强光对人眼造成伤害。

2. 防控措施

(1) 加强个人防护,佩戴口罩,定期到户外透风。

(2) 佩戴防护眼镜和橡胶手套等个人防护用品。

(3) 对操作人员进行环保技术交底;严格按照操作规程进行洗片作业,按照比例进行药液稀释,防止崩溅入眼;废旧药液的回收需签订回收协议,由有资质的单位进行回收管理。

(4) 暗室处理结束,可佩戴遮光镜由暗室逐渐过渡至明处,使眼睛逐渐适应亮度的变化。

(二)底片评定和超声数据判读

1. 危害因素

(1) 评片灯强光对人眼造成伤害。

(2) 触电造成人员伤害、财产损失。

2. 防控措施

(1) 亮度调光位于最暗处时方可打开电源开关。

(2) 评片灯开关处于关闭状态时连接电源线。

(3) 所用电源接地良好,以保证使用安全。

第四章　石油石化设备安装作业安全知识

第一节　储罐安装作业

石油石化、航空航天、核能、海洋等领域的大型钢制储罐设备是一个涉及多行业、多学科的综合性产品,是储存各种液体和气体原料及成品的专用设备,其建造技术涉及冶金、机械加工、腐蚀与防腐、无损检测、安全防护等众多行业,其技术和质量的可靠性,代表了一个国家的整体工业能力。

一、球罐安装作业

球罐是优良的压力容器,在一定的容积下表面积最小,在相同直径情况下内应力最小,而且受力均匀,其承载能力大。球罐在材料和基础验收、组对预热、焊接、无损检测及水气压力试验、焊后热处理、喷砂防腐、保温保冷安装作业中存在较大安全风险。

1. 危害因素

(1) 作业人员未按作业要求穿戴劳动防护用品,造成人员伤害。

(2) 作业人员在半成品卸车堆放、材料及基础验收作业中,造成半成品、起重设备的损坏以及作业人员的机械伤害和被重物砸伤的伤害。

(3) 作业人员在球皮打磨和组对时,未按要求穿戴防护用品,造成人员高处坠落、机械伤害和设备损坏。

(4) 作业人员在球罐预热、焊接及返修作业中,未按要求检查用电设施而造成的触电伤害,焊接和气刨过程中产生的烟尘扩散、铁水飞溅、电弧光辐射、焊渣飞溅、焊条头废弃而造成的尘肺、烫伤、火灾、电弧光眼炎、烧伤等伤害。

(5) 作业人员未按要求进行无损检测,造成作业人员身体细胞、组织器官伤害和环境污染。

(6) 作业人员在对球罐进行焊后热处理作业中,因为燃料油燃烧、泄漏等,造成火灾、爆炸、设备损坏、环境污染等危害。

(7) 球罐在强度试验时,水泄漏和排放、超压造成的作业人员、环境和设备伤害。气密试验时,试压风机噪声过大、气体泄漏造成作业人员听力下降等伤害。

(8) 作业人员在球罐喷砂除锈防腐作业时,产生的粉尘、噪声,喷砂罐超压造成的粉尘、爆炸伤害以及违规进入有限空间造成的窒息伤害。

(9) 作业人员在球罐保温保冷作业中,违规作业造成高处坠落、触电、石棉肺和污染环境的危害。

2. 防控措施

(1) 球罐作业前,应集中作业人员开展班前安全、技术交底、工作任务分配会议,检查作业人员是否按规定正确穿戴好劳动防护用品,会议必须要有会议记录和班组作业人员签字,留存备查。

(2) 半成品卸车和堆放、材料及基础验收。

① 首先做好 HSE 计划书、吊装应急预案、吊装方案的编制,并且严格按照方案进行吊装作业安排。

② 半成品卸车作业时,实地勘察卸车地点土质情况是否符合起重设备支撑点重量要求,也要检查吊臂作业半径大小、球罐瓜皮实际包装情况、长度及重量以及卸车周围的环境。根据地质勘察和球罐瓜皮的数据,配备合适的吊装设备和吊索具。检查设备和吊索具是否损坏,检查作业人员的资质证书。

③ 半成品堆放地需有利于球罐安装时的吊装作业,堆放周边需做隔离栅栏,并做好警示标注,非作业人员严禁进入作业区域。

④ 在半成品材料验收时,无损渗透(PT)检测喷剂具有刺激性,且是易燃物,砂轮机打磨粉尘的排放会对人员的呼吸道和皮肤产生不同程度的伤害,人员作业时应戴好防护面罩或口罩,作业或休息时严禁抽烟。磁粉(MT)检测作业前,检查设备的用电安全和作业时的保障情况,防止发生触电。超声波(UT)检测作业时,防止耦合剂的使用导致作业人员的摔倒。

⑤ 在材料检测验收作业中,粉尘的排放、耦合剂和渗透剂的清理丢弃,都会造成环境的污染,作业现场应准备专用回收设备,定时处理废弃物。

⑥ 球罐基础验收作业中,附近区域应用安全带进行隔离和做标志,严禁无关人员进入,验收人员必须穿戴劳动防护用品,防止尖锐物品刺伤脚底、划伤皮肤、钢筋绊倒人员造成伤害。

(3) 球罐安装打磨和组对前。

① 球罐打磨作业中,作业人员应戴好防护口罩、护目镜、耳塞、安全帽,打磨时的飞溅方向不得有人,拆装砂轮片时必须拔出电源插头,使用砂轮机专用扳手更换砂轮片。

② 组对焊接作业前,严格按照吊装规范进行吊装作业,检查作业踏板、安全带挂点和护栏是否符合高空作业安全要求。组对焊接所需的工具、卡具要求放置在指定的工具袋和工具箱内,并检查工具袋或工具箱是否安全。

(4) 球罐焊前预热、焊接及返修。

① 球罐焊前预热作业前,作业人员应按照预热安全规范检查电缆线有无裸露、连接是否良好,用电设施、器具是否正常运转等。

② 焊接与返修作业。

a. 作业人员应先检查电缆、电缆接头、焊接设备、用电设施是否正常。

b. 高空人员作业时必须先检查安全带、脚手架或踏板紧固情况后才能作业。

c. 在有限空间作业时,要加强通风,安全员随时监控空气质量。

d. 作业人员在加热的球皮上焊接一段时间后,要补充体力,喝一些淡盐水或清凉饮料。

e. 焊接作业人员必须穿好防护服,戴好专用面罩,焊接时尽量避开烟雾施焊,敲打焊渣时用手或面罩遮挡,刚焊完的焊条头集中放置,严禁随意丢弃。

(5) 球罐焊缝进行射线无损检测。

① 作业人员必须穿戴好射线检验用的专用隔离服。

② 射线检验场地周边需做隔离栅栏并做好警示标注,非作业人员严禁进入作业区域。
③ 进行球面其他检测时耦合剂、着色剂作业人员需佩戴专用眼镜、口罩、防护面罩后才能作业。
④ 检测结束后,废弃物品应集中收集处理,以防污染环境。

(6) 球罐焊后热处理。
① 球罐燃料油燃烧热处理作业前应做好应急预案。
a. 在作业前进行安全技术交底,且最少三名作业组成员签名。
b. 应掌握气象资料,尽量避开大风和下雨天气,并准备消防器材防止火灾。
c. 检查供油系统运行是否正常,配管后应与系统进行试压试漏,确保无漏油情况。
d. 检查清理球罐及四周所有易燃易爆物品、设备及其电缆,并且在四周拉好警示带。
e. 热处理过程中,安排专人 24 h 看守。
f. 收集焊后热处理的废弃物,统一进行处理。
② 铺设保温材料时,作业人员要穿戴好特制防护服、口罩或其他呼吸设备,使用不完的保温材料要及时回收,严禁随意丢弃。

(7) 球罐强度和气密试验。
① 球罐强度和气密试验前,作业人员要穿戴好防护用品,所有的用电设施、设备、电源线等都要经过专业电工检查确认后才能使用。作业场地提前清理,作业工具整齐放置在指定区域。
② 强度试验作业前,各项准备工作必须经过试验责任师检查确认。
a. 用警戒带隔离试验作业危险区域并悬挂标识,严禁非作业人员进入。
b. 强度试验时随时检测环境温度的变化,观察压力表的读数,防止压力超高。
c. 试验过程中如发生异响、压力表下降等不正常现象时,应立即停止试验,并检查原因。
d. 实验时,作业人员应尽量避免站在球罐接管口方向,不得带压紧固螺栓。
e. 强度试验结束泄完压力后,试验用水需排泄到指定区域,排水不得形成负压。
③ 球罐气密试验。
a. 进行气密试验作业时,随时检测环境温度的变化,观察压力表的读数,防止压力超高。
b. 用警戒带隔离试验作业危险区域并悬挂标识,严禁非作业人员进入。
c. 气密试压过程中,严禁快速升高或降低压力,严禁压力上升至规定压力以上。
d. 作业人员严格按照气密试验安全操作规范作业,穿戴好劳保用品和护目镜。

(8) 球罐喷砂除锈防腐。
① 喷砂作业人员穿戴好防护用品,至少保持两人以上作业。
② 使用压缩机前需要对接电、通风管以及喷砂机进行检查保养,确保密封良好,并测试喷砂情况。
③ 作业期间,空气压缩机气压不要超过 0.8 MPa,气阀打开速度要慢,严禁喷砂罐超压运行。
④ 喷砂嘴堵塞时,应关闭气阀,排除残留气体,不得带压或用弯折胶管的方法处理。
⑤ 用警戒带隔离作业区域并悬挂标识,喷砂机作业时,非作业人员严禁靠近。
⑥ 喷砂作业结束后,及时对沙粒进行清理、堆放和遮盖。
⑦ 防腐作业人员应严格按照规章,戴好防尘口罩、护目镜等个体防护用品,必要时应佩戴防毒面罩,作业人员发生头晕或呕吐时,应立即停止作业。

⑧ 2 m 以上的高处必须规范挂扣好安全带,作业人员不得穿钉鞋和化纤衣物,不得带火种进入罐内。

(9) 球罐保温保冷。

① 球罐保温保冷作业人员按要求必须穿戴好安全带及其他防护用品、口罩或其他呼吸器、护目镜、橡胶手套。

② 作业前,检查所有电动工具,确保电缆没有破损漏电,绝缘良好。

③ 脚手架及高空设施符合安全规定,安全带规范挂好后才能作业。

④ 高处作业人员的身体必须符合安全要求,严禁患有不适合高处作业疾病、疲劳过度、酒后的人员上岗作业,作业人员不能随意走动,捆扎钢带紧固保温材料时,注意身体重心保持平衡。

⑤ 搭设及拆除脚手架作业时,其附近下方不得有人作业,拉好警戒线并设专人看守。

⑥ 作业结束后,收集废弃的保温保冷材料集中处理。

二、储罐安装作业

在炼油炼化生产中,用于储存液体和气体的钢制密封容器即为钢制储罐,它是生产和生活中必不可少的主要基础设施和核心设备,按其外形分为立式储罐和卧式储罐。储罐验收、底板防腐铺设、壁板和顶板安装、消防系统安装、检测和试验、喷砂防腐、保温保冷作业过程中的安全危害因素和防控措施主要有以下几条。

1. 危害因素

(1) 储罐作业人员未按作业要求穿戴劳动防护用品,造成人员伤害。

(2) 储罐作业人员在材料检验、胎具制作和下料作业中,未按要求检查用电设备和规范使用氧乙炔切割或起重作业,造成触电、火灾、爆炸和机械伤害。

(3) 储罐底板铺设、焊接、焊缝检测作业中,未按要求规范作业,造成触电、砸伤以及烫伤、电弧光辐射伤害。

(4) 储罐壁板滚板、壁板和顶板安装作业人员未按要求检查滚板机和起重机,造成作业人员触电、砸伤伤害以及高处坠落。焊接时未按规范作业,造成烫伤、中毒和火灾伤害。

(5) 消防设施验货和安装作业,未按消防设施规定搬运和安装,造成坠落和砸伤等伤害。

(6) 储罐无损检测时,违规作业造成人员和其他伤害。

(7) 梯平栏、浮盘、附件安装作业中,未按安全作业规范吊装和焊接,造成高处坠落、窒息、焊接烟雾、烫伤等伤害。

(8) 喷砂除锈防腐作业人员未按要求穿戴好防护用品,造成人员身体伤害。

2. 防控措施

(1) 储罐安装作业前,应集中作业人员开班前安全、技术交底和工作任务分配会议,检查作业人员是否按规定正确穿戴好劳动防护用品,会议必须要有会议记录和班组作业人员签字,且留存备查。

(2) 储罐材料检验、胎具制作和下料。

① 材料检验时,作业人员必须佩戴好护目镜,检查打磨设备及电源线,做好打磨粉尘的隔离,使用后用耦合剂集中处理。

② 胎具制作前,作业人员要检查滚板机设备。

a. 检查滚板机电缆是否裸露和损坏,连接是否良好,传动和承受压力部分有无断裂。

b. 试运行滚板机连续升降和上下正辊时,观察电机、轴承、变速箱没有过热和杂音后,方可作业。

c. 滚板作业时,作业人员不得斜放和敲击钢板,进出板料的方向和钢板上禁止站人,作业人员严禁把手放在钢板上,防止板料在滚板过程中受力崩弹。

d. 使用起重设备配合滚板作业时,应由吊装专业人员指挥,合理选择吊索具和夹具,严格按照起重安全操作规程作业。

③ 储罐下料。

a. 作业人员戴好护目镜及防护用品,正确安装氧乙炔表,检查氧气和乙炔带是否通气良好,无泄漏。

b. 氧乙炔瓶摆放距离不得小于 10 m 且不能在烈日下暴晒,清理作业周围的易燃易爆物品,每个动火点配备两个灭火器后,按照切割安全规程进行切割下料。

c. 板材起重搬运时,检查吊索及吊钩,起重臂运动轨迹下严禁人员走动。

d. 起重有坚硬棱角的板料时,在吊索接触处应加垫耐磨物。

(3)储罐底板铺设、焊接与焊缝底板检测。

① 储罐底板铺设。

a. 底板作业中,起重专业人员检查吊钩,清理起重臂半径内的障碍物,作业人员严禁在起重半径内行走和停留。

b. 起重臂作业过程中速度要缓慢,起重人员要用专用吊钩控制底板的摆动,卸底板要求平缓下降。

② 底板焊接作业前。

a. 检查焊接设备电缆和焊接接地是否良好,焊钳及焊接电缆不能有破损。

b. 焊接作业人员穿戴好防护用品、护目镜、面罩,焊接作业时尽量避开焊接烟尘施焊,敲渣时用手或面罩遮挡,刚焊完的焊条头集中放置,严禁随意丢弃。

c. 起重和焊接交叉作业时,严禁在起重臂旋转半径内施焊,或严禁起重设备吊装物品从焊接作业人员上空行走。

d. 严禁焊接作业人员穿汗水浸湿的衣裤靠在储罐金属上作业。

③ 焊缝底板检测。

a. 检测前作业人员应检查空气压缩机或真空泵是否正常,电缆及连接是否保证安全,发泡剂黏稠度是否符合要求,检测用光源是否正常。

b. 试验用胶管接头必须使用专用接头卡具,连接接头时应关闭空压机。

c. 射线无损检测前,作业人员必须穿戴专用防护服,作业四周用警戒带隔离出作业区域并悬挂标识,严禁非作业人员进入。

d. 作业完成后的废弃物,如着色剂罐、棉纱头、肥皂水等,应统一收集处理。

(4)储罐滚板、壁板和顶板安装。

① 滚板作业时作业人员应检查滚板机设备接线。

a. 检查滚板机电缆是否裸露和损坏,连接是否良好,传动和承受压力部分有无断裂。

b. 试运行滚板机,连续升降和上下正辊时,观察电机、轴承、变速箱没有过热和杂音后,方可作业。

c. 滚板作业时,作业人员不得斜放和敲击钢板,进出板料的方向和钢板上禁止站人,作业人员严禁把手放在钢板上,防止板料在滚板过程中受力崩弹。

d. 使用起重设备配合滚板作业时,应由起重专业人员指挥,吊索具和夹具合理选择,严格按照起重安全操作规程作业。

② 壁板和顶板安装作业。

a. 起重专业人员检查吊装壁板和顶板用的吊索具和吊钩,确保没有损坏,勘察吊装地点土质情况是否符合起重设备支撑点重量,确保旋转吊臂轨迹没有遮挡物影响。

b. 每件起吊钢板必须使用牵引绳牵引,钢板起吊和行走应缓慢,起吊作业半径内严禁人员停留和行走,起重作业人员需口令响亮。

c. 壁板和顶板焊接作业前,应清理四周易燃易爆物品,作业人员必须穿戴好焊接防护用品,安全带挂扣在稳固的地方,组对用的工具和焊条放置在专用的工具盒或焊条筒里,并将其固定好防止滑落。顶板内面焊接时,必须戴好阻燃帽,裤腿应全部遮盖劳保鞋口,手臂穿戴好电焊护袖,焊条头统一回收。

d. 壁板和顶板组对作业时,使用撬棍和专用工具,严禁用手抓固壁板组对。

(5) 储罐消防设施验货和安装。

① 消防设施验货搬运前,起重作业人员应对设备的安全性进行检查,确保设备安全运行,检查吊具和绳索正确使用,防止设施在吊运安装过程中掉落。

② 安装消防设施高空作业时,正确佩戴安全带,安装工具放在安全袋中,防止滑落伤人。

(6) 储罐射线无损检测作业。

① 作业人员必须穿戴好射线检测用的专用隔离服,检测设备电缆绝缘情况,防止触电。

② 射线检测场地周边需做隔离栅栏并做好警示标注,非作业人员严禁进入作业区域。

③ 表面检测作业时需佩戴护目眼镜、口罩,着色剂喷雾方向应对着作业人员的下方,检测结束后,废弃物品应集中处理,以防污染环境。

④ 在检测点高于 2 m 作业时,应正确挂扣安全带,且确保行走路线没有电缆或其他牵绊物。

⑤ 在晚上检测作业时,要确保作业点有足够的照明灯具。

(7) 储罐楼梯、平台、栏杆、浮盘和附件安装作业。

① 在楼梯、平台和栏杆作业时必须佩戴好安全带并正确挂扣,工具放在安全袋中,严禁作业人员到处走动。

② 未焊完的楼梯、平台、栏杆严禁人员坐靠。焊接作业完后必须敲开焊渣,查看焊缝熔化状态,防止焊缝夹渣"假焊",焊条头放在规定的收集盒里。

③ 浮盘、附件安装作业前,检查焊接设备电缆和焊接接地是否良好且运转正常。

④ 在浮盘有限空间作业时,加强通风降低烟尘浓度,焊接作业人员戴好口罩和阻燃帽,防止有毒有害气体及烟尘的吸入,遮盖敲渣以防烫伤。

⑤ 焊条头集中收集,不能随意丢弃。

(8) 储罐喷砂除锈防腐作业。

① 喷砂作业人员穿戴好防护用品,作业期间至少保持两人以上交替作业。

② 使用压缩机前需要对接电、通风管以及喷砂机进行检查保养,确保密封良好,测试喷砂情况。

③ 作业期间,空气压缩机气压不要超过 0.8 MPa,气阀打开速度要慢,严禁喷砂罐超压

运行。

④ 喷砂嘴堵塞时,应关闭气阀,排除残留气体,不得带压或用弯折胶管的方法处理。

⑤ 用警戒带隔离作业区域并悬挂标识,喷砂机作业时,非作业人员严禁靠近。

⑥ 喷砂作业结束后,及时对沙粒进行清理、堆放和遮盖。

⑦ 防腐作业人员应严格按照规章,戴好防尘口罩、护目镜等个体防护用品,必要时应佩戴防毒面罩,作业人员发生头晕及呕吐情况时,应立即停止作业。

⑧ 在 2 m 以上的高处必须规范挂扣好安全带,作业人员不得穿钉鞋和化纤衣物,不得带火种进入罐内。

第二节　动设备安装作业

石油化工的动设备是指在石油化工生产装置中具有转动机构的工艺设备,它是加热、反应、分离、分馏、换热及运输等工艺过程实现的动力源。在炼化工程建设施工的动设备安装种类繁多,但归纳起来安装程序大致有:基础验收、设备验收、放线就位、设备找正找平、联轴器对中、基础二次灌浆、设备的拆洗装配、设备试运转、设备交工验收等,每个程序的作业都存在机械伤害、触电、砸伤、坠落等安全伤害。

1. 危害因素

(1) 动设备作业前,对作业人员管理和任务不明确,作业场地杂乱无序,人员未经安全培训而造成撞伤、划伤等伤害。

(2) 设备到场,作业人员未按吊装要求进行卸车和堆放,造成机械、起重、环境污染等伤害和设备损坏。

(3) 设备解体、清洗、装配作业时,作业人员未按规范作业,造成起重伤害和设备损坏及环境污染。

(4) 动设备及其附属设备、管道安装作业时,作业人员未按高空作业要求作业,造成高处坠落、起重伤害、物体打击、设施损坏等。

(5) 动设备二层平台作业时,作业人员没有按要求处理预留孔洞,造成摔伤、坠落等伤害。

(6) 动设备"油运"即设备油路作业时,作业人员在油料储存、搬运、处理泄漏等方面违反安全规定,造成火灾、爆炸、环境污染等伤害。

(7) 动设备电机运转测试、联轴器安装作业时,作业人员未按要求佩戴安全用品,违反安全操作规定而造成噪声、触电、起重伤害和环境污染。

(8) 动设备基础灌浆作业时,作业人员未按用电要求,造成触电伤害。

(9) 其他伤害和完工后的注意事项。

2. 防控措施

(1) 动设备作业前。

① 集中作业人员进行开班前安全、技术交底,并举行工作任务分配会议,会议必须要有会议记录和班组作业人员签字,且留存备查。

② 所有人员进入现场作业时,必须穿好劳动保护用品,佩戴检查合格的安全帽及五点式安全带。

③ 特殊工种如起重、桥吊司机,电焊,电工等必须持有相应的操作证才能上岗。

④ 现场施工应文明,各种设备及零件要堆放整齐,同时注意防尘、防火、防砸,设备就位后应用四氟彩条布包好,并视实际情况搭设保护设施。

(2) 动设备到场验收、卸车及吊装就位。

① 现场装卸作业时,放置场地应该平整坚实,清理场地的所有杂物。

② 动设备下方用方木垫平底座,必须稳固,不准超高(一般不宜超过 1.6 m)。设备存放除设置垫木外,必要时要设置相应的临边支撑防护,提高其稳定性。

③ 设备四周应拉好隔离警示带,做好标识,禁止无关人员在堆放机泵时穿行,防止发生碰撞挤人事故。

④ 设备卸车和吊装就位时,需专用起重作业人员统一指挥,起重作业人员在信号不明确时,不能随意操作,防止挤伤、碰伤、压伤手脚和零部件损伤。起重机作业范围内拉好警戒带并做好标识,严禁无关人员进入,起重臂下及吊车后座转动范围内严禁站人。

⑤ 在露天有六级以上大风、大雨或大雾等天气时,应停止起重吊装作业。

⑥ 卸车作业完成后,对验收设备的工具、包装等杂物需集中清理。

(3) 动设备的解体、清洗和装配。

① 使用小型起重工具解体动设备作业时,小型工具的使用都应该经过培训,合格后才能上岗。

② 手动倒链作业时,应挂牢后慢慢拉动倒链,不得斜向拽拉。当一人拉不动时,应查明原因,禁止多人一起猛拉。

③ 手板葫芦作业前,应检查自锁夹钳装置的可靠性,当夹紧钢丝绳后,应能往复运动,否则禁止使用。

④ 千斤顶作业时,千斤顶应置于平整坚实的地面上,并垫木板或钢板,防止地面沉陷;置于砼基础上时,应做好防护措施,避免将砼基础破坏,顶部与光滑物接触面之间应垫硬木防止滑动,开始操作应逐渐顶升,注意防止顶歪,始终保持重物的平衡。

⑤ 施工作业用的润滑油尽量不要流失到地面,对已流到地面的油应擦拭干净,以防人员摔倒。

⑥ 各种清洗油要集中保管,废油及擦油布等应及时回收,施工产生的垃圾、废料应定点堆放,定期清理。

⑦ 动设备吊装转子等精密部件时,要使用尼龙吊带,并在捆绑处垫上破布等软物质。

⑧ 作业施工现场必须配备各种类型的干湿灭火器及其他消防器材,且使用性能需良好。

(4) 动设备及其附属设备、管道安装作业施工。

① 作业人员必须佩带必备的安全帽、安全带等各种劳动保护用品。

② 高处作业人员的身体必须符合安全要求,严禁带有不适合高处作业疾病的人员上岗作业。高处作业期间,对疲劳过度、精神萎靡不振和思想情绪低落人员要停止高处作业,严禁酒后从事高处作业。

③ 高处作业均需搭设脚手架,且必须牢靠,杜绝探头板,脚手架搭设完毕经安全员确认后方可投入使用。

④ 交叉作业时应尽量避开垂直交叉作业,谨防高处坠物。

⑤ 脚手架搭设及拆除作业时,其附近下方不得有人作业,拉好警戒线并设专人看守,在大风暴雨后,应对脚手架进行全面的检查,加固松动的脚手架,更换腐蚀严重、弯曲、压扁和

破裂的脚手架。

⑥ 使用高凳和梯子时,单梯只许上1人操作,支设角度以60°~70°为宜,梯子下脚要采取防滑措施,支设人字梯时,两梯夹角应保持40°,同时两梯要牢固,移动梯子时梯子上不准站人。使用高凳时,单凳只准站1人,双凳支开后,两凳间距不得超过3 m。

⑦ 高处(高空)施工作业人员所使用的施工机具及施工边角余料,必须使用专用工具包及回收设施进行携带或存放,严禁高空向下抛掷物料、工具。

(5)动设备二层平台安装作业。

① 动设备二层平台上暂不用预留孔洞,应采取临时措施封闭。

② 预留洞口防护设施如有损坏,必须及时加固修缮,洞口防护设施严禁擅自移位、拆除,在洞口旁施工作业要小心,不应背朝预留洞口作业,上方作业人员不要在洞口旁休息、打闹、跨越洞口及从洞口盖板上行走,同时,洞口还必须挂设醒目的警示标志等。

③ 地面施工作业人员做好地面施工作业区域上空高处作业安全检查,如发现人的异常行为、物的异常状态,要及时排除危险,使之达到安全要求,从而防止高处坠物击打事故的发生。

(6)"油运"作业。

① "油运"使用的机油储存时,必须使用专用的容器,指定专人在远离火源的地方管理保存。

② "油运"的机油搬运作业时,要使用专用的搬运小车,避免在搬运的过程中发生磕碰或人员摔倒、压伤。

③ "油运"作业的区域需要用警戒线加以隔离并做好标识。作业区域内严禁电焊、氧乙炔切割、打磨等动火作业,也不能交叉作业。

④ "油运"作业过程中,发现油液泄漏,应马上把盛油的专用容器放在泄漏点的下方收集漏油,并将地面上的漏油清理干净。

⑤ "油运"使用后的废油,不能随意倾倒,应集中收集处理。

(7)动设备电机运转测试、联轴器安装作业。

① 所有参加动设备作业的人员,必须了解机组的结构、性能,熟悉施工的方法、步骤、要求,参加技术交底会议后才可上岗工作,上岗前必须穿戴好防护用品。

② 严格执行施工现场临时用电相关管理规定,有关的电气接线须由专职电工作业。

③ 电机的开启须由专人进行,动设备空转或单机试运时,应拉好隔离警示带,设立隔离标志,启动按钮需要挂牌警示,除专业作业人员操作外,其他人不得入内。

④ 所有施工用电机具均需配备触电保护装置,做好接地、接零,用电设备要垫好以绝缘。

(8)动设备基础灌浆作业时,必须正确使用振动器。

① 作业人员要严格按照振动器使用说明进行操作。风管接头与振动器连接管应随时注意是否松动脱落,出现问题应及时扭紧,高压直通必须用U形卡连接牢固,不能用铁丝代替。

② 作业过程中,振动器橡胶软管不能插入混凝土内,振动棒胶管不得有死弯。

③ 振动器软管和软轴半径不能小于50 cm,弯管处不宜多于2个。

④ 振动器在做好保护接零的基础上,还应该加装漏电保护器,每操作一段时间后,应停振几分钟,搬运振动器时必须切断电源。

⑤ 作业过程中遇到下雨,应及时加以遮盖,避免漏电伤人。使用中出现故障,应立即停振断电检修。

⑥ 灌浆作业结束后,停机切断电源,并锁好开关箱。

(9) 下雨天施工应注意防雨、防滑跌,雷雨时,停止露天作业;夏季作业施工,应做好防暑降温工作。施工现场应有专人清理,做到工完、料尽、场地清。

第三节　炉类安装作业

锅炉是一种能量转换设备,它是利用燃料燃烧或化学反应时放出的热量,生产蒸汽或热水的设备,是工业生产和人民生活中广泛应用的设备。锅炉生产的蒸汽经增压,可以为发电设备、炼油炼化、水利、化工、医药等工业部门的生产过程提供所必需的动力和热能,生产的热水或蒸汽还可用于取暖供热、食品加工、卫生消毒等人民日常生活方面,锅炉的结构形式很多,其制造的难易程度相差悬殊,但炼油炼化行业的锅炉一般都由锅筒、封头、炉膛、本体钢架、汽包、水冷壁、过热器、再生器、省煤器、空气预热器、风机、除尘、输煤设备及系统等受压元件组成,在安装炼化锅炉设备及附属设施时,因为作业人员有时不按要求施工作业,常常会造成作业人员的严重伤害,下面就对锅炉在安装作业方面产生危害的因素加以分析,找到防止措施加以改进。

1. 危害因素

(1) 锅炉安装作业人员作业前未经过专业培训、未进行技术交底、未按作业要求穿戴劳动防护用品,造成人员伤害。

(2) 锅炉基础、钢架验收时,作业人员对进场材料未按要求进行规划堆放,而造成绊倒、摔伤、划伤、碰伤等伤害。

(3) 锅炉安装作业过程中,作业人员违反用电和动火安全管理,造成人员触电、火灾、烧伤等危害。

(4) 锅炉安装使用脚手架作业中,作业人员未遵守脚手架搭建、维护、拆除等安全使用规定,造成人员坠落、摔伤及重物砸伤等伤害。

(5) 锅炉高处作业时,作业人员违反高处作业安全要求,造成人员坠落、砸伤等危害。

(6) 锅炉起重吊装作业时,作业人员未按吊装作业规定检查吊索吊具、未拉警戒线等,造成人员伤害和设备损坏。

(7) 锅炉焊接作业时,作业人员违反焊接规定,造成作业人员触电、火灾、烧伤、烫伤、尘肺和中毒等危害。

(8) 锅炉受限空间作业时,作业人员违反规定,造成人员窒息、中毒等伤害。

(9) 锅炉整体水压试验作业时,作业人员对技术交底不清楚,不明白工作内容,违反试压安全规定,造成泄漏伤害和环境污染。

(10) 锅炉烘煮时,作业人员未按要求储存、使用、排放酸碱液和燃料油气,造成人员伤害。

2. 防控措施

(1) 锅炉安装作业人员管理。

① 人员入场前必须经过三级培训,合格后方能入场作业,特殊工种必须经过报验方可上岗作业,比如焊工必须经过焊工考试合格后方可作业。

② 施工作业中作业人员必须按规定佩戴如安全帽、安全带、手套等各种劳动保护用品，并符合公司安全穿戴要求。

③ 严格执行各工种安全操作规程及公司、项目部和建设单位的安全生产有关规程制度，集中作业人员开班前安全、技术交底和工作任务分配会议，会议必须要有会议记录和班组作业人员签字，且留存备查。

④ 贯彻安全三不准，即没有安全措施不准施工，有安全措施没安全交底不准施工，有安全交底但具体施工人员不清楚或措施不落地不准施工。

⑤ 严禁作业人员酒后作业。

(2) 锅炉基础和钢架验收作业。

① 验收作业现场做到文明施工，现场干净整齐、整洁有序，施工道路应通畅无阻，危险区段应设置警醒标志。

② 锅炉钢架、材料、设备、施工机具进场后，在指定地点堆放整齐，严禁乱堆乱放。

③ 锅炉基础验收作业中，基础周围区域应用安全带进行隔离和标识，严禁无关人员进入，验收人员必须穿戴劳动防护用品，防止尖锐物品刺伤脚底、划伤皮肤或钢筋绊倒人员从而造成伤害。

④ 锅炉钢架验收作业和尺寸测量爬高作业时，要戴好安全带和防护手套。

⑤ 验收作业完成后，应清理钢架进场的废弃物品，保持作业区域干净整齐。

(3) 锅炉安装"动火"作业票管理制度。

① 锅炉安装所有施工作业必须办理作业许可票。

② 作业现场用电源设置必须符合规程，临时线路的架设必须有足够的容量和可靠的绝缘，配电箱及用电设备按时进行检查，用电设备必须接地可靠，每台用电设备做到一台一漏电保护，严禁出现一闸多接情况。

③ 机械打磨作业在施工作业前，检查施工机具性能是否完好，接电线缆有无破损，操作人员应佩戴防护面具后，方可进行打磨作业。

(4) 锅炉安装脚手架搭建、使用和拆除作业。

① 严格审查脚手架搭拆人员资质，确保作业人员资质符合要求。

② 现场专职安全管理人员检查操作人员安全带系挂是否合格，脚手架搭设完毕后，采取联合验收制度，合格挂绿牌后准许使用，并定期检查。

③ 脚手架拆除作业时，应对拆除作业人员进行安全技术交底，其附近下方不得有人作业，拉好警戒线并挂上红牌，并设专人看守。

④ 在大风暴雨后，应对脚手架进行全面检查，加固松动的脚手架，更换严重腐蚀、弯曲、压扁和破裂的脚手架，六级及以上大风、雪和雾天应停止脚手架搭设与拆除作业，雨雪天气后的上架作业应有防滑措施。

⑤ 未采取安全措施并且未报主管部门批准，不得在脚手架基础及其邻近处进行挖掘作业。

⑥ 在脚手架上进行电、气焊作业，必须有防火措施和专人监护。

(5) 锅炉高处作业。

① 高处作业必须拉设生命线，设置安全平网，并经总包、业主验收合格方可使用，没有条件拉设生命线的必须保障安全带有可靠系挂点。

② 高处作业时，施工作业人员必须系挂安全带，包括施工过程中用到的吊篮过程，其使

用材料及工具必须放置稳固,小型工具及物品应放在作业工具袋内,避免坠落伤人。

③ 高处作业过程中必须由监护人在旁监督,在发生紧急情况时,立即报告给区域负责人及安全员,及时进行应急处理。

④ 高处作业动火是必须设置接火盆及其他防止火花溅射的措施。

⑤ 高处作业严禁高空抛物。

(6) 锅炉起重吊装作业。

① 每天作业前应检查吊车及吊索具,填写吊车日检表。

② 吊车起重工作业人员必须持证上岗,无证人员严禁进行吊装作业。

③ 吊装作业区域必须检查和平整"吊装打腿"的土质,拉设警戒线,并做好标识提醒,起重机吊臂半径范围内严禁人员走动或站人。

④ 吊装时吊物要设置溜绳,严禁将溜绳绑在吊带上,严禁出现板形、棒形、圆形吊物无棱角保护情况。

⑤ 物件吊离放置平面 200 mm 时应停止起吊,并检查各处起吊索具、工具以及起吊点受力情况,确保安全无隐患问题后,方可起吊。

(7) 锅炉安装焊接作业。

① 焊接作业前必须穿戴好焊接劳动保护用品。检查焊接设备性能是否完好,焊机电源线、焊接电缆无破损,接地线、接焊把线时必须关闭设备开关,拉下电闸。

② 锅炉容器内部焊接作业用电器具和照明应使用 12 V 安全电压,否则必须设置可靠的防触电装置。

③ 作业人员焊接作业前,按要求清理作业区域的易燃易爆物品,使用合适的电焊护目镜片、口罩、打磨面罩、皮袖笼等,不要在焊接烟尘的上方观察焊缝。

(8) 锅炉受限空间作业。

① 受限空间作业要设置受限空间作业告知牌,明确该受限空间作业的安全危害点、预防措施、应急管理人员及联系方式等。

② 进入受限空间前必须进行空气检测,有全职监护安全人员全程监护作业,加强受限空间的鼓风排风。

(9) 锅炉整体水压试验作业。

① 所有参加水压试验作业人员应熟悉本措施,经技术交底后方可参加;水压区域设置围栏,并派专人看护,无关人员未经许可不准入内。

② 水压试验由专人统一指挥,组织分工明确,通信设施满足要求,参加人员必须认真负责,水压试验的升降压指挥由专人负责,并派专人操作升压泵、阀门、排污门、放水门等设施,一旦超压应立即打开阀门泄压。

③ 试压机具由专人操作,电源线绝缘良好,设备接地良好,且配置三防插座和漏电保护开关,操作者应穿绝缘鞋。

④ 水压作业期间,锅炉区域内应停止一切作业,试压过程中如发现泄漏点,不得进行带压修补及紧固工作,禁止在管道和水冷壁上踩踏和敲击。

⑤ 参加水压的临时阀门应挂牌,并由专人操作,无关人员不得擅自操作,阀门操作后要有专人复查,杜绝发生误操作。

⑥ 在水压作业过程中,巡查人员必须正确佩戴劳保防护用品,按组件划分并认真做好检查记录。作业人员巡查作业中不得正对法兰侧面和堵头正面,如遇管子或焊口爆裂,检查

人员不得自行处理故障,应立即通知指挥组采取应急措施。

⑦ 监护人不得擅自离岗,时刻需要有监护人在场监护。

⑧ 水压试验的检查通道及栏杆须完整,炉膛内搭设脚手架以备检查,并应有充足的照明及防火措施。

⑨ 水压试验后的水排放至业主指定的地方。

(10) 烘煮炉作业。

① 建立酸碱液和燃料油气专用库房,由专人负责,保持干燥通风,配备齐全的消防设施,建立领用台账,四周挂贴"注意安全""严禁明火""请勿靠近"等标牌,并做好安全宣传工作。

② 烘炉前应组织参加烘炉工作的人员学习本方案中有关部分,明确各自分工,熟悉工艺过程和系统,熟练地掌握操作技术和安全知识。

③ 油泵、压缩空气、电源应有专人值班,配通信设备,在现场发生意外时,能及时接到关闭设备的指令。

④ 现场应设置足够的照明设施,对影响人身安全的扶梯、孔洞、沟道以及未拆除的脚手架应该妥善处理。

⑤ 烘炉升温速度宜慢,点火时防止明火伤人,防止出现煤气中毒。煮炉配药加药时,劳保用品必须佩戴齐全,防止药液伤人。

⑥ 烘炉期间除各单位专职安全员负责日常安全工作外,现场还应专设烘炉安全员,具体负责场地安全及安全检查工作。

第四节 起重设备安装安全知识

起重设备是工业、交通、建筑企业中实现生产过程机械化、自动化,减轻繁重体力劳动,提高劳动生产率的重要工具和设备。以间歇作业方式对物料进行起升、下降、水平移动,起重设备的作业通常带有重复循环的性质。随着科学和生产技术的发展,起重设备在不断地完善和发展之中,先进的电气、光学、计算机技术在起重设备上得到应用,其趋向是增进自动化程度,提高工作效率和使用性能,使操作更简化、省力和安全可靠。

在工程建设中存在较大风险的作业环节主要有起重设备安装、拆卸作业和吊装作业。

一、起重设备安装、拆卸作业

履带式起重机是一种利用履带行走的动臂旋转起重机。这种起重机的特点是操作灵活、使用方便、在一般平整坚实的场地上可以载荷行驶和作业。履带式起重机是结构吊装工程中常用的起重机械。但行走速度缓慢,车体巨大,长距离转场需要拆卸、安装以及用其他车辆搬运。(由于履带式起重机规格型号众多,其结构、重量和安装、拆卸的技术要求会有一定差异;本文选取利勃海尔LR1400/2型履带式起重机,便于作业人员有效辨识拆装作业中可能存在的危险环境因素并加以控制。)

1. 危害因素

(1) 作业人员未按作业要求穿戴劳动防护用品,造成人身伤害。

(2) 作业人员未按安全操作规程正确使用手锤、链条葫芦等工具,造成砸伤、碰伤伤害。

(3) 作业人员未按安全操作规程正确使用安全带,造成高处坠落伤害。

(4) 作业人员未按技术要求选择合适的起吊工具和正确绑挂,造成零部件损坏以及作业人员的人身伤害。

(5) 作业人员未按技术要求,在风力超过 6 级时,违规进行起重设备安装、拆卸作业,造成零部件、起重设备损坏以及作业人员的人身伤害。

(6) 作业人员指挥失误造成零部件、起重设备损坏以及作业人员的人身伤害。

(7) 作业人员在零部件装卸车作业中,未按吊装方案实施造成零部件、起重设备的损坏以及造成作业人员的机械伤害、重物砸伤、摔伤、碰伤伤害。

(8) 作业人员在零部件编号、验收、堆放作业中,未按吊装方案实施造成作业人员砸伤、摔伤、碰伤伤害。

(9) 作业人员未按起重机安装、拆卸方案对所有零部件进行检查,造成零部件、起重设备损坏以及作业人员的夹伤、碰伤伤害。

(10) 作业人员未按起重机安装、拆卸方案对辅助起重设备进行全面检查,造成零部件、起重设备损坏以及作业人员夹伤、碰伤伤害。

(11) 作业人员在主机、履带安装、拆卸作业中,未按起重机安装、拆卸方案实施造成零部件、起重设备损坏以及作业人员夹伤、碰伤伤害。

(12) 作业人员在桅杆组对安装、拆卸作业中,未按起重机安装、拆卸方案实施造成零部件、起重设备损坏以及作业人员高处坠落、夹伤、碰伤伤害。

(13) 作业人员在配重安装、拆卸作业中,未按起重机安装、拆卸方案实施造成零部件、起重设备损坏以及作业人员夹伤、碰伤伤害。

(14) 作业人员在吊钩安装、拆卸作业中,未按起重机安装、拆卸方案实施造成零部件、起重设备损坏以及作业人员夹伤、碰伤伤害。

(15) 作业人员在电器仪表线路连接安装、拆卸作业中,未按起重机安装、拆卸方案正确使用工具造成作业人员夹伤、碰伤伤害。

(16) 作业人员在立桅杆作业中,操作不当造成零部件损坏。

(17) 作业人员在试运行中,未按技术要求操作造成起重机损坏。

(18) 作业人员在起重机安装、拆卸作业中,未按起重机安装、拆卸方案回收废油、棉纱头、木屑等污染物造成环境污染。

2.防控措施

(1) 起重吊装的指挥人员必须持证上岗,作业时应与操作人员密切配合,执行规定的指挥信号,作业人员应按照指挥人员的信号进行作业。

(2) 班组在每天作业前,应集中成员开班前安全、技术交底、工作任务分配会议,检查作业人员是否按规定正确穿戴好劳动防护用品,会议必须要有会议记录和班组作业人员签字,且留存备查。

(3) 作业人员在超过 2 m 的高处作业时,必须按照安全操作规程正确使用安全带,系好安全绳。

(4) 根据所吊物品的重量选用合适的钢丝绳和卡环。

(5) 在起重机安装、拆卸作业现场划定警戒区域,并设置监护人员,清理区域内的障碍物。

(6) 严禁在风速大于 6 m 或其他恶劣天气(大雨、大雪等)时,进行起重机的安装、拆卸作业。

(7) 做好起重机安装、拆卸作业前的条件准备。

① 由吊装技术工程师根据施工需要,确定吊车所需组装的工况以及吊车拆装作业的站位场地。

② 履带吊进入组装现场前,先行查看运输沿线道路情况,道路必须坚实、平整,无大型坑洼,道路各弯道必须保证运输车辆能够顺利转弯,道路上空无障碍物,净空满足运输通行等,确保在运输过程中安全顺利。

③ 查看事先拟定的安装现场,地面能够支撑预料的各种部件。

④ 部件的进场顺序及摆放要综合考虑吊车安拆程序中的安全风险因素,明确承运车辆的进场路线,尽可能少的占用装置区域内的场地与空间,有计划地安排承运车辆按照安拆程序的需要将吊车部件有序运进现场,做到吊车安拆工序的合理优化。

(8) 安装前检查。

① 履带吊安装前,进行场地勘察,确保有足够的安装场地,主机安装处地耐力需达到 25 t/m^2。

② 履带吊进场后,安装前对所有臂杆进行检查,查看各焊缝是否有裂纹,臂杆及各机械构件有无变形,若发现异常,必须进行检修或更换后方可安装。

③ 对液压管路及接头进行检查,看是否有损伤或污染,必要时进行清洗,确保其完好。

④ 对电气电缆及电脑控制部分进行检测,若出现异常,应进行维修或更换处理。

⑤ 辅助吊车使用前进行全面检查,对刹车进行调试,不可超载作业。

(9) 主机及履带安装。

① 履带吊安装前,进行场地勘察,确保有足够的安装场地,主机安装处地耐力达到 25 t/m^2 以上。

② 主机进场就位,扳出支腿,安装支腿固定拉杆。

③ 安装支腿脚板,正下方垫好枕木或支磴,打下支腿,使 4 条腿受力均匀,主机不离开运输车车辆车板。

④ 伸出主机上的 S 防后倾油缸,一名操作人员操作 SA 门架球阀使门架顶升,另一名操作人员放 4 号卷扬机钢绳(见图 4-1),扳起 SA 门架至 90°左右。

⑤ 均匀顶升 4 条支腿,使主机离开车板,确保高度足够承运车辆开出。

⑥ 承运车辆开出后降低支腿并调平车身,拆除支腿下方的枕木,如地耐力不足,需要垫 1 m×1 m×20 cm 钢板 4 块。

⑦ 辅助吊车将履带卸至主机两侧,通过 SA 门架上的自安装油缸及配套链条贴进行履带的自安装。

(10) 装车身配重、车身平台板及梯子安装。

① 主机开至安装位置,上履带板,装载 55 t 车尾配重和超起导向杆。

② 辅助吊车安装 D 杆基础臂,并用 SA 门架上的安装拉绳拎住 D 杆基础臂后熄火,再安装 D 杆基础臂至主机的油管。

(11) 主杆安装。

① 启动操作 4 号卷扬机,配合辅助吊车悬空安装 D 杆 7 m 中间节及 D 杆杆头,并使杆头支脚与地面稳固接触。

② 连接 D 杆拉筋,拆除 SA 门架与 D 杆基础臂连接的安装拉绳,并用保险挡销妥善固定。操作 4 号卷扬机放绳,使 SA 门架顶端拉紧下降,并与 D 杆基础臂顶部拉紧相连接,操

作4号卷扬机收绳,至D杆头部支脚离开,操作D杆防后倾球阀至工作位置,使D杆防后倾油缸完全伸出。

③ 辅助吊车拎住D杆基础臂顶上的3号卷扬机滑轮组,操作3号卷扬机缓慢放绳,辅助吊车将3号卷扬机滑轮组安装至D杆头,拉出安装用穿绳卷扬机钢绳,将钢绳绕过D杆内的滑轮,接头与1号卷扬机钢绳铅封头连接,操作穿绳卷扬机收绳的同时操作1号卷扬机放绳,直至绳头到位。

④ 辅助吊车吊住3号卷扬机滑轮组,操作4号卷扬机收绳,扳起D杆至略高于水平方向。同时辅助吊车下钩,使3号滑轮组垂直,辅助吊车松钩。

⑤ 取出D杆顶部的超起拉筋运输保险挡销,操作4号卷扬机收绳,扳起D杆至角度接近90°。

⑥ 辅助吊车安装S基础臂,操作3号卷扬机放绳,利用3号卷扬机滑轮组拎住S基础臂前端,熄火,安装S基础臂上的5号卷扬机油管至主机右侧油管接口。

⑦ 增加车尾配重至95 t,查找臂杆组对图纸,按照图纸要求有序安装臂架。主臂长度达到48 m时,继续增加车尾配重至135 t,安装主臂杆头适配段。

⑧ 用辅助吊车吊住3号卷扬机滑轮组,操作3号卷扬机放绳,拆除3号滑轮组与主臂基础臂的连接。辅助吊车吊住3号卷扬机滑轮组,操作3号、4号卷扬机缓慢放绳。将3号滑轮组吊至安装图纸所示的当前工况下需要连接的主臂拉筋位置。

⑨ 拆除安装图纸所示的当前工况下所需使用的拉筋顶部的运输用保险挡销,并用8字连接板连好,与3号卷扬机滑轮组连接,辅助吊车松钩。

⑩ 操作3号卷扬机缓慢放绳的同时操作4号卷扬机收绳,将D杆扳至115°左右,操作3号卷扬机收绳,使主臂杆头拉筋张紧,装SW组合臂,拆除两侧的运输专用的保险拉绳。

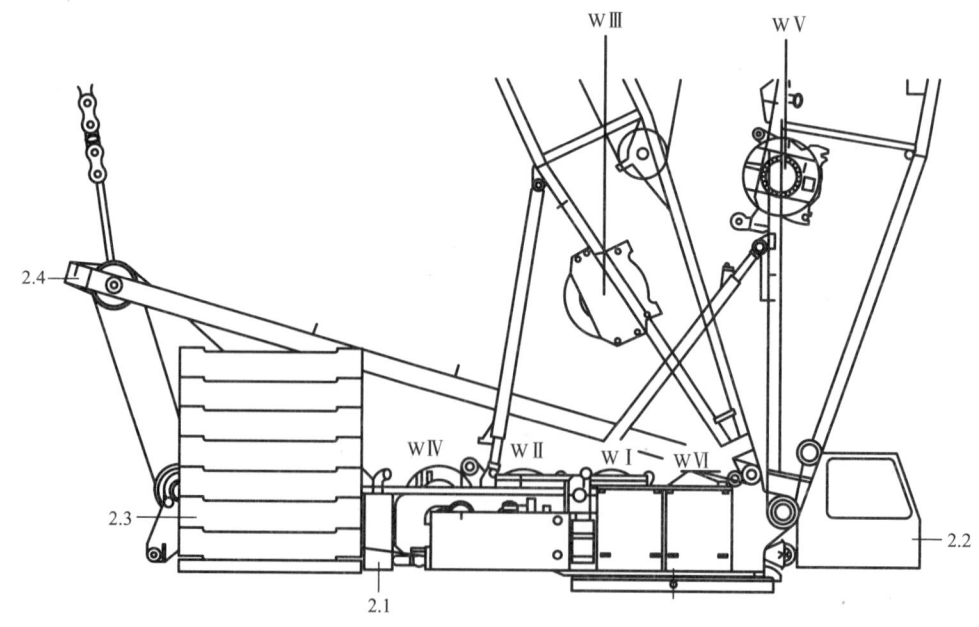

2.1—柴油发动机;2.2—起重机操作室;2.3—配重;2.4—支架;WⅠ—1号卷扬机;WⅡ—2号卷扬机;WⅢ—3号卷扬机;WⅣ—4号卷扬机;WⅤ—5号卷扬机;WⅥ—6号卷扬机

图4-1 400 t履带吊组装简图

(12) 卷扬机钢丝绳组安装。

① 拉出安装卷扬机钢绳,按照安装图纸的要求,穿绕在塔式羊角 WA 支架滑轮组之间,最终将接头与 5 号卷扬机钢绳铅封头连接(见图 4-1)。操作穿绳卷扬机收绳的同时操作 5 号卷扬机放绳,直至绳头到位,并用死头将钢绳在 WA1 支架滑轮组旁边固定,插入滑轮防脱钢管根。

② 重新拉出穿绳卷扬机钢绳,与 D 杆根部的 1 号卷扬机绳头连接。操作穿绳卷扬机收绳的同时操作 1 号卷扬机放绳,直至绳头到主臂杆头适配段,并在 1 号卷扬机绳头和 WA2 支架左侧安装拉绳通过死头连接。

③ 辅助吊车吊住 WA2 支架右侧的安装拉绳,缓慢起钩,同时操作 400 t 吊车 1 号卷扬机收绳,5 号卷扬机放绳。

④ 继续收 1 号卷扬机钢绳,同时放 5 号卷扬机钢绳,直至 WA2 支架上的拉筋 4 能够与 S 枢轴段顶端的 5 号拉筋相连接,拉接好 WA2 与主臂的拉筋销后,操作 1 号卷扬机放绳,5 号卷扬机收绳,WA2 支架在 WA1 支架防后倾油缸的反作用力下向前扳,直至 WA2 支架几乎达到垂直状态,取下 WA2 支架机械防后倾油缸 7 上的锁销 6。

⑤ 操作 1 号卷扬机收绳,同时操作 5 号卷扬机放绳,将 WA2 支架向后拉,直至机械防后倾油缸 7 可以通过 8 号销固定在 S 枢轴段,并插入保险销 9,拔出机械防后倾油缸上 10 号固定销。

⑥ 操作 1 号卷扬机放绳,同时操作 5 号卷扬机收绳,WA2 支架左侧安装拉绳与 1 号卷扬机钢丝绳的死头连接,继续操作 5 号卷扬机收绳,WA2 支架与主臂基础臂之间的塔式拉筋被 WA1 支架防后倾油缸的反作用力张紧,直至防后倾油缸上的限位开关被触发。(操作室内指示灯亮起,5 号卷扬机收绳的动作被锁死。)

⑦ 观察 WA2 支架的机械防后倾油缸,操作 5 号卷扬机放绳,插入机械防后倾油缸的锁销及保险销,操作 5 号卷扬机放绳,使 WA1 支架向前扳,用 WA1 支架的拉筋拎住副臂基础臂的顶端。

⑧ 按照安装图纸的要求悬空安装副臂中间节及副臂杆头,用穿绳卷扬机将 1 号卷扬机的钢绳从 S 枢轴段顶端拉至副臂杆头前面,并多拉出一截。

(13) 副杆、吊钩安装。

① 建立副臂基础臂至塔式副臂杆头接线箱的电源线插头,安装风速仪及航空警告灯,并与副臂杆头接线箱连接,操作超起导向杆伸出,至所需的超起半径,并查扳起放倒表,安装合适吨位的超起配重。

② 操作 3 号卷扬机收绳,同时操作 5 号卷扬机放绳,使副臂的重量全部落在四轮小车上,WA1 支架拉筋保持松弛状态,直至副臂与地面基本保持垂直后,停止 5 号卷扬机的放绳,拆除 4 轮小车,安装吊钩。

③ 继续操作 3 号卷扬机收绳,扳主臂至 87°后,停止 3 号卷扬机的收绳,操作 5 号卷扬机收绳,扳起副臂至作业角度范围内,拆除超起配重,收回超起导向杆,安装作业结束。

④ 及时清理现场废油、棉纱头、木屑等污染物,避免污染环境。

(14) 安装、拆卸过程质量控制。

① 主机安装时,应注意履带各油管的连接位置,接头时用专用工具连接到位,防止漏油;车体配重及平衡配重按照要求摆放整齐。

② 臂杆进行安装时,注意安装顺序,各臂杆及拉筋连接销连接到位,并安好开口销,安

装完成后,必须派专人进行全面检查,防止漏装。

③ 收放钢丝绳时,派专人对钢丝绳卷筒进行监护,防止钢丝绳绕乱。

④ 臂杆扳起时,应缓慢操作,并派专人监护。

(15) 安装、拆卸过程质量控制点。

① 安装履带时,主机中心至履带中心控制在 5.5 m 半径内。

② 穿绳卷扬机回卷期间应设专人观察安装用穿绳小卷扬机的排绳状况,避免钢绳打绞下陷。

③ 悬空安装主臂时,从臂架根部到最前端的臂架长度不允许超过 48.4 m(没有杆头的情况下),如果包括杆头在内长度不允许超过 35 m,另外悬空安装至少保证车尾配重不少于 95 t,车身压重 43 t 需全部安装。

④ 主臂 48.4 m 之后的臂杆悬空安装需要借助安装专用铁凳,此条必须遵守,否则主臂基础臂上的拉筋安装座孔会有拉断的危险。

⑤ D 杆的前后扳起过程需要 2 人拉扯超起提升油缸上的绑带,避免超起油缸电缆线以及油管夹在 D 杆防后倾油缸与 SA 门架之间出现损坏。

⑥ 安装羊角时,WA2 从 0°到 45°主要由辅助吊车受力,1 号卷扬机不能受力过大,以免造成损坏。

⑦ 在收回钢丝绳时,设专人监护卷扬机,保证钢丝绳在卷扬机上紧固且排列整齐。

⑧ 进行快速插头的安拆时,必须先消除液压系统中的所有压力(发动机完全停止后等 5 min 再操作),断开时必须用手拧或使用专用工具拆卸。

⑨ 车尾配重的安拆过程,必须左右交替拆卸,保持转盘受力均衡。

⑩ 吊臂扳起和下放过程中,禁止进行回转操作,否则有倾覆的危险。

⑪ 安装完毕或拆卸之前,应由 400 t 吊车主机手对吊车进行全面细致的检查及确认,填写《履带吊车每拆一检记录》。

二、吊装作业

吊装作业是指吊车或者起升机构对设备的安装、就位的统称。作业过程主要存在压伤、设备损坏、人员伤亡、高处坠落、机械伤害等危害。

1. 危害因素

(1) 作业人员未按作业要求穿戴劳动防护用品,造成人身伤害。

(2) 作业人员在现场勘察作业中发生摔伤伤害。

(3) 在场地检查、清理、平整、压实作业中发生人员伤害和设备损坏。

(4) 在主、副吊车进场站位作业中发生交通事故,发生设备损坏以及人员碰伤、摔伤。

(5) 在钢丝绳绑扎、挂钩作业中发生钢丝绳损坏。

(6) 在试吊及正式吊装作业中发生起重伤害、碰伤、砸伤、设备损坏。

(7) 在主、辅吊车摘钩退场作业中发生高处坠物。

(8) 在现场清理作业中发生机械伤害。

2. 防控措施

(1) 全面推行 HSE 管理体系,做到领导承诺、全员参与、重点监控,建立健全施工安全管理网络,明确现场安全第一责任人、安全监护人。

(2) 吊装施工文件审批后由吊装工程师及专职安全员进行详细的技术、安全交底,并做好交底记录且有所有参加人员的签字。

(3) 严格遵守厂内的各项管理规定,特种作业人员必须持证上岗。

(4) 凡参与吊装作业人员,必须熟悉方案内容,并严格执行方案中安全、技术要求;作业人员须按劳保要求着装,高处作业(≥2 m)要设置可靠的防护措施,系好安全带。

(5) 吊车的安全装置、各种吊装索具应完好、符合要求,正式起吊前,要进行试吊,检查各吊装机索具的情况,待确认没有问题后方可进行正式吊装。

(6) 吊装时应设置合理的警戒区域,非吊装施工人员严禁入内。

(7) 吊装时任何人员不得在工件下、受力索具附近及其他危险地方停留,更不得跟随工件或机具升降。

(8) 在吊装过程中指挥信号必须统一,信号传送准确负责。在地面作业时信号指挥可采用旗语和哨音,在高空作业时采用对讲机进行指挥,保证信号的正确传递。

(9) 吊车站位与行走位置处,地面要平整坚实,铺设路基箱,严格保证吊车对地耐力的要求。

(10) 了解施工期间的天气预报,根据气象条件调整吊装进度计划,设备、构件吊装要尽量避开恶劣天气,在风速大于 10.8 m/s、雷雨天、夜间、能见度低时严禁吊装作业。

(11) 施工前,各班组针对当天的施工内容组织召开安全会议,交代施工注意事项、需进行的防护措施等情况,并作好安全记录。

(12) 重物起吊后,如必须在空中停留,应采取可靠措施防止重物随意转动,吊装现场应配备电工、钳工等协助工种;各工种人员必须严格遵守其本工种的安全操作规程及安全施工规定,各工种之间要相互配合,协调有序,各工序都要设定安全监督负责人。

(13) 严格执行吊装命令书制度,按照技术安全检查要求进行吊装前的检查,严格检查吊车的安全装置、吊装索具是否完好,确认符合要求后,进行试吊,设备、构件离开地面 200 mm 后检查各吊装机索具的情况,待确认没有问题后吊装总指挥签署"吊装令"并下达吊装指令,方可进行正式吊装。

(14) 施工产生的垃圾、废料应定点堆放,定期清理,高空施工产生的垃圾不得直接扔下,采用容器盛装,用绳索或吊车将其放下,现场应文明施工。

(15) 场地检查、清理、平整、压实。

① 检查场地大小、标高及压实情况,使之达到方案要求。

② 检查有无地下设施(地下电缆、下水道等),并采取对应可靠的措施。

③ 穿戴好劳保服装,使用合适的工具、设备、构件,大件材料等用吊车等设备、构件运走。

④ 场地平整时设置隔离区,安排专人监护。

(16) 主、副吊车进场站位。

① 现场明确车辆通道及吊装走动路线。

② 做好现场文明施工,材料不乱摆放。

(17) 钢丝绳的绑扎。

① 正确绑扎,根据方案要求确定绑扎位置和绑扎点。

② 绑扎完毕后在起吊前进行再次检查。

③ 吊装时钢丝绳绑扎方法正确、牢靠,并在绑扎的棱边用木板或橡胶垫对钢丝绳加以保护。

④ 吊装前所有起重工具应检查合格。
⑤ 选择并戴好合适的手套。

(18) 试吊及正式吊装。

① 吊装前检查设备、构件是否要加固或是否按要求加固。
② 吊装前清理吊物上的杂物。
③ 吊物上需系上足够平衡吊物所需的溜绳，难度较大时由起重工适度掌握力度大小。
④ 搬运走可能影响吊装的材料设备、构件。
⑤ 主副吊车的指挥人员在作业前要进行沟通交流，指挥过程中要协调一致，缓慢升降。
⑥ 安排起重工全过程观察两台吊车支腿的受力情况。
⑦ 吊车操作人员必须听从吊装指挥的命令，按照指挥口令和旗语进行操作并随时报告吊车的受力情况。
⑧ 根据情况考虑是否需要垫枕木、道木、钢板。
⑨ 检查场地大小、标高及压实情况，使之达到方案要求。
⑩ 按照方案选钢丝绳，并且绑扎工作由起重工完成。
⑪ 按照方案选卸扣，由起重工完成。
⑫ 吊装前由吊装安全监护人再次检查确认。
⑬ 尽可能改善作业条件，创造好的作业环境。
⑭ 禁止在大雪、大风(风速大于 9.8 m/s)的情况下进行吊装作业。
⑮ 尽可能避免夜间作业，不能避免的必须提供足够的灯光照明。
⑯ 指挥人员要观察清楚，并与司机密切配合，信号需统一、准确。
⑰ 铆工、起重工手扶设备、构件的位置要在柱脚的上部，身体与设备、构件保持适当距离。

(19) 主、辅吊车摘钩退场。

① 摘钩采用搭设平台，缓慢摘钩。
② 卸扣等工具用麻绳或其他设施吊运，不得上下抛扔。
③ 检查场地大小、标高及压实情况，使之达到方案要求。
④ 检查有无地下设施(地下电缆、下水道等)，并采取可靠的措施。
⑤ 设立警戒区域，由专人监护。

(20) 现场清理。

穿戴好劳保服装，使用合适的工具、设备、构件，大件材料等用吊车等设备、构件运走。

第五章 石油金属结构制作与安装作业安全知识

石油金属结构制作与安装是石油化工行业工程建设的一个重要组成部分,主要包括构件下料、构件成型、构件组对及焊接、金属结构安装、热处理、压力试验、表面处理以及防腐油漆作业等工作内容。不同的施工阶段、作业环节以及不同的现场环境存在的安全风险也不相同。

第一节 构件下料作业

下料作业是指作业人员按照施工设计图纸要求,把板材、型材、线材、管材等材料通过剪切、火焰切割等方法制作成需要的零部件的作业过程。它主要包括号料作业、剪切及火焰切割作业、坡口加工作业及螺栓孔加工作业等。作业过程主要存在起重伤害、物体打击、机械伤害、触电、烫伤等人身伤害以及火灾、爆炸、设备损坏等事故隐患。

一、号料作业

1. 危害因素

(1)作业人员未按要求穿戴劳动防护用品,可能造成人身伤害。
(2)作业人员作业前未检查设备及工装器具,存在安全隐患,可能造成人身伤害。
(3)施工现场预制件或其他工件、工具摆放混乱,可能造成人身伤害。
(4)原材料散开及收料过程中,作业人员未按照起重作业规程操作,可能造成起重伤害。
(5)在原材料上使用石笔划线、粉线弹线时,可能造成作业人员手部受伤。
(6)使用手锤敲击样冲或钢印时,可能造成作业人员手部受伤;飞溅物可能对作业人员眼睛造成伤害。
(7)型钢或管材下料时,原材料翻倒或滚动可能造成人员伤害。
(8)号料作业与原材料吊运等其他作业交叉进行时,可能对作业人员造成人身伤害。

2. 防控措施

(1)作业人员施工前应接受技术交底,了解当天工作任务和作业相关风险;进入施工现场,必须按规定正确使用个人劳保用品。
(2)施工前对所使用的工器具应详细检查,禁止使用腐蚀、变形、松动、有故障、破损等不合格工具。
(3)施工现场原材料、工件、工具要分区域摆放整齐,不得占用安全通道。

(4)原材料散开及收料作业应严格执行起重吊装作业规程;选用合适的吊具索具,不允许超载吊装;作业人员应统一指挥、合理站位,禁止人员站在吊物可能坠落或可能被吊具挤伤的位置;吊运过程中不许手扶吊具及索具。

(5)使用粉线弹线及给粉线上粉时应戴手套,防止粉线割伤手指。

(6)敲击样冲或钢印时应选择大小合适的手锤,并检查锤头与锤柄的连接是否牢固;作业人员应注意力集中,掌握好敲击力度,防止砸手;应戴好防护眼镜,做好眼部防护。

(7)型钢或管材下料时,原材料应支垫稳妥牢靠,作业人员应在确认安全后方可进行作业。

(8)作业时应注意观察周围环境,原材料吊运等其他作业对号料作业有影响时,应及时避让。

二、剪切作业

1.危害因素

(1)作业人员未按要求穿戴劳动防护用品,可能造成人身伤害。

(2)作业人员作业前未对冲剪床、剪板机进行检查,设备带病作业或防护装置损坏、缺失,可能造成机械伤害和设备损坏。

(3)剪切作业前未按要求调整刀片间隙,可能造成刀片损坏。

(4)作业人员未按照冲剪床、剪板机操作规程进行操作,可能造成机械伤害和设备损坏。

(5)作业过程中,设备关键部位发生异常时未停止运行,可能造成机械伤害和设备损坏。

2.防控措施

(1)作业人员必须按规定正确使用个人劳保用品。

(2)冲剪床、剪板机应有专人操作,该人员须熟悉《冲剪床、剪板机安全操作规程》,了解冲剪床、剪板机基本原理和机械性能;使用前要细致检查电机、开关、电线是否正常,油盒的油量是否够用,各机械部件及螺丝有无松动,剪刀处是否有障碍,确保各关键部位完好无异常。

(3)工作前应先空载试运转 2~3 次,确认润滑良好,运转无异常后才能进行正式剪切工作。

(4)工作前,应根据剪切钢板厚度调整刀片间隙,一般为被剪板料厚度的 5%~7%。

(5)使用剪板机时,钢板应放置平稳,上剪未复位不可送料,手不得伸入压紧装置下方,应离开剪刀 200 mm 以上;多人同时作业时应指定专人操作设备,统一指挥,确认安全后方可开始剪切。

(6)不准剪切超过规定厚度和压不到的窄钢板;禁止将多张板料叠合进行剪切;禁止剪切超长、超厚板料,不许剪切淬过火的高速钢、工具钢及铸铁等;禁止剪切有爆炸性物品、棒料、较薄工件及非金属,以免损坏刀片和伤人;刀板刃口应保持锋利,如刃口变钝或有崩裂现象,应及时更换。

(7)机械周围应保持清洁,清除剪下的铁屑和边料时应戴手套并使用辅助工具。

(8)作业过程中,设备电路、油路、机械各部件发生异常时应停止作业,由专业维修人员进行维修,严禁设备带病作业。

三、火焰切割作业

1.危害因素

(1) 作业人员未按要求穿戴劳动防护用品,可能造成人身伤害。
(2) 火焰切割作业人员未取得相应的特种作业操作证,可能造成人身伤亡、火灾、爆炸等严重事故。
(3) 未正确安装氧气或燃气减压阀、割枪,造成气体泄漏,可能引起烧伤、火灾或爆炸。
(4) 割枪火焰可能造成人员烫伤。
(5) 氧气或燃气胶管破损、泄漏,可能引起火灾,造成人员伤亡及财产损失。
(6) 切割过程中产生的高温熔渣可能造成人员烫伤及火灾。
(7) 切割过程中气瓶摆放位置不当,可能引发火灾。
(8) 切割时割嘴过热堵塞造成回火,可能引发人员烫伤、气瓶爆炸。
(9) 采用自动火焰切割设备时,可能造成人员触电。

2.防控措施

(1) 作业人员进入施工现场,必须按规定正确使用个人劳保用品。
(2) 火焰切割作业人员上岗作业前,必须进行专门的安全技术理论学习和实际操作培训,考核合格后取得国家统一印制的特种作业操作证,方可进行切割作业;无有效操作证人员不得从事火焰切割作业,且不得乱动专业工具。
(3) 减压阀安装时,要检查瓶嘴丝扣是否完好,并轻微开气阀吹掉瓶嘴处灰尘和水分。放气时,人应在气阀侧面,开减压阀时,须进行短时间试验,看有无障碍和漏气,表针是否灵敏。减压阀和割枪的连接应采用专用接头,装卸减压阀和割枪时,要使用扳手,不准用其他工具敲击。
(4) 点火时,割枪枪口不能对人,正在燃烧的割枪不得放在工件或地面上;气带内有乙炔和氧气时,不得放在容器等受限空间内。
(5) 氧气或燃气胶管不应有鼓包、裂缝及漏气等现象。如发现损坏处,应将其切掉,用双面接头管连接并扎紧,不能用补贴或包缠的方法连接,如胶管破损严重,应及时更换;在乙炔胶管破裂着火时,应先将割枪火焰熄灭,然后迅速关闭乙炔瓶阀门;在氧气胶管着火时,应迅速关闭氧气瓶阀门,并迅速扑灭着火点。
(6) 作业人员要佩戴合格的劳保用品;切割施工前应清除切割地点周围 5 m 范围内的易燃、易爆物,搬不开的要采取遮盖措施,并设专人监护;严禁在存储或加工易燃、易爆物品的场所周围 10 m 范围内进行切割作业。
(7) 氧气瓶、乙炔瓶禁止接触明火,不得在烈日下暴晒和受高温热源辐射,可制作气瓶放置架且加盖防晒罩保护;氧气与乙炔瓶间距不得小于 5 m,氧气瓶与乙炔瓶距动火点应不小于 10 m。
(8) 氧气表、乙炔表应正确安装回火防止器,并进行定期校验;使用氧气时,不宜将瓶内氧气全部用完,应留有 3~5 kg 的压力;由于割嘴过热堵塞而发生回火或多次鸣爆时,必须迅速关闭氧气阀,再关乙炔阀,然后将割枪冷却并排除故障;当回火防止器的薄膜被冲破,乙炔气在破口燃烧时,应避开火焰的方向,迅速将乙炔瓶阀门关闭,然后将割枪冷却并排除故障。
(9) 采用自动切割机时,应由电工接通电源,并通电检查,切割机运转正常时方可使用。

四、坡口加工作业

1. 危害因素

(1) 作业人员未按要求穿戴劳动防护用品,可能造成人身伤害。
(2) 作业人员作业前未检查设备,可能造成机械伤害和设备损坏。
(3) 设备运行时,人员误入主轴箱行走区域,可能造成人身伤害。
(4) 调整被加工零件时可能造成人身伤害。
(5) 被加工零件固定不牢靠,可能造成设备损坏。
(6) 进刀量过大,可能造成刨刀或设备损坏。
(7) 更换刨刀时设备未停止运行,可能造成人身伤害或设备损坏。
(8) 清除铁屑时可能造成手部伤害。
(9) 作业过程中,设备关键部位发生异常时未停止运行,可能造成机械伤害和设备损坏。
(10) 停止作业未及时关闭设备,可能造成机械伤害和设备损坏。

2. 防控措施

(1) 作业人员必须按规定正确使用个人劳保用品。
(2) 作业前应检查机床工作区、工作台面和导轨是否有障碍物、铁屑或杂质,并及时清理、上油;检查所有传动和紧固部分有无松动;检查润滑系统储油部位的油量和油质是否符合规定;检查机械、液压、电控等操作手柄、阀门、开关等是否灵活、可靠并处于非工作的位置上;检查各刀架是否处于非工作位置且性能良好;检查安全防护、止动、联锁、夹紧机构、限位和换向等装置是否齐全完好。
(3) 使用前要进行空车运行,观察各传动零件及部位的运行是否正常,有无卡阻和异常声响;油泵启动后先观察油泵的运行是否正常,油泵压力是否在规定范围内。
(4) 每次开动设备进行刨削前,应观察主轴箱行走区域,严禁有其他人员或物体。
(5) 校正刨削的零件时,禁止将手放到液压千斤顶下面,以免被压住手,受到伤害。
(6) 固定被加工零件时,应在液压千斤顶完全压住零件后,再锁紧手动千斤顶,确保被加工零件固定牢靠,需要松开千斤顶时应先松开手动千斤顶,再松开液压千斤顶。
(7) 按工艺规定进行加工,不准任意加大进刀量,刀架进刀量不得大于 1 mm。
(8) 工作中更换刨刀时必须停机,换完后需检查,确认无问题后方可开车。
(9) 随时清除机床上的铁屑、油污,保持导轨面、滑动面和工作台面清洁;清除刨下的铁屑时应戴手套并使用辅助工具,防止铁屑割伤手指。
(10) 作业过程中,设备电路、油路、机械各部件发生异常时,应停止作业,查找原因并排除故障;如故障无法排除,应报修由专业维修人员进行故障排除,严禁设备带病作业。
(11) 暂时停机时,应按下停机按钮;若工作结束,还需断开设备总电源开关;停机后检查各阀门、操纵开关是否置于停机位置,避免设备送电时突然启动造成人身伤害或设备损坏。

五、螺栓孔加工作业

1. 危害因素

(1) 作业人员未按要求正确穿戴劳动防护用品,可能造成人身伤害。

(2) 作业人员作业前未检查设备,可能造成触电、机械伤害或设备损坏。

(3) 夹具、钻头及工件未安装牢固,可能造成机械伤害或设备损坏。

(4) 装卸工件时设备未停止运行,可能造成人身伤害或设备损坏。

(5) 作业人员未按照操作规程进行操作,可能造成机械伤害和设备损坏。

(6) 清除铁屑时可能造成手部伤害。

(7) 钻床关键部位发生异常时未停止运行,可能造成机械伤害和设备损坏。

(8) 作业过程中突然停电,可能造成人员伤害或设备损坏。

(9) 使用磁力钻等小型钻床对型钢或钢管等细长构件进行钻孔作业时,构件发生翻转或滚动,可能造成人员伤害或设备损坏。

(10) 移动磁力钻等小型钻床时未切断电源,可能造成触电或钻床突然启动伤人。

2. 防控措施

(1) 作业人员必须按规定正确使用个人劳保用品,禁止戴手套操作钻床。

(2) 作业前检查钻床各电气开关是否正常,外壳接地是否完好,传动装置安全防护罩是否完好,各操纵手柄的位置是否正确。

(3) 夹具、钻头及工件应安装牢固,使用的紧固扳手必须与螺母或螺栓相符,紧固用力要适当,以防滑倒。

(4) 必须在停机状态下进行钻床调整、工件装夹及铁屑清除;装卸表面有油的工件时,要防止工件从手里滑落。

(5) 钻孔作业时应注意力集中,不准在机床运转时远离机床。

(6) 使用摇臂钻床钻孔过程中摇臂必须锁紧,严禁浮动操作。

(7) 严格按机床规格确定被加工工件规格及加工范围,严禁超负荷加工。

(8) 操作人员的头部不得靠近旋转部分,禁止戴手套操作及用管子套在手柄上加力钻孔。

(9) 钻孔过程中严禁用手扶、摸机床运动部件。

(10) 清除钻头上缠绕的铁屑时,必须停机,禁止用手拉或振动钻头的办法除屑,要用刷子或钩子清除铁屑。

(11) 作业过程中,设备电路、油路、机械各部件发生异常时,应停止作业,查找原因并排除故障,如故障无法排除,应报修由专业维修人员进行故障排除,严禁设备带病作业。

(12) 机床运转中如遇停电,应切断电源,退出钻头;使用磁力钻进行横向钻孔作业时,应设置磁力钻固定支架,防止突然断电磁力钻脱落,造成人员伤害或设备损坏。

(13) 使用磁力钻等小型钻床对型钢或钢管等细长构件进行钻孔作业时,构件应支稳、垫好,防止构件翻倒或滚动伤人,磁力钻应配有与磁座及构件形状相吻合的底座,确保磁力钻吸附牢靠。

(14) 移动磁力钻等小型钻床时,必须切断电源,禁止带电移动设备,防止人员触电或钻床突然启动伤人。

第二节　构件成型作业

构件成型作业是指作业人员利用卷板机、型钢卷制机、油压机等设备将下好料的材料加工成图纸要求形状的作业过程。这种作业主要存在机械伤害、起重伤害、物体打击、触电等人身伤害以及设备损坏的事故风险。

一、卷板作业

1. 危害因素

（1）作业人员未按要求正确穿戴劳动防护用品，衣物被卷入卷板机，可能造成人身伤害。

（2）作业人员在作业前未对卷板机进行检查，设备带病作业，防护装置损坏、缺失，可能造成人员触电、机械伤害和设备损坏。

（3）卷板机超负荷作业，可能造成设备损坏。

（4）钢板或设备遮挡卷板机操作人员视线，存在误操作风险。

（5）卷制过程中钢板掉落，可能造成人身伤害。

（6）使用样板检查曲率或使用垫板垫压钢板时，可能造成操作人员人身伤害。

（7）在卷板机上组对纵缝进行点焊作业时，可能造成设备损伤。

（8）使用吊车配合卷板作业或从卷板机上取出卷制好的工件时，可能造成起重伤害。

（9）卷制好的构件未按要求摆放，发生滚动，可能造成人身伤害。

（10）作业过程中出现紧急情况或设备运转发生异常时未停止运行，可能造成机械伤害和设备损坏。

（11）停止作业未及时停机关闭电源，可能造成机械伤害和设备损坏。

2. 防控措施

（1）作业人员必须按规定正确使用个人劳保用品，并扎紧袖口，防止衣物被卷入卷板机，造成人身伤害。

（2）作业前应检查各机械部件是否在正确位置，安全防护装置（防护罩、限位开关、限位挡铁、电气接地、保险装置等）是否齐全完好，各主要零部件以及紧固件有无异常松动现象，制动器是否正常可靠等。

（3）应按卷板机说明书规定的技术参数和要求使用设备，严禁超负荷使用设备。

（4）在钢板放置平稳并找正后方可开动卷板机，卷制过程中应安排专人协调指挥，保证指挥信号要清楚明白并传递畅通。

（5）操作人员应站于钢板行进方向两侧，且作业范围内禁止无关人员逗留，卷制到钢板末端时，应预留一定余量，防止钢板掉落伤人。

（6）作业时工件上严禁站人或将手放置在被卷压的钢板上，使用样板检查曲率时必须停机。

（7）使用垫板垫压钢板时，所使用的垫板必须带有手柄，禁止直接手持板条进行垫压。

（8）在卷制过程中需要对卷制钢板进行焊接作业时，应将焊接件直接与焊机工作地线连接，严禁通过床身接地，造成设备损伤。

（9）使用吊车配合卷板作业或从卷板机上取出卷制好的工件时，应有专人指挥；吊索具、夹具选择要适当，并严格执行起重吊装作业规程。

（10）卷制好的构件应摆放整齐并支垫牢靠，防止其滚动伤人。

（11）工作中出现紧急情况时，应就近快速按下操纵台上（或床身处）的紧急停止按钮并切断总电源。

（12）发现设备运转有异常情况，应立即停止作业，查找原因并排除故障，如故障无法排除,应及时报修进行故障排除。

(13) 暂时停机时,应按下停机按钮;若工作结束,还须断开设备总电源开关;停机后检查各阀门、操纵开关是否置于停机位置,避免设备送电时突然启动造成人身伤害或设备损坏。

二、冲压作业

1. 危害因素

(1) 作业人员作业前未对设备主要部位及模具进行检查,可能造成作业人员机械伤害和设备损坏。

(2) 安装模具时压力机滑块中心线与模具中心线不重合,工作时压力机承受偏心载荷,可能造成设备损坏。

(3) 作业时将头、手伸入模具运动空间,可能造成作业人员机械伤害。

(4) 进行检修、模具调整等工作时,未关闭设备电源并且未采取必要的安全措施,可能造成作业人员人身伤害或设备损坏。

(5) 在作业过程中擅自拆卸安全防护装置或打开配电箱、油箱、变速箱的门盖进行工作,可能造成作业人员触电或机械伤害。

(6) 起重配合冲压作业时,可能造成作业人员起重伤害。

(7) 设备出现异常情况时,未及时切断设备电源,可能造成设备损坏。

2. 防控措施

(1) 操作者应熟悉油压机的一般性能和结构;使用前应按规定润滑加油;检查安全防护装置(防护罩、制动、换向、联锁、限位、保险等)是否齐全完好,电气设备接地是否牢固可靠,管路阀门等处是否泄露,各主要零部件、连接部位以及紧固件有无异常松动现象,各操作装置、指示装置(指示仪表、指示灯等)工作是否灵敏、准确可靠,各部位动作是否协调,确认一切正常方可开始工作。

(2) 冲压前应检查模具是否配套,位置是否正确;清除压头行程空间和模具表面的杂物;应保证工件受力中心与滑块压力中心一致,尽量避免偏载使用,禁止在最大载荷下偏载使用。

(3) 设备在工作过程中,不得进行检修工作和模具调整,严禁用手接触运动部分或将头、手放入运动空间;不得擅自拆卸安全防护装置或打开配电箱、油箱、变速箱的门盖进行工作。

(4) 多人同时作业时,要有专人指挥,相互协调配合,指挥信号要清楚明白。

(5) 吊装工件时,绳索一定要挂牢,检查后起吊,工作时要时刻注意绳索和油压机横梁等部件是否碰触,以免事故的发生。

(6) 设备出现异常情况时,应快速按下紧急停止按钮以切断电源,设法排除故障,不允许设备带故障投入生产。

(7) 工作完毕,应将压制品、工具、模具整理好并放到指定位置。

第三节 零部件组焊作业

构件组焊作业是指作业人员按照设计图纸的技术要求,采用焊接、铆接、螺栓连接等方式将若干个已经成型的零件组合成组件、部件的作业过程。这种作业主要存在物体打击、机械伤害、起重伤害、触电、烫伤、电弧灼伤等人身伤害。

一、构件组对作业

1. 危害因素

（1）作业人员未按要求穿戴劳动防护用品，可能造成人身伤害。
（2）作业人员作业前未检查设备及工装器具，存在安全隐患，可能造成人身伤害。
（3）施工现场预制件或其他工件、工具摆放混乱，可能造成人身伤害。
（4）未按规范使用大锤，可能造成大锤脱手或锤头脱落伤人。
（5）使用撬棍移动构件，可能造成构件滚动或翻倒伤人。
（6）构件摆放未支稳垫牢发生滚动或翻倒，可能造成人身伤害。
（7）多人协作搬抬构件或使用机械搬运构件时，可能造成人身伤害。
（8）焊接或配合焊接作业，可能造成作业人员眼部伤害。
（9）未按规定使用手动电动工具，有造成作业人员触电的危险。
（10）大型构件组装时，构件连接、点焊不牢造成构件脱落伤人。
（11）使用托辊拼装圆筒形工件时，托辊未垫平、找正，工件脱落可能造成人身伤害或设备损坏。
（12）使用千斤顶组对工件时支撑夹具未焊接牢固，千斤顶脱落可能造成作业人员人身伤害。
（13）超负荷使用倒链，可能造成倒链断裂伤人。
（14）起重配合构件组对作业时，可能造成作业人员起重伤害。

2. 防控措施

（1）作业人员施工前应接受技术交底，了解当天工作任务和作业相关风险；进入施工现场，必须按规定正确使用个人劳保用品。
（2）施工前对所使用的工器具应详细检查，禁止使用存在腐蚀、变形、松动、有故障、破损等不合格工具。
（3）做好施工现场"5S"管理，施工现场原材料、工件、工具要分区域摆放整齐，不得占用安全通道。
（4）严禁戴手套打大锤，打锤前应检查锤头是否松动，打锤时两人不得对站，并注意前方是否有人。所有受锤击的工具顶部一律不准淬火，锤与锤不准对击。
（5）构件移动、翻身时撬棍支点要垫稳，构件滚动或滑动时，其前方不可站人。
（6）高、窄构件制作完后，应平放、垫稳；立放时，应采取可靠的防倾倒措施。
（7）搬抬材料和工件时，要听从统一指挥，步调一致。用机械搬运时，应有专人指挥。
（8）夜间工作必须有充足的照明，使用手动电动工具必须配备漏电保护器，金属容器内或潮湿场所照明应使用安全电压。
（9）焊接或配合焊接作业时，必须戴防护眼镜，以防飞溅进入眼内或电弧光刺激伤眼。
（10）组装大型构件时，连接螺栓必须坚固，点焊部位必须焊牢；圆筒形工件应固定垫好，组对时不可把手放在对口处。
（11）在托辊上拼装圆筒形工件时，托辊两侧滚轮应保持水平，拼装体中心垂线与滚轮中心夹角及工件转动线速度应符合设备说明书规定值；如采用卷扬机牵引，钢丝绳必须沿容器表面由底部引出,并在相反方向设置保险牵引绳,防止工件脱落。

(12) 使用千斤顶组对构件时,支撑夹具应焊牢,作业人员不能站立在千斤顶正前方,防止构件回弹掉落伤人。

(13) 使用倒链作业时,不准超负荷使用,防止链条断裂。

(14) 起重配合构件组对作业时,作业人员一定要注意吊钩和重物的转动方向,禁止在吊臂和重物下方作业。

二、构件焊接作业

1. 危害因素

(1) 作业人员未按要求穿戴劳动防护用品,可能造成人身伤害。

(2) 作业人员未取得相应的特种作业操作证,可能造成触电或设备损坏。

(3) 作业人员私自安装、拆卸或维修电焊机,有造成人员触电的危险。

(4) 破损的焊钳、把线、地线与其他施工机具接触,可能造成触电、火灾、爆炸等严重事故。

(5) 在潮湿环境下进行焊接作业,有造成作业人员触电的风险。

(6) 清除焊渣或采用电弧气刨清根时,未正确使用安全防护用品可能造成耳聋、尘肺、烫伤、眼部伤害等作业人员人身伤害。

(7) 更换施工场地需要移动焊接设备及电焊把线时未切断电源,可能造成作业人员触电或设备损坏。

(8) 多名焊工在一起集中施焊时弧光互射、相互影响,可能造成作业人员眼部及裸露皮肤灼伤。

2. 防控措施

(1) 作业人员进入施工现场,必须按规定正确使用个人劳保用品。

(2) 无有效特种作业操作证人员不得从事焊接工作,不得乱动焊接设备和专业工具。

(3) 电焊机要做到一机一闸,电源线、漏电保护器、启动开关、接地线等必须由专业电工安装和拆卸,所有接线要牢固有效;焊接设备和电源柜要有有效的防雨措施。如果电焊机有漏电现象,应立即切断电源,通知电工检修。

(4) 在修整电焊把线和电焊机时,应把电源切断,并设置检修标示牌,派专人守护电源开关。

(5) 焊钳与把线必须绝缘良好,连接牢固;破损的地方应用绝缘胶布及时包扎;在焊接过程中如突然发生停电现象,应立即切断设备电源。

(6) 雨天禁止露天焊接作业;在有水或潮湿的环境进行焊接作业时,电焊工必须穿绝缘胶鞋、戴绝缘手套,且加垫干燥木板或绝缘板等安全设施;更换焊条应戴电焊手套。

(7) 禁止电源线、电焊把线和二次线与钢丝绳、氧气瓶或乙炔瓶接触,更不得用钢丝绳或机电设备代替焊机的二次线。

(8) 清除焊渣或采用电弧气刨清根时,应戴防护眼镜、耳塞、面罩、防尘口罩,防止和减少铁渣飞溅及有害烟气的危害。

(9) 更换施工场地需要移动电焊把线时,应切断电源。

(10) 多名焊工在一起集中施焊时,焊接平台或焊件必须接地,并应有隔光板防止弧光互射损伤眼睛及外露皮肤。

第四节　金属结构安装作业

金属结构安装作业是指作业人员将组焊完成的金属构件成品或半成品,按照石油化工装置设计要求在设计指定位置组合成整体的施工过程。作业过程中主要存在高处坠落、物体打击、起重伤害、辐射伤害、触电、窒息、烫伤、烧伤等人身伤害以及火灾、爆炸、设备损坏等事故风险。

1. 危害因素

(1) 高处作业未按要求佩戴安全防护用品,可能发生高处坠物或作业人员高处坠落风险。

(2) 立体交叉作业未按规定采取隔离措施,高处坠物可能造成下方作业人员人身伤害。

(3) 高处作业安装构件未及时焊牢或开挖孔洞未做隔离措施,可能造成作业人员高处坠落。

(4) 高处吊装、组对构件时未采取必要的安全防护措施,可能造成作业人员高处坠落。

(5) 高处吊装、组对构件时绑扎不牢或未设置遛绳,构件碰撞或脱落可能造成作业人员物体打击伤害。

(6) 作业人员登高时未按规定正确使用爬梯和脚手架,可能造成高处坠落。

(7) 作业人员携带电焊把线及氧气、乙炔胶管爬梯登高时,可能造成电焊把线及氧气、乙炔胶管掉落伤人或作业人员高处坠落。

(8) 高处焊、割作业时,高温熔渣可能造成火灾或下方作业人员烫伤。

(9) 高处作业电焊把线及氧气、乙炔管未绑扎固定,施工工具、材料未妥善放置,割下的废料未采取防坠落措施,有发生高处坠物的危险。

(10) 储罐罐体顶升安装时,未能有效控制顶升速度及平衡,可能造成罐体失稳。

(11) 在储罐、球罐等容器内作业,可能造成作业人员窒息、触电、中暑等伤害。

(12) 在易燃易爆的禁火区施工作业,未按规定办理相关作业票证,未制定相应的安全措施,可能发生火灾或爆炸等重大事故。

(13) 螺栓连接作业未正确选择、使用扳手或扳手断裂、脱手可能造成作业人员摔伤。

(14) 用手探摸螺栓孔可能造成作业人员手部伤害。

(15) 使用电动扳手、气动扳手、液压扳手等自动设备进行螺栓连接作业时,未按设备操作规程正确操作,可能造成操作人员人身伤害和设备损坏。

(16) 无损检测作业未严格执行无损检测安全操作规程,可能造成作业人员辐射伤害。

2. 防控措施

(1) 登高作业要佩戴并挂好安全带,应妥善保管随身工具或材料;立体交叉作业时,必须搭设防护棚,采取隔离措施。

(2) 高处作业在无平台护栏时,必须设置生命绳,挂好安全带,并应设安全网,作业下方应设警示标识,禁止高空抛物。

(3) 高空铺设平台板、安装护栏时,应及时焊接牢固;开挖孔洞时,应及时封堵或隔离。

(4) 高处吊装、组对构件时,应绑扎牢靠并且放平稳,支撑稳固。

(5) 钢结构柱、梁等构件吊装组对前,应预先设置金属吊架、三脚架、直梯、跳板等设施,以便高处作业。高处作业时不要走单梁与踩踏没固定的平台板。

(6) 不准攀登没有上紧地脚螺栓的框架和立柱。

(7) 电焊把线及氧气、乙炔胶管不许手持、绕在身上或背在肩上进行爬梯、登高,应用麻绳安全地拉上或卸下。

(8) 电焊把线及氧气、乙炔管应牢固地绑在工作地点的支架上,工具应放入工具袋,焊接材料应放在稳妥方便的地方,以防止高处坠物伤人;焊条头不得任意乱丢,应放入焊条桶,统一回收处理。

(9) 高处焊、割作业时,氧气瓶、乙炔瓶应放在工作处垂直下方上风头 5 m 外。禁止将氧气瓶、乙炔瓶放在高压线及主要电力线下施工;下方应设警戒区,不许有人在警戒区逗留,防止火花、焊渣等物落下烫人,必要时应采用挡板遮挡;注意风向,以免火花及熔渣随风飘落而引起火灾。

(10) 应采取可靠的方法防止高处作业切割下的废料坠落,不得向下抛掷,必须采取安全的措施,及时清理到地面。

(11) 罐体组在安装使用顶升装置时,应检查顶升装置是否完好,控制顶升限位,仔细观察,缓慢升降操作。

(12) 在储罐、球罐等容器内作业,应做好通风措施,设立监护人,做好人员进出记录,并规定相互联络信号;使用电动工具时,不得在容器内进行调整和修理,工作间断或操作人员离开时,应切断电源。

(13) 严禁向容器或管道内输入氧气。

(14) 容器内使用电压为 12~36 V 的安全电压,灯头和电源接头都应具有防爆功能。

(15) 作业人员携带焊钳进出容器时,焊钳应处于断电状态。工作间断时,把钳应放在干燥的木板上或绝缘良好处,并关闭焊接电源。

(16) 容器施焊前,如使用电加热器,应仔细检查设备是否完好,使用时应有可靠的接地,并有专人管理;如用可燃气体加热器对焊缝加热时,应设专人进行操作。

(17) 碳弧气刨清根尽量在容器外部进行,如必须在容器内清根,则要采取严格的防护措施。

(18) 在易燃易爆的禁火区施工作业时,必须有相关主管部门开具的作业票、用电票和动火票,制定相关应急预案,各项安全措施到位后,由安全、消防部门派专人现场监护。

(19) 螺栓连接作业时,禁止用手探摸螺栓孔,应根据螺栓、螺母规格形状及工作条件选用合适的扳手操作,高处螺栓连接作业禁止使用活扳手;扳手手柄不可以任意接长,不应将扳手当锤击工具使用。

(20) 使用电动、气动、液压扳手等自动设备进行螺栓连接作业时,应检查设备是否完好,禁止设备带病作业;操作扳手时严禁将手放在反作用力臂上,以免机械伤手;禁止超负荷使用设备。

(21) 无损检测作业应严格执行射线检测、超声波检测、磁粉检测及渗透检测相关的安全操作规程;根据工件及所用射线强度划分控制区和监督区,通知相关单位及时撤离放射区,并在安全距离以外拉警戒绳、挂警戒灯,行人路口应设置警示牌,必要时应派人进行巡视;射线作业人员应配备防护服、报警器及个人剂量仪。

第五节　金属结构热处理作业

金属结构热处理作业是为了消除在制造过程中切割、成形、组对、焊接等工序产生的残余应力的有害影响,能够改善焊接区域性能,提高金属结构的安全性能,在石油金属结构制造及安装中具有重要意义。作业过程主要存在烫伤、触电、皮肤过敏、尘肺等人身伤害和火灾、爆炸等事故风险。

1.危害因素

(1)作业人员作业前未对热处理设备进行检查,设备带病作业,可能造成人员触电、烫伤和火灾、爆炸、设备损坏等风险。

(2)铺设保温棉时,作业人员未正确使用安全防护用品,可能造成皮肤过敏、尘肺等人身伤害。

(3)未按规范要求进行电气作业,可能造成作业人员触电及设备损坏。

(4)热处理过程中,作业人员触摸加热部位,存在被烫伤的风险。

(5)热处理现场附近存在易燃易爆物品,有发生火灾或爆炸的风险。

(6)大型容器类金属结构进行局部热处理时,未按规定清理容器内杂物,可能引燃杂物造成火灾。

(7)大型容器类金属结构进行热处理时,未及时封闭出入口且未设立隔离、警戒区域,其他作业人员可能误入造成安全事故。

(8)采用燃油、燃气对大型容器类金属结构进行热处理时,未对燃料气控制装置、点火装置及相关检测设备等可能发生泄漏的部位进行详细检查,可能发生熄火、爆炸等事故。

(9)用电阻炉进行加热时,工件进出炉未切断电源,可能造成操作人员触电。

2.防控措施

(1)热处理作业人员必须掌握热处理专业知识,辅助人员必须掌握电气方面的基本知识,在操作前,应首先熟悉热处理工艺规程和所使用的设备性能。

(2)热处理前应检查设备有无隐患,热电偶、测温仪表是否完好,使用电加热时,要检查电气线路有无裸露;使用加热炉加热时,要检查油气管线有无泄漏。

(3)铺设保温棉时,作业人员必须穿戴好防护用品,衣袖、裤脚、领口要扎紧;热处理的保温材料及废料必须及时收集回收,统一处理;作业人员在作业过程中出现如过敏等身体不适时,应立即停止作业。

(4)电气作业必须由专业电工进行,要及时对电气设备进行检查,发现隐患要及时整改;热处理用电源、输出电线必须严格按照设计要求选用,满足用电需求;加热装置接线、绑扎时,应防止绑扎铁丝切入加热带(块)造成短路;接线头应选用快速接头,不得随意用其他物品替代;包扎完成后,应对所用输电线路进行外观检查,确保无破损、裸露现象,绝缘完好后方可送电加热。

(5)加热时应按热处理方案进行升温和降温,升、降温过程中不得用手直接接触加热部分;测温元件出现故障升温过程中需重新包扎时,必须待已加热的部位冷却至常温后方可拆除包扎;对于正在进行热处理的构件,应设置警示标志,防止人员烫伤及触电。

(6)在热处理过程中,加热件附近不得存放易燃物品;禁止用易燃物品作临时支撑;热处理现场应配备消防器材。

（7）对大型容器类金属结构进行热处理时，要预先对其内部热影响区进行检查，防止有易燃物存在；同时，依据热处理方案检查加固支撑是否已完善，确认符合要求后，对出入口进行封闭并做好警戒，防止他人误入。

（8）大型容器类金属结构整体热处理时，要仔细检查燃料气控制装置、点火装置及相关检测设备是否有泄漏点，防止出现爆炸性混合气体及中间熄火，引发事故；热处理过程中，必须有专职人员在现场监护，不得随意离开。

（9）用电阻炉加热时，工件进出炉前应先切断电源，以防触电；不能用手触摸出炉后的工件，以防烫伤。

第六节 耐压及气密性试验作业

耐压及气密性试验作业是检验容器类金属结构承压部件的强度和严密性的主要手段。在试验过程中，通过观察承压部件有无明显变形或破裂，来验证容器是否具有设计压力下安全运行所必需的承压能力。同时，通过观察焊缝、法兰等连接处有无渗漏，来检验压力容器的严密性。这种试验作业一般分为水压试验、气压试验、充水试漏和气密性检验。作业过程主要存在物体打击的人身伤害及超压、泄漏、爆炸的事故隐患。

1. 危害因素

（1）耐压试验作业未按规定设立隔离、警戒区域及安全防护装置，可能造成人身伤亡。

（2）未正确选择、安装符合要求的压力表，造成试验压力超压，可能引起泄漏或爆炸事故。

（3）水压试验时未按要求设置放空阀，排水时可能造成容器失稳损坏。

（4）气压试验时未按要求正确设置安全阀，升压速度过快或超压时可能造成容器爆炸的严重事故。

（5）未正确选择临时盲板和紧固螺栓，压力试验时可能造成螺栓断裂、临时盲板飞出伤人等风险。

（6）压力试验发生泄漏时带压紧固螺栓，可能造成螺栓断裂、临时盲板飞出伤人等风险。

2. 防控措施

（1）容器类金属结构试压前应制定专门的试压技术措施并进行技术交底，所有参加试压的工作人员都应了解试压相关技术要求，应设专人操控试压泵。

（2）应严格按照试压技术措施的要求（介质、压力、持压时间等）进行试压；试压前应进行详细检查，设置安全警戒区域，确实具备升压条件后，方可进行试压。

（3）压力表应经计量部门校验合格并安设铅封，铭牌压力为试验压力的 1.5~2.5 倍；安装压力表时应使用扳手，严禁直接转动表头强力安装；同时，压力表应安装于容易观察的地方，且最高处和底部应各安装一块压力表。

（4）水压试验时，容器的最高点要设置放空阀，试压合格后应先将放空阀打开，将水放净，排放水应排放到指定地点；冬季水压试验要采取防冻措施。

（5）气压试验时，试压现场要采取隔离措施，气压要稳定，输入端的管道上要装安全阀，禁止撞击试压设备，升压和降压过程按技术措施操作。

（6）试压时，临时盲板的厚度应满足强度要求，螺栓要上齐拧紧，并做出明显标识，试压后应及时拆除临时盲板。

(7)试压时,盲板的对面不许站人;发生泄漏时应在泄压后紧固螺栓,禁止带压紧固螺栓。

(8)试压时观察压力表,观察记录人员应在警戒线外配备专用望远镜进行观察,无关人员不得在附近停留。

第七节　金属结构防腐(防火)作业

金属结构防腐(防火)作业是通过在金属结构表面喷涂防腐蚀材料来提高金属结构耐腐蚀性能,以达到延长金属结构使用寿命的目的。根据防腐蚀材料种类的不同,常用的石油金属结构防腐作业材料有油漆类防腐材料、沥青类防腐材料以及橡胶、塑料、树脂、二氯乙烷、二甲苯、聚氨酯等有毒物质。作业过程包括金属结构表面处理作业及涂敷作业。其主要存在中毒、窒息、高处坠落等人身伤害以及火灾、爆炸等事故隐患,并且会造成严重的环境污染。

一、金属结构表面处理作业

1. 危害因素

(1)金属结构表面处理作业未设立隔离、警戒区域及安全防护装置,可能造成人身伤害。

(2)金属结构表面处理作业区域未设置有效的除尘净化设施,可能造成严重的环境污染。

(3)作业前未对所使用设备、工具进行检查,设备及工具带病作业可能造成设备损坏或作业人员触电。

(4)作业人员未正确使用安全防护用品,可能造成耳聋、尘肺等人身伤害。

(5)喷砂或抛丸除锈时,高速射出的砂粒可能对作业人员造成伤害。

(6)带压处理堵塞的喷枪可能造成砂粒突然高速射出,击伤附近的作业人员。

(7)地面的砂粒可能造成作业人员滑倒摔伤。

2. 防控措施

(1)上岗前,作业人员必须进行专业安全技术培训,熟悉施工操作技能。

(2)应设置金属结构表面处理作业安全警戒区域,非作业人员禁止进入作业区域,作业区域应设置有效的净化除尘设施。

(3)电动机械除锈时,必须检查除锈砂轮机、电缆线和开关,合格后再进行作业;作业人员必须穿戴好防尘防护用品。

(4)喷射除锈时,空压机、喷砂罐、带压风管、空气过滤罐、喷砂衣、各种阀门必须经检查合格,试运行后再进行使用。

(5)处理堵塞的喷枪时,所有人员应站在枪头侧面,同时关闭风门,不许带压拆卸,以防砂子喷出伤人。

(6)喷砂过程中,加强通信联络,及时信息沟通,确保各个环节操作顺畅,确保人员的人身安全。

(7)抛丸除锈时,抛丸机组、空压机、进出抛射机组的轨道、配合运输的吊装设备等设施必须设置专人负责。

二、金属结构涂敷作业

1. 危害因素

（1）金属结构涂敷作业施工机械不符合安全要求，未使用具有防爆功能的电气设备及工具，可能造成油漆及溶剂挥发物爆炸或燃烧。

（2）金属结构涂敷作业过程中，油漆、溶剂挥发可能造成作业人员窒息、中毒等人身伤害。

（3）作业人员未穿戴符合安全规定的防护用品可能造成人身伤害，如果引发静电可能造成爆炸或火灾等事故。

（4）金属结构涂敷作业过程中作业人员使用手机等通信设施，可能造成油漆及溶剂挥发物爆炸。

（5）作业人员在房间内调制油漆时，未设置安全有效的通风换气设施，油漆、溶剂挥发可能造成作业人员窒息、中毒等人身伤害；如遇静电或明火可能造成爆炸或火灾等事故。

（6）作业人员未采用正确的方法疏通堵塞的喷枪，高压气体喷出可能造成作业人员人身伤害。

（7）进行有毒物质涂敷作业时，未按要求进行安全检测，可能造成作业人员中毒。

（8）容器内涂敷作业时，油漆、溶剂挥发物浓度过高，可能造成作业人员中毒、窒息以及火灾、爆炸等安全事故。

（9）高处涂敷作业时未正确使用安全防护设施，可能造成作业人员高处坠落。

（10）高处涂敷作业时未妥善放置、保管工件及工具，可能造成工件或工具掉落伤人。

（11）喷涂结束未清洗喷枪和连接管，可能造成设备堵塞损坏。

2. 防控措施

（1）金属结构涂敷作业施工机械及护具要符合安全要求，使用电气设备及工具应具有防爆功能。

（2）金属结构涂敷作业时，工作人员必须穿戴好符合安全规定的棉质工装及防护用品，如防尘口罩、防尘帽、防护眼镜等，严禁裸露皮肤作业。

（3）施工现场必须配备齐全、完好的消防器材和设施，要求做到专人管理。

（4）金属结构涂敷作业过程中严禁烟火；不准携带手机作业；需要照明和通风时，必须检查确认防爆灯照明和防爆风机完好；所有现场人员要熟悉消防器材的安放位置和正确使用方法。

（5）防腐作业调制油漆应在通风良好的房间内进行，并检查确认通风设施完好；工作完毕，油漆、溶剂桶（箱）要加盖封严，防止挥发扩散。

（6）防腐喷涂时，及时检查机具工况，如堵塞原因中断喷涂，喷枪头需偏向无人的方向，再进行疏通工作；处理喷枪堵塞时，应用钢针通畅，试喷时注意方向、风向，防止高压气喷出伤人。

（7）进行有毒物质涂敷作业，应进行安全检测，待检测合格再进行作业，同时做好安全救护准备工作。

（8）容器内涂敷作业属于有限空间作业，作业人员要办理作业许可；作业者应戴好防毒面具进入罐内，并在罐外设监护人，罐内外监护人员提前约定通信方法；喷漆前，检查确认排风机运行正常，方可开始工作，尽量减少涂敷作业人数，或控制涂敷速度，保证罐内涂料挥发物的浓度不对人体构成中毒或有爆炸危险；涂敷工作结束时，应先停止喷漆，等废气排出后，再关风机。

（9）高处涂敷作业应系好安全带，注意踏板或吊篮使用安全；需涂、喷漆的工件应放置稳固，摆放整齐，防止构件坠落伤人。

（10）喷涂结束，应清洗喷枪和连接管，保证下次作业可正常使用，避免因涂料固化，使连接管压力过大而破裂，造成伤害。

第八节　常见石油金属结构安装工程

一、球形储罐安装工程

（一）基础复检

1. 危害因素

（1）钢卷尺边缘易划伤手指。

（2）场地未平整，行走时易摔伤。

2. 防控措施

（1）使用钢卷尺等测量工具时，应戴手套。

（2）作业时应相互配合好，行走时注意脚下路面，防止摔伤。

（二）球壳板复检

1. 危害因素

（1）钢板棱角易划伤手指。

（2）吊车吊运钢板时易造成起重伤害。

2. 防控措施

（1）作业人员应戴手套，不要随意触摸钢板边缘及坡口处。

（2）应定期检查吊具、索具等起重用具；使用吊车翻转、移动球壳板时应选用合适的吊索具并捆绑牢固；作业人员应站立在安全位置。

（三）支柱组对

1. 危害因素

（1）支柱板倒运、堆放时易滑落造成人员伤害。

（2）吊装支柱时易发生钢丝绳断裂、脱钩，造成支柱坠落伤人。

（3）使用吊车组对支柱时，易出现支柱倾斜或滑落伤人。

（4）组对过程中因吊车受力不均、地面土质松软等原因，易造成吊车倾覆。

2. 防控措施

（1）倒运、堆放支柱板时，必须听从统一指挥，严禁吊车超负荷运行，非作业人员禁止进入或穿越作业区，支柱板堆放场地应平整且土质密实，支柱板不应堆放过高。

（2）吊装前应检查吊索具的安全性能，严禁使用无出厂检验合格证或破损严重的钢丝绳；吊车运行应匀速、平稳。

（3）作业时应有专人警戒、监护，禁止在已吊起的支柱板上方或下方进行组对作业，禁止采用碰撞等方式进行强力组对。

（4）应在土质密实的坚硬地面支撑吊车，吊车操作人员必须持证上岗。

(四) 外脚手架搭设

1. 危害因素

搭设外脚手架时,易发生高处坠物伤人及人员高处坠落事故。

2. 防控措施

(1) 作业人员应按要求穿戴完整的劳动防护用品,并正确使用安全带,防止高处坠落。

(2) 作业过程中,作业人员注意力要集中,相互配合防止钢管挤伤手指。

(3) 作业时钢管等零件应放置稳妥,或用绳索固定,防止滑落伤人。

(五) 罐体组装

1. 危害因素

(1) 作业过程中非施工人员进入施工现场,或施工人员位于吊车旋转半径内,易导致人员伤害事故。

(2) 未正确使用吊索具,易发生钢丝绳断裂,造成人员伤害。

(3) 球壳板吊装时未绑扎牢固,易发生球壳板滑落,造成人员伤害。

(4) 使用卡具进行组对作业时,易发生卡具掉落伤人事故及作业人员高处坠落事故。

2. 防控措施

(1) 吊装前应清理现场非施工人员并设置安全警戒带。

(2) 吊装前应检查吊索具是否符合安全要求。

(3) 作业人员应将球壳板绑扎牢靠,正式吊装前应进行试吊,确保安全后再正式起吊,起吊过程应缓慢、匀速。

(4) 作业人员在高处进行组对作业时,必须正确使用安全带等防护用品。

(5) 作业人员在高处使用卡具进行组对作业时,应将工具、卡具放置在不易掉落的地方,使用大锤敲击时,应用力均匀,防止卡具、锤头脱落伤人。

(六) 内脚手架搭设

1. 危害因素

(1) 有职业禁忌证人员从事作业,易造成人员伤害事故。

(2) 易发生物体打击、高处坠落、触电、窒息等人员伤害事故。

(3) 运送材料及施工工具时,因材料超长、固定不牢或上抛材料、工具等,易出现材料、工具滑落伤人毁物等事故。

2. 防控措施

(1) 患有高血压、心脏病、羊痫风等疾病的人员严禁从事内脚手架搭设作业。

(2) 施工人员必须佩戴好安全帽、系好安全带等。按照相关规范进行搭设,踏步板两端搭接平整、绑扎牢固;选用合格的安全网,绑扎结实牢靠,不留漏洞。

(3) 运送钢管、踏步、扣件、工具时应采取绳提或手递的方法,工具应放置在工具袋内,禁止抛投。

(4) 内脚手架搭设作业还应严格按照受限空间作业的相关要求进行施工。

(七) 防风、防雨棚搭设

1. 危害因素

(1) 易发生高处物体滑落、高处人员坠落等人员伤害的危险。

(2) 悬挂防风防雨布时易伤手指。

(3)防风棚布未绑扎牢固,可能被风吹落,造成人员伤害。

2.防控措施

(1)作业人员必须正确佩戴及使用安全帽、手套及安全带等安全防护用品。

(2)在15 m以上作业时要办理高处作业许可证。

(3)施工时要设置安全监护人员。

(4)防风、防雨棚的搭设应充分考虑风力、载荷情况,搭设捆绑应结实牢固,并在棚上悬挂"危险""禁止靠近"等安全标志。

(八)焊前检查

1.危害因素

(1)易发生高处物体滑落伤人事故。

(2)易造成检查人员踩空坠落的人员伤害事故。

(3)检验工具把持不牢易造成坠落伤人事故。

2.防控措施

(1)施工人员必须佩戴好安全帽、安全带;检查时应注意周边情况,缓慢行走,站立要稳,前后探身幅度不能过大,防止坠落。

(2)罐内检查时,要保证有足够的光源。

(3)作业时要设置安全监护人员。

(4)检验用的工具严禁乱扔乱放,应妥善放置在工具袋内。

(九)焊接作业

1.危害因素

(1)磨光机无防护罩,砂轮片破碎造成人员伤害。

(2)焊接烟尘伤害。

(3)夏季在球罐内施焊,易造成高温中暑事故。

(4)高处焊接作业时,未按照要求佩戴安全带,易造成人员伤害事故。

(5)未按要求正确佩戴合格的防护用品,易造成施工人员皮肤和眼睛灼伤。

(6)配合球壳板组对作业时,未将球壳板接地,或使用吊钩或钢丝绳接地,易造成触电或钢丝绳断裂引发人员伤害事故。

(7)在通电情况下,将焊钳夹在腋下或绕挂在脖子上攀爬脚手架,电流极易通过人体,形成回路而触电伤人。

(8)在通电情况下,随意放置焊钳,易造成其他施工人员触电。

(9)随意丢弃焊条头,易造成人员烫伤及环境污染。

2.防控措施

(1)焊接作业人员应穿戴好劳保用品、安全帽及安全带。

(2)在球罐内焊接时,要有不少于两个通气孔,至少安装一台轴流式风机排风,保证焊接烟雾及时排出,使罐内空气新鲜。

(3)夏季施工时,应尽量避开中午11时至15时最高温时段或轮流施工,现场应备有清凉饮料和防中暑药品。

(4)焊接时应按照要求佩戴合格的焊接手套及防护面具。

(5)携带焊钳及把线攀爬脚手架时应切断电源。

(6)配合球壳板组对作业时,应采用符合焊接要求的地线对球壳板进行接地,禁止使用吊钩或钢丝绳作为焊接地线使用。

(7)开启或关闭电焊机电源时,应将电焊钳与工件隔离。

(8)焊接的焊条头应放到焊条筒中集中回收处理,不得随意乱扔。

(十)无损检测作业

1.危害因素

放射作业防护不当,易造成放射伤害及环境污染。

2.防控措施

(1)射线作业前应编制放射作业 HSE 计划书,办理作业票及告知手续;按照规定的时间、地点作业。

(2)射线作业区域应做好安全警示、隔离防护,布置警戒线、警示灯、警告牌等警示标识,禁止无关人员进入和靠近。

(3)渗透剂、胶片等固液废弃物应按规定妥善处置,不得随意丢弃。

(十一)焊后尺寸检查

1.危害因素

(1)易发生高处物体滑落伤人事故。

(2)易造成检查人员踩空坠落的人员伤害事故。

(3)检验工具把持不牢易造成坠落伤人事故。

2.防控措施

(1)施工人员必须佩戴好安全帽、安全带;检查时应注意周边情况,缓慢行走,站立要稳,前后探身幅度不能过大,防止坠落。

(2)罐内检查时,要保证有足够的光源。

(3)作业时要设置安全监护人员。

(4)检验用的工具严禁乱扔乱放,应妥善放置在工具袋内。

(十二)整体热处理

1.危害因素

(1)热处理燃料泄漏,遇明火造成火灾、爆炸及人员伤害事故。

(2)点火方式不正确,易造成作业人员烧伤事故。

(3)周围有易燃物,易造成火灾、爆炸事故。

2.防控措施

(1)热处理作业前,应由专业人员对热处理设备、设施进行全面检查,确认设备正常,方可使用;柴油罐、柴油泵无滴漏,固定牢固。

(2)管路连接应牢固可靠无渗漏。

(3)点火及火焰调控应由专人负责,作业人员站在侧后方点火,火嘴喷火先小后大;发现泄漏等异常情况时,应及时熄火,查明原因后重新点火。

(4)球罐周边严禁堆放易燃物,配备灭火器材,现场应安排专人进行安全监护。

(十三)水压、气压试验

1.危害因素

(1)试压人员对试压程序不清楚,易发生爆炸等事故。

(2) 非作业人员进入试压区,易造成人员伤害。
(3) 带压返修渗漏处,易出现人员伤害事故。
(4) 密封面突然泄露、零部件脱落及焊缝撕裂造成人员伤害事故。
(5) 试压阀门、管路连接不牢固,易引发脱落造成人员伤害。
(6) 压力表选择不当,易引起爆炸等事故。

2. 防控措施

(1) 压力试验前,应制定具体、全面的试压方案,经相关部门审批后方可作业。
(2) 试压时要在现场醒目处悬挂警示牌,设置警示带,试压区域四周应有专人进行监护,非作业人员不得进入。
(3) 试压阀门、管路安装应正确、牢固,安装完毕应进行检查,确认合格后方可试压。
(4) 试压过程中如发现渗漏应及时做出明显标记,并泄压后修理,不得带压处理。
(5) 泄压口应选在相对开阔的地方,泄压时泄压口前方严禁站人。

(十四) 附件安装

1. 危害因素

(1) 梯子、平台、喷淋等附件安装时,易发生高处坠物和人员坠落事故。
(2) 焊接、切割等交叉作业时,易发生触电、火灾、爆炸等事故。
(3) 附件吊装时,易发生碰撞或钢丝绳断裂,造成人员伤害事故。

2. 防控措施

(1) 作业时要戴安全帽、系安全带,材料、工具要拿稳、放好,传递材料、工具时禁止抛投,防止坠落伤人。
(2) 禁止交叉作业,施工区域不得存放可燃物。
(3) 附件吊装作业时,应注意观察周围情况,避免附件撞击周围设备、管线、建筑物、高压线。
(4) 附件吊装现场应有专人监护。

(十五) 罐体防腐

1. 危害因素

(1) 未正确使用个人防护用品,易造成职业伤害和环境污染。
(2) 防腐涂料存放位置与明火的安全距离不够,易引起火灾。
(3) 罐内防腐施工,易发生人员中毒事故。
(4) 易造成高处坠落等人身伤害事故。

2. 防控措施

(1) 防腐作业人员应佩戴防毒、防尘口罩,防止吸入有害粉尘和漆雾。
(2) 喷砂除锈作业时,应设置防护网,减少环境污染。
(3) 防腐涂料应存放在阴凉、通风处,存放点严禁动火。
(4) 罐内防腐作业时,必须在罐顶人孔处安装排量足够的轴流式风机,罐底必须留通风口,保证罐内始终有足够的新鲜空气。
(5) 高处防腐作业时,工作人员应按要求佩戴安全带,作业时动作幅度不易过大,材料、工具要放好把牢,防止坠落。

二、钢制立式储罐安装工程

(一) 基础复检

1. 危害因素

(1) 钢卷尺边缘易划伤手指。

(2) 场地未平整,行走时易摔伤。

2. 防控措施

(1) 使用钢卷尺等测量工具时,应戴手套。

(2) 作业时,工作人员应相互配合好,行走时注意脚下路面,防止摔伤。

(二) 罐体预制

1. 危害因素

(1) 使用氧气、乙炔切割钢板时未按规范进行操作,易造成爆炸、火灾事故。

(2) 使用卷板机进行卷板作业时,易造成作业人员机械伤害事故。

(3) 材料堆放不稳,易发生滑落造成人员伤害。

2. 防控措施

(1) 氧气瓶、乙炔瓶安全附件应完好,防止暴晒;严禁将氧气瓶、乙炔瓶混放贮存;乙炔瓶在使用时必须安装阻火器。

(2) 气瓶与明火的距离一般不得小于 10 m;氧气瓶、乙炔瓶距离大于 5 m。

(3) 卷板机传动机构处设置防护装置,对上岗人员进行技术及安全培训。

(4) 倒运、堆放钢板时,必须听从统一指挥,严禁吊车超负荷运行,非作业人员禁止进入或穿越作业区,材料堆放场地应平整且土质密实,钢板不应堆放过高。

(5) 吊装前应检查吊索具的安全性能,严禁使用无出厂检验合格证或破损严重的钢丝绳;吊车运行应匀速、平稳。

(6) 作业人员应将钢板绑扎牢靠,正式吊装前应进行试吊,确保安全后再正式起吊。

(三) 罐底板铺设

1. 危害因素

(1) 吊运罐底板时未正确使用吊索具,易发生钢丝绳断裂,造成人员伤害。

(2) 罐底板倒运时,因绑扎不牢固,易发生钢板滑落造成伤人事故。

(3) 罐底板找正就位时,易发生挤手、碰脚等人员伤害事故。

(4) 焊接弧光易造成人员眼睛、皮肤辐射伤害。

(5) 焊接清根时砂轮片破裂,易造成人员伤害。

(6) 电源线或插板插头损坏,造成漏电、短路事故。

2. 防控措施

(1) 吊装前应检查吊索具的安全性能,严禁使用无出厂检验合格证或破损严重的钢丝绳;吊车运行应匀速、平稳。

(2) 作业人员应将钢板绑扎牢靠,正式吊装前应进行试吊,确保安全后再正式起吊。

(3) 罐底板找正就位时,不准将手放在接口处,防止挤伤;使用撬棍组对底板时,用力应均匀,且底板对面不准站人;多人配合作业时,应听从统一指挥。

(4) 焊接人员必须正确佩戴好眼镜、面罩、手套等防护用品。

(5) 使用砂轮机时,操作要符合手持电动工具的安全操作要求。

(6) 使用的电源线、插座应完好无破损,并且安装漏电保护器;施工完毕,应及时关闭总电源开关。

(四) 首圈罐壁板安装

1. 危害因素

(1) 吊装罐壁板时,绑扎不牢,易发生壁板坠落造成伤人事故。

(2) 罐壁板临时支撑断裂,罐壁板倒塌造成人员伤害。

(3) 罐内外两侧组装作业不协调造成挤碰伤害。

(4) 使用卡具进行组对作业时,易发生卡具弹出伤人。

(5) 使用不安全的用电设备,焊把线、电源线路破损,易发生触电事故。

2. 防控措施

(1) 吊装工作应执行操作规程和技术规范,吊装前检查绳卡等吊具的安全性能,吊装时要专人监护,工件下禁止站人和进行其他作业。

(2) 临时支架安装应考虑风力、载荷情况,防止支撑件倾倒伤人,安装后要检查确认支架安装牢固。

(3) 罐内外两侧作业人员要使用对讲机等通信工具建立通信联系,严格按照组装程序配合作业。作业时,要环顾上下左右,确认安全后再作业,以免交叉作业挤压磕碰。

(4) 使用卡具组对时应将卡具焊接牢固,使用大锤敲击时用力应均匀,并随时观察卡具焊接处的情况,防止焊点开裂。

(5) 电焊机应正确接地,经常检查电焊把线和电源线的完好情况。

(五) 罐顶(浮顶)组装

1. 危害因素

(1) 罐顶安装易发生作业人员高处坠落事故。

(2) 管顶板吊装易发生失衡脱落、摆动砸伤、碰伤人员和设备的事故。

(3) 临时支架失稳,易发生人员伤害事故。

(4) 焊接作业易发生触电及弧光灼伤等事故。

(5) 浮船舱内焊接作业易发生作业人员中暑、窒息等事故。

2. 防控措施

(1) 高处作业必须佩戴好安全帽、安全带等劳保用品,脚手架设施固定牢靠。

(2) 在吊装罐顶钢板时,起重操作必须符合起重作业相关的安全要求。

(3) 支架安装人员要遵守安装程序,相互配合,防止支撑件倾倒伤人;安装后要检查确认支架安装牢固。

(4) 焊接作业应符合焊接设备安全要求及焊接的相关要求;与电焊工配合作业的人员也要戴防护眼镜,防止弧光伤眼。

(5) 浮船组装时,应取得进入有限空间作业许可;罐内作业人员和浮仓内专业人员应使用对讲机等通信工具与外界建立通信联系。

(6) 焊接作业时,检查确认人孔打开,排除焊接烟尘时采取强制抽风或通风措施;夏季施工尽量避开高温时段作业,注意防暑降温,预防中暑。

(六) 其余各圈罐壁板组装

1. 危害因素

(1) 吊装壁板坠落伤人。

(2) 壁板就位不稳坠落伤人。

(3) 壁板组对、焊接人员和工具从高处坠落,造成人员伤害事故。

(4) 点固焊缝受力崩裂。

(5) 倒装法施工时,提升挡板焊接不牢固,造成脱落伤人;提升设备损坏,造成罐体倾斜伤人。

(6) 起升速度不一致,使罐体倾斜,易造成人员伤害。

(7) 罐内通风不畅,造成烟尘、粉尘过多,危害操作人员健康。

2. 防控措施

(1) 罐壁板吊装时,应检查绳卡等吊具的安全性能,其他作业人员应暂时避开吊装区域。

(2) 焊接在内壁板上的"U"形板卡应牢固、可靠,安装角度应符合要求。

(3) 登高作业前,临时设置的挂梯、吊篮、悬梯应牢固可靠,作业人员应系好安全带;使用大锤矫正时,用力应均匀,站立要稳,以避免失稳致使大锤坠落;在跳板上行走时,要随时检查行走跳板是否牢固;跳板上的工件必须按要求摆放整齐,工件拆除要防止坠落。

(4) 组装过程中应避免强力组对,防止点固的焊缝受力崩裂后伤人。

(5) 倒装法施工时,起罐前应认真检查钢丝绳、拉环有无损坏。

(6) 检查提升挡板是否满焊并确保其牢固,起罐时检查提升设备是否完好无损。

(7) 起罐时要有专人指挥,做到罐体起升速度统一;巡视检查倒链、起升柱、钢丝绳有无异常并及时采取措施。

(8) 罐顶不能放置任何物体,防止掉落伤及下方作业人员;作业人员应戴好安全帽。

(9) 要安装排烟风机,保持罐内通风畅通,作业人员应定时换班。

(七) 焊缝无损检测作业

1. 危害因素

放射作业防护不当,易造成放射伤害及环境污染。

2. 防控措施

(1) 射线作业前应编制放射作业 HSE 计划书,办理作业票及告知手续;按照规定的时间、地点作业。

(2) 射线作业区域应做好安全警示、隔离防护,布置警戒线、警示灯、警告牌等警示标识,禁止无关人员靠近和进入。

(3) 渗透剂、胶片等固液废弃物应按规定妥善处置,不得随意丢弃。

(八) 罐底真空试验

1. 危害因素

(1) 机泵电缆破损易造成作业人员触电事故。

(2) 机泵运转时易引起机械伤人事故。

2. 防控措施

(1) 罐底真空试验前,应由专业电工对机泵的线路进行检查,核实后再进行作业。

(2) 对机泵的转动部分应做好安全防护措施。

(九) 附件安装

1. 危害因素

(1) 梯子、平台、喷淋等附件安装时,易发生高处坠物和人员坠落事故。

(2) 焊接、切割等交叉作业时,易发生触电、火灾、爆炸等事故。

(3) 附件吊装时,易发生碰撞或钢丝绳断裂,造成人员伤害事故。

2. 防控措施

(1) 作业时要戴安全帽、系安全带,材料、工具要拿稳、放好,传递材料、工具禁止抛投,防止坠落伤人。

(2) 禁止交叉作业,施工区域不得存放可燃物。

(3) 附件吊装作业时,应注意观察周围情况,避免附件撞击周围设备、管线、建筑物、高压线。

(4) 附件吊装现场应有专人监护。

(十) 充水试验

1. 危害因素

(1) 试验用水的泄漏易造成环境污染。

(2) 上水设备运行时易引起触电及机械伤人事故。

2. 防控措施

(1) 冲水试验前,应由专业人员对设备线路进行检查,对转动部分应做好安全防护措施。

(2) 试验人员在检查巡视过程中,要注意观察漏点,在夜间检查要准备足够亮度的照明设备。

(十一) 罐体防腐保温作业

1. 危害因素

(1) 喷砂除锈作业粉尘易造成作业人员人身伤害。

(2) 罐内刷漆作业易造成人员中毒事故。

(3) 高处作业易出现人员高处坠落事故。

(4) 施工工具高处坠落易造成人员伤害事故。

(5) 防腐涂料存放不当易引起火灾事故。

(6) 刷漆时没有防护措施易造成环境污染。

(7) 喷枪发生故障时处理方法不当,易造成高压气体伤人事故。

2. 防控措施

(1) 罐外涂敷作业前,应做好防尘措施;涂敷作业人员要戴防毒口罩,并站在上风处操作,防止作业人员吸入有害粉尘和防腐涂料。

(2) 罐内和船舱内涂敷属于有限空间作业,作业人员要办理作业许可。作业者应戴好防毒面具进入罐内,并在罐外设监护人,并与监护人员提前约定通信方法。喷漆前,检查确认排风机运行正常,方可开始工作,尽量减少同时涂敷作业人数,或控制涂敷速度,保证罐内涂料挥发物不构成使人体中毒或爆炸危险的浓度。涂敷工作结束时,应先停止喷漆,等废气排出后,再关风机。

（3）涂敷作业过程中，严禁其他用火作业。应检查确认使用的防爆灯、防爆风机无故障，风机扇叶无摩擦现象；不准携带手机作业；检查确认罐内外消防器材配备齐全，涂敷人员应熟悉消防器材安放位置和正确使用方法。

（4）高处涂敷作业应系好安全带，注意踏板或吊篮使用安全；油桶及工具应放置稳固，防止物件坠落。

（5）处理喷枪堵塞时，应用钢针通畅，试喷时注意方向、风向，防止高压气喷出伤人。

（6）溶剂和油漆应放在通风、阴凉处；堆放点及油漆作业区域必须配备灭火器，不准进行明火作业。

第六章 电气安装及变电运行作业安全知识

第一节 电气设备安装

在油田地面建设和油气储运工程建设中的电气设备安装包括场站工程、架空线路工程的安装和井场配电维修。机电设备安装中风险较大的安装作业主要有 SF_6 组合电器安装、高低压盘柜安装、变压器安装、电缆敷设、电动机安装、变频器更换以及架空线路等。

一、场站工程

（一）SF_6 组合电器安装

SF_6 组合电器是供电系统中一台重要的设备，主要用于 35 kV 以上电压等级的系统。在安装过程中主要有起重伤害、碰、砸伤、高处坠落、触电、电击、中毒和环境污染等危害因素。

1. 危害因素

（1）SF_6 组合电器倒运和现场就位组对作业中，易发生起重设备故障、吊具、索具缺陷和人为失误造成的起重伤害。

（2）SF_6 组合电器现场组对时人员配合失误造成设备损坏；组对过程中因为清洁不达标，SF_6 气室中水分和杂质超标，造成高压试验时击穿。

（3）SF_6 组合电器出墙引出套管和高于地面 2 m 以上的母线套管组对时，可能出现高处坠落伤害。

（4）SF_6 组合电器抽真空和充注 SF_6 气体作业中，可能出现人员伤害或设备损坏。

（5）SF_6 组合电器检修作业中，可能出现 SF_6 气体中毒和环境污染。

（6）SF_6 组合电器组装完成后因与土建交叉作业，可能出现设备损坏。

（7）SF_6 组合电器高压试验及送电过程中，易出现人员触电、电击伤害和设备击穿损坏。

2. 防控措施

（1）作业前应取得作业许可，对作业人员进行安全、技术交底，了解当天工作任务和作业相关风险并进行现场风险识别。作业前应按照规定正确穿戴劳动防护用品。吊装前将吊车的作业场地整理平整，支腿完全伸出，松软土地用钢板或枕木垫实支腿；选择匹配且完好的吊装带，吊具、索具、卡具磨损超过规定标准，应及时更换；防脱钩保险装置完好，吊装件要用晃绳固定，不得任由吊装件自由旋转和摆动；吊装区域内严禁站人，司索指挥在起吊前进行检查，吊装时使用旗语；作业人员要听从统一指挥，协调配合，以免造成起重伤害。

（2）作业前要对现场人员进行技术交底，使其明确 SF_6 组合电器安装的技术规范，室内

安装 SF_6 组合电器应在土建工作基本完成、门窗安装完毕、地面施工完毕后进行。室外安装 SF_6 组合电器组对时,应搭设防风防尘棚,并选在晴好的天气进行。组对时,先用新的吸尘器将气室内杂质清理干净,再用专用擦拭布蘸 97%的酒精对气室内进行三遍擦拭。擦拭过的气室在不安装元件时,用塑料薄膜或专用的防尘袋将口临时封好,以防止水分或空气中的杂质进入。气室内安装的触头、触碗、接触弹簧、母线等应用擦拭布蘸 97%的酒精擦拭干净后再装入气室,在清洁过程中不得用污染或用过的擦拭布反复擦拭气室和内部安装的元件。气室与气室连接法兰处应涂抹专用的密封胶。

(3)组装高于 2 m 的母线气室和出墙引出套管时,要搭设脚手架,脚手架要通过安全检查。从建筑二层引出墙外套管组装时也可用吊篮进行作业,起重设备和吊篮要安全检查合格,作业人员系挂安全带。

(4)组合电器气室应进行两遍抽真空,第一遍抽真空抽至真空度达到 133 Pa 后再继续,以利于气室内水分的排出。在 SF_6 气体充注前再对气室进行第二遍抽真空,以利于水分进一步的排出。每次抽真空时要记录好开始时间和结束时间。真空泵使用的电源要有专用回路,避免其他用电负荷跳闸造成真空泵意外断电;采用罗茨真空泵抽真空时先启动前级泵,达到罗茨泵进口真空度要求后再启动,以免损坏罗茨泵。充气时,SF_6 气瓶要有防倾倒装置,以免绊到充气管,或移动气瓶时倒地砸坏设备或损坏气瓶嘴,造成 SF_6 气体泄漏。

(5)经电弧分解的 SF_6 气体具有毒性,SF_6 组合电器检修作业中 SF_6 气体要有专用装置进行回收。气体量小且没有回收装置时,应在排放时进行无毒化处理,排放口应远离人员。

(6)安装完成的高压引出套管应用毛毡、纸箱等物品包好,以免土建外墙作业时碰坏高压引出套管。

(7)SF_6 组合电器耐压试验时,应保证人身和设备安全,必须在试验设备周围和人员可以到达的引出套管处设置围栏,悬挂明显的警示标志,并设专人监护,防止无关人员进入。试验时,试验人员与监护人员通信要通畅,负责升压的人要随时注意周围的情况,一旦发现异常应立即断开电源,停止试验,查明原因并排除后方可继续试验。升压过程要缓慢,达到规定耐压试验电压前,要保持 1.2 倍的运行电压 5 min,对 SF_6 组合电器进行老炼,以利于气室内的导体和气室壁表面的毛刺、杂质的清除。试验完毕进行充分放电。

(二)变压器安装

变压器是供电系统中一台重要的设备,在安装过程中主要有起重伤害,碰、砸伤,高处坠落,触电,电击,环境污染等危害因素。

1. 危害因素

(1)变压器吊装过程中因起重设备故障,吊、索具缺陷或人为失误造成起重伤害。

(2)变压器不能一次吊装到位,需要用液压或滚杠进行移动时可能造成挤、碰、砸伤害。

(3)变压器附件安装和检查器身的工作人员在上下变压器时存在高处坠落风险。

(4)变压器油对环境的污染。

(5)变压器试验时触电或电击风险。

2. 防控措施

(1)作业前应取得作业许可,对作业人员进行安全、技术交底,使其了解当天工作任务和作业相关风险并进行现场风险识别。作业前作业人员应按照规定正确穿戴劳动防护用品。

(2)吊装大型变压器前,必须编制吊装方案,按程序审批后,方可实施吊装作业;吊装前应保证吊车的作业场地平整,支腿完全伸出,松软土地应用钢板或枕木垫实支腿;吊装时,根据变压器的重量,选择匹配且完好的吊装带、吊具、索具、卡具磨损超过规定标准时,应及时更换,保证防脱钩保险装置完好。吊装区域内严禁站人,司索指挥应在起吊前进行检查,吊装时使用旗语;变压器吊装就位时,室内外作业人员要听从统一指挥,协调配合,避免起重伤害,吊装过程中保持变压器平衡上升,防止变压器倾斜,装有气体继电器的变压器应有1%~1.5%的坡度,高的一侧装在油枕方向。变压器安装就位后应采取抗地震措施。

(3) 变压器移位要有专人指挥,作业人员听从统一口令。取出滚杠或变压器下方其他的工器具时,可用撬棍拨出或顶出,不得将手、脚等身体部位置于变压器下方。

(4) 作业人员应具备一定的工作经验,了解变压器的结构和安装程序,上下变压器时要系挂安全带。

(5) 变压器注油应由专业人员进行,取油样和打开有变压器油溢出的附件时应铺设塑料布,以免变压器油落地,造成环境污染。

(6) 做变压器高压耐压试验时,应保证人身和设备安全,必须在试验设备周围设围栏,悬挂明显的警示标志,并设专人监护,防止无关人员进入。试验时,试验人员与监护人员的通信要通畅,负责升压的人要随时注意周围的情况,一旦发现异常应立即断开电源停止试验,查明原因并排除后方可继续试验,试验完毕进行充分放电。

(三) 盘柜安装

盘柜是供电系统中一台重要的设备,主要用于35 kV及以下的供电系统,在安装过程中主要有起重伤害,碰、砸伤,高处坠落,触电,电击等危害因素。

1. 危害因素

(1) 基础槽钢安装时,可能造成人员碰伤、砸伤、摔倒和电焊弧光灼伤等伤害。

(2) 盘柜就位过程中可能发生起重伤害,稳盘时碰、砸伤,电缆支架刮伤,摔倒,物体打击,触电等伤害。

(3) 盘柜组装、母线安装和手车就位过程中的物体打击、挤伤和高处坠落等伤害。

(4) 盘柜调试过程中的摔伤、砸伤、机械伤害、触电和电击伤害。

2. 防控措施

(1) 基础槽钢搬抬时,应协调一致,配合基础槽钢焊接安装人员,把稳扶好,以免砸伤和摔倒在电缆沟内被电缆支架刮伤、扎伤;基础槽钢安装作业前必须办理动火作业许可,电焊工必须持有效操作证,配合人员必须戴护目镜,以免造成眼部伤害。

(2) 吊装时,应选择合适的吊装带,找准吊装位置,以免起重伤害。卸盘柜司索人员应与吊车司机配合一致,以免造成起重伤害。起吊物下严禁站人,起吊物不得从人员头顶越过。安装盘柜作业人员要精力集中,相互协调配合,以免挤伤、碰伤。盘柜连接时,上、下作业人员要协同配合,以防物体打击、高处坠落。切割和焊接作业前,应办理动火、用电作业许可票证,检查砂轮片是否安装牢固。作业时固定好切割物,作业人员必须佩戴护目镜,劳保用品穿戴齐全,检查焊钳和电焊把线绝缘是否完好,清除周围易燃物,以免造成触电、烫伤、火灾、物体打击和机械伤害等事故发生。

(3) 母线安装作业人员要注意力集中,使用合格的梯子上下盘柜,不得利用门、把手和安装在盘面的附件进行攀登,也禁止从盘柜跃下,以免摔伤。严禁登上未紧固的盘柜,在盘柜顶作业时应系挂安全带,防止高处坠落。母线连接时应正确使用工具,以免碰伤、物体打击。

（4）盘柜调试必须在安装工作已完成之后进行，柜前的电缆沟应用木板或电缆沟盖板盖好，保证地面平整，以防拉出手车时摔倒、砸伤人员或摔坏设备。断路器等可动部件调试时，注意密切配合，不要将手指或身体其他部位伸入断路器拐臂等活动部件动作区域内，以免挤、夹等机械伤害。

（5）做高压耐压试验时，应保证人身和设备安全，必须在试验设备周围设置围栏，悬挂明显的警示标志，盘柜前后都要有专人监护，防止无关人员进入。试验时，试验人员与监护人员通信要通畅，仔细倾听试品有无异常声响，并随时注意周围的情况，一旦发现异常应立即断开电源，停止试验，查明原因并排除后方可继续试验，试验完毕进行充分放电。

（6）测量电缆及回路绝缘电阻时，遇不符合要求的情况应查明后才能送电。

（7）盘柜临时电源投入使用前应按规定办理临时用电许可，电缆截面应能保证盘柜调试时的用电负荷。各路开关送电前，工作人员要注意相互配合，要有统一的指挥，不得各行其是，严禁不清楚回路和电缆走向就盲目送电，以免造成人员触电或烧坏电气设备。

（四）电缆敷设

电缆敷设是指机电安装工程中动力和控制电缆的展放、固定和接线过程。在施工过程中主要存在起重伤害、高处坠落、物体打击、触电、电击、机械伤害、烧伤、烫伤等危害因素。

1. 危害因素

（1）电缆桥架安装和电缆展放过程中可能出现物体打击和高处坠落伤害。

（2）电缆沟开挖过程中设备操作手操作失误或违章操作造成机械伤害和设备倾覆。

（3）执行机械开挖的作业人员不了解开挖地段的地下构筑物或其他地下设施，损坏地下构筑物、地下电缆或光缆。

（4）人工开挖电缆沟时锹、镐头松动可能造成碰伤、物体打击。

（5）不能及时回填的电缆沟可能造成人员伤害。

（6）布设放线滚时可能出现高处坠落、物体打击、碰伤、烧伤、烫伤、火灾、伤害眼睛、触电等危害。

（7）电缆拉运和电缆敷设架盘时可能出现起重伤害和设备损坏。

（8）电缆展放过程中可能出现机械伤害、物体打击。

（9）电缆头制作和安装时易发生割伤、烧、烫伤，触电等伤害。

2. 防控措施

（1）作业前进行安全、技术交底，作业人员接受统一指挥，协调一致，并设专人监护。移动脚手架应绑扎固定，无法绑扎处应搭斜支撑，四角垫平整，顶层加防护、围栏、跳板满铺，设置生命线。作业人员使用双钩安全带，作业和移动时必须有一个挂钩有效系挂，不得同时摘下两个安全挂钩。

（2）操作手必须持证上岗，在使用新型号的设备、设施时，操作手应重新进行培训，并考核合格后方可作业。设备操作手启动设备前对周围环境进行观察并鸣笛示警。

（3）开挖前必须办理相关作业许可，对电缆沟开挖地段的地下设施如电缆、光缆、管线等进行交底。机械开挖前先用人工开挖的方式找到地下电缆、光缆和管线等具体位置，机械开挖时与地下电缆、光缆和管线等保持 3 m 以上的安全距离，电缆、光缆和管线等两侧 3 m 范围内采用人工挖沟方式。开挖前应征得其管理方的同意，并在其监督下进行电缆沟开挖，开挖过程中发现电缆、管线、文物或不能辨认的物品时，应立即停止施工，报告主管。

（4）人工开挖电缆沟前，作业人员要检查锹、镐安装的牢固性，以防其飞出伤人，注意周围靠近的人员,开挖时作业人员要保持安全距离。

(5) 不能及时回填的电缆沟,必须拉设警示带或设置硬围挡,夜晚在危险场所应设警示灯,以免摔伤事故发生。

(6) 高处作业时应搭设生命线、操作平台,正确系挂安全带。施工人员携带工具袋,设专人监护,相互配合、提示,严禁上下抛物,使用传递绳将吊物绑扎牢固;转角放线滚安装要满足强度要求,避免电缆牵引时脱落;焊接和切割作业前将动火区域周围的易燃物清除干净,并配备消防器材,非焊接人员避免直视弧光,并佩戴护目镜,人员离开前确认无火灾隐患;施工前对电源线、电动设备、焊钳等工器具进行检查,保证配备漏电保护装置接地、接零完好;工业安全插头、插座要放置在支架上,禁止放置在潮湿地面上和潮湿及易导电区域;手持电动工具操作人员应穿绝缘鞋,焊工配备符合安全规定的工作服、绝缘手套、鞋、垫板等个人防护用品;保证氧气、乙炔瓶间距大于 5 m,氧气、乙炔瓶与动火点距离大于 10 m,气瓶的搬运、保管和使用严格执行有关安全规程,检查胶管连接是否牢固。

(7) 运输电缆时,应有防止电缆盘在车上滚动的措施,盘上的电缆头应固定好,电缆盘严禁从车上直接推下;定期进行设备维检修与保养,保证作业场地平整坚实,支腿必须全部伸出,支点稳定,吊车旋转区域内严禁站人。吊具、索具、卡具的磨损若超过规定标准,应及时更换,保证防脱钩保险装置完好。起重机吊卸完毕,应及时收起吊钩、吊索,以免起重伤害。

(8) 施放电缆时,放线架需安放在平稳的地面上,电缆盘应架设牢固平稳,盘边缘距地面不得小于 100 mm,电缆应从盘的上方引出,放线架处设专人看护,施放人员听从统一指挥,以免物体打击、机械伤害事故发生;人工施放电缆时,视电缆重量安排人员间距,搞好协调配合,以免造成身体伤害;机械牵引施放电缆时,核对好电缆盘架设位置和电缆牵引方向,校核牵引力和侧压力,清点作业人员和机具的数量,拐弯处的作业人员应站在电缆外侧;电缆在桥架上敷设时,必须办理高处作业票证,作业人员系挂好安全带,以防高处坠落;看护放线架人员必须时刻保持注意力集中,以防砸伤、抽伤、物体打击伤害。

(9) 制作电缆头剥电缆护套时,小心刀划伤,制作热缩电缆终端时,明火要远离易燃物,电缆接入盘柜时要办工作票并做好验电、封挂接地。

(五) 临时用电

场站施工中的临时供电设施包括施工周期内长时供电系统和作业时可移动供电线路、移动电站,主要存在触电伤害。

1. 危害因素

(1) 场站施工临时用电未按规定配置造成人员伤害和设备、财产损失。

(2) 临时用电安装人员无电工操作证,私拉乱接,易造成人身伤害事故。

(3) 现场临时用电配电盘、配电箱门或锁缺失,没有防雨措施,易造成触电、短路,甚至发生火灾事故。

(4) 临时用电线路架空高度低,易发生刮碰,造成触电事故。

(5) 临时用电线路采用裸线在树上或脚手架上架设,易造成断线、短路、人身触电事故。

(6) 埋设地下的电缆线没有走向标志和安全警示标志或埋深太浅,易遭到破坏发生事故。

(7) 临时用电负荷超出供电线路容量,易发生线路过热、短路或断线导致发生触电和火灾事故。

(8) 临时用电设施无漏电保护器或多台设备共用一开关,易发生人身触电或机械伤害事故。

(9) 临时用电线路在施工现场易受损坏,引发触电事故。

(10) 特别潮湿的环境下,金属容器内部易发生触电事故。

(11) 在宿舍、工棚、仓库或办公室内乱接乱拉电源、使用大功率电器易造成触电、短路和火灾等事故。

(12) 移动电站启动、行走、作业易造成交通事故、火灾、设备损坏、触电、砸伤和环境污染等。

2. 防控措施

(1) 施工现场必须采用 TN-S 接零保护系统,即具有专用保护零线(PE 线)、电源中性点直接接地的 220/380 V 三相五线制系统,并按"三级配电二级保护"设置。必须实行"一机、一闸、一保护"制,即每台用电设备必须有自己专用的带漏电保护的开关。

(2) 施工现场的电工属于特种作业工种,必须按国家有关规定经专门安全作业培训,取得特种作业操作资格证书,方可上岗作业。其他人员不得从事电气设备及电气线路的安装、维修和拆除作业,电工作业时要有人监护,严格落实挂牌上锁制度。

(3) 配电盘、配电箱必须严格按规定设置,避开车辆、施工机械和人员容易碰到的位置,要有围挡、警示标志、门、锁和防晒防雨棚,盘、箱内电气元件要符合国家标准。

(4) 临时用电线路架空时,应保证足够的高度,跨越道路不低于 5 m,装置内不低于 2.5 m。

(5) 临时用电线路架空电线改为绝缘线时,要用专用支架或电杆架设,不得绑在树上或脚手架上。

(6) 埋地电缆应符合规程要求,埋深大于 0.7 m,转角、分支和直线超过 50 m 应设置标识,电缆引出地面 2 m 以下应穿管保护。

(7) 选择电器元件和电缆、导线的规格时应考虑实际负荷容量,并留有适量裕度,后期负荷增加超出供电容量后应相应扩容。

(8) 增加用电设备应增加配电箱或开关回路,做到"一机、一闸、一保护",在移动有电源线的机械设备,如电焊机、水泵、小型木工机械等时,必须先切断电源再移动,不能带电搬动。

(9) 搬运较长的金属物体,如钢筋、钢管等时,应注意不要触碰到电线,在临近输电线路的建筑物上作业时,不能随便往下扔金属类杂物,更不能触摸、拉动电线或电线接触钢丝和电杆的拉线;移动金属梯子和操作平台时,要观察架空线路与移动物体的距离,确认有足够的安全距离再进行作业;在地面或楼面上运送材料时,不要踏在电线上;停放手推车,堆放钢模板、跳板、钢筋时不要压在电线上;当发现电线坠地或设备漏电时,不可随意跑动和触摸金属物体,要保持足够距离并联系切断电源。

(10) 一般在接触带电体的环境条件下使用 36 V 安全电压,在持续接触带电体的情况下使用 24 V 安全电压作为照明电源,在特别潮湿或导电良好的地面的场所和塔、釜、槽、罐等金属设备内部作业,使用手持照明灯具等时电压不得大于 12 V。

(11) 严禁在宿舍工棚、仓库、办公室内乱拉乱接电源,一般严禁使用电饭煲、电水壶、电炉、电热杯等较大功率电器,如需使用,应由项目部安排专业电工在指定地点安装可使用较高功率电器的电气线路和控制器。严禁使用不符合安全的电炉、电热棒等电器,非专职电工不准乱接或更换熔丝(保险丝),不准以其他金属丝代替熔丝,严禁在电线上晾衣服和挂其他东西。

（12）移动电站启动、行走、作业前均应鸣笛示警,观察并确认对行走和作业的人员无影响;行驶或作业中驾驶室内不得堆放杂物,不得搭载人员;保持设备间距不小于 1.2 m,在坡道上作业时必须用掩木掩牢,设备排气筒远离易燃物;低温环境下启动严禁用明火烧烤设备,水箱水温达到正常时才可带负荷工作;电站供电箱应符合规定要求,设备不带电金属外壳在作业时应设接地;设备加油料时必须熄火,不得在设备运转时加油料,加油时小心油料外溢、洒落。

二、架空线路

（一）测量

线路施工前期要对线路走向及杆、塔位置进行测量定位工作。

1.危害因素

（1）作业过程中因高低温天气中暑或冻伤,紫外线灼伤,暴风雨、雷电、暴雪、沙尘暴、洪水、泥石流、雷击等造成人员伤害及设备损毁。

（2）有害生物易造成人员中毒和传染疾病。

（3）茂密丛林、沙漠、恶劣天气易造成迷路、受困危害。

（4）道路旁作业时无警示标志,作业人员注意力不集中可能造成人员伤害和车辆损坏。

2.防控措施

（1）提前关注第二天的天气预报,避开恶劣天气作业;作业前应了解施工沿线的大致地貌情况;遇有高温天气时,合理安排作业时间,尽量避免高温期间施工;在夏季应带足饮用水,配备必要的防暑清凉药品;测量时,作业人员应携带有效的通信工具,遇有突发事件,紧急呼救。

冬季作业时,要携带方向指示装置和应急食品,还应配备必要的防寒应急物资;在雷雨季节,项目部应组织作业员工培训防雷知识;在沙漠区域作业时,项目部应组织作业人员培训沙漠危害避险措施;雨季在河床或山区施工时,应在上游处设置监护人员,便于突发洪水时进行紧急通知。

（2）项目部负责向当地防疫部门咨询,落实本地常见的毒蚊、虫、蛇,并向作业人员进行培训和交底;培训内容必须包括当地的蚊、虫、蛇叮咬后的危害,应急药品的使用和心肺复苏方法等内容;要配备蛇药等应急药品,作业人员按规定穿戴个人防护用品;在血吸虫多发的地区,进入水泽施工的人员应配备专用防护用品。

（3）测量时,作业人员应携带有效的通信工具,作业人员之间互留通讯方式;在沙漠或森林地带应携带 GPS,随时与监控中心保持联系,遇有突发事件紧急呼救;作业前作业人员应了解施工沿线的大致地貌情况,地形恶劣时应观察好行走路线,不冒进;在茂密丛林作业时,应携带方向指示装置和应急食品。

（4）沿路或过路作业时,应设置明显的警示标志,并穿着醒目的服装,严禁在路上嬉戏打闹,要有专人监护和指挥。

（二）扫线和基坑开挖作业

扫线作业是指线路施工前对线路清理的工作,基坑开挖是指杆塔的基础坑和接地沟的开挖,其主要风险有机械伤害和设备倾覆。

1.危害因素

（1）在坡度大、视线不好或特殊地形作业时,土质构成不稳固造成设备倾覆、刮碰架空线路、破坏地下设施、碾压作业带外土地以及人员伤害。

(2) 设备操作手操作失误,违章操作,导致机械故障,造成设备倾覆和机械伤害。

(3) 作业人员在扫线和开挖基坑过程中对地下构筑物、光缆、地下管线构成损坏。

(4) 开挖后的基坑没有及时回填造成动物和人员跌落伤害。

2. 防控措施

(1) 进行作业带清理前,项目部组织技术人员、安全管理人员、测量放线人员对操作手进行安全、技术交底;需要进行降坡处理的陡坡,按照设计规定进行降坡处理,必要时,修筑设备施工平台进行作业;被迫在坡道上熄火停车时,应拉紧手制动,并将前后轮楔牢;设专人进行指挥和监护,不得脱岗、睡岗。

(2) 操作手必须持证上岗,在使用新型号的设备、设施时,操作手应重新进行培训,考核合格后方可作业;设备操作手启动设备前对周围环境进行观察并鸣笛示警。指挥、监护人员必须站在操作手观察视线良好的位置,不能站在机械设备的旋转半径范围内。

(3) 开挖前,必须办理相关作业许可;对作业带和杆坑开挖地段的地下设施如光缆、管线等进行交底;机械开挖前先用人工开挖的方式找到地下光缆、管线等具体位置;机械开挖时与地下光缆、管线等保持 3 m 以上的安全距离;光缆、管线等两侧 3 m 范围内采用人工挖沟方式,开挖前应征得其管理方的同意,并应在其监督下进行基坑开挖;开挖过程中发现电缆、管线、文物或不能辨认的物品时,应立即停止施工,报告主管,采取措施后方可继续动土作业。

(4) 开挖后的基坑若不能及时回填,必须拉设警示带或设置硬围挡,人员密集区域在夜晚应设警示灯,以免摔伤事故发生。

(三) 杆塔组立

杆塔组立作业是将电杆、铁塔用机械或人工的方式组立在基坑或基础上,可能存在的危害有机械伤害、设备倾覆、材料损坏、挤伤、碰伤、砸伤、高处坠落、物体打击。

1. 危害因素

(1) 吊车支撑不平稳、不牢固造成人员伤害,设备倾覆、损坏。

(2) 起重设备故障、吊具、索具、卡具缺陷造成人员伤害,设备、材料损坏。

(3) 吊装物摆动、脱钩造成起重物坠落,人员受伤,设备、材料的损坏。

(4) 与架空线路安全距离不够造成触电和通信、供电中断。

(5) 电杆、拉线盘、底盘、金具、导线、脚手杆装卸和就位过程中金具、架杆散落造成人员伤害,材料、车辆损坏。

(6) 电杆组对过程中电杆滚动,碰撞人员造成挤伤、碰伤、砸伤。

(7) 电杆组对过程中吊带、钢丝绳破损、断裂造成人员伤害、设备损坏、电杆损坏。

(8) 电杆组对过程中焊接弧光、烟尘伤害眼睛及皮肤、危害呼吸道引发职业病;焊接作业区附近存在易燃物易引发火灾。

(9) 电杆组对过程中电源线老化、破损,设备漏电,插座无防潮、防水措施造成触电。

(10) 电杆组对过程中氧气、乙炔瓶与动火点间距不够,气瓶没有防晒、防倾倒措施,气瓶泄漏造成爆炸、烫伤、火灾。

(11) 金具安装过程配合不当造成砸伤、碰伤;在高处安装金具时造成高处坠落、物体打击。

(12) 立杆过程中吊具、索具缺陷或高处坠落造成设备损坏、人员伤害、物体打击。

（13）立杆过程中吊车位置不当，土地松软，支撑不平稳、不牢固造成人员伤害，设备倾覆、损坏。

（14）搭、拆跨越架子作业中，高处作业工具、材料摆放不牢固，传递架杆配合不当，安全带未正确系挂造成人员伤害、高处坠落和物体打击。

（15）搭、拆跨越架子作业中抛掷牵引绳可能造成触电。

（16）搭、拆跨越架时跨越架与带电体过近或跨越架封顶时固定不牢造成触电。

（17）拆除跨越架时易发生跨越架倒塌、高处坠落、砸伤、触电等事故。

2. 防控措施

（1）作业时保证场地平整、垫实，吊车支腿完全伸出，支点稳定，松软土地用钢板或枕木垫实。

（2）定期进行设备维检修与保养，检查吊具、索具、卡具的磨损情况，若超过规定标准，应及时更换，起吊前先试吊。

（3）注意操作人员之间的相互配合；人员与吊装物和设备保持安全距离；吊装物必须系牵引绳；捆索作业由专业人员进行；吊装前钢丝绳、卡具应安全、可靠；合理控制起吊高度；起吊作业时应慢起、缓摆、轻放；作业区域禁止人员停留；司索指挥在起吊前进行检查；防脱钩保险装置完好。

（4）合理选择起吊位置，避开架空线路；操作手操作前进行观察；现场设专人指挥，专人监护。

（5）封车前认真检查绳、索具等封车用具；确保车辆挡板强度和高度满足要求，封车后仔细检查封车是否牢固，途中对捆绑情况进行复查。

（6）吊装前确保钢丝绳、卡具应安全、可靠，电杆两侧支撑牢固。

（7）定期检查绳索的磨损情况，若超过规定标准及时更换；吊臂和起吊物下方禁止站人。

（8）佩戴护目镜，使用防护面罩，非焊接人员避免直视弧光。作业前妥善处置火源周围的易燃物，配备消防器材，作业完成人员离开前确认无火灾隐患。

（9）施工前对电源线、电动设备、焊钳等工器具进行检查；配备漏电保护装置，确保接地、接零完好；插座放置在支架上，禁止放置在潮湿地面上；潮湿及易导电区域，手持电动工具操作人员应穿绝缘鞋；焊工身体不得接触二次回路导电体；焊工配备符合安全规定的工作服、绝缘手套、鞋、垫板等个人防护用品；设备的安装、维检修等由专业人员进行。

（10）保证氧气、乙炔瓶间距大于 5 m，且保证氧气、乙炔瓶与动火点大于 10 m；气瓶的搬运、保管和使用严格执行有关安全规程；检查胶管连接是否牢固。

（11）作业过程中注意力集中，相互提醒；登高作业前认真检查脚扣、安全带等防护用具；杆上安装金具过程中，在坠落半径内设置警戒区域。

（12）吊装前检查吊具、吊索状态和规格；起吊物上严禁站人，吊臂下旋转半径内禁止人员停留、通过。

（13）吊车站位要考虑吊物距离，吊重和回转空间是否合适，场地应平整，吊车支腿完全伸出，支点稳定，吊车转移时要收回支腿和起重臂，不得在伸出位置移动吊车。

（14）作业人员携带工具袋，将工具放入随身携带的工具袋内；统一指挥，协调配合一致；安全带要高挂低用。

（15）选择合格绝缘绳，跨越架封顶杆距离不可太大，使用专业设备进行牵引。

(16) 严格按照规范要求搭设脚手架,应打上拉线或斜撑,并设专人进行监护,脚手架封顶时必须把杆头绑扎牢固。

(17) 拆除跨越架时应从顶层逐一拆除,不得使用拆除下层承力杆使跨越架整体或部分倾倒的方式拆除;作业人员要注意互相配合,拆下的架杆用传递绳送下,不可直接抛下,以免造成砸伤或弹起伤害人员及车辆。

(四) 放紧线

放紧线作业是指利用人工或机械将架空导线沿线路展开,并挂到杆塔导线悬挂点的滑轮上,再将导线收紧,满足一定的导线弛度后用金具或绑线将导线固定在绝缘子上的作业,存在起重伤害、物体打击、高处坠落、触电的可能。

1. 危害因素

(1) 导线拉运时没有及时固定导线盘,造成导线损坏、跌落。

(2) 架盘放线时可能出现起重伤害和设备损坏。

(3) 放线作业时放线架可能出现人员伤害,材料、设备损坏。

(4) 导线牵引时在地面摩擦造成磨损、断股等导线损坏。

(5) 穿越滑轮及跨越架过程中操作不当导致线头坠落、滑轮口脱开、牵引机操作失误,导线槽卡住造成触电、砸伤、抽伤、高处坠落、绞伤。

(6) 搭拆跨越铁路、高速公路的跨越架时,存在物体打击、跨越架倒塌、高处坠落等风险。

(7) 采用无人机放线时可能出现人员高处坠落、设备损坏、无人机坠落伤人等事故。

(8) 紧线过程中可能出现高处坠落、触电、倒杆等事故。

(9) 附件安装作业过程中可能出现静电伤人,高处坠落,导线掉落等事故。

2. 防控措施

(1) 导线运输时,导线盘竖立在车上,用绳子或封车带将导线盘固定牢,导线盘下放置掩木,防止在车上滚动。

(2) 放线架应放置在平整坚实的场地,吊车支腿必须全部伸出,支点稳定,吊车旋转区域内严禁站人。检查吊具、索具、卡具的磨损情况,若超过规定标准,应及时更换,保证防脱钩保险装置完好。起重机吊卸完毕,及时收起吊钩吊索,以免起重伤害。

(3) 导线展放前应将线盘上的钉子、毛刺等突出物清除,以免放线时刮坏导线;放线架轴承应转动灵活,以免放线时因卡滞使放线架倾倒伤人,损坏材料设备;放线架要有专人看护,看护人位于导线牵引的反向,禁止站在导线出线盘侧;当线盘转速快于导线牵引速度时,用撬杠或钢管摩擦线盘外沿,使其转速降下来以免导线乱层而损坏导线。

(4) 在坚硬或有石块等地面牵引导线时,应尽量减少在地面拖放的距离并放置地滑轮。

(5) 穿越滑轮或跨越架时,下方禁止人员通过、停留;牵引导线的配合人员要站在牵引机两侧 2 m 外;看护放线架人员应注意力集中,保持通信畅通;检查登高工具的完好性,发现问题及时更换,设专人进行监护;检查滑轮转动是否灵活,发现问题及时修理或更换。

(6) 悬索跨越架的承载索应满足规定要求;承载索、循环绳、牵网绳、支承索、悬吊绳、临时拉线应具有产品试件的抗拉强度试验报告,且满足事故设计要求;绝缘网宽度应满足导线风偏后的保护范围,绝缘网长度宜伸出被保护的电力线外 20 m;绝缘绳、网使用前应进行外观检查,绳和网有严重磨损、断股、污秽及受潮时不得使用;凡新购、新加工、翻修的绝缘工具(包括绳和网等)必须进行机械强度和电气性能试验,电气性能试验必须在机械性能试验后进行。

(7) 起降场地及飞行路线应尽量避开人员密集区域,飞行作业应编制现场应急预案;超过无人机抗风能力的风速时,以及雨、雪、浓雾天气禁止飞行;无人机的使用严格按照飞行手册的要求进行;无人机挂载的吊挂装置必须具有可靠的分离功能,保证无人机的安全;无人机起降场地内禁止站人;作业中指挥人员、无人机操作人员、塔位高空作业人员、地面作业人员等通信讯号应保持畅通;展放初级导引绳过程中,塔上高空作业人员要选择合适、安全的站位,并系好安全带。

(8) 紧线应在白天进行,天气应无雾、雪及大风;紧线开始前应在耐张杆塔受力的反方向敷设临时拉线以增强杆塔的强度;在紧线开始前应将杆塔的正式拉线按规定安装调整好;紧线过程有专人指挥,牵引车、线路过路处、跨越架、终端杆塔均应有专人看护,并保持通信畅通;线路从带电的线路下方钻过时,应在紧线前在导线上搭上绝缘绳,防止紧线时导线上下摆动过大而碰到上方带电线路;紧线时如导线或避雷线被障碍物挂住应停止牵引,必要时应放松导线再进行处理,严禁用手拉线或站在线弯内侧挑线;紧线时导线垂直下方不许站人和行人通过,人应在导线垂直下方 20 m 以外;牵引力过大时要及时停止紧线,查明原因再紧线,以防止导线被挂住而拉倒杆塔。

(9) 新建线路交叉或平行接近带电线路时,工作人员的登杆作业应做好临时工作接地再进行,以防感应电击;相邻两杆同时进行附件安装时,应错开相别进行,防止相互的干扰而造成导线掉落或安装附件位置移动产生误差;安装间隔棒使用飞车出线作业,操作人员必须经过实际操作训练,并熟悉飞车的安全要求、乘车人数、携带重量和行驶坡度,不得超过铭牌上的规定,安装间隔棒时应将前后轮卡死,导地线覆有冰霜时应停止使用。

三、井场配电

(一) 油井电动机的更换

电动机是电力系统的主要动力源,是生产工艺中的核心动力输出设备,在其安装、更换过程中主要有起重伤害、机械伤害、触电等危害因素。

1. 危害因素

(1) 施工人员未同时执行相关作业许可和管理规定,在电动机更换的过程中,需要使用吊车作业、动火焊接轨道、电工拆接电机电缆、高处作业等相关作业时未先办理相关作业手续,导致意外事故的发生。

(2) 施工人员在更换电机过程中,未按要求佩戴安全帽、穿戴好相应工服,登高作业没有穿戴好安全带,启停电机时没有戴好绝缘手套,拆卸电机时没有佩戴好线手套,在相应施工过程中造成人员伤害。

(3) 吊装作业、动火焊接作业、电机接线特种作业和高处作业等特种作业人员操作能力不符合工作需求。

(4) 在高处作业工作中,高血压、心脏病等其他禁忌高处作业人员参与作业造成高处坠落。

(5) 在电机拆装过程中,施工人员使用扳手拆卸地脚螺栓时用力过猛,造成扳手等拆卸工具滑脱,造成人员伤害。

(6) 施工人员拆装电机时站在曲柄下方,当抽油机、螺杆泵等采油设备刹车装置失灵,曲柄滑落、螺杆泵旋转部分伤人,造成机械伤害。

(7) 施工人员在拆装皮带时,工作失误造成手部伤害。

(8) 施工人员更换皮带轮时,皮带轮脱落,砸伤施工人员,造成机械伤害。

(9) 在工作现场,由于现场负责人不熟悉现场情况,施工人员工作职责不清,操作规程不明,指挥不当,违章进行指挥等原因,引发吊装、火灾、触电事故,造成人员伤害及设备损坏。

(10) 抽油机刹车装置失灵,曲柄装置在操作过程中意外旋转、滑落,造成下方工作人员机械伤害。

(11) 在吊电机时,由于吊具、绳索老化损坏,电机脱落、吊车制动失灵、指挥失误、操作过猛、人员疏忽等原因造成设备损毁、人员受伤等起重伤害。

(12) 进行电机底座焊接时,由于飞溅的火花造成井场周边农田、草地、油污、棉纱等易燃物发生着火,引发井场火灾。

(13) 施工人员在拆装电机电缆过程中,由于工作失误,没有实施验电、放电、接地、拉闸、上锁等操作,造成触电伤害。

(14) 在雷雨、大风、暴雨、低温等恶劣天气情况下进行施工,造成人员伤害。

(15) 施工现场不具备作业条件,在没有办理相关手续、制定风险防控措施的情况下,盲目作业,引发施工人员伤害。

(16) 在夜间或者光照不足的地点进行作业,引发机械伤害、触电等危险。

2. 防控措施

(1) 在施工中需要移动式起重机吊装作业、工业动火、电气作业等操作时,应提前办理相关作业许可手续,同时执行相关规定,严格按照相关操作规章制度执行操作。

(2) 进入现场人员必须按规定穿戴劳保用品,司索指挥人员穿好指挥服装;高处作业人员佩戴安全帽、安全带;启停电气设施穿戴好绝缘手套、绝缘靴。

(3) 司索、吊车驾驶、电气焊、电工、高处作业等特种作业人员必须持有效证件上岗,严格按照操作规程进行作业。

(4) 严禁有高血压、心脏病等高处作业禁忌的人员参与高处作业。

(5) 在吊装过程中,必须正确使用吊具,防止吊具、电机损坏造成人员伤害;拆卸电机过程中,严禁用力过猛,造成工具滑脱,导致机械伤害。

(6) 停抽后拉手刹车,启用抽油机保险装置,设置工作隔离区域,曲柄运转区域禁止站人,防止意外伤害。

(7) 电机旋转时,禁止施工人员戴手套作业,禁止调整电机位置来安装、调节皮带。

(8) 拆装皮带轮时防止皮带轮滑脱坠落。

(9) 现场指挥将施工风险和措施告知施工人员,现场严格按照操作规程进行指挥,确认无安全隐患后进行下一步工序。

(10) 保证抽油机刹车系统完好,抽油机曲柄停在下止点并刹紧刹车,井口座方卡子采用抽油机刹车保险装置。

(11) 严格执行移动式起重机吊装作业管理规定,落实各项预防起重伤害的风险控制措施。

(12) 严格执行动火管理规定,落实各项风险控制措施,焊接滑轨时注意火花的飞溅方向,要避开采油树;检查基础下方是否有油污及棉纱,并将其清理干净。

(13) 严格执行启停抽油机操作规程,严禁带电操作,拆除、安装电动机接线以及启、停启动柜前应使用试电笔验电,电源闸刀应挂牌上锁,并正确使用绝缘手套。

(14) 遇到大雪、暴雨、大雾及 6 级以上大风时,停止起重作业。

(15) 现场环境符合作业条件方可作业。

(16) 控制夜间作业,如必须夜间作业应制定严密的防范措施,保证充足的照明。

(二) 油井变频启动柜的更换

在油田配电系统中变频控制柜主要应用于油井拖动电机的启停控制,调整电机的运行频率来控制油井的产量,以及在原油转运、恒压注水工艺中作为自动控制的核心,控制大型电机的运行以及各种泵的切换操作(用于恒压)。在其安装、更换过程中主要有起重伤害、机械伤害、触电等危害因素。

1. 危害因素

(1) 施工人员未同时执行相关作业许可和管理规定,在变频启动柜更换的过程中,使用吊车作业、动火焊接接地极、电工拆接电机电缆、高处作业等相关作业时未先办理相关作业手续,导致意外事故的发生。

(2) 施工人员在更换电机过程中,未按施工要求佩戴安全帽、穿戴好相应工服,登高作业没有穿戴好安全带,启停电机时没有戴好绝缘手套,拆装卸启动柜时没有佩戴好线手套,在相应施工过程中造成人员受伤。

(3) 吊装作业、动火焊接作业、启动柜接线、高处作业等特种作业人员操作能力不符合工作需求,造成人员伤害和设备损毁。

(4) 在施工作业过程中,使用吊具吊装启动柜、大锤夯砸接地极启动柜支架、使用扳手拆装电缆时,使用不当造成人员伤害。

(5) 施工人员拆装启动柜及支架、接地极时站位不当,大锤伤人,或者人员站在曲柄下方,当抽油机、螺杆泵等采油设备刹车装置失灵,曲柄滑落,螺杆泵旋转部分伤人,造成机械伤害,安装接地极及控制柜金属支架造成伤人。

(6) 在工作现场,由于现场负责人不熟悉现场情况、施工人员工作职责不清、操作规程不明、指挥不当、违章进行指挥等原因,引发吊装、火灾、触电事故,造成人员伤害及设备损坏。

(7) 抽油机刹车装置失灵,曲柄装置在操作过程中意外旋转、滑落,造成下方工作人员机械伤害;螺杆泵刹车装置失灵,旋转机构发生旋转,造成工作区域人员机械伤害。

(8) 在吊装启动柜时,由于吊具或绳索老化损坏、启动柜脱落、吊车制动失灵、指挥失误、操作过猛、人员疏忽等原因造成设备损毁、人员受伤等起重伤害。

(9) 在进行接地极与扁铁焊接时,由于飞溅的火花造成井场周边农田、草地、油污、棉纱等易燃物发生着火,引发井场火灾。

(10) 施工人员在拆装启动柜过程中,由于工作失误,没有实施验电、放电、接地、拉闸、上锁等操作,造成触电伤人。

(11) 在雷雨、大风、暴雨、低温等恶劣天气情况下进行施工,造成人员伤害。

(12) 施工现场不具备作业条件,在没有办理相关手续、制定风险防控措施的情况下,盲目作业,引发施工人员伤害。

(13) 在夜间或者光照不足的地点进行启动柜更换作业,引发机械伤害、触电等危险。

2. 防控措施

(1) 需进行移动式起重机吊装、工业动火等作业时,应执行相关规定,并办理相关作业许可审批手续。

（2）进入现场的人员必须按规定穿戴劳保用品。

（3）特种作业人员必须持有效证件上岗,严格按照操作规程作业。

（4）必须正确使用工具和用具。

（5）在施工人员安装接地极及控制柜金属支架时,需两人配合操作,一人使用大锤进行夯实,另外一人在侧面扶正支架及接地极。

（6）现场指挥将施工风险和措施告知施工人员,现场严格按照操作规程进行指挥,确认无安全隐患后进行下一步工序。

（7）保证抽油机螺杆泵刹车系统完好,抽油机曲柄停在下止点并刹紧刹车,井口座方卡子采用抽油机刹车保险装置,使用护栏将工作区域进行隔离。

（8）严格执行移动式起重机吊装作业管理规定,并落实各项预防起重伤害的风险控制措施。

（9）严格执行动火管理规定,落实各项风险控制措施,焊接接地极与扁铁时注意火花的飞溅方向,避开采油树、污油池子、杂草等易燃物,检查基础下方是否有油污及棉纱,并将其清理干净。

（10）严格执行启停抽油机操作规程,严禁带电操作,拆除、安装启动柜前以及启停启动柜前应使用试电笔验电,电源闸刀应挂牌上锁,并正确使用绝缘手套。

（11）遇到大雪、暴雨、大雾、6级及以上大风时,停止起重作业。

（12）检查现场环境,符合作业条件方可作业。

（13）控制夜间作业,若生产急需,必须制定严密的防范措施,保证充足的照明。

第二节　变电运行安全作业

变电站是电力系统中对电能进行集中和分配的场所,其主要作用是进行高低压的变换,变电运行是指运行变电站电力设备及维护管理工作,其主要作业包括巡视检查、设备操作、设备检修维护。

一、巡视检查

变电站电气设备的巡视检查工作是变电运行的一项基础工作,更是一项重要工作。作业人员通过巡视检查设备的运行情况,能够及时发现和消除设备缺陷,预防事故发生,确保设备、电网安全运行。

1. 危害因素

（1）误碰、误触、误登运行设备,造成人身触电。

（2）发现设备缺陷、异常,擅自进行处理,造成人身触电。

（3）异常天气巡视,发生人身触电。

（4）突发设备绝缘击穿,造成人身触电。

（5）在高压设备发生接地时巡视,造成人身触电。

（6）进入 SF_6 开关室时,SF_6 气体泄露或浓度超标使人中毒、窒息。

（7）开关设备箱门时振动过大,造成开关跳闸。

（8）巡视时有雷电活动,人员遭雷击。

（9）巡视时人员踏空摔跤，造成人员摔伤。

（10）未能及时发现设备缺陷，造成停电。

2.防控措施

（1）至少2人进行巡视，注意力要集中，不论高压设备带电与否，值班人员不得单独移开或越过遮栏进行工作，若有必要移开遮栏时，必须有领导批准，且监护人在场，巡视中与设备保持足够的安全距离。

（2）巡视时，发生设备缺陷、异常等情况时，应立即向调度汇报，严禁私自处理。

（3）异常天气巡视时应穿绝缘靴，大风天气应站在上风侧，并注意与带电设备保持足够的安全距离。根据天气恶劣情况，在开关场外侧道路进行巡视，或天气好转后再进行巡视工作。雪天巡视要对棉工鞋采取防滑措施。

（4）突发设备绝缘击穿时，应立即停止巡视工作，撤离现场。撤离现场时应单腿或双脚并拢向远离故障区域的方向跳离。

（5）高压设备发生单相接地时，室内应距离故障点4 m以上，室外应距离接近故障点8 m以上，进入上述范围人员应穿绝缘靴，接触设备的外壳和构架时，应戴绝缘手套。

（6）进入SF_6设备高压室前，应查看SF_6气体监测装置指示情况，并进行通风15 min。

（7）开、关设备箱(柜)门应用力适当，不要振动过大。

（8）雷电活动时，禁止进行室外设备巡视。需要雨天巡视高压设备时，应穿绝缘靴，不应靠近避雷器和避雷针，严禁打雨伞进行巡视。接地网电阻不符合要求时，晴天巡视设备也应穿绝缘靴。

（9）巡视时，按照巡视路线逐点巡视，并正确穿戴劳动防护用品，注意盖板窜动，注意沟、坎，勿碰伤。夜间熄灯巡视，应携带照明器具。

（10）按照《变电站设备巡视检查标准》，逐点逐项检查。设备检查防控措施要点如下：

① 变压器。

a.变压器在规定的冷却方式下可按铭牌规范运行，上层油温不超过制造厂或《电力变压器运行规程》规定，后台机远方测温与主变本体温度指示数值应相符。

b.变压器油枕油位与制造厂提供油位曲线值相对应，若为油位管指示，则管内油色应为透明的淡黄色，无杂质。

c.变压器正常运行声音为均匀的"嗡嗡"声，无异常声音。

d.变压器各部位清洁无渗漏油，发现有渗漏，应鉴定渗漏程度并记录(1 min超过1滴，属于漏油)。

e.各侧套管清洁完整，套管外部无破损裂纹现象，无闪络放电痕迹，套管油位正常，油色为透明的淡黄色，套管末屏接地良好。

f.引线无变形，接头接触良好，无发热、变色现象。

g.各运行冷却器清洁时，手感温度应相近。风扇、油泵、水泵运转均匀正常，无异常声音，扇叶无抖动、碰壳现象。

h.吸湿器完好，外部无油迹，油封油位完好，呼吸畅通，吸湿剂上部无变色，变色部分不超过总量的2/3。

i.瓦斯继电器(又称气体继电器)内应充满油且无气体，油色为透明的淡黄色，瓦斯继电器防雨罩牢固、完好。观察油位指示变化情况，确定瓦斯继电器与油枕连接的阀门已打开。

j.有载调压装置电源指示灯亮，挡位与运行记录相符，与控制室挡位显示器显示一致。

k.压力释放阀外部无油迹,指示杆未突出,无动作信号指示。安全气道及防爆膜应完好无损。

l.冷却器控制箱电源指示灯亮,各运行冷却器指示灯亮,无异常光字牌指示。接触器接触良好,空气开关正常投入,继电器无发热现象和异常声音。

m.各控制箱、二次端子箱、机构箱关闭严密,各端子无松动、过热或飞弧观象,防凝露加热器、照明装置运行正常,二次电缆及其附件安装牢固,孔洞、护管封堵完好,箱体接地引线、箱门跨接线无锈蚀、断裂,各种名称标注齐全。

n.各部件接地完好,接地引下线无断裂、锈蚀,铁芯接地监测仪运行正常。

o.气温骤变时,变压器油位变化正常,引线无断股,无引线过紧导致接头过度受力而过热、损坏,套管无破裂、损坏,各部位无渗漏油。

p.大风天气或雷雨、冰雹后,变压器引线无过大摆动,无断股,无搭挂杂物。

q.下雪天气,各接点无积雪过度融化,导线无过多积雪和冰柱,不会导致套管过度受力而破裂和渗漏油。

r.浓雾、小雨天气,套管无闪络放电现象,各接点无水蒸气上升现象。

s.发生穿越性短路故障时,变压器无喷油,油温正常,套管无破裂,引线完整,接头无过热,压力释放阀无动作。

t.变压器过负荷运行时,投入全部冷却器,严密监测油温、油位、接头、负荷电流等,并做好记录。

② 断路器。

a.断路器各种仪表指示在正常范围内。

b.断路器分合闸位置指示器与运行状态一致。

c.断路器本体无脏污、搭挂杂物。

d.瓷体部分应清洁完整,无裂纹破损、闪络放电痕迹。

e.引线无松股、断股,弛度适中,线夹压接牢固,无过热,无变形、裂纹,螺丝齐全紧固。

f.断路器本体无放电声或其他异常声音。

g.断路器本体周围无异味,分、合闸线圈及合闸接触器无冒烟。

h.断路器基础牢固,无倾斜。

i.各部件接地完好,接地引下线无断裂、锈蚀。

j.端子箱、机构箱关闭严密,各端子及导线无松动、过热或飞弧观象,防凝露加热器、照明装置运行正常,二次电缆及其附件安装牢固,孔洞、护管封堵完好,箱体接地引线、箱门跨接线无锈蚀、断裂,各种名称标注齐全。

k.断路器传动机构各部紧固,各部螺丝无松动、销钉无脱落。

l.断路器操动机构气压、液压机构油压正常,弹簧机构弹簧无断裂,储能指示正确,储能电机电源正常。

m.SF_6断路器气体压力正常(根据出厂标准判定),密度继电器完好、正常,无异常报警信号,各部分及管道无漏气声。

n.真空断路器灭弧室无异常声音,外壳清洁、无裂纹。

③ 互感器。

a.引线无松股、断股,弛度符合设计要求,接头无过热。

b.线夹压接牢固,无过热,无变形、裂纹,螺丝齐全紧固。

c.瓷体部分应清洁完整,无裂纹破损、闪络放电痕迹。
d.油位指示与环境温度标志线相对应,各部位无渗漏油,放油阀关闭严密。
e.内部无异常声音。
f.气体绝缘互感器密度表内气体的压力及密度在规定范围内。
g.基础无裂纹、无倾斜,底座安装牢固。
h.二次接线盒密封良好,端子箱关闭严密,各端子及导线无过热,二次回路无短路、开路,二次电缆及其附件安装牢固,孔洞、护管封堵完好,箱体接地引线、箱门跨接线无锈蚀、断裂,各种名称标注齐全。
i.各部件接地完好,接地引下线无断裂、锈蚀。
j.电压互感器在系统接地的情况下,无严重异音,无异味。
k.电压互感器一、二次熔断器完好,无过热。

④ 隔离开关。
a.瓷质部分应完好、清洁,无破损、裂纹、放电现象,硅橡胶增爬裙完好,无脱落。
b.隔离开关三相同期,合入深度、张开角度均符合规定。
c.隔离开关合闸后触头接触良好,无过热、变色。
d.引线无松股、断股,弛度符合设计要求,线夹压接牢固,无过热,无变形、裂纹,螺丝齐全紧固。
e.传动机构各部件无弯曲变形、开焊、松动、脱落、锈蚀,连接轴销、螺母应紧固完好。
f.防误闭锁装置锁具完好,无严重锈蚀,闭锁可靠。
g.机械联锁装置应完好可靠,锁销应锁牢。
h.辅助端子箱门关闭严密,各端子及导线无松动、过热或飞弧观象。二次电缆及其附件安装牢固,孔洞、护管封堵完好,箱体接地引线、箱门跨接线无锈蚀、断裂,各种名称标注齐全。
i.接地隔离开关在分位时,助力弹簧无断股;在合位时,三相隔离开关接触、闭锁良好。
j.各部件接地完好,接地引下线无断裂、锈蚀。
k.隔离开关通过短路电流及耐受过电压后,绝缘子无破损、裂纹、放电痕迹,触头、引线、接头无过热。

⑤ 避雷器、避雷针。
a.瓷体、法兰应清洁完整,无裂纹、破损及闪络、放电现象,合成绝缘子氧化锌避雷器表面清洁无变形。
b.引线无松股、断股,弛度适中,线夹压接牢固,无过热,无变形、裂纹,螺丝齐全紧固。
c.避雷器或避雷针运行无异音,基础无裂缝,本体无倾斜。
d.避雷器的放电计数器应无破损,计数器与底座接线良好、螺丝紧固。雷雨过后,应记录计数器的动作次数。
e.避雷器的泄漏电流记录器完好,指示正常,各相记录器指示一致,发光管发亮正常。
f.接地完好,接地引下线无断裂、锈蚀。
g.雷雨时,人员严禁接近避雷器或避雷针。

⑥ 母线。
a.引线无松股、断股,弛度适中。
b.线夹压接牢固,无过热,无变形、裂纹,螺丝齐全紧固。

c.母线绝缘子应清洁完整,无裂纹、破损及闪络、放电现象。

d.母线上无异物。

e.门形构架无锈蚀、变形、裂纹和损坏。

f.母线补偿器无开焊、断层。

g.通过短路电流及耐受过电压后,绝缘子无破损、裂纹、放电痕迹,触头、引线、接头无过热。

⑦ 电力电容器。

a.电容器外壳无膨胀变形,附属设备清洁完好。

b.套管表面清洁,无裂纹、破损、放电痕迹。

c.电容器运行内部无异音。

d.放电装置良好,放电指示灯正常。

e.熔断器的熔体应完好。

f.各部位无渗漏油痕迹。

⑧ 电抗器。

a.电抗器运行声音正常,无异音。

b.套管应清洁,无裂纹、破损和放电现象。

c.干式电抗器外包封表面清洁,无裂纹,无爬电痕迹,无油漆脱落现象,憎水性良好。

d.油浸式电抗器油位应正常,无渗漏油现象。

e.连接点应无发暗、变色、发热的现象。

f.接地装置完好,接地极无断裂、腐蚀现象,接地螺丝紧固。

⑨ 电力电缆。

a.电缆运行时无异音,无过热,电缆外皮无损伤,电缆接头无渗漏油。

b.电缆终端头的连接点应无发暗、变色、发热的现象。

c.油浸纸绝缘电力电缆及终端头应无渗油、漏油的现象。

d.电缆终端头无漏胶、软化,铅包及封铅无裂纹。

e.电缆铠甲完整,无锈蚀,外护套无损伤。

f.电缆与接线端子连接接触良好,无过热。

g.电缆二次线无松脱,孔洞封堵严密,标示牌齐全。

h.沟内无积水、杂物,沟内电缆支架牢固,无锈蚀。

i.电缆沟盖板完整,铺设平整、稳固。

⑩ 二次设备。

a.控制室内光线充足、通风良好,室内温度不应超过 30 ℃。

b.控制室外观清洁,试开正常,无漏水。滤网清洁,电源线完好无破损。

c.后台机的主机、显示器、打印机运行正常,主界面各运行参数、位置信号与前台机实际相符。分界面电压棒图线电压、相电压指示正确,分界面通信状况与前台机通信正常,分界面遥测量正确,遥信正确,无告警,且无新发告警信息报文,分界面软压板与运行方式相符,"五防"程序运行正常。

d.远动屏及 UPS 的电源工作正常,指示灯显示正确,运行无异音,切换试验事故及预告音响信号正常,延时复归正常。

e.控保屏的微机保护装置运行无异音,断路器控制开关把手位置正确,指示灯显示正确。就地把手放在远方位置。微机保护液晶窗循环显示信息正确,微机保护装置面板上的信息指示灯显示正确,与实际相符,无告警信息。软、硬压板投入正确,与运行实际相符。主变分接开关挡位与实际相符,操作直流开关、保护直流开关、三相交流电压开关位置与运行实际工况相符。装置标识清晰、齐全,固定牢固,端子排接线规范整齐,光隔动作正确与运行实际工况相符,电缆屏蔽线完好,接地牢固可靠,盘内清洁,孔洞封堵完好,防虫、防潮措施齐全、完备,电缆标牌齐全。

f.直流系统。(a)测控部分:直流屏无任何告警信号;控制母线、合闸母线电压应满足规程要求;直流馈线各路带电指示红灯应亮;浮充电流符合电池的要求;直流系统绝缘正常;液晶窗自动巡检各瓶电池电压在允许的范围内。(b)充电机:充电机以浮充电方式运行,Ⅰ、Ⅱ组电池并列运行,各开关位置正确;1号充电机正常运行,2号充电机备用。交流电源电压正常,备用电源电压正常;面板上各指示灯指示正确;屏内接线无松动、脱落及发热变色现象;屏、柜应整洁,柜门严密,电缆孔洞封堵严密。(c)蓄电池检查:电池外壳完整,无倾斜变形,密闭良好,无渗漏液现象;各连接部位接触良好,无松动、腐蚀现象;极柱与安全阀应无酸雾溢出;主控室通风良好;室内温度应保持在20 ℃左右。(d)直流网络:直流控制(信号)、合闸网络正常;空开、保险及接头接触良好,无发热变色现象。

g.低压交流屏的切换母线(电源)电压正常,负荷分配正常,各回路电流在红线值范围内。各低压开关、保险按规定方式运行,无异常,标牌清晰、齐全,屏柜整洁,柜门严密,门锁完好。浪涌设备"正常"指示灯亮,且无音响报警。孔洞封堵完好,防虫、防潮措施齐全、完备;电缆标牌齐全。

h.电度表屏标牌清晰、齐全,屏柜整洁,柜门严密,门锁完好。脉冲正常发出,无报警信息。盘内清洁,孔洞封堵完好,防虫、防潮措施齐全、完备,电缆标牌齐全。

i."五防"闭锁装置的电源开关投入正常,主机运行正常,开关、隔离开关位置显示正常,电脑钥匙充电完好。

二、设备操作

电力系统在工作中,根据工作的需要,会不断调整运行方式。这需要变电站的倒闸操作来实现,倒闸操作是为将电气设备由一种状态转换到另一种状态而进行的一系列有序操作。

1.危害因素

(1)未接到调度下达的正式命令或接收调度令有误。

(2)未与调度核对操作任务,有疑问未及时提出。

(3)持错误操作票进行操作。

(4)未持操作票,凭记忆进行操作。

(5)无人监护,发生误操作。

(6)操作过程中,擅自越项操作或不按操作顺序操作。

(7)擅自解锁,强行解锁。

(8)操作过程中擅自处理遇到防误装置故障。

(9)误送电至工作地点,造成人身触电和设备损坏。

(10)设备上有遗留物件,送电时短路。

(11)设备操作方法不正确,造成人身伤害、设备损坏、跳闸事故。它主要包括以下几点:

① 断路器操作。

a. 走错间隔,造成误拉、合断路器。

b. 断路器未拉开或未三相拉开,带负荷拉隔离开关,造成人身伤害或设备损坏。

c. 拒合/拒分时,烧坏合闸线圈或跳闸线圈。

d. 远方控制开关操作过位或未到位,导致设备损坏或合闸失败。

e. 断路器本体爆炸,造成人身伤害。

f. 断路器操作机构零部件断裂,造成人身伤害。

② 隔离开关操作。

a. 操作过程中隔离开关瓷瓶断裂、线夹断裂。

b. 误拉、合隔离开关造成设备损坏、人身触电。

c. 操作要领不正确造成设备损坏。

d. 隔离开关操作不灵活、操作机构冻结,强行操作造成设备损坏。

③ 手车操作。

a. 手车操作不到位,造成人身触电。

b. 手车操作不当(如用力过猛),造成小车开关滑落。

c. 手车送电时,航空插头接触不良,造成合闸失败或设备损坏。

d. 手车拉出后,隔离挡板未可靠封闭,造成人身触电。

④ 设备验电。

a. 验电器电压等级选择不当,造成人身触电。

b. 验电时,绝缘杆长度不足,造成人身触电。

c. 确认验电器时,搭接到其他部位(设备外壳、构架、相邻导线等),造成系统接地和人身触电及开关跳闸。

d. 验电时,方法、姿势、验电位置不正确,造成人身触电。

e. 雨天使用验电器时,发生闪络放电,造成人身触电。

f. 人员站在绝缘凳上进行验电作业时滑倒摔伤。

⑤ 装设、拆除接地线。

a. 装设接地线时,方法不正确(地线碰触人体等)或安全距离不够(人员头进入到开关柜内等),造成人身触电。

b. 接地端、导体端装拆顺序颠倒造成人身触电。

c. 电缆线路、电容器装设接地线时未进行放电,造成人身触电。

d. 装设、拆除接地线时,地线卡子坠落,造成人员砸伤。

e. 带接地线送电,造成设备损坏。

⑥ 压板操作。

a. 压板投入时,连接片接触不良,造成越级跳闸。

b. 漏投、停压板,造成保护误动或拒动。

c. 测试方法不正确,造成接地或短路。

⑦ 熔断器、信号隔离开关的操作。

a. 更换电容器一次保险时,未对该瓶电容器单独充分放电,造成人身触电。

b. 操作一次保险时,未装设接地线造成人身触电。

c. 操作熔断器时,未使用绝缘夹钳,未戴护目镜,造成电弧灼伤。

d. 熔断器规格选择不匹配。

⑧ 变压器并列操作。

a. 并列运行的变压器调整挡位时,挡差大,环流增加,设备损坏。

b. 未进行核相,造成设备损坏。

c. 未测定有关保护的相位,造成跳闸。

⑨ 变压器分接开关操作。

a. 并列运行的变压器调整挡位时,挡差大,环流增加,造成设备损坏。

b. 多次分接开关调整时,一次完成后,未间隔停顿连续进行。

c. 分接开关故障无法操作。

⑩ 电压互感器操作。

a. 母线失压造成保护误动。

b. 二次保险或二次空气开关未断开,造成人身触电。

c. 未做好安全措施拉开或合上一次保险,造成人身触电。

⑪ 消弧线圈操作。

a. 消弧线圈同时接在两台运行变压器的中性点上。

b. 系统发生接地时,设备绝缘击穿,造成设备损坏。

c. 变更消弧线圈分接头时,未将消弧线圈退出运行。

2. 防控措施

(1) 变电站允许倒闸操作的标志是调度发布的该操作任务的指令号,有受令权人员接受调度预令。与电调值班人员互通单位、姓名、时间,记录预令时间、预令人姓名、操作任务、注意事项、受令人姓名、受令人复诵命令,确保内容无误。

(2) 仔细审核电调下达的操作命令,发现问题或对命令有疑问时,应及时反馈电调。对当值电调操作命令应坚决执行,不应无故拖延、拒绝,但对明显威胁设备及人身安全的命令,应拒绝执行,并向电调申述理由,双方向各自领导汇报。按照《电力安全工作规程》的要求,在正确地点装设足够数量的接地线。

(3) 作业人员应取得《特种作业操作证》,通过公司组织的《电力安全工作规程》考试合格,并批准获得操作权人员填写操作票,由值班长指派有权操作的值班员填写操作票。操作人填写操作票后,由操作人先自查,再交值班长、所长审查签字。大型、复杂操作应由所领导组织召开倒闸操作准备会,针对操作中可能的危险点进行分析,并依此制定控制措施,落实责任人。其他操作由监护人组织实施危险点分析,制定措施。

(4) 变电站的一切操作必须执行操作票制度。操作时应持经过审核的操作票操作,严禁离开倒闸操作票凭记忆操作,应做到逐项勾画。

(5) 倒闸操作必须由两人进行,其中对设备较熟悉者担任监护人,特别重要和复杂的倒闸操作应由熟练的运行人员操作,运行值班负责人监护。在操作过程中,监护人要自始至终认真监护,没有监护人的命令,操作人不应擅自操作或做其他工作。

(6) 变电站的一切操作必须根据各级电力调度值班人员或运行值班负责人的命令,受令人复诵无误后才能进行。停电拉闸操作必须按照断路器、负荷侧隔离开关、母线侧隔离开关的顺序依次进行,送电合闸操作与此相反,严防带负荷拉合隔离开关(手车),不允许跳项、并项操作。

(7) 在正常倒闸操作中发生事故或异常时,应暂停操作,汇报调度,先处理事故或异常,后与调度联系是否继续操作,停顿时间应在备注栏内注明。

(8) 操作中发生防误装置故障时,应查明原因,不得擅自更改操作票,不得随意解除闭锁装置。

(9) 严禁约时停送电,可能送电至工作地点的各侧均应装设接地线,应将工作地点邻近带电部分的隔离开关操作机构锁住,并悬挂"禁止合闸,有人工作"标示牌,禁止在送电前拆除现场围栏。

(10) 送电前检查送电范围内应无送电障碍。设备上有工作时,由工作许可人负责全面验收,所领导进行再次验收。

(11) 设备操作防控措施要点如下:

① 断路器操作。

a. 操作中严格执行"四对照",即核对设备名称、编号、位置、拉合方向。操作中发现问题时应立即停止操作,并向电调汇报,确认无误后方可继续操作。

b. 断路器位置检查以实际位置为准,无法观察实际位置时,可通过间接方式确认该设备已操作到位,防止带负荷拉合隔离开关。由于设备原因造成操作不到位时,应汇报调度联系处理,必须履行工作许可手续。

c. 发生拒合或拒分时,应立即断开控制、操作直流开关,以防烧坏合闸线圈及跳闸线圈。

d. 操作时不应用力过猛,以防损坏控制开关,也不应返回太快,以防断路器机构来不及动作。

e. 操作中发现断路器异常或影响安全的情况时,应立即停止操作,汇报调度员,得到调度许可后再进行操作。断路器长期停运(6个月以上)时,应远方分、合操作2~3次,无异常后,再进行正式操作。操作前,检查断路器本体、操作机构、控制回路是否完好,断路器保护及自动装置位置是否符合要求。断路器操作执行远方操作,在分、合操作中,人员应远离断路器本体及操作机构,防止断路器爆炸、操作机构零部件断裂,造成人身伤害。

② 隔离开关操作。

a. 严禁与操作无关人员进入操作现场。操作时,操作人应面向隔离开关操作机构(设备标志牌)站立。监护人应站在操作人侧后方,适当远离操作区域不遮挡视线处。其他现场监护人员应站在监护人后侧位置。所有人严禁站在隔离开关下方。操作人在操作隔离开关前,应事先预想好当发生隔离开关瓷瓶断裂时的躲闪方向,躲闪时应与断裂瓷瓶摆动方向垂直,向外躲闪。

b. 操作隔离开关前,应检查断路器在"分"位后操作,防止带负荷拉合隔离开关。当带负荷误合隔离开关时,在任何情况下,均不允许把已合上的隔离开关再拉开,只有先用断路器将这一回路断开,方可将误合的隔离开关拉开。当带负荷误拉隔离开关时,在任何情况下,均不允许把已拉开的隔离开关再合上。

c. 在手动合隔离开关时,应迅速而果断,但在合闸行程终了时,不能用力过猛,以防损坏支持瓷瓶及合闸过头。如果在合闸过程中产生电弧,要毫不犹豫地把隔离开关迅速合上,禁止将隔离开关再拉开,因为拉开会使弧光扩大,造成设备更大的损坏,甚至弧光短路。手动拉隔离开关时,应慢而谨慎,特别是刀片刚离开固定触头时,此时如发生电弧,应立即反向操作让隔离开关合上,并停止操作。

d. 发现隔离开关操作拉、合不灵活时,不要强行拉、合,防止隔离开关脱轮或操作把手折断及瓷瓶折断,应尽可能查明原因,若原因不清,应汇报,并布置好安全措施。若操作机构被冻结,应对其进行轻轻地摇动,注意支持绝缘瓷瓶及操作机构的每个部分,找出卡涩的位置。若妨碍拉开的抵抗力发生在隔离开关的接触装置上,不应强行拉开,应汇报调度改变运行方式,积极联系处理。

③ 手车操作。

a.由于设备原因造成操作不到位,应汇报调度联系处理,必须履行工作许可手续。

b.手车由箱体拉出时,用力应均匀。在手车从运载底板滑向地面时,应将速度放缓,保持手车的平衡。

c.手车推入至试验位置后,应立即接入航空插头,将卡环卡好,检查分闸位置指示灯及实验位置指示灯是否亮平光。

d.手车拉出后,观察隔离挡板是否完全封闭,关闭开关室柜门,并悬挂"止步,高压危险"标示牌。

④ 验电操作。

a.操作人、监护人选择验电器时要注意电压等级,并在相应电压的有电设备上试验,验证验电器完好。

b.验电时穿戴绝缘护具,手握在验电器护环以下,伸缩式绝缘杆应全部伸出。

c.实验验电器及正式验电时,验电器的绝缘部分不应搭接到设备外壳、构架、相邻导线。操作人单手握住验电器,侧转身体,远离设备外壳、构架,将验电器的金属部分慢慢地接触验电部位。

d.验电时严禁攀登设备构架,严禁将人体的任何部位伸进网门验电。验电时,应先验靠近身体较近的一相。

e.禁止雨天进行室外验电。

f.使用绝缘凳时,应将其放置平稳、稳固,上下时注意用力平衡,防止摔伤,绝缘凳要做防滑处理。

⑤ 装设接地线。

a.应使用绝缘棒装、拆接地线导体端,人体不应碰触接地线。装、拆接地线时身体不应进入开关柜内,应先装靠近身体较近的一相,由近到远。接地极应安装在开关柜外侧。

b.装设接地线时,应先装接地端,接地线应接触良好,连接可靠。

c.当验明设备确无电压后,应立即将检修设备接地并三相短路。电缆、电容接地前应逐相充分放电,星型接线电容器的中性点应接地。接地线装设前应进行外观检查,禁止使用不合格接地线。放电、装设接地线时,操作人单手握住绝缘杆,侧转身体,远离设备外壳、构架。

d.装设、拆除接地线时,地线卡子与操作杆应检查连接牢固。操作人员应拿稳、握牢,防止地线杆上举过程中向设备上倾斜。

e.严禁多人分组拆除地线。地线拆除后,必须收回到指定位置,并核对数量。

f.在护具柜处使用地线提示板。送电前进行全面检查,保证无送电障碍。

⑥ 压板操作。

a.所有保护压板应接触良好,有多个端头的压板,应在静接点一端标明实际功能,以便按要求投入正确位置。压板的导通测试应在操作任务执行完毕后进行,记录在《原始值班记录》内。

b.凡是在运行中的开关,投入其保护跳闸压板之前,应用万用表测量该压板两端确无电压后再投入,以防造成短路跳闸。

c.测试过程中,必须戴线手套,使用万用表的直流电压档,用"对地法"检查回路导通情况,严禁造成直流接地、短路。

⑦ 熔断器操作。

a.在检修时,应在电容器侧装设接地线,更换电容器保险时,应在整组及该电容器多次放电后进行。

b.电压互感器和所用变的一次保险应在现场安全措施全部完成后拉开,在拆除安全措施前合上。

c.装卸高压熔断器时,应戴护目镜和绝缘手套,必要时使用绝缘夹钳,并站在绝缘垫或绝缘台上。

d.储备足够数量的相应规格的熔断器。

⑧ 变压器并列操作。

a.电压比不同和短路电压不同的变压器并列前应作必要的计算,在保证任何一台都不会过载的情况下,可以并列运行。

b.变压器新投运充电及空载运行时应投入差动保护。带负荷前应停用差动保护,带负荷测量相位正确后再投入差动保护。

c.进行过二次接线变动、更换电缆或更换互感器的工作后,应重新测定有关保护的相位,确认无误后方可投入运行。

⑨ 变压器分接开关操作。

a.变压器分接开关的切换操作应在调度的命令下进行。检查并列运行的两台变压器分接开关挡位是否一致,有载调压分接开关各分接电路如有一路不通或开关不能正常转动时,应立即汇报油田网调。

b.有载调压变压器并列运行时,其调压操作应轮流逐级或同步进行,以保证两台主变分接开关位置相互间的差别不超过一挡。

c.长期不调和长期不用的分接位置的有载分接开关,应在有停电机会时(检修时),由检修单位在最高和最低分接挡位间操作2个循环,测量绕组的直流电阻。

⑩ 电压互感器操作。

a.正常情况下,电压互感器二次侧应采用分段运行方式。倒母线操作时,应将相应电压切换把手切换到不停电母线电压互感器上,在切换前应先停止可能失压误动的保护或自动装置,待切换后确认无失压后投入保护或自动装置。

b.电压互感器检修时,应断开二次保险或二次空气开关,防止反充电。

c.电压互感器的一次保险应在现场安全措施全部完成后拉开,在拆除安全措施前合上。

⑪ 消弧线圈操作。

a.不允许将消弧线圈同时接在两台运行变压器的中性点上。将消弧线圈从一台变压器中性点切换到另一台变压器中性点上时,首先要把消弧线圈拉开,然后再投入另一台变压器上。

b.网络发生单相接地、线路通过的地区有雷电或中性点位移电压,或不对称电流超过规定值时,禁止用隔离开关投入或切除消弧线圈。

c.无自动补偿装置的消弧线圈变更消弧线圈分接头时,应将消弧线圈退出运行后进行。

三、设备检修维护

电气设备的检修维护是保证设备正常运行的重要措施。在电力生产现场、设备和系统上从事的检修维护等工作,必须执行现场勘察制度、工作票制度、工作许可制度、工作监护制度以及工作间断、转移和终结制度。

1. 危害因素

(1) 工作票办理。

① 持错误工作票进行工作。

② 一个工作负责人执行两张及以上工作票。

③ 无作业资质人员办理工作票,造成人身触电。

④ 无作业资质人员进行作业,造成人身触电。

⑤ 标示牌悬挂错误或不全,致使人员误入带电间隔或误登带电设备。

⑥ 临时遮栏装设不完善。

⑦ 送电前拆除临时遮栏,人员触电或误操作。

⑧ 安全措施不全面,未补充造成误操作,误入带电间隔,误触、误碰设备,造成人身触电。

(2) 工作许可。

① 未交代现场安全措施或交代不全面造成人身触电。

② 人员注意力不集中、工作任务不清、安全措施不清、带电部位不明确、安全警示标志不全、未认真核对设备名称和编号、不正确使用"五防"程序锁导致误入间隔、误触、误碰、误操作。

③ 人员着装不符合要求进行作业,造成人身触电和开关跳闸。

(3) 工作监护。

① 现场无监护人、监护不到位或监护人员数量不足等因素,导致误入间隔、误触、误碰、误操作。

② 人员变更后,未交代现场安全措施造成人身触电。

③ 擅自扩大作业范围或增加工作任务,造成人身触电。

④ 工作中擅自变更安全措施,造成人身触电。

(4) 工作间断、转移或延期。

① 工作班成员未从现场撤出,误碰带电设备、误入带电间隔、误操作、擅自移动或拆除安全措施造成人身触电。

② 复工时未对现场安全措施重新确认,造成人身触电。

③ 工作班成员未在工作负责人的带领下进入工作现场,造成人身触电。

④ 工作地点转移时,工作负责人未交代带电范围、安全措施和注意事项,造成人身触电。在工作间断期间,若有紧急需要合闸送电,未采取有效措施,造成人身触电。

⑤ 未办理延期手续造成大面积停电。

(5) 工作票终结。

① 工作结束,设备上有遗留物件,造成设备损坏。

② 工作终结后拆除安全措施时,现场遗留接地线送电,造成人身触电、大面积停电。

③ 办理工作终结手续后,又到设备上工作。

④ 未办理工作终结手续便擅自拆除安全措施。
⑤ 设备未送电便提前拆除遮栏，造成误操作。

2. 防控措施

（1）工作票办理。

① 工作许可人严格审核工作票的正确性，不合格的工作票退回检修单位，禁止开工。

② 一个工作负责人不应同时执行两张及以上工作票。

③ 办理工作票人员必须是每年经变电运行部书面批准的工作负责人、工作许可人及"三权"人员。

④ 工作开始前，工作许可人检查作业人员，确认人员资质。

⑤ 工作许可人应对工作票所列的标示牌悬挂位置进行审核，操作完毕后，操作人员应立即按照要求悬挂标示牌。工作现场悬挂的标示牌应与工作票一致，标示牌悬挂应牢固，防止脱落。

⑥ 开工前，工作负责人应对现场安全措施进行全面检查，工作人员不应擅自移动或拆除遮栏、标示牌。现场临时围栏应一次装设完毕，并与带电设备保持足够的安全距离。临时遮栏应在模拟图板上标识。大范围的停电检修应将所有带电设备围上。小范围的停电检修应将停电设备围上，并悬挂"止步，高压危险！"标示牌。

⑦ 禁止在送电前拆除现场围栏。

⑧ 工作票签发人若不能全面掌握现场风险，或个别填写不全面的，工作许可人应进行补充。

（2）工作许可。

① 严格执行作业许可制度，履行相关组织措施。工作许可人会同工作负责人应到现场再次检查所做的安全措施，向工作负责人指明带电设备的位置和注意事项，对工作负责人提出的疑问进行解答，如对安全措施有疑问，各自汇报双方领导。

② 工作前工作负责人向工作班成员告知危险点，督促、监护工作班成员执行现场安全措施和技术措施。交代安全措施后工作负责人可对工作班成员进行提问，了解人员掌握情况，警示其他人员。工作班成员必须本人签字，不准让他人代签。

③ 工作中工作班成员必须正确使用安全工器具和劳动防护用品，履行安全职责。工作人员应穿工作服、工鞋，取下金属饰品，女同志将长发盘起。

（3）工作监护。

① 工作负责人应始终在工作现场对工作班人员的安全认真监护，及时纠正违反安全的动作。在发现直接危及人身安全的紧急情况时，现场负责人有权停止作业并组织人员撤离作业现场，工作负责人不在现场时不准开工。监护检修人员只能在检修范围内活动，不准跨越围栏。工作票签发人或工作负责人应根据现场的安全条件、施工范围、工作需要等具体情况，增设专责监护人并确定被监护人员。

② 人员变更后，应向变更人员交代工作内容和现场安全措施、带电部位、危险点、控制措施和其他注意事项，并由其本人签字确认。工作负责人变更应履行签字手续。

③ 严禁私自扩大工作范围或增加工作任务。在工作票停电范围内增加工作任务时，若无须变更安全措施范围，应由工作负责人征得工作票签发人和工作许可人同意，在原工作票上增添工作项目。

④ 严禁工作人员擅自移动或拆除接地线。若需变更或增设，安全措施者必须填用新的

工作票,并重新履行工作许可手续。高压回路上的工作,需要拆除全部或一部分接地线后才能进行的工作,如测量母线和电缆的绝缘电阻,测量线路参数,检查断路器(开关)触头是否同时接触,拆除一相接地线,拆除接地线并保留短路线,将接地线全部拆除或拉开接地刀闸等。上述工作必须征得运行人员的许可(根据调度员指令装设的接地线,必须征得调度员的许可),方可进行。工作完毕后立即恢复,并将此情况在工作票备注栏内进行说明。

(4) 工作间断、转移、延期。

① 工作间断时,工作班成员应全部撤出。在工作间断期间,若有紧急需要,运行人员可在工作票未交回的情况下合闸送电,但应先通知工作负责人,在得到工作班全体人员已经离开工作地点、可以送电的答复并采取必要措施后方可执行。

② 隔日复工时,应有工作许可人的许可,且工作负责人应重新检查安全措施。隔日复工,工作负责人未取回工作票或工作负责人不在现场时,严禁开工。

③ 工作人员应在工作负责人或专责监护人的带领下进入工作地点。

④ 在同一电气连接部分依次在几个工作地点转移工作时,工作负责人应向工作人员交代带电范围、安全措施等注意事项。

⑤ 工作在计划时间内难以完成时,应按照工作标准办理延期手续。

(5) 工作票终结。

① 必须由当值班长、所领导与工作负责人共同验收。

② 严禁多人分组拆除地线。地线拆除后,必须收回到指定位置,并核对数量。送电前进行全面检查,确认无送电障碍。

③ 工作终结后,工作班人员严禁进入现场工作。若需工作,应重新履行工作手续。有任何疑问或遗留问题未得到准确答复时,均不签字终结。

④ 在护具柜处使用地线提示板。

⑤ 所有设备送电后,方可拆除检修设备围栏,严禁提前拆除。

第七章　特殊作业安全

第一节　动火作业

一、定义

动火作业是指在具有火灾、爆炸危险性的生产或者施工作业区域内,可能直接或者间接引起火焰、火花或者炽热表面的非常规作业。上述动火作业不包括在非火灾、爆炸危险性的生产或者施工作业区域内进行的常规动火作业,如新建项目施工的动火作业、固定生产场所的动火作业等。动火作业包括但不限于以下方式:

（1）气焊、电焊、铅焊、锡焊、塑料焊等各种焊接作业,气割、等离子切割、砂轮刃磨、磨光机等各种金属切割作业。

（2）使用喷灯等明火作业。

（3）烧、烤、煨管线,铁锤锤击物件（产生火花）,喷砂和其他产生火花的作业。

（4）在生产装置和罐区连接临时电源并使用非防爆电气设备和电动工具。

（5）使用雷管、炸药等进行爆破作业。

二、主要危害因素

动火作业主要存在的安全风险为火灾和爆炸,其主要危害因素有以下几条:

（1）作业人员未佩戴个人防护用品。

（2）当人员、工艺、设备或环境安全条件变化时,以及现场不具备安全作业条件时,未停止作业。

（3）作业人员在动火点的下风向作业。

（4）动火作业过程中无监护人进行现场监护。

（5）未清理动火现场周围的易燃物品。

（6）进入受限空间进行动火前,未对受限空间进行气体检测,未配备检测仪和正压式空气呼吸器。

（7）高处动火作业人员未使用阻燃安全带。

（8）电、气焊工具有缺陷,气瓶间距不足或放置不当。

三、作业要求

（1）作业前应办理动火作业许可证,且不得涂改、代签。一份动火作业许可证只限在同类介质、同一设备(管线)、指定的区域内使用,严禁进行与动火作业许可证内容不符的动火,严禁未办理动火作业许可证动火。

(2) 动火作业前或参加工作前进行安全分析,清楚动火作业安全风险和安全措施。

(3) 服从作业监护人和属地监督的监管,作业监护人不在现场时,不得动火作业。

(4) 作业人员发现异常情况有权停止作业并立即报告,有权拒绝违章指挥和强令冒险作业。

(5) 动火作业结束后,作业人员负责清理作业现场,确保现场无安全隐患。

(6) 处于运行状态的生产作业区域和罐区内,凡是可不动火的部位一律不动火,凡是能拆移下来的动火部件必须拆除到安全场所动火。

(7) 必须在带有易燃易爆、有毒有害介质的容器、设备和管线上动火时,应当制定有效的安全工作方案及应急预案,采取可行的风险控制措施,达到安全动火条件后方可动火。

(8) 遇有 6 级及以上大风应停止一切室外动火作业。

(9) 应当切断与动火点相连的管线的物料来源,采取有效的隔离、封堵或拆除措施,并彻底吹扫、清洗或置换;距动火点 15 m 内的漏斗、排水口、井口、排气管、地沟等应当封严盖实。

(10) 动火作业区域应当设置灭火器材和警戒带,严禁与动火作业无关的人员或车辆进入作业区域。必要时,作业现场应当配备消防车及医疗救护设备和设施。

(11) 应对作业区域或动火点可燃气体浓度进行检测,合格后方可动火。动火时间距气体检测时间不应超过 30 min。超过 30 min 仍未开始动火作业的,应当重新进行检测。使用便携式可燃气体报警仪或其他类似手段进行分析时,被测的可燃气体或可燃液体的蒸气体积分数小于其与空气混合爆炸下限(LEL)的 10% 时,应使用 2 台设备进行对比检测。

(12) 动火作业前应当清除距动火点 5 m 之内的可燃物质或用阻燃物品隔离,半径 15 m 内不准有其他可燃物泄漏和暴露,距动火点 30 m 内不准有液态烃或低闪点的油品泄漏。

(13) 动火作业人员应当在动火点的上风向作业。必要时,采取隔离措施控制火花飞溅。

(14) 动火作业过程中,应当根据动火作业许可证或安全工作方案中规定的气体检测时间和频次进行检测,间隔不应超过 2 h,并记录检测时间和检测结果,结果不合格时应立即停止作业。在有毒有害气体场所的动火作业,应当进行连续气体监测。

(15) 动火作业过程中,作业监护人应当对动火作业实施全过程现场监护,一处动火点至少有一人进行监护,严禁无监护人动火。

(16) 用气焊(割)动火作业时,氧气瓶与乙炔气瓶的间隔不小于 5 m,两者与动火作业地点距离不得小于 10 m。在受限空间内实施焊割作业时,气瓶应当放置在受限空间外面。使用电焊时,电焊工具应当完好,电焊机外壳须接地。

(17) 如果动火作业中断超过 30 min,继续动火作业前,作业人员、作业监护人应重新确认安全条件。

(18) 特殊情况动火作业。

① 高处动火作业使用的安全带、救生索等防护装备应当采用防火阻燃的材料,需要时使用自动锁定连接;高处动火应当采取防止火花溅落的措施;遇有 5 级及以上大风应停止进行室外高处动火作业。

② 在受限空间进行动火作业前应当将受限空间内部的物料除净,对易燃易爆、有毒有害

物料进行吹扫和置换,打开通风口或人孔,并采取空气对流或采用机械强制方法通风换气;作业前应当检测氧含量、易燃易爆气体和有毒有害气体浓度,合格后方可进行动火作业。

第二节　沟下作业

一、定义

沟下作业是指在出入受到限制且沟壁或两侧的物料坍塌足以掩埋作业人员的管沟内,进行人工开挖、布管、组对焊接、无损检测、焊口返修、补口补伤、光缆敷设、阴极保护、人工回填、水工保护等施工作业活动。

二、主要危害因素

沟下作业存在的安全风险主要为坍塌,主要危害因素有以下几条:
(1) 管沟、土质、地下障碍物与验沟记录不一致。
(2) 堆土高度、设备机具与管沟的安全距离不满足标准要求。
(3) 管沟沟壁、沟边堆土因天气变化(气温、雨雪)而改变,不能够满足标准要求。
(4) 目检防护箱安全,防护箱不符合《关于规范沟下作业使用防护箱的通知》的要求,摆放位置无效。

三、作业要求

(1) 作业过程中,沟下作业人员要始终处于防护箱保护范围内。但防护箱不是唯一的沟下作业防护措施,根据现场实际情况,允许采取其他方式的有效防护措施,并保证沟下作业风险控制措施的有效性。
(2) 现场监护人实施全过程作业监护,不得执行其他施工任务,监护人员和作业人员始终以确定的联络方式保持沟通。
(3) 监护人发现险情征兆时,要立即发出预警信号,提示并协助作业人员迅速脱离危险区域。
(4) 作业人员严格按操作规程实施操作,随时观察工作环境,发现管沟异常,要立即大声呼喊发出警示,并与监护人联络、提示并协助其迅速撤离危险区域。
(5) 作业人员要尽量减少在沟下停留时间,完成沟下作业后,要立即离开沟下,转移至沟上安全地带。

第三节　高处作业

一、定义

高处作业是指在距可能坠落范围内最低处的水平面(坠落高度基准面)2 m以上(含2米)位置进行的作业。

二、主要危害因素

高处作业存在的主要安全风险为高处坠落伤害,其主要危害因素有以下几条:

(1) 患有心脏病、高血压等职业禁忌证,以及年老体弱、疲劳过度、视力不佳等的人员从事高处作业。

(2) 高处作业人员未按规定穿戴个人防护用品。

(3) 高处作业人员携带未系安全绳的手工具或抛掷工具。

(4) 夜间高处作业未配备充足的照明。

(5) 攀登器材质量不合格。

(6) 在5级及以上大风和雷电、暴雨、大雾等恶劣天气情况下进行高处作业。

(7) 冬季开展高处作业时未做好防冻、防寒、防滑工作。

三、作业要求

(1) 高处作业应办理高处作业许可证,无有效的高处作业许可证严禁高处作业。对于频繁的高处作业活动,在有操作规程或方案,且风险得到全面有效控制的前提下,可不办理高处作业许可。

(2) 高处作业许可证是现场作业的依据,只限在指定的地点和规定的时间内使用,且不得涂改、代签。

(3) 使用区域限制安全带,以避免作业人员的身体靠近高处作业的边缘。

(4) 使用坠落保护装备,如配备缓冲装置的全身式安全带和安全绳等。

(5) 对患有心脏病、高血压等职业禁忌证,以及年老体弱、疲劳过度、视力不佳等其他不适于高处作业的人员,不得安排其从事高处作业。

(6) 严禁在5级及以上大风和雷电、暴雨、大雾、异常高温或低温等环境条件下进行高处作业;在30~40℃高温环境下的高处作业应进行轮换。

(7) 在雨天和雪天进行高处作业时,应采取可靠的防滑、防寒和防冻措施,水、冰、霜、雪均应及时清除。

(8) 作业人员应按规定正确穿戴个人防护装备,并正确使用登高器具和设备。

(9) 作业人员应按规定系用与作业内容相适应的安全带。安全带应高挂低用,不得系挂在移动、不牢固的物件上或有尖锐棱角的部位,系挂后应检查安全带扣环是否扣牢。

(10) 作业人员应沿着通道、梯子等指定的路线上下,并采取有效的安全措施。作业点下方应设安全警戒区,应有明显警戒标志,并设专人监护。

(11) 高处作业禁止投掷工具、材料和杂物,工具应采取防坠落措施,作业人员上下时手中不得持物。所用材料应堆放平稳,不妨碍通行和装卸。

(12) 梯子使用前应检查结构是否牢固。禁止在吊架上架设梯子,禁止踏在梯子顶端工作。同一架梯子上只允许一个人工作,不准许人移动梯子。

(13) 禁止在不牢固的结构物上进行作业,作业人员禁止在平台、孔洞边缘,通道或安全网内等高处作业处休息。

(14) 高处作业与其他作业交叉进行时,应按指定的路线上下,不得垂直上下作业。如果需要垂直作业时,应采取可靠的隔离措施。

(15) 高处作业应与架空电线保持安全距离。夜间高处作业应有充足的照明。高处作业人员应与地面保持联系,根据现场需要配备必要的联络工具,并指定专人负责联系。

第四节　临时用电作业

一、定义

临时用电是指在生产或施工区域临时性使用非标准配置、380 V及以下的低压电力系统且不超过6个月的作业。非标准配置的临时用电线路是指除按标准成套配置的有插头、连线、插座的专用接线排和接线盘以外的，所有其他用于临时性用电的电气线路，包括临时使用电缆、电线、电气开关、用电设备等。

二、主要危害因素

临时用电作业存在的主要安全风险为触电伤害，其主要危害因素有以下几条：
(1) 作业人员未按规定穿戴个人防护用品。
(2) 线路架设在树木或临时设施上。
(3) 架空线路上存在接头，且无结构支撑。
(4) 在接引、拆除临时用电线路时，其上级开关未断电，无上锁挂签措施。
(5) 2台或3台以上用电设备使用同一开关直接控制。

三、作业要求

(1) 使用时间在1个月以上的临时用电线路，应采用架空方式连接，并满足以下要求：
① 架空线路应架设在专用电杆或支架上，严禁架设在树木、脚手架及临时设施上；架空电杆和支架应固定牢固，防止其受风或者其他原因倾覆造成事故。
② 在架空线路上不得进行接头连接；如果必须接头，需进行结构支撑，确保接头不承受拉、张力。
③ 临时架空线最大弧垂与地面距离在施工现场不低于2.5 m，跨越机动车道时不低于5 m。
④ 不允许在起重机等大型设备进出的区域内使用架空线路。
(2) 使用时间在1个月以内的临时用电线路可采用架空或地面走线等方式，地面走线应满足以下要求：
① 所有地面走线应沿避免机械损伤和不阻碍人员、车辆通行的部位敷设，且在醒目处设置"走向标志"和"安全标志"。
② 电线埋地深度不应小于0.7 m，需要横跨道路或在有重物挤压危险的部位应加设防护套管，套管应固定；当电线位于交通繁忙区域或有重型设备经过的区域时，应采取保护措施，并设置安全警示标志。
③ 电线要避免敷设在可能施工的区域内。
(3) 所有的临时用电线路必须采用耐压等级不低于500 V的绝缘导线。
(4) 临时用电设备及临时建筑内的电源插座应安装漏电保护器，在每次使用之前应利用试验按钮进行测试。所有的临时用电都应设置接地或接零保护。
(5) 送电操作顺序为：总配电箱—分配电箱—开关箱（上级过载保护电流应大于下级）。停电操作顺序为：开关箱—分配电箱—总配电箱。

（6）配电箱（盘）应保持整洁、接地良好，对配电箱（盘）、开关箱应定期检查、维修。进行作业时，应将其上一级相应的电源隔离开关分闸断电、上锁，并悬挂警示性标志。

（7）所有配电箱（盘）、开关箱应有电压标志和安全标志。在其安装区域内，应在其前方 1 m 处用黄色油漆或警戒带做警示。室外的临时用电配电箱（盘）还应设有安全锁具，有防雨、防潮措施。在距配电箱（盘）、开关及电焊机等电气设备 15 m 范围内，不应存放易燃、易爆、腐蚀性等危险物品。

（8）配电箱（盘）、开关箱应装设端正、牢固。固定式配电箱、开关箱的中心点与地面的垂直距离应为 1.4～1.6 m；移动式配电箱（盘）、开关箱应装设在坚固、稳定的支架上，其中心点与地面的垂直距离宜为 0.8～1.6 m。

（9）所有临时用电线路应由电气专业人员检查合格后使用，在使用过程中应定期检查，搬迁或移动后的临时用电线路应再次检查确认。

（10）在接引、拆除临时用电线路时，其上级开关应当断电，并做好上锁挂牌等安全措施。

（11）临时用电线路的自动开关和熔丝（片）应根据用电设备的容量确定，并满足安全用电要求，不得随意加大或缩小，不得用其他金属丝代替熔丝（片）。

（12）临时电源暂停使用时，应切断电源，并上锁挂牌。搬迁或移动临时用电线路时，应先切断电源。

（13）在防爆场所使用的临时用电线路和电气设备应达到相应的防爆等级要求。

（14）临时用电线路经过高温、振动、腐蚀、积水及机械损伤等危害部位时，不得有接头，并采取有效的保护措施。

（15）移动工具、手持电动工具等用电设备应有各自的电源开关，必须实行"一机一闸一保护"制，严禁使用同一开关直接控制 2 台及以上用电设备（含插座）。

（16）Ⅰ类工具绝缘电阻不得小于 2 MΩ，Ⅱ类工具绝缘电阻不得小于 7 MΩ。

（17）使用潜水泵时，应确保电机及接头绝缘良好，潜水泵引出电缆到开关之间不得有接头，并设置非金属材质的提泵拉绳。

（18）使用手持电动工具时，应满足以下安全要求：

① 有合格标牌，外观完好，各种保护罩（板）齐全。

② 在一般作业场所，应使用Ⅱ类工具；若使用Ⅰ类工具，应装设额定漏电动作电流不大于 15 mA、动作时间不超过 0.1 s 的漏电保护器。

③ 在潮湿作业场所或金属构架上作业时，应使用Ⅱ类或由安全隔离变压器供电的Ⅲ类工具。

④ 在狭窄场所，如锅炉、金属管道内，应使用由安全隔离变压器供电的Ⅲ类工具。

⑤ Ⅲ类工具的安全隔离变压器，Ⅱ类工具的漏电保护器，Ⅱ、Ⅲ类工具的控制箱和电源连接器等装备，应放在容器外或作业点处，同时应有专人监护。

⑥ 电动工具导线必须为护套软线。导线两端连接牢固，中间不许有接头。

⑦ 临时施工、作业场所必须使用安全插座、插头。

⑧ 必须严格按照操作规程使用移动式电气设备和手持电动工具，使用过程中需要移动或停止工作、人员离去，或突然停电时，必须断开电源开关或拔掉电源插头。

（19）临时照明应满足以下安全要求：

① 现场照明应满足所在区域安全作业亮度、防爆和防水等要求。
② 使用合适灯具和带护罩的灯座,防止意外接触或破裂。
③ 使用不导电材料悬挂导线。
④ 行灯电源电压不超过 36 V,灯泡外部要有金属保护罩。
⑤ 在潮湿和易触及带电体场所的照明电源电压不得大于 24 V,在特别潮湿场所、导电良好的地面、锅炉或金属容器内的照明电源电压不得大于 12 V。

(20) 所有临时用电开关应贴有标签,注明供电回路和临时用电设备。所有临时插座都应贴上标签,并注明供电回路和额定电压、电流。

第五节　进入受限空间作业

一、定义

受限空间是指封闭或部分封闭,进出口狭窄,作业范围受限,自然通风不良,能形成有毒有害物质、易燃易爆物质积聚或使氧含量不足,且易对作业人员安全构成生命危害的临时性工作场所。一般受限空间也被称作有限空间或密闭空间,相比较而言,受限空间更确切、规范。

进入受限空间作业指在生产区域内的管沟、隧道、竖井、作业坑槽、油气储罐、炉、罐、管道、烟道、下水道、沟、坑、井、池、涵洞等封闭或半封闭的空间或场所工作,且有中毒、窒息、火灾、爆炸、坍塌、触电等潜在危害的作业。

二、主要危害因素

进入受限空间作业存在的安全风险主要为机械伤害和中毒、窒息,其主要危害因素有以下几种:

(1) 作业人员未按规定穿戴个人防护用品。
(2) 未将运转设备的动力源和电源断开,或并未对动力源或电源进行上锁挂签。
(3) 进入受限空间前未检测氧气或有毒有害气体浓度。

三、作业要求

(1) 进入受限空间作业应当办理作业许可,严禁未办理作业许可便进行作业。
(2) 进入受限空间作业许可证是现场作业的依据,只限在指定的作业区域和时间范围内使用,且不得涂改、代签。
(3) 进入受限空间作业前应按照作业许可证或安全工作方案的要求进行气体检测,作业过程中应再次进行气体监测,合格后方可作业。
(4) 作业人员在进入受限空间作业期间应采取适宜的安全防护措施,必要时应佩戴有效的个人防护装备。
(5) 发生紧急情况时,严禁盲目施救。救援人员应经过培训,具备与作业风险相适应的救援能力,确保在正确穿戴个人防护装备和使用救援装备的前提下实施救援。
(6) 准备工作。
① 可采取清空、清扫(如冲洗、蒸煮、洗涤和漂洗)、中和危害物、置换等方式对受限空间

进行清理、清洗。

② 编制隔离核查清单,隔离相关能源和物料的外部来源,上锁挂牌并测试,按清单内容逐项核查隔离措施。

(7) 对可能缺氧、富氧,或存在有毒有害气体、易燃易爆气体、粉尘等的受限空间,作业前应进行检测,合格后方可进入。进入受限空间作业的时间距气体检测时间不应超过 30 min。超过 30 min 仍未开始作业时,应当重新进行检测。氧气体积分数应保持在 19.5%～23.5%。使用便携式可燃气体报警仪或其他类似手段进行分析时,被测的可燃气体或可燃液体蒸气的体积分数应小于其与空气混合爆炸下限（LEL）的 10%,且应使用 2 台设备进行对比检测。使用色谱分析等分析手段时,被测的可燃气体或可燃液体蒸气的爆炸下限大于等于 4%（体积分数）时,其体积分数应小于 0.5%;当被测的可燃气体或可燃液体蒸气的爆炸下限小于 4%（体积分数）时,其体积分数应小于 0.2%。有毒有害气体体积分数应符合国家相关规定要求。

(8) 进入受限空间作业实施前应当进行安全交底,作业人员应当按照进入受限空间作业许可证的要求进行作业。

(9) 进入受限空间作业应指定专人监护,不得在无监护人的情况下作业;作业人员和监护人员应当相互明确联络方式并始终保持有效沟通;进入特别狭小空间时,作业人员应当系安全可靠的保护绳,并利用保护绳与监护人员进行沟通。

(10) 受限空间内的温度应当控制在不对作业人员产生危害的范围内。

(11) 受限空间内应当保持通风,保证空气流通和人员呼吸需要。可采取自然通风或强制通风,严禁向受限空间内通纯氧。

(12) 受限空间内应当有足够的照明,并使用符合安全电压和防爆要求的照明灯具。手持电动工具应当有漏电保护装置,所有电气线路绝缘良好。

(13) 进入受限空间作业应当采取防坠落或滑跌的安全措施,必要时应当提供符合安全要求的工作面。

(14) 对受限空间内阻碍人员移动、对作业人员可能造成危害或影响救援的设备应当采取固定措施,必要时移出受限空间。

(15) 进入受限空间作业期间,应当根据作业许可证或安全工作方案中规定的频次进行气体检测,并记录检测时间和结果,结果不合格时应立即停止作业。气体监测应当优先选择连续监测方式,若采用间断性监测,间隔不应超过 2 h。

(16) 携带进入受限空间作业的工具、材料要登记,作业结束后应当清点,以防遗留在受限空间内。

(17) 如发生紧急情况,需进入受限空间进行救援,应当明确监护人员与救援人员的联络方法。救援人员应当佩戴相应的防护装备,必要时携带气体防护装备。

(18) 进入受限空间作业期间,作业人员应当安排轮换作业或休息,每次进、出受限空间的人员都要清点和登记。

(19) 如果进入受限空间作业中断超过 30 min,继续作业前,作业人员、作业监护人应当重新确认安全条件。作业中断过程中,应对受限空间采取必要的警示或隔离措施,防止人员误入。

第六节　起重吊装作业

一、定义

起重吊装作业是工程建设行业中不可缺少的一项作业,通常指使用汽车吊、随车吊、旋臂吊、龙门吊、桥吊等起重机械进行的吊装作业。由于施工作业过程具有设备直径大、本体重、交叉作业配合多、高处作业量大等特点,因此起重作业具有极高的安全风险,对施工作业者提出极为严格的安全要求。

二、主要危害因素

起重作业存在的主要安全风险为机械伤害和物体打击伤害,其主要危害因素有以下几条:

(1) 绳套与吊装物不匹配。
(2) 在视线不清或大雾、大雪、雷雨或 6 级及以上大风等恶劣天气下进行起重作业。
(3) 作业人员未按规定穿戴个人防护用品。
(4) 夜间进行吊装作业时,照度不足、视线不清。
(5) 吊装区域附近有高压线。
(6) 吊点选择不正确或与吊点连接不牢固。
(7) 未正确使用牵引绳。
(8) 人员站位不合理,从吊物下方通过或在吊臂旋转半径范围内。

三、作业要求

(1) 移动式起重机吊装作业实行作业许可管理,吊装前需办理吊装作业许可证。
(2) 使用前起重机各项性能均应检查合格。吊装作业应遵循制造厂家规定的最大负荷能力以及最大吊臂长度限定要求。
(3) 禁止起吊超载、重量不清的货物和埋置物件。在大雪、暴雨、大雾等恶劣天气及风力达到 6 级时应停止起吊作业,并卸下货物,收回吊臂。
(4) 任何情况下,严禁起重机带载行走。无论何人发出紧急停车信号,都应立即停车。
(5) 在可能产生易燃易爆、有毒有害气体的环境中工作时,应进行气体监测。
(6) 起重机吊臂回转范围内应采用警戒带或其他方式隔离,无关人员不得进入该区域内。
(7) 在电力线附近使用起重机时,起重机与电力线路的安全距离应符合相关标准的规定,具体为:1 kV 以下线路至少为 1.5 m,1~10 kV 线路至少为 2 m,10~35 kV 线路至少为 4 m,35 kV 以上线路至少为 5 m(不适用于阴雨或潮湿天气)。在没有明确告知的情况下,所有电线电缆均应视为带电电缆。
(8) 起重机吊臂回转范围内应采用警戒带或其他方式隔离,无关人员不得进入该区域内。
(9) 起重作业指挥人员应佩戴标志,并与起重机司机保持可靠的沟通,指挥信号应明确并符合规定。

（10）在起重作业过程中可通过引绳来控制货物摆动，禁止将引绳缠绕在身体的任何部位。

（11）起重作业应使用专用索具，且与重物匹配，选用的索具应符合使用标准，无锈蚀、无过度磨损、无变形打扭、断丝不超标。

（12）吊装作业前应对所选吊点进行确认，吊点无变形、裂纹，承载正常，确认所吊部位牢固可靠。

（13）起吊前应清除或固定被吊物上的浮置物，各附件捆绑牢靠，棱角处加衬垫，并确保不超高。

（14）作业人员应穿戴符合安全要求的安全帽及其他劳保用品。

（15）被吊物严禁从人员上空通过，人员不得从吊臂及悬吊重物下通过或停留。

（16）作业人员不能随悬吊重物一起起吊，无关人员应及时撤离至安全区域。

（17）任何人不得在吊装物移动范围内和可能坠落的危险区域内活动。

第八章　生产事件、事故的应急处置

第一节　事件、事故的分类分级

一、事件与事故的基本知识

1. 事件

事件是指比较重大,对一定的人群会产生一定影响的事情或极可能导致事故的情况。突然发生的事件,造成或者可能造成严重社会危害,需要采取应急处置措施予以应对的自然灾害、事故灾难、公共卫生事件和社会安全事件,称之为突发事件。例如,井喷失控,放射性物质失控导致严重误照射等。

从应急管理的角度出发,突发事件又可分为广义和狭义两种。广义上,突发事件可被理解为突然发生的事情,第一层的含义是事件发生、发展的速度很快,出乎意料;第二层的含义是事件难以应对,必须采取非常规方法来处理。狭义上,突发事件就是意外的、突然发生的重大或敏感事件,简言之,就是天灾人祸。

2. 生产安全事件

生产安全事件是指在生产经营活动中,由于人为原因可能或已经造成人员伤害或经济损失,但未达到《集团公司生产安全事故管理办法》所规定事故等级的事件。

3. 事故

事故是指造成伤亡、职业病、设备损坏、财产损失或环境破坏的一个或一系列事件。事故是发生在人们的生产、生活活动中的意外事件。事故的含义包括以下3种。

(1)事故是一种发生在人类生产、生活活动中的特殊事件,人类的任何生产、生活活动过程中都可能发生事故。

(2)事故是一种突然发生的、出乎人们意料的意外事件。由于导致事故发生的原因非常复杂,往往包括许多偶然因素,因而事故的发生具有随机性质。在一起事故发生之前,人们无法准确地预测什么时候、什么地方、发生什么样的事故。

(3)事故是一种迫使进行着的生产、生活活动暂时或永久停止的事件。事故会中断、终止人们正常活动的进行,必然给人们的生产、生活带来某种形式的影响。因此,事故是一种违背人们意志的事件,是人们不希望发生的事件。

事故可能有4种后果:人受到伤害,物也遭受损失;人受到伤害,而物没有损失;人没有伤害,物遭到损失;人没有受到伤害,物也没有受到损失,只是时间和间接的损失。

4. 事故特性

大量的事故调查、统计、分析表明,事故有其自身特有的属性。掌握和研究这些特性,对于指导人们认识事故、了解事故和预防事故具有重要意义。

(1) 普遍性。自然界中充满着各种各样的危险,人类的生产、生活过程中也总是伴随着危险。所以,发生事故的可能性普遍存在。危险是客观存在的,在不同的生产、生活过程中,危险性各不相同,事故发生的可能性也就存在着差异。

(2) 随机性。事故发生的时间、地点、形式、规模和事故后果的严重程度都是不确定的。何时、何地、发生何种事故,其后果如何,都很难预测,从而给事故的预防带来一定困难。但是在一定的范围内,事故的随机性遵循数理统计规律,即在大量事故统计资料的基础上,可以找出事故发生的规律,预测事故发生概率的大小。因此,事故统计分析对制定正确的预防措施具有重要作用。海因里希法则是美国著名安全工程师海因里希提出的(又称 300∶29∶1 法则)。海因里希通过分析工伤事故的发生概率,发现在一件重大的事故背后必有 29 件"轻度"的事故,还有 300 件潜在的隐患。

(3) 必然性。危险是客观存在的,而且是绝对的。因此,人们在生产、生活过程中必然会发生事故,只不过是事故发生的概率大小、人员伤亡的多少和财产损失的严重程度不同而已。人们采取措施预防事故,只能延长事故发生的时间间隔,降低事故发生的概率,而不能完全杜绝事故。

(4) 因果相关性。事故是由系统中相互联系、相互制约的多种因素共同作用的结果。导致事故的原因多种多样。从总体上,事故原因可分为人的不安全行为、物的不安全状态、环境的不良刺激作用;从逻辑上又可分为直接原因和间接原因等。这些原因在系统中相互作用、相互影响,在一定的条件下发生突变,即酿成事故。通过事故调查分析,探求事故发生的因果关系,搞清事故发生的直接原因、间接原因和主要原因,对于预防事故发生具有积极作用。

(5) 突变性。系统由安全状态转化为事故状态实际上是一种突变现象。事故的发生往往十分突然,令人措手不及。因此,制定事故预案,加强应急救援训练,提高作业人员的应急反应能力和应急救援水平,对于减少人员伤亡和财产损失尤为重要。

(6) 潜伏性。事故的发生具有突变性,但在事故发生之前存在一个量变过程,亦即系统内部相关参数的渐变过程,所以事故具有潜伏性。一个系统,可能长时间没有发生事故,但这并非就意味着该系统是安全的,因为它可能潜伏着事故隐患。这种系统在事故发生之前所处的状态不稳定,为了达到系统的稳定状态,系统要素在不断发生变化。当某一触发因素出现,即可导致事故。事故的潜伏性往往会引起人们的麻痹思想,从而酿成重大恶性事故。

(7) 危害性。事故往往造成一定的财产损失或人员伤亡。严重者会制约企业的发展,给社会稳定带来不良影响。因此,人们面对危险时,应全力抗争而追求安全。

(8) 可预防性。尽管事故的发生是必然的,但我们可以通过采取控制措施来预防事故发生或者延长事故发生的时间间隔。充分认识事故的这一特性,对于防止事故发生有促进作用。通过事故调查,探求事故发生的原因和规律,采取预防事故的措施,可降低事故发生的概率。

5. 事故产生的原因

造成生产安全事故的原因主要有:人的不安全行为、物的不安全状态、环境的原因、管理上的缺陷。

(1) 人的不安全行为是指操作员工、管理人员和其他有关人员的不安全行为,它是事故的重要致因。它主要包括以下几种:

① 未经许可进行操作,忽视安全,忽视警告。
② 违章指挥、违规操作或高速操作。
③ 人为地使安全装置失效。
④ 使用不安全设备,用手代替工具进行操作或违章作业。
⑤ 不安全地装载、堆放或组合物体。
⑥ 采取不安全的作业姿势或处于不安全的方位。
⑦ 在有危险的运转设备装置上或在移动的设备上进行工作。
⑧ 不停机,边工作边检修。
⑨ 工作时注意力分散,如脱岗、睡岗、酒后上岗等。

(2) 物的不安全状态中的物包括原料、燃料、动力、设备、工具、成品、半成品等。物的不安全状态有以下几种:
① 设备和装置的结构不良,材料强度不够,零部件磨损和老化。
② 存在危险物和有害物。
③ 工作场所的面积狭小或有其他缺陷。
④ 安全防护装置失灵。
⑤ 缺乏防护用具和服装,或防护用具存在缺陷。
⑥ 物质的堆放、整理有缺陷。
⑦ 工艺过程不合理,作业方法不安全。

物的不安全状态是构成事故的物质基础。没有物的不安全状态,就不可能发生事故。物的不安全状态构成生产中的隐患和危险源,当它满足一定条件时,就会转化为事故。

(3) 不安全的环境是引起事故的物质基础,它是事故的直接原因,通常包括以下几种:
① 自然环境的异常,即岩石、地质、水文、气象等的恶劣变异。
② 生产环境不良,即照明、温度、湿度、通风、采光、噪声、振动、空气质量和颜色等方面存在缺陷。

以上人的不安全行为、物的不安全状态以及环境的恶劣状态都是导致事故发生的直接原因。

(4) 管理的缺陷主要包括以下几方面:
① 技术缺陷。它是指工业建筑物、构筑物及机械设备、仪器仪表等的设计、选材、安装、布置、维护、维修有缺陷,或工艺流程、操作方法方面存在问题。
② 劳动组织不合理。
③ 对现场工作缺乏检查指导,或检查指导失误。
④ 没有安全操作规程或安全操作规程不健全,挪用安全措施费用,不认真实施事故防范措施,对安全隐患整改不力。
⑤ 教育培训不够,工作人员不懂操作技术知识或经验不足,缺乏安全知识。
⑥ 人员选择和使用不当,人员生理或身体有缺陷,如听力、视力不良等。

管理上的缺陷是事故的间接原因,是事故的直接原因得以存在的条件,间接原因滋长了低标准行为,但支配事故的根源是缺乏控制。控制是管理机能(计划、组织、指导协调及控制)中的一个重要机能,安全管理中的控制指对人的不安全行为、物的不安全状态进行控制,这也是安全管理的核心。

二、生产事件的分类与分级

(一) 生产事件的分类

按照生产事件的性质、过程和机理的不同,将生产事件分为4类,即工业生产安全事件、道路交通事件、火灾事件以及其他事件。

1. 工业生产安全事件

工业生产安全事件是指在生产场所内从事生产经营活动中发生的造成人员轻伤以下或直接经济损失小于1 000元的情况。

2. 道路交通事件

道路交通事件是指企业车辆在道路上因过错或者意外造成人员轻伤以下或直接经济损失小于1 000元的情况。

3. 火灾事件

火灾事件是指在企业生产、办公以及生产辅助场所发生的意外燃烧或燃爆事件,造成人员轻伤以下或直接经济损失小于1 000元的情况。

4. 其他事件

其他事件是指除上述3类事件以外的,造成人员轻伤以下或直接经济损失小于1 000元的情况。

(二) 生产事件的分级

工业生产安全事件、道路交通事件、火灾事件以及其他事件根据损害程度可分为5级。

(1) 限工事件。人员受伤后下一工作日仍能工作,但不能在整个班次完成所在岗位全部工作,或临时转岗后能在整个班次完成所转岗位全部工作的情况。

(2) 医疗事件。人员受伤需要专业医护人员进行治疗,且不影响下一班次工作的情况。

(3) 急救箱事件。人员受伤仅需一般性处理,不需要专业医护人员进行治疗,且不影响下一班次工作的情况。

(4) 经济损失事件。在企业生产活动中发生,没有造成人员伤害,但导致直接经济损失小于1 000元的情况。

(5) 未遂事件。已经发生,但没有造成人员伤害或直接经济损失的情况。

(三) 生产事件的处置

(1) 事件发生后,现场有关人员应当视现场实际情况按规定启动应急处理程序,防止事件进一步扩大。

(2) 事件当事人应当向现场负责人进行报告,并填写《生产安全事件报告分析单》,事件发现者也可以向现场负责人进行报告。

(3) 事件发生的基层单位应当及时组织对《生产安全事件报告分析单》进行分析,制定防范措施并告知员工。

(4) 企业及所属二级单位应当定期对上报的生产安全事件进行综合分析,发现规律并进行风险评估,形成预测分析报告,制定切实可行的整改措施,消除可能造成事故的危害因素。

(5) 企业各级管理者应当对预测分析报告中整改措施的落实情况进行监督和跟踪。

(6) 各级组织应当积极将典型的生产安全事件作为安全经验分享的重要资源,以各种方式进行共享,汲取经验教训。安全经验分享材料应当避免提及事件当事人的姓名或其他具有明显身份辨识作用的信息。

(7) 事件发生在国内的,应当在事件发生后 5 个工作日内完成分析工作,并按照生产安全事件分类分级录入 HSE 信息系统;事件发生在国外的,应当在事件发生后 10 个工作日内完成分析工作,并按照生产安全事件分类分级录入 HSE 信息系统。需后续整改的问题应当在整改工作完成后及时在系统中补充完善。

(8) 企业应当参照上述规定将承包商发生的生产安全事件进行管理。

(9) 企业应当建立事件报告奖励制度,鼓励、发动员工发现和积极报告各类事件信息,对发现、报告各类事件信息的人员进行奖励。

(10) 除严重违章行为外,企业一般不对事件有关人员进行处理。对不认真组织分析生产安全事件和落实整改措施的各级管理人员应当进行考核处理。

三、事故的分类与分级

(一) 生产安全事故类别

安全事故按其性质可分为工业生产安全事故、道路交通事故和火灾事故。

1. 工业生产安全事故

工业生产安全事故是指在生产场所内从事生产经营活动中发生的,造成单位员工和单位外人员人身伤亡、急性中毒或者直接经济损失的事故,不包括火灾事故和道路交通事故。

2. 道路交通事故

道路交通事故是指各单位车辆在道路上因过错或者意外造成的人身伤亡或者财产损失的事故。

3. 火灾事故

火灾事故是指失去控制并对财物和人身造成损害的燃烧现象。以下情况也列入火灾统计范围:民用爆炸物品爆炸引起的火灾;易燃可燃液体、可燃气体、蒸气、粉尘以及其他化学易燃易爆物品爆炸和爆炸引起的火灾;机电设备因内部故障导致外部明火燃烧需要组织扑灭的事故,或者引起其他物件燃烧的事故;车辆、船舶以及其他交通工具发生的燃烧事故,或者由此引起的其他物件燃烧的事故。

(二) 事故分级

根据事故造成的人员伤亡或者直接经济损失,事故分为以下几个等级。

1. 特别重大事故

特别重大事故是指造成 30 人以上死亡,或者 100 人以上重伤(包括急性工业中毒,下同),或者 1 亿元以上直接经济损失的事故。

2. 重大事故

重大事故是指造成 10 人以上 30 人以下死亡,或者 50 人以上 100 人以下重伤,或者 5 000 万元以上 1 亿元以下直接经济损失的事故。

3. 较大事故

较大事故是指造成 3 人以上 10 人以下死亡,或者 10 人以上 50 人以下重伤,或者 1 000 万元以上 5 000 万元以下直接经济损失的事故。

4. 一般事故

一般事故是指造成 3 人以下死亡,或者 10 人以下重伤,或者 1 000 万元以下直接经济损失的事故。具体细分为三级。

（1）一般事故A级是指造成3人以下死亡,或者3人以上10人以下重伤,或者10人以上轻伤,或者100万元以上1 000万元以下直接经济损失的事故。

（2）一般事故B级是指造成3人以下重伤,或者3人以上10人以下轻伤,或者10万元以上100万元以下直接经济损失的事故。

（3）一般事故C级是指造成3人以下轻伤,或者10万元以下1 000元以上直接经济损失的事故。

第二节　事件、事故处置方法与流程

一、事件、事故处理的相关概念

1. 应急

应急是指需要立即采取某些超出正常工作程序的行动,以避免事故发生或减轻事故后果的状态。

2. 应急预案

应急预案是指针对发生的事故,为了迅速、有序地开展应急行动而预先制定的行动方案。

3. 应急准备

应急准备是指对可能发生的突发事件,为了迅速、有序地采取应急行动而预先进行的组织准备和应急保障。

4. 应急状态

应急状态是指对经常发生或者可能发生的突发事件,在某个地区或者一定范围内,政府或相关企业、机构组织各方力量在一段时间内依据有关法律法规和应急预案采取的紧急措施所呈现的状态。

5. 应急处置

应急处置是指突发事件发生后,为消除、减少其危害,最大限度地降低其可能造成的影响而采取的应对措施或行动。

6. 应急响应

应急响应是指紧急事件发生后,有关组织和人员应采取的应急行动。应急响应一般从接到应急预警信息开始,因此出现紧急情况后处置的同时,最重要的就是报警。

7. 应急演练

应急演练是指通过模拟突发事件的事发场景,对相关应急程序、操作或资源是否满足预定的要求而进行测试或验证的一组活动或行为。

8. 预警

预警是指针对预测或发现的突发事件或非正常现象,向受其影响的组织或人员提出警示信息的活动。

9. 次生（衍生）事件

次生（衍生）事件是指某一突发事件所派生或者因处置不当而引发的其他事件。

10. 应急管理

应急管理是指在应对突发事件的过程中,为了降低突发事件的危害,达到优化决策的目的,基于对突发事件的原因、过程及后果进行分析,有效集成各方面的相关资源,对突发事件进行有效预警、控制和处理的过程。

二、事件、事故的处置

(一) 应急工作原则

(1) 以人为本,减少危害。强化红线意识,始终把保障员工生命安全作为首要任务,最大限度减少突发事件造成的人员伤亡和危害。

(2) 居安思危,预防为主。高度重视危害因素辨识、风险评估与防控及隐患治理,强化预警,把安全关口前移,全力做好应急物资装备等各项准备工作。

(3) 加强领导,落实责任。在公司统一领导下,各单位履行主体责任,结合实际,建立健全应急管理体系,落实应急工作职责。

(4) 加强协调,注重联动。依据有关法规和制度,建立公司与地方政府、建设方的应急联动机制,实现应急资源共享,有效应对突发事件。

(5) 强化支撑,提高水平。加强应急技术研究,积极采用先进的应急技术及设施,有效施救,不断提升应急救援能力。

(6) 统一管理,发布信息。把握正确舆论导向,统一归口,及时坦诚面向公众、媒体和各利益相关方提供突发事件信息,妥善处置各类负面和不良信息,维护公司良好形象。

(二) 应急预案体系

突发事件应急预案体系主要包括:突发事件综合应急预案(或称总体应急预案和应急工作手册)、突发事件专项应急预案、若干个所属单位应急处置预案和岗位应急处置程序以及岗位应急处置卡。

(1) 综合应急预案是单位应对各类突发事件的纲领性文件,阐述了应急工作原则、组织机构及职责、预案体系、预警及信息报告、应急响应、应急保障和预案管理等内容。

(2) 专项应急预案是应对某一类型或几种类型突发事件而制定的应急预案,它对事故风险分析与事件分级、组织机构及职责、处置程序、处置措施等应急响应内容做出了具体规定,着重解决特定突发事件的应急处置,是综合应急预案的支持性文件。专项应急预案的核心内容是应急响应中的处置程序和处置措施,即应急行动方案,它直接关系到应急抢险的实施效果,因此这部分内容应具体详细、有针对性。

(3) 应急处置预案是根据不同事故类别,针对具体场所、装置或设施所制定的应急处置程序及措施。它主要包括事故风险分析、应急工作职责、应急程序及措施和注意事项等内容,它与专项应急预案相衔接。

(4) 联合应急处置预案是区域管理机构与所辖市场施工单位或建设方和相关方联合制定应对区域性突发事件的应急处置预案。联合应急处置预案侧重明确与施工单位或建设方和相关方及地方政府间信息通报、处置措施衔接和应急资源共享等应急联动机制。

(5) 岗位应急处置程序是针对危险性较大重点岗位制定的程序,是岗位应急处置程序作为安全操作规程的重要组成部分,是指导作业现场、岗位操作人员进行应急处置的规定动作。岗位应急处置程序可体现在现场作业指导书中。每个项目的《HSE 计划书》中,对新增危害因素进行了辨识,制定了应急处置程序,可视为单体项目或单井应急处置预案。

(6) 岗位应急处置卡是岗位员工在应急状态下所采取的合规、有效的"规定动作"。用简洁明了的语言描述应急处置步骤,让员工明确发生突发事件时先做什么、后做什么、怎么做、谁来做,一看就懂,易于掌握。应按照"简明、易记、可操作"的原则,且每个事件(事故)必须独立对应一个应急处置卡的原则编制。应急处置卡主要内容包括:事件(事故)名称、危害描述、处置程序、应急处置要点、注意事项和信息报告流程图等。岗位应急处置卡以卡片形式配发给各个岗位人员,卡片正面为事件(事故)名称、危害描述、处置程序、应急处置要点和注意事项方面的内容,反面为应急处置流程图和应急联系电话。

(三)事故报告与披露

(1)事故发生后,事故现场的有关人员应当立即向基层单位负责人报告,基层单位负责人应当立即向上一级安全主管部门报告,安全主管部门逐级上报直至企业安全主管部门,由安全主管部门向本单位领导报告。较大及以上事故企业安全主管部门应当向企业办公室通报。情况紧急时,事故现场有关人员可以直接向企业安全主管部门报告。

(2)企业接到事故报告后,应当向集团公司总部机关有关部门报告。一般事故 C 级和 B 级,在事故发生后 1 h 之内由企业安全主管部门向集团公司安全主管部门报告。一般事故 A 级,在事故发生后 1 h 之内由企业安全主管部门向集团公司安全主管部门报告,集团公司安全主管部门应当立即向集团公司分管安全工作的副总经理报告。较大事故,在事故发生后 1 h 之内由发生事故的企业办公室向集团公司办公厅和安全主管部门报告,集团公司办公厅接到企业事故报告后,应当立即向集团公司分管安全工作的副总经理、总经理报告。重大及以上事故,在事故发生后 30 min 之内由发生事故的企业办公室向集团公司办公厅和安全主管部门报告,集团公司办公厅接到企业事故报告后,应当立即向集团公司总经理报告,同时报告集团公司分管安全工作的副总经理。

(3)发生事故后,企业在上报集团公司的同时,应当于 1 h 内向事故发生地县级以上人民政府安全生产监督管理部门和负有安全生产监督管理职责的有关部门报告。

(4)发生事故应当以书面形式报告,情况特别紧急时,可用电话口头初报,随后书面报告。书面报告至少包括以下内容:事故发生单位概况,事故发生的时间、地点以及事故现场情况,事故的简要经过,事故已经造成或者可能造成的伤亡人数(包括下落不明的人数)和初步估计的直接经济损失,已经采取的措施以及其他应当报告的情况。

(四)应急响应

1.应急响应流程

应急响应过程可分为接警、判断响应级别、应急启动、救援行动、扩大应急、应急状态解除等步骤。各专项应急预案针对各类突发事件制定有应急响应程序。

当发生事故时,应按照有关程序展开应急响应行动,调集消防、医疗、公安等力量协同做好工程抢险、警戒、医疗救护、人员疏散与安置、环境监测等事宜,必要时向集团公司、地方政府和专业救援机构请求扩大应急响应。具体响应过程详见突发事件应急响应过程流程图(见图 8-1)。

2.应急响应启动条件

符合以下条件之一时,经公司应急领导小组决定,启动有关应急响应程序。

(1)发生Ⅰ级或Ⅱ级突发事件。

(2)发生Ⅲ级突发事件,事发单位请求公司给予支援或帮助。

(3)接到地方政府、上级部门和建设方应急联动要求。

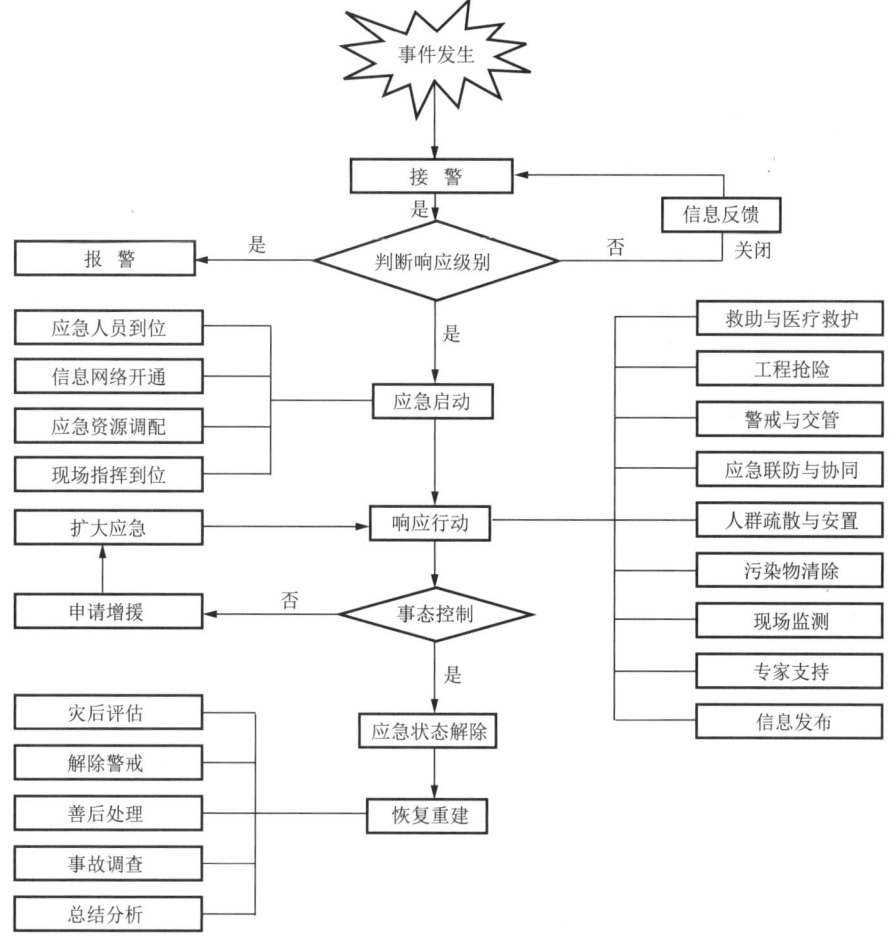

图 8-1 应急响应过程流程图

3. 应急处置

(1) 所属企业应当明确并落实生产现场带班人员、班组长和调度人员在突发紧急状况下的直接处置权和指挥权。在发现直接危及人身安全的紧急情况时,应当立即下达停止作业指令,采取可能的应急措施或组织撤离作业场所。事故发生后,事故单位应当立即启动相应的事故应急预案,组织抢救,防止事故扩大,减少人员伤亡和财产损失。

(2) 发生事故后,企业或者企业所属事故单位负责人和相关部门负责人应当立即赶赴事故现场,组织抢险救援,不得擅离职守。

① 发生较大及以上事故,或者已经发生一般事故 A 级,并可能造成次生事故时,企业主要负责人和相关职能部门负责人应当赶赴事故现场。企业主要领导公差在外时,接到事故报告后,应当立即赶赴事故现场。

② 发生一般事故 A 级,或者已经发生一般事故 B 级,并可能造成次生事故时,企业业务分管领导或者分管安全工作的领导和相关职能部门负责人应当赶赴事故现场。

③ 发生一般事故 B 级、C 级时,企业所属事故单位业务分管领导或者分管安全工作的领导和相关职能部门负责人应当赶赴事故现场。

(3) 事故发生后,事发企业应当根据事故应急救援需要划定警戒区域,配合当地政府有关部门及时疏散和安置可能被事故影响的周边居民和群众,劝离与救援无关的人员,对现场周边及有关区域实行交通疏导。必要时,应当对事故现场实行隔离保护,重要部位、危险区域应当实行专人值守。同时应当妥善保护事故现场以及相关证据,任何单位和个人不得破坏事故现场,毁灭有关证据。

(4) 因抢救人员、防止事故扩大以及疏通交通等原因,需要移动事故现场物件的,应当做出标志、绘出现场简图并做出书面记录,妥善保存现场重要痕迹、物证。

4. 特殊事件处理程序

当突发事件类型未包括在专项应急预案覆盖范围内时,应按照以下程序要求采取抢险救援行动。

(1) 检测与勘察。在实施现场抢险救援行动前,现场指挥部应指派专人对事发现场及周边区域进行检测与勘察,及时划定警戒线,设立安全区域,查找受困及受伤人员。

(2) 疏散与撤离。及时撤离事发现场的无关人员,必要时疏散周边危险区域的人员,划定封锁线。

(3) 救护与响应。在确保抢险救援人员安全的前提下,开辟绿色通道,及时对受伤人员全力进行救治。

(4) 现场抢险作业。专业抢险人员必须佩戴符合现场安全要求的防护用品进行抢险作业,并确认实施现场抢险有专人监护。

(5) 环境保护。明确抢险行动中采取的必要措施,防止环境污染等次生灾害事件发生。

第三节　应急救援

应急救援一般是指通过事故发生前的计划,在事故发生后充分利用一切可能的力量,迅速控制事故的发展,保护现场和场外人员安全,将事故对人员、财产和环境造成的损失降到最低。

一、应急救援的原则和任务

1. 应急救援的原则

(1) 以人为本,安全第一。把保障公众的生命安全和身体健康、最大限度地预防和减少突发事件造成的人员伤亡作为首要任务,切实加强应急救援人员的安全防护。

(2) 统一领导,分级负责。在政府应急管理组织的协调下,各相关单位按照各自的职责和权限,负责应急管理和应急处置工作。企业要认真履行安全生产责任主体的职责,建立与政府应急预案和应急机制相匹配的应急体系。

(3) 预防为主,防救结合。贯彻落实"预防为主,预防与应急相结合"的原则。其中预防工作是事故应急救援工作的基础,除了平时做好事故的预防工作,避免或减少事故的发生外,还应落实好救援工作的各项准备措施,做好常态下的风险评估、物资储备、队伍建设、装备完善和预案演练等工作。

(4) 快速反应,协同应对。加强应急队伍建设,加强区域合作和部门合作,建立协调联动机制,形成统一指挥、反应灵敏、功能齐全、协调有序、运转高效的应急管理快速应对机制。充分发挥专业救援力量的骨干作用和社会公众的基础作用。

(5) 社会动员,全民参与。发挥政府的主导作用,发挥企事业单位、社区和志愿者队伍的作用,动员企业及全社会的人力、物力和财力,依靠公众力量,形成应对突发事件的合力。同时增强公众的公共安全和风险防范意识,提高全社会的避险救助能力。

(6)依靠科学,依法规范。采用先进的救援装备和技术,充分发挥专家作用,实行科学民主决策,增强应急救援能力;依法规范应急管理工作,确保应急预案的科学性、权威性和可操作性。

(7)信息公开,引导舆论。在应急管理中,要满足社会公众的知情权,做到信息透明、信息公开,但涉及国家机密、商业机密和个人隐私的信息除外。不仅如此,还要积极地对社会公众的舆情进行监控,了解社会公众的所思、所想、所愿,对舆情进行正确、有效引导。

2.应急救援的基本任务

重大事故发生的突然性、发生后的迅速扩散性以及波及范围广的特点决定了必须统一指挥应急救援行动。各相关部门密切配合,才能迅速、有序和有效地实施救援工作,以尽可能地减少损失。事故应急救援的基本任务包括以下几个方面:

(1)立即组织营救受害人员,组织撤离或采取其他措施保护危害区域内的其他人员。

(2)迅速控制危险源,并对事故造成的危害进行检查、监测,测定事故的危害区域、性质及程度。

(3)做好现场清洁,消除危害后果。对于事故造成的对人体、土壤、水源和空气的现实危害和可能危害,应迅速采取封闭、隔离、洗消等措施;对于事故产生的有毒、有害物质应及时组织人员进行清除;对于危险化学品造成的危害,应进行监测监控,并采取积极的措施。

(4)查清事故原因,评估危害程度。事故发生后应及时调查事故发生的原因和事故性质,估算出事故危害的波及范围和危害程度,做好事故调查。

二、应急救援系统的组织结构

重大事故应急救援工作涉及众多的部门和多种救援力量的协调配合,它的组织机构可分为5个方面:

(1)应急指挥机构。它是整个系统的核心,负责协调事故应急期间各应急组织和机构间的动作和关系,统筹安排整个应急行动。

(2)事故应急现场指挥机构。它负责事故现场的应急指挥工作,进行应急任务的合理分配和人员调度,有效利用一切可以利用的资源,保证在最短时间内完成现场的应急行动。现场应急指挥部是突发生产安全事件现场应急处置最高决策指挥机构,实行总指挥负责制。

(3)支持保障机构。为应急救援提供物质资源、人员支持、技术支持和医疗支持,全方位保证应急救援行动的完成。该机构一般包括应急救援专家委员会、应急救援专业队、应急医疗救护队和应急后勤队等。

(4)信息发布机构。负责与新闻媒体接触的机构,保证事故报道的客观性和可信性,为应急救援营造一个良好的社会环境。

(5)信息通信机构。负责为应急救援提供一切必要的信息,在现代技术的支持下,为应急救援提供方便快捷的可靠信息。

三、应急救援的实施

1. 事故报警

事故报警的及时与准确是及时实施应急救援的关键。发生事故的企业,除了积极组织自救外,必须及时将事故向有关部门报告。对于重大或灾害性事故,以及不能及时控制的事故,应尽早争取社会救援,以便尽快控制事态的发展。报警的内容应包括:单位事故,事故发生的时间、地点,事故原因,事故性质(外溢、爆炸、燃烧等),危害程度和对救援的要求,报警人的联系电话等。

2. 救援行动的过程

救援行动一般按以下的基本步骤进行。

(1) 接报。它是指接到执行救援的指示或要求救援的请求报告。接报是救援工作的第一步,对成功实施救援起到重要的作用。接报人一般应由总值班担任,接报人应做好以下几项工作:

① 问清报告人姓名、单位部门和联系电话。

② 问清事故发生的时间和地点、事故单位、事故原因、主要毒物、事故性质(毒物外溢、爆炸、燃烧等)、危害波及范围和程度、对救援的要求,同时做好电话记录。

③ 按救援程序,派出救援队伍。

④ 向上级有关部门报告。

⑤ 保持与救援队伍的联系,并视事故发展状况,必要时派出后继梯队予以增援。

(2) 设点。各救援队伍进入事故现场,选择有利地形(地点)设置现场救援指挥部或救援、急救医疗点。各救援点的位置选择关系到能否有序地开展救援和保护自身的安全。救援指挥部、救援和医疗急救点的设置应考虑以下几项因素:

① 地点。应选在上风向的非污染区域,不要远离事故现场,便于指挥和救援工作的实施。

② 位置。各救援队伍应尽可能在靠近现场救援指挥部的地方设点,并随时保持与指挥部的联系。

③ 路段。应选择交通路口,有利于救援人员或转送伤员的车辆通行。

④ 条件。指挥部、救援或急救医疗点可设在室内或室外,应便于人员行动或伤员的抢救,同时要尽可能利用原有通信、水和电等资源,有利于救援工作的实施。

⑤ 标志。指挥部、救援或急救医疗点均应设置醒目的标志,方便救援人员和伤员识别。悬挂的旗帜应用轻质面料制作,以便救援人员随时掌握现场风向。

(3) 报到。指挥各救援队伍进入救援现场后,应向现场救援指挥部报到。其目的是接受救援任务,了解现场情况,便于统一实施救援工作。

(4) 救援。进入现场的救援队伍要尽快按照各自的职责和任务开展工作。

① 现场救援指挥部:应尽快开通通信网络,迅速查明事故原因和危害程度,制定救援方案,组织指挥救援行动。

② 侦检队:应快速测定危险源的性质及危害程度,测定出事故的危害区域,提供有关数据。

③ 救援队:应尽快控制危险,将伤员救离危险区域,协助做好群众的组织撤离和疏散,

做好毒物的清消工作。

④ 医疗队：应尽快将伤员就地简易分类,按类急救和做好安全转送；同时应对救援人员进行医学监护,并为现场救援指挥部提供医学咨询。

(5) 撤点。它是指应急救援工作结束后,离开现场或救援后的临时性转移。在救援行动中应随时注意气象和事故发展的变化,一旦发现所处的区域有危险时,应立即向安全区转移。在转移过程中应注意安全,保持与救援指挥部和各救援队的联系。救援工作结束后,各救援队撤离现场以前应取得现场救援指挥部的同意。撤离前要做好现场的清理工作,并注意安全。

(6) 总结。每一次执行救援任务后都应做好救援小结,总结经验与教训,积累资料,以利再战。

四、应急救援工作的注意事项

(1) 必须做好救援人员的安全防护工作。

(2) 救援人员必须佩戴合格的个人防护器具,并保证佩戴的正确性,防护器具不可轻易摘取。应急事件后应对个人防护器具进行检查,通过专业认证确保无问题方可继续使用。

(3) 根据施工现场的实际情况配备相应的抢险救援器材,器材必须是合格物品,救援所用的工具应具备防爆功能,使用人员必须对器材有相应的了解。

(4) 救援人员进入事故区执行救援任务时,应以 2~3 人为一组,集体行动,互相照应,带好通信联系工具,随时保持通信联系。

(5) 工程救援中尽可能地与单位的自救队或技术人员协同作战,以便熟悉现场情况和生产工艺,有利于工作的实施。

(6) 处于事故、事件现场地区及受到威胁地区的人员,在发生事故、事件后应根据情况和现场局势,在确保自身安全的前提下,采取积极、正确、有效的方法进行自救和互救。事故、事件现场不具备抢救条件的应尽快组织撤离。

(7) 现场自救和互救时,必须保持统一指挥和严密的组织,严禁冒险蛮干和惊慌失措,严禁个人擅自行动。事故现场处置工作人员抢修时,严格执行各项规程的规定,以防事故扩大。

(8) 应急救援结束后切勿放松警惕,所有人员必须立即撤离现场,远离事发地点,做好人员清点。认真分析事故原因,制定防范措施,落实安全责任制,防止类似事故发生。

(9) 对受伤人员应及时进行送医处理,及时慰问,按规定承担相应的法律责任和支付相关医药费用。

(10) 对特殊环境下工作期间的人员到岗、标示明确、防护到位等方面进行完善,根据现场提出其他需要特别警示的事项。

例

机械伤害现场应急处置卡

设备名称	剪板机　辊板机
工作流程	打开设备电源➡试运行 3 min➡正常后➡上料➡校准尺寸➡加工成型
事故现象	操作者被设备剪切、砸压手指及四肢

续表

设备名称	剪板机　辊板机
危害描述	设备带病运行、操作人员注意力不集中,造成身体四肢剪切、砸压受伤,造成粉碎性骨折,甚至重伤
处置程序	1.当发现操作人员被设备伤害后,应立即关闭设备电源。 2.现场人员要立即大声呼救,找最近其他人员帮忙,找急救药品进行紧急处理。如果较严重立即送往最近的医院救治(拨打120急救电话或用私家车送医)。 3.现场协助人员立即报告车间领导所发生事故的情况(电话或面告)。 4.车间领导再根据事故现场实际情况告知公司相关领导(电话或面告),要以最快方式告知

第九章　安全案例及分析

第一节　机械伤害事故

一、案例1

2012年9月25日,某工程公司西气东输三线西段工程项目部在一标段进行管线安装作业过程中,1名施工人员被管道挤压,经送医院抢救无效死亡。

(一)事故经过

某公司机组按计划到西三线一标段A段施工,此处为一斜坡区域,作业形式为沟下焊接,钢管直径为1 219 mm。上午8时40分,12人机组到达施工现场,开始沿逆气流方向作业。12时10分,现场组对至第3根钢管,当其满足对口条件时,管工路某某与电焊工梅某某一同到上一道口处取外对口器,气焊工魏某某在组对处等待。12时15分,魏某某听到吊管机履带发出异常声响,回头看到险情后,立刻大声呼喊沟下人员紧急撤离,并向管沟上坡跑去,路某某与梅某某在听到呼喊后也分别向管沟上坡跑去。此时,吊管机撞到第一台根焊作业车后部,将根焊车及站在焊车和沟边之间的副机组长熊某一起撞到沟下,焊接作业车侧翻到沟内钢管上,管子发生横向位移将熊某挤压在钢管与沟壁之间,后吊管机继续前行并撞到第二台热焊作业车,吊管机底部顶住掉入管沟的焊接作业车,履带进入管沟约3/4,最后悬空停住。12时20分左右,现场险情基本稳定,管工路某某立即组织现场人员对熊某进行救援,同时拨打120急救电话,并按照事故报告程序向上级部门报告。13时09分,机组人员用附近另一机组的皮卡车将熊某紧急送往医院。15时,熊某经医院抢救无效死亡。

(二)原因分析

1. 直接原因

现场监护人员站位不合理,吊管机操作手没有将刹车装置锁死,造成吊管机撞击焊机作业车,将现场监护人撞入管沟,被发生位移的管线挤压致死。

2. 间接原因

(1)吊管机操作手无内部操作证,属无内部操作证违规操作。

(2)施工作业带有14°的纵向坡度,土质为戈壁卵石,不利于吊管机安全平稳行驶和可靠制动,安全风险增大。

(3)现场坡道施工安全防护措施不到位,设备掩木过小,没有有效地抵御外力的撞击。

3.管理原因

(1) 在现场施工环境、设备型号、配合人员等因素发生变更后,没有重新组织风险评估分析,没有对变更的人员进行再培训和能力评价,关键岗位人员的变更过于随意。

(2) 兼职安全监督员安排不合理。在大机组拆分为小机组后,安排作业现场负责人兼管安全监督工作,造成现场的安全监护职能并未真正落实,没有做到监管分开。

(3) 作业前,机组针对坡地施工风险的应对措施不力。现场焊接作业车配备的防滑枕木不规范,安全管理措施缺失。

(4) 设备操作手管理存在缺陷,对《施工设备操作证管理办法》执行不到位。未对吊管机操作手及时进行验证、申报和定级,导致操作技能和经验不足的操作手在现场从事高风险作业。

二、案例 2

2014 年 2 月 20 日(当地日期),某化建工程有限公司阿尔及利亚分公司炼油厂改扩建项目,在对炼油厂发电厂区管廊 751 区梁柱的钢结构螺栓紧固情况进行质量检查作业过程中,1 名员工被钢梁和升降机框体夹住,经抢救无效死亡。

(一)事故经过

2014 年 2 月 20 日,升降车司机刘某操作升降车与 QC 检查员开始对炼油厂发电厂区管廊 751 区梁柱的钢结构螺栓紧固情况进行质量检查作业。

14 时 40 分,升降车作业平台升至管廊 2 层约 8 m 高处,进行螺栓紧固检查作业,检查完一处后,按照 QC 检查员的要求,需要调整升降车作业平台至下一个检查点。刘某在调整移动方向时,升降车作业平台突然向操作者的后方快速移动,致使站在升降车作业平台内的刘某与 QC 检查员一起被挤压在身后钢梁与升降车作业平台之间。

现场紧急调动了一台挖掘机拉动升降车离开钢梁,松开被夹住的二人。医护人员对伤势严重的刘某进行了现场急救,随后急救车将其送往当地医院进行抢救,15 时 53 分,刘某经抢救无效死亡。

(二)原因分析

1.直接原因

升降车司机操作升降车时,升降车实际移动方向与司机操作指令相反。升降车司机操作失误是导致事故发生的直接原因。

2.间接原因

(1) 对狭窄空间使用升降车作业可能产生的风险认识不足。

(2) 发生紧急情况时应急处置能力不足。

3.管理原因

(1) 对岗位员工操作技能培训不到位,没有达到预期效果。操作人员不能熟练掌握操作方法,没有严格执行设备操作规程。

(2) 作业风险管理不到位,施工作业风险识别不全面,特别是岗位作业风险辨识不充分,风险控制措施未得到有效落实。

(3) 现场施工过程监管不到位,监督检查力度不够,致使事故隐患未及时被发现和消除。

第二节　起重伤害事故

一、案例1

2017年6月6日19时左右,新疆轮台县轮南塔里木油田凝析气轻烃深度回收工程某劳务分包商在进行管道支架安装时,发生一起起重伤害事故,造成1人死亡。

(一)事故经过

2016年5月10日,轮南轻烃工程开工。油建项目部于10月11日下达支架制作请购计划,要求11月30日到货。由于支架所用的板材和型材到货时间晚,支架制作没有按期完成。

2017年3月19日,工艺六队开始6号管廊工艺和热力管道(ϕ610 mm×20.62 mm,材质 API 5L X70M PSL2)安装。4月5日,工艺管道支架制作完成。4月15日,开始安装和补装管道支架。5月1日,6号管廊工艺管道焊接全部完成并与地面管道联头固定。5月23日,工艺六队向建设单位申请办理了安全工作许可证(编号0001072,期限为5月23日8时30分至6月6日20时30分),作业票的工作内容为3A、3B、1号至8号管廊工艺管道安装,实际工作内容包括已完成焊接管道补装支架。6月6日16时30分,工艺六队班长秦某某与起重指挥蒋某,还有配合工刘某某、赵某某、温某某等5名人员从6号管廊东侧开始支架安装作业,宝源公司吊车操作手黄某操作吊车,刘某某等3名配合工用两个卸扣(载荷8.5 tf)将两根吊带(长8 m、载荷5 tf)连接套在DN600管道上,通过吊车起吊管道。刘某某等3名配合工在4管道下方安装支架,秦某某在管道上方配合,蒋某站在管道上方指挥起吊作业。19时左右,在6号管廊西侧与3A管廊交界处安装第6个支架时,起吊载荷5 tf时起吊高度不够,支架无法就位,蒋某指挥吊车再次提升管道,此时南侧吊带突然断裂,卸扣从北侧甩出,击中刘某某安全帽右侧,造成其头部受伤。最终刘某某经抢救无效死亡。

(二)原因分析

1. 直接原因

吊车在起吊、配合管道支架安装过程中,吊带突然崩断,卸扣甩出,击中刘某某安全帽右侧,安全帽被击穿,造成其头部右侧受伤是造成此次事故的直接原因。

2. 间接原因

(1)违背施工工艺进行安装作业:在DN600工艺管道已与地面管道两端完全固定的情况下,再安装支架,致使操作难度、作业风险加大。

(2)吊物重量不明,起重指挥选择吊带及连接方式不当:DN600工艺管道已与地面管道两端完全固定,吊物重量不明。在吊物重量不明的情况下,凭经验选择2根5 tf吊带作业,吊带选用太随意。

(3)吊车操作手违章操作:吊车操作手黄某违反"十不吊:吊物重量不明不吊"禁令操作。

(4)作业人员站位不当:刘某某在吊车再次起吊时没有离开危险区域。

3. 管理原因

(1)劳务分包管理有缺陷。项目部没有向工艺六队派驻管理人员,本该由项目部管控的施工进度、质量、安全等工作,全部由工艺六队管理,随意变更施工程序;缺乏对劳务关键岗位人员的有效控制措施,无法保持关键岗位人员相对稳定。

（2）施工监管不到位。项目部没有对工艺六队执行《工艺管道安装方案》进行有效监管，未制止在管道支架没有安装的情况下连续进行管道焊接作业。安全监督未制止在管道与地面管道两端联头后用起吊方式进行支架安装作业。

（3）变更管理不到位。现场作业变更了施工程序，将《工艺管道安装方案》中"安装支架与焊接工艺管道同步"变更为"先焊接工艺管道、后安装支架"，作业流程发生了变更；未遵守《施工组织设计》中"管道安装合格后，不得承受设计以外的附加载荷"的要求，违反设计在管道承载方式下安装支架。且上述变更均未履行变更审批手续。

（4）风险管理不到位。项目部均未识别出管道与地面管道两端联头时，起吊管道安装支架，可能对人员造成伤害的安全风险，以及对工艺管道质量带来的影响；项目部对新入场劳务分包人员给作业带来操作技能不足、安全意识不到位等风险识别不全面，没有针对新入场劳务分包人员制定有效的管控措施。

（5）生产组织不到位。油建项目部物质采购部门没有按照工期节点按时提供制作支架的板材和型材，导致3月19日至4月15日期间，施工队伍未按"安装支架与焊接管道同步"的要求进行施工作业。

（6）教育培训不到位。项目部虽建立教育培训制度，并组织入场培训考核，但操作人员操作技能、安全意识仍无法满足安全生产的需要，说明项目部技能培训、安全培训针对性不强、效果不佳。

二、案例2

2020年5月14日12时50分左右，某工程分公司劳务分包人员在燃料油公司青岛某仓储有限公司原油库施工现场TA1201储罐北侧进行挂罐壁小车（以下简称小车）吊装作业时，发生一起起重伤害事故，造成1人死亡。

（一）事故经过

2020年5月14日，某油库TA1201储罐劳务分包安装机组机组长王某带领王某伟、李某华、李某磊和李某安四人将TA1201储罐自制小车吊离罐壁作业。王某站在罐内壁跳板上负责将吊装小车的钢丝绳挂在吊钩上，用对讲机给吊车司机发出起吊指令，吊车司机根据指令将自制小车吊离罐壁，三名普工（李某华、李某磊、李某安）在地面负责配合作业。自制小车触地后，碰到地面上静置的预制件，受力旋转，吊装绳脱钩，导致自制小车倾覆，其上部横梁砸到配合作业人员李某华颈部，致其死亡。

（二）原因分析

1. 直接原因

站在罐壁内侧跳板上负责将钢丝绳绳套两端挂在吊钩上的王某挂钩错误，只是把钢丝绳一端绳套挂到防脱钩装置内，而另一端则挂在防脱钩装置外，造成小车下放触地后碰到预制件发生旋转，防脱钩装置外的绳套脱钩，小车倾覆，其上部横梁砸到李某华颈部，致其死亡。

2. 间接原因

（1）安装二机组负责人王某，无起重指挥证，也未经过起重指挥和司索专业培训，此次是第一次进行司索指挥，进行了错误的吊装捆绑，为钢丝绳脱钩埋下安全隐患。

（2）机组焊工班长李某磊，未经过起重指挥和司索专业培训，超越职责指挥，且未佩戴标识,指挥将小车下放时碰到了地面上的预制件。

(3) 起重机司机王某伟,在未确认起重指挥人员情况下,盲目按照地面人员的指挥,进行小车下放工作。

(4) 李某华在小车未停稳情况下擅自进入作业现场,违章作业,导致本人被小车砸中。

3. 管理原因

(1) 对吊装作业存在的风险识别不全面。未识别出吊装小车可能存在倾覆的风险,导致吊装过程中使用的索具、卡具安装不规范,造成小车倾覆伤人。

(2) 吊装作业管理不规范。未设置警戒隔离,吊装作业过程中,在吊物未放置稳定时,现场人员随意进入作业现场,置身于吊车旋转半径之内,属于违章作业。

(3) 作业现场物料摆放混乱。各类物品存放安全距离不够,废料清理不及时,极易造成物料倾轧和撞击。

(4) 作业人员安全培训不到位。培训内容和方式流于形式,培训效果不佳,造成员工安全意识淡薄,安全知识缺乏,防范风险能力不足,导致王某在挂钢丝绳绳套时未能按照正确的挂钩方式将钢丝绳两端的绳套全部放入吊钩防脱装置内,存在抢工蛮干等违章行为。

(5) 风险管控不到位。未全面深化落实安全风险防控"挂图作战",未及时全面辨识、确认各类风险,制定落实有效防控措施。未能严格执行管道局工作前安全分析、作业许可、班前喊话等管理规定以及各类设备、岗位操作规程,造成吊装作业时钢丝绳悬挂不规范,导致人员违章作业。

(6) 现场监督检查不到位。未能按照有关规定定期开展安全环保监督检查,及时发现存在的各类问题及隐患,致使现场设备布置、物料摆放不规范。

(7) 设备管理不到位。未能按照设备管理流程对施工设备定期检验,发生事故的履带塔式起重机年检日期为2020年4月,逾期未检验。

(8) 安全技术交底不全面。尽管开展了一些常规性的安全交底工作,但对自制工器具使用过程中存在的风险及防控措施未能及时向作业人员进行交底,导致作业人员未能按照正确的操作规程作业。

(9) 分包商管理不到位。作为项目施工总承包商,未完全将分包商纳入一体化管理,按照管道局有关规定,对分包商作业前准入、作业过程中的监管和作业后评价实施全过程管理。未严格落实"集团公司承包商安全管理禁令"中的五条刚性措施,没有确保承包商全过程监管到位。对施工方案、风险识别、人员培训效果、作业许可等方面未能严格把关。

(10) 项目监管不严。尽管对项目开展了定期的监督检查,发现的问题也进行了整改,但对安全技术交底不全面,对物料摆放混乱、风险管控措施未落实、设备管理不到位等管理问题未能进行严格责任追究,存在管理漏洞。

第三节 坍塌事故

一、案例1

(一) 事故经过

2017年3月31日下午14时30分左右,在西固配气站处,某西北石油公司的劳务分包单位——中石化油建工程有限公司管工王某某在没有对其安排工作任务,没有取得作业许可,且未向现场管理人员汇报的情况下,擅自进入已关闭动土作业的预回填管沟查看管道位置走向,14时35分管沟北侧突然发生塌方,导致其被掩埋。现场管理人员接到事故发生讯息后,第一时间启动应急预案,赶赴现场,协助救援。17点05分,经消防队人工挖掘,发现被掩埋的王某某,后经120抢救无效,现场确认死亡。

(二)原因分析

1. 直接原因

管沟坍塌将管工王某某掩埋,抢救不及时造成其窒息死亡。

2. 间接原因

(1)安全意识不到位,产生思想麻痹、松懈。管工王某某个人安全意识淡薄,不能有效识别现场安全风险,缺少安全风险控制能力。

(2)安全培训不到位,对已封闭的现场在未有效识别并控制风险的情况下进入现场勘查。

(3)管工王某某在没有对其安排工作任务,没有取得作业许可,且未向现场管理人员汇报的情况下,进入已围挡关闭动土作业的预回填管沟。

(4)管沟开挖不符合规范要求。根据GB50369《油气长输管道工程施工及验收规范》要求,该地段为湿陷性黄土,土质松软,应按照中密砂土标准1:1.00放坡,但该段管沟放坡明显不足。

(5)沟下作业未采取有效的支护措施。根据GB50369《油气长输管道工程施工及验收规范》要求,管沟深度超过5 m,在放坡符合要求的情况下应加支护措施,但该段管沟未加任何支护。

3. 管理原因

(1)对现场作业安全面临的严峻性认识不足,对现场监管力量估计不足,复工后存在重进度、轻风险、轻安全的麻痹思想。

(2)施工单位前期施工时未按设计要求对该处管沟进行放坡。

(3)HSE培训管理不严格。EPC总承包商虽然组织对所有入场人员进行了培训教育,但培训内容是固定课件,没有针对现场作业面狭窄、湿陷性黄土地质、管沟放坡支护等进行有针对性的培训,接受培训人员入场教育考试卷中7人笔迹与答案雷同,未能及时发现和进行复训,造成人员HSE意识和知识不全面。

二、案例2

2017年6月18日,某石油工程公司设计分公司克拉玛依西南科技园保障性住房美居花园B-05-01地块外配套工程,施工分包商公司在该地块5~6号楼之间预制检查井吊装作业过程中,土方坍塌导致3名作业人员被埋,造成2人死亡。

(一)事故经过

2017年6月18日8时20分,承接克拉玛依西南科技园保障性住房美居花园B-05-01地块外配套工程的分包公司预制检查井吊装施工班组,一行8人进行排水管预制检查井吊装作业。9时左右,完成2个预制检查井吊装作业。9时10分,将第3个预制井吊装到沟底时,其间管沟内有3名人员,由于挖掘机距离沟边过近,管沟内施工人员在拆除井身吊装用钢管时,东侧沟壁发生土方坍塌,造成沟下作业人员刘某、李某2人被埋,现场施工人员立即挖土施救,9 时 14 分挖掘机司机薄某打电话报 120 急救。掩埋人员位置确认后,挖掘机再把吊装就位的检查井重新吊到地面,继续施救,9 时 30 分将全部掩埋人员挖出,9 时 40 分 120 急救车到达现场,经对受伤人员进行检查施救,持续时间约 10 min,被埋人员刘某已无生命体征,受伤人员李某被送往克拉玛依市人民医院救治,但经抢救无效死亡。

(二)原因分析

1. 直接原因

管沟坍塌导致刘某窒息死亡,李某受伤送医院经抢救无效死亡。

2. 间接原因

(1)施工单位未能按照 EPC 项目部和监理单位批准后的《管沟土方开挖专项方案》实施,未按要求进行放坡,未设置逃生通道,深沟作业现场缺少相关安全警示标识。

(2)排水检查井设计图纸要求井墙及底板为现浇,盖板及井筒为预制,但施工单位擅自将现浇井墙及底板改为预制,从而产生吊装作业。

(3)施工单位违规使用履带式挖掘机进行吊装作业,履带式挖掘机停靠沟边太近,在吊装作业过程中的重力和震动造成管沟土方失稳。

(4)现场作业人员安全意识不强,对管沟双侧放坡不够及使用挖掘机吊装易产生塌方的风险识别不到位,贸然进入管沟进行作业。

3. 管理原因

(1)EPC 项目管理制度执行不到位。EPC 项目相关人员对分包商人员、设备进厂报验执行不到位;作业许可管理不到位,对高危作业(基坑开挖、沟下作业)未执行作业许可制度。

(2)EPC 项目培训管理制度对培训学时、培训考核、培训评价要求内容不全;HSE 培训管理不严格,培训内容过于简单。

(3)现场门禁管理不严格,人员进场仅进行简单登记,致使未培训的 4 人及未报验的设备进场作业。

(4)危害因素辨识评价不准确,相关人员对危险因素评价方法不熟悉,导致危害因素辨识不全面,形成的重大危险因素清单中评价的风险等级不准。

(5)对施工承包商监管不严格。在施工承包商未能按项目部要求提交人员和设备信息情况下,EPC 项目部未及时发现并要求其整改,导致事故当天作业使用车辆未向 EPC 项目部报验,作业班组 8 人中有 4 人未进行入场安全教育,私自进场作业;对 6 月 16 日下发的整改通知单未及时跟踪落实。

(6)分包公司违规作业。

① 分包公司违反主要材料、成品、半成品、构配件进场报验和工序报验管理规定(建筑工程施工质量验收统一标准 GB 50300—2013),于 6 月 18 日擅自进场进行预制检查井吊装作业,强行施工。

② 未按照 EPC 项目于 2017 年 6 月 16 日提出的不符合项"排水管沟开挖过程中,未依照设计要求放坡处理,未设置逃生通道以及逃生梯,且沟下有人员作业,未正确佩戴劳动防护用品"的要求,在未完成整改的情况下,于 6 月 18 日违规作业。

③ 施工承包商擅自更改设计图纸要求(设计要求排水管线采用 ∅1000 圆形钢筋混凝土井检查井,按照建设部发布的国家建筑标准设计图集《排水检查井》要求施工,图集号 02S515-22,井墙及底板为现浇,盖板及井筒为预制),未履行设计变更手续,擅自将现浇井墙

及底板改为预制。

④ 瑞基公司违反吊装作业的管理规定,使用无吊装功能的挖掘机实施吊装作业。

(7) 分包公司施工现场管理混乱。

(8) 分包公司教育培训不到位。事故现场有 4 人未参加 EPC 项目部组织的入场培训,其中包括事故死者李某。

第四节　火灾事故

一、案例 1

2018 年 7 月 14 日,某公司项目部承包商两名员工在辽化公司尼龙厂醇酮车间 R211 储罐施工过程中,储罐发生闪爆,造成一名员工死亡,一名员工烧伤。

(一) 事故经过

2018 年 7 月 13 日下午,黄某在 U83 装置现场遇见项目部分包商公司现场作业负责人连某,提出作业需求,连某安排高某(管工)到现场确认施工任务,黄某在 R211 罐顶给高某交代了伴热线更换内容及伴热水的接引点位置,随后高某组织拆除了旧伴热线,并在装置区外进行了新伴热线预制,其间张某去罐顶检查,提醒高某切拆管线只能使用砂轮切割机,不能用气焊切割,并须在罐顶铺好防火毡。因当天安装新伴热线工作未完,计划第二天继续施工。

7 月 14 日 7 时 10 分,车间批准了本次作业的一级动火作业许可证,由于上午下雨,该作业没有进行。中午雨停后,13 时左右张某带领高某到 R211 罐顶再次对施工任务、伴热水线接引点和施工注意事项进行了口头交代,随后张某离开。13 时 20 分左右车间监护人王某和施工单位监护人张某到达现场,在地面监护。13 时 30 分左右高某带领鲁某(焊工)到罐顶进行伴热线配管和接引点连接作业。14 时 20 分左右车间监护人崔某接替王某到现场监护。15 时 22 分左右 R211 罐突然发生爆炸,叔丁醇泄漏并引发火灾。明火于 15 时 40 分左右被扑灭,16 时停止消防冷却。事故导致施工人员高某死亡、鲁某烧伤住院。

(二) 原因分析

1. 直接原因

经事故调查组专家现场勘查取证,施工作业人员高某、鲁某在 R211 罐顶部使用气焊煨弯伴热管线作业中,烘烤到差压式液位计套管根部法兰上部,受热的差压式液位计套管引燃了叔丁醇爆炸气,导致该罐爆炸着火。

2. 间接原因

(1) 2013 年 4 月 24 日 U83 装置按计划停工退料,R211 罐剩余 2.96 t 叔丁醇物料未退出,保存在罐内。2017 年 6 月计划复工检修,直到 9 月 1 日装置检修交接前,仍未将物料退出处理,未明确不能在罐体及其附件进行动火作业等要求,对有动火相关作业未制定有效防范措施。

(2) 2013 年 4 月装置停工后,对叔丁醇储罐(R211)进行盲板封隔,共计封堵盲板 7 块,其中位于罐顶的呼吸线、溢流线、进料线靠罐体法兰处没有阀门,在拆卸法兰加装盲板作业过程中,有空气进入到储罐内。2018 年 6 月 25 日前后,车间安排施工单位断开了进料线与罐体连接处的法兰,对该罐进料线上的夹套水伴热管线进行更换,敞口处用盲法兰进行了临时封堵,待新夹套水伴热管线预制完成复位后,6月30日重新恢复了盲板,此过程再次导致空气进入到储罐内,在储罐内气相空间形成爆炸性混合气体。

(3) 施工作业人员在制作安装伴热管线时,没有落实防止加热与物料相连通的白钢管线的要求,使用气焊煨弯伴热线时违规加热差压式液位计套管,引燃了叔丁醇爆炸气。

3. 管理原因

(1) 现场风险管控措施不落实。2018年4月1日,醇酮车间U83装置召开会议明确要求"避免用气焊烤白钢管线,防止白钢管线内的物料受热着火爆炸",安全员刘某、现场作业负责人连某参加会议,会后,未将此要求传达和在此次作业活动中落实。

(2) 施工组织不规范,管理人员现场监管不到位。连某对于车间口头通知的作业任务未及时向项目经理部报告,导致该一级动火作业无人监管。

(3) 主要管理人员履职不到位,实际管理人员无资质。

(4) 培训严重不足,管理人员安全意识低下。

(5) 管理组织机构不健全,管理制度不完善,企业安全责任未落实。

(6) 违规分包,未对分包商有效监管。

(7) 教育培训流于形式,升级管控和高危作业监管措施未落实。

二、案例 2

2012年10月14日,某公司作业单位在恢复站场地貌过程中,因推土机推裂管线导致油气泄漏闪爆,引发火灾事故,造成1人死亡。

(一)事故经过

2012年10月14日,公司作业单位安排张某负责地貌恢复作业。张某按照公司要求对现场进行勘查后对3名操作人员进行分工。其中杨某驾驶54号推土机在井场西侧自高向低进行恢复地貌推土作业。在杨某驾驶推土机往坡下推土过程中,意外将一条埋地输油管线推裂,造成管线内油气混合物急剧泄漏,随后被推土机排气管引燃并发生燃爆着火。杨某打开驾驶室右门跳出,掉入推土机前部与推板之间,由于火焰高达10 m,火势猛,施救无效,造成杨某死亡。

(二)原因分析

1. 直接原因

在地貌恢复作业过程中,推土机推裂埋地油气管线,致使油气急剧泄漏,被推土机排气管引燃,并发生燃爆着火。

2. 间接原因

施工作业人员危害因素辨识不到位,对于埋地油气管线这一井场动土施工的主要危害因素没有辨识清楚,贸然进行施工。

3. 管理原因

作业单位未与甲方进行充分沟通,未能掌握现场管线走向。

第五节 触电事故

2017年7月27日,某油田红003井区35 kV变电所6 kV母线安装作业现场,油田事业部电气仪表公司在母线安装作业时,发生一起人员触电事故,造成1人死亡。

一、事故经过

7月24日13时05分,供电公司变电工区北郊集控站站长尹某与油建公司现场技术负责人吴某、作业班长李某、施工队副队长张某共同签署"变电站(所)第一种工作票":"允许25—28日进行红003变电所1号低压侧HL611开关、6 kV Ⅰ段母线作业。6 kV高压配电室内,总计有26面盘柜,其中AH8～AH15号、AH20～AH23号盘柜为带电盘柜,其余盘柜不带电。

13时07分,供电公司人员用在9～15号盘柜正面悬挂"止步高压危险"警示牌(带电的8号盘柜正面未做警示),同时8～15号背面用隔离网进行警示;在断电配电柜正面悬挂"禁止合闸有人操作"警示牌。供电公司员工在13时08分将红色警示布标放在8号盘柜顶端,13时10分用2块警示牌插于带电的8号盘柜和不带电的7号盘柜柜顶顶板之间,各项措施完成后,供电公司人员王某向油建公司技术员吴某、作业班长李某、施工队副队长张某进行了交底,说明8～15号盘柜带电,并进行现场验电、挂接地。同供电公司交底完成后,吴某向李某分派工作任务并交底。李某将当日工作人员分为两组,其中一组指定王某为组长,且在盘柜后进行了当日工作交底。组长王某在盘柜后对组员佟某、杨某及阿不某·某克交代工作任务并强调盘柜后已挂隔离网的盘柜带电。7月25日13时现场开始施工,当日工作于18时55分结束。

7月27日15时34分,母线安装到7号盘柜时,遇到分支母线螺栓太紧,母线无法穿入的情况。班组成员决定移出真空开关,先松解分支母线螺栓,然后再完成母线穿越。因8号柜标志不明显、交底不到位,加上7号、8号柜结构相似,安装人员从柜后转至柜前操作时,均误认为8号盘柜为不带电的7号盘柜。15时37分41秒,阿不某·某克随即到2号盘柜处拿套筒,对8号盘柜分支母线螺栓进行松解。15时37分56秒,阿不某·某克瞬间触电倒地,最终死亡。

二、原因分析

1. 直接原因

电工阿不某·某克在松解8号母联柜静触头母线固定螺栓时,由于触头带电,造成其触电死亡。

2. 间接原因

(1)作业现场带电区域与非带电区域界限不明。

(2)现场设备不能满足施工需要。集控站配电室配有5台手车,但现场实际只有一台匹配规格的手车。

(3)作业人员违章操作。违反集团公司《作业许可管理规定》第二十六条"发生下列任何一种情况,生产单位和作业单位都有责任立即终止作业,报告批准人,并取消作业许可证"中的第一条"作业环境和条件发生变化"。7月26日11时45分,供电公司李某曾将装有真空开关的手车推入8号盘柜试验位,然后拉出空置手车,此时作业环境和作业条件(即8号柜原始的断开状态)已经发生改变,作业班组未按上述要求终止作业,取消作业许可证。违反《电力安全工作规程 变电部分》(Q/GDW 1799.1—2013)第6.4.2条"运维人员不得变更有关检修设备的运行接线方式"。7月26日11时45分,供电公司李某将装有真空开关的手车推入 8 号盘柜试验位,然后拉出空置手车,改变了原来 8 号柜真空开关的冷备用状态。

(4) 现场防暑降温措施不到位,造成员工精力不集中。7 月 27 日当日气温达到 40 ℃(地表温度近 60 ℃),作业场所 35 kV 变电所内相对密闭,室内温度较高,施工机组未结合实际情况采取相应的防暑降温措施,人员思想懈怠,精力不集中,安全意识松懈,作业前未认真核实作业盘柜,判定盘柜是否带电,盲目作业,导致事故发生。

3. 管理原因

(1) 现场安全措施落实不到位。生产单位与作业单位未严格执行《电力建设安全工作规程 第 3 部分:变电站》(DL 5009.3—2013)第 6.3.3 条"悬挂安全标志牌与装设围栏"中"在室内高压设备上或某一间隔内工作时,在工作地点两旁及对面的间隔上均应设围栏并挂上'止步,高压危险!'的安全标志牌,设置的围栏应醒目、牢固;安全标志牌、围栏等防护设施的设置应正确、及时,工作完毕应及时拆除"。

(2) 管理人员违章指挥,作业人员违章作业。

(3) 风险管理不到位。油建公司针对该工程编制的《HSE 作业指导书》中,风险识别不到位。现场工作负责人吴某对现场不标准围栏设置和不标准警示标志悬挂设置未向属地单位提出异议,也未组织班组人员对存在危险因素的作业环境进行风险识别并采取"设置围栏和悬挂警示标志"的措施予以防范。组长王某带领作业人员施工时,未能有效辨识松解真空开关静触头分支母线固定螺栓的作业中存在的触电风险,也未采取验电等技术措施防止触电。

(4) 作业方案不完善。施工方案缺少《电力建设安全工作规程 第 3 部分:变电站》(DL 5009.3—2013)、《电力安全工作规程 变电部分》(Q/GDW 1799.1—2013)等标准规范,方案不详尽,无作业平面图,未明确作业区域与拆装程序,缺少防止触电的风险控制措施。

(5) 作业许可管理不严格。根据电力作业要求,作业票应由指定的作业票签发人签发,但此次作业的现场负责人吴某在指定的作业票签发人金某不在场的情况下,擅自代替金某签发工作票,并代 8 人签字确认"工作任务和安全措施"。

(6) 现场安全交底不落实。《电力安全工作规程 发电厂和变电站电气部分》第 5.4.2 条规定:"工作负责人(监护人)应向全体作业人员告之危险点。"但现场工作负责人吴某并未向所有作业人员进行交底,由班长李某向组长王某交底和组长王某对作业人员的交底均在盘柜背面进行。

(7) 培训管理不扎实。项目部未按要求组织施工作业人员学习《电力建设安全工作规程 第 3 部分:变电站》《电力安全工作规程 变电部分》内容并进行考核。

(8) 各级 HSE 监管职责履行不到位。油建公司、油田事业部、第三项目部各级主管领导、工程管理人员、安全监督人员在工程开工至事发时,未有效落实管理监督职责或现场检查,未查出带电区域未设置隔断的安全隐患。

第六节 车辆伤害事故

2013 年 2 月 2 日,驾驶人郭某驾驶金杯牌小型普通客车行驶到荣乌高速 520 km+800 m 处时,该车前方同向行驶车辆突然紧急刹车,郭某见状也采取紧急刹车措施,由于该路面附着油污,郭某所驾车辆失控侧滑,撞至中间护栏后又撞至道路右侧护栏。该事故造成坐在副驾驶位置的马某当场死亡,车辆报废。

一、事故情况

2013年2月2日,某公司后勤管理部驾驶人郭某驾驶金杯牌9座小型普通客车(车辆型号:SY6483F2,牌照号:鲁BAU035)到北京办完公务后返回青岛,车上载有乘员1人(公司职工马某)。当行驶到荣乌高速520 km+800 m处时,前方70~80 m同向行驶的一辆丰田皮卡车突然紧急刹车,郭某见状也采取紧急刹车措施,但由于路面附着油污和郭某应急处置不当,所驾车辆失控,撞至中间护栏后又撞至道路右侧护栏。

二、原因分析

1. 直接原因

(1) 驾驶员遇突发情况(油污路面)应急处置不当。

(2) 未与前车保持足够安全距离。

2. 间接原因

(1) 事发地点路面附着油污,路面太滑,且没有设置警示标志,该路段本身具有一定的安全隐患。

(2) 该车出厂时副驾驶没有配备安全气囊和ABS防抱死系统,且安全带在发生车辆碰撞时损坏。

3. 管理原因

(1) 缺乏突发情况下驾驶员应急处置的培训。

(2) 班组安全管理不到位,班前会走过场。

(3) 车辆维护保养制度不落实,GPS损坏后没有及时修复,实时监控不到位。

第七节　高处坠落事故

一、案例1

(一) 事故经过

某项目安排工程队承担制氢装置转化炉风道安装施工任务,施工队班长赵某安排伙长贺某带领肖某、刘某进行主风道与余热回收落地风道补偿器法兰螺栓连接。工作面离地面约22 m,三人从东侧开始,至上方绕到西侧进行螺栓连接。作业到西侧发现螺栓孔错位比较严重,贺某与赵某联系,下午再定解决方案(临近11时),三人从脚手架下到余热炉顶劳动保护平台。贺某从主风道西侧一方孔进入主风道方便,刘某随后进入,肖某在平台上等候,贺某在正对孔口向南第二个支风道方便,刘某进入后向北侧走,风道内光线较暗,刘某打开手机上的手电,贺某提醒刘某不要往前走(孔口距落地风道补偿器法兰连接处约5 m)。贺某在支风道背对着主风道西侧方便完转身,未见到刘某,在孔口问肖某"见到刘某出去了吗"?肖某说"没有见到"。贺某立即向主风道与余热回收落地风道连接处向下看,见到刘某坠落至落地风道底部。随后施工队及在场人员迅速展开施救,切割开下风道水平段人孔,进入落地风道底部,将刘某抬出送医院救治,到院经诊断已死亡,为急性开放性颅脑损伤所致。

(二)原因分析

1. 直接原因

刘某未经作业许可,从孔口进入主风道,在主风道与落地风道连接处坠落,致其死亡。

2. 间接原因

(1) 刘某作为一名参加工作才3个月的实习生,缺乏对作业环境危险危害的认识,未经许可进入危险区域。

(2) 贺某作为伙长,缺乏对作业环境危险危害的认识;发现主风道上的孔口,不但没有按照班组作业安全分析和风险控制卡进行作业前安全检查和覆盖防护,反而未经许可进入危险区域,私自进入主风道内小便。对带着的实习生刘某跟随自己进入危险区域(主风道)没有制止,提示指令不明确,同事间横向沟通不够,没有尽到伙长、师傅的监护责任。

(3) 赵某作为班长,在安装作业前没有到过主风道与落地风道连接处,对工作环境自身存在不安全因素不熟悉,在班前会上,仅分配了工作内容,讲安全注意事项,没有识别出关键的安全行为要点以及安装主风道的孔口防护设施存在缺失,班组作业安全分析和风险控制卡的使用管理流于形式。

(4) 项目部、队施工监督不到位,作业现场(主风道西侧)没有施工监督人员。施工队专职安全员和项目部的现场监督人员没有尽到现场监督责任。在主风道开设孔口,不但没有采取有效的防护措施,而且也未设置安全警示标志。

3. 管理原因

(1) 施工队对属地内施工作业区域缺乏监督检查。直至事故发生后,才知道在主风道出现了开孔。施工期间,班长及施工队队长先后到过主风道东侧平台,却没有一人到过西侧平台了解作业环境情况。

(2) 项目管理松懈,对属地内施工作业区域缺乏监督检查。在3日下午4时主风道开孔到5日上午11时事故发生,工程管理、技术管理、HSE管理、项目副经理和经理等人员没有在主风道西侧作业区进行监督检查。导致项目部作业区域主管领导、施工部和技术部作为现场施工管理和风险管理的主管人员,对作业场所存在的危险危害因素识别不充分,对存在的事故隐患发现不及时。

二、案例2

2019年6月26日,某公司承包商天车工郭某在特种设备车间完成吊装作业,离开天车驾驶室时发生一起高处坠落事故,经医院抢救无效,于7月2日死亡。

(一)事故经过

6月26日,承包商公司人员在成品车间进行喷砂除锈作业。16时,郭某(带队班长兼安全负责人)找到成品车间调度告知绝缘接头已完成喷砂除锈,需要将绝缘接头转运至其他车间做刷漆防腐工作,委托调度宋某协调设备转运并表示有事需回单位。16时10分,调度宋某联系特种车间副主任张某对绝缘接头进行刷漆防腐作业。张某同意使用其属地车间场地,但是没有天车工,需要宋某安排天车工进行吊装。17时08分,宋某来到场地组织吊装卸货。17时09分33秒,郭某来到天车,顺着登车楼梯到达登车平台,将安全帽放在登车平台,进入天车驾驶室。17时20分23秒,完成吊装卸货工序,司机赵某、起重工张某将吊装带放回车上,离开现场。17时26分03秒,郭某将天车小车复位,此时天车与登车平台未对准,天车驾驶室门口位于登车平台入口西侧1.5 m。17时26分25秒,郭某打开天车门,背对着天车登车平台,从天车驾驶室门口失足坠落,下坠过程中脚部刮碰到正下面的风扇后,坠落至地面导致死亡。

(二)原因分析

1.直接原因

天车工郭某在完成吊装作业,退出天车驾驶室时,失足从约5.4 m高处坠落导致死亡。

2.间接原因

(1)郭某完成吊装作业后,在下车前未将天车复位对准登车平台出入口,天车驾驶室门距离登车平台出入口错位1.5 m,造成天车门下方悬空。

(2)郭某在离开天车驾驶室时使用手机,注意力不集中,未对天车所处位置是否对准平台进行查看、确认。

(3)郭某背对登车平台离开天车驾驶室,无法观察到天车下方悬空,造成脚下踩空坠落。

3.管理原因

(1)管理人员资质不全。现场负责人郭某作为承包商现场安全管理人员,未取得入网资质中"防腐工程"应具备的建筑类安全监督资格(C证)。

(2)作业现场监管不到位。郭某因事外出,未指定专人负责组织现场作业活动,也未安排相关人员对吊装作业进行安全监管,造成郭某违反《天车安全操作规程》,未将天车停在停车线上的违章行为没有得到及时制止。

(3)合同内容不规范。合同内容中对场地和设备使用的甲乙双方权利、义务有明确规定,但由哪一方进行操作没有明确约定。在现场实际作业中,甲乙双方均有天车操作行为。

(4)承包商人员资质审查不严格。甲方公司未明确对承包商关键管理人员、特种设备操作人员的资格资质的审查要求,也未对承包商人员进行审查。

(5)天车使用管理不到位。出事前,天车处于门未锁、钥匙不拔的状态,天车使用不受控;《天车安全操作规程》中规定"工作终止时,要把天车停在停车线上",但是现场没有停车线标志,仅靠司机经验判断天车与登车平台是否对准。

(6)特种车间属地责任未有效落实。特种车间在得知要借用本车间场地进行防腐作业的情况下,未对进入属地范围内的宋某、郭某等人进行必要的风险告知和安全提示,也未派人对作业过程进行属地监管。

第八节　爆炸事故

一、事故经过

2013年6月2日14时27分53秒,大连某石化公司第一联合车间三苯罐区939号罐进行更换仪表平台板动火作业过程中,发生了储罐闪爆着火事故。事故造成公司大连项目部工程队4人死亡,大连石化4座罐罐体损毁,大约280 t储存物料烧毁,直接经济损失约175.1万元。

6月2日项目部工程队向车间提出939号罐平台检修请求,在车间对罐进行了相关的工艺处理,项目部工程队对作业现场进行了有效的安全防护后,车间开具了相关的作业票,在车间监护人和作业单位监护人到位的情况下,开始平台检修作业。

10时30分,项目部工程队人员陶某、姚某、张某、石某四人开始乙苯罐仪表检修平台花纹板切割工作。11时,切割作业完成。13时30分,四人进行花纹板焊接作业,其中一名负责监护,另一名铆工负责组对,电焊工负责花纹板焊接,一人在地面做清理工作,大连石化安全监护人员在装置区(罐区围堰处)负责监护。14时28分,在焊接作业过程中乙苯罐发生闪爆,随即引起936号(烃化液罐)、935号(焦油罐)、937号(脱氢液罐)3座罐爆炸着火。以上4座罐均有残余介质。16时,明火被扑灭。

二、原因分析

1. 直接原因

939号储罐存有易燃易爆介质,施工人员在罐顶部走廊入口处防护栏附近进行气焊切割作业时,发生闪爆着火,随后936号、935号、937号储罐相继发生爆炸着火。

2. 间接原因

(1) 939号储罐存在易燃易爆物料。

(2) 动火作业产生的电气焊火花引爆了939号储罐内的爆炸混合物。

(3) 同罐组储罐存有大量易燃易爆物料,是事故后果扩大的重要原因。

(4) 4名施工作业人员闪爆时正处于爆炸伤害范围内。

3. 管理原因

(1) 6月2日是星期日,现场承包单位正常施工,现场只安排1名安全员、1名技术员和1名工程管理人员值班;项目部安排安全科负责人尹某值班,但尹某临时有事让刘某替班,没有交代替班内容。尹某只与办公室主任请假,没有给主管领导请假。6月2日下午,现场没有一名项目领导班子成员带班。

(2) 项目部已成立HSE领导小组,但领导小组没有每月召开HSE例会,项目部提供的HSE会议纪要都是假的。查调度会会议纪要,3份纪录中只有一份中有一句讲到安全。

(3) 技术交底内容没有针对性,安全部分很宽泛,尹某作为安全交底人,没有实际内容,交底记录上只写"四不动火",没有写出具体内容。

(4) 安全人员活动记录不完善,记录不能体现出当天的管理工作及现场的危险部位,以及采取的安全措施,周工作记录、月工作记录直线领导讲评都是空白。

(5) 对于业主控制的安全范围内的危险因素了解不够,且没有做进一步深入的风险分析,没有识别出罐内物料可能带来的风险。管理人员及作业人员动态风险的识别意识不强,对放置一年的装置风险认识不到位。

第九节 物体打击事故

一、案例1

2018年5月23日(北京时间22时10分),某工程建设有限公司乍得分公司承建的中油国际(乍得)上游项目公司H区块拉菲亚(Raphia)油田转油站(FPF)至计量站(OGM)工艺管道通球作业中,因操作人员违规作业,发生一起2人死亡的一般A级工业生产安全事故。

(一) 事故经过

拉菲亚油田转油站至计量站新建管道于2018年5月20日具备通球、试压条件。工程建设公司乍得分公司第一工程处施工副主任朱某在5月21日生产会上安排115管焊队负责人南某进行通球清管作业前期准备工作,南某具体安排作业人员实施,115队技术员刘某在办公区域当面通知PMC现场工程师由某22日将开始通球作业。杨某为第一工程处乍得项目负责人。本次施工作业由第一工程处施工副主任朱某进行工作布置,第一工程处施工部姜某为事故区域协调人,南某为作业执行人,甄某为作业监护人,南某、刘某、张某为现场操作人员。5月22日完成第一次管线通球清管作业后,PMC现场工程师由某发现清管球磨损严重,清管效果未达标,要求更换新球进行第二次清管作业。17时左右,南某安排姜某通知甄某及张某将新球装入发球端,二人在PMC现场工程师未在场的情况下完成装球作业。19时30分技术员刘某到办公室告诉由某,23日将进行二次通球作业。5月23日上午通球作业前,由南某委托第一工程处安全员何某向工程建设公司乍得分公司工程部范某申请办理作业许可(作业票),甄某组织南某、刘某、张某在发球端召开现场班前会,会后南某安排甄某、张某在转油站发球端负责发球作业。7时15分,张某启动空压机开始注气增压通球作业。8时左右,PMC现场工程师由某到达发球端现场,发现已经开始通球作业,对空压机、压力表、盲板、阀门等巡查后,要求刘某在清管球抵达收球端盲板时务必告知。10时45分,南某告知在收球端附近协调光缆敷设作业的姜某清管球已经到达收球端,此时计量站收球端放空阀处于常开状态,姜某、南某同乘通勤班车到达发球端现场后,告知刘某清管球已经到达收球端,刘某在转油站门口手势通知空压机操作人员甄某和张某停止空压机作业并上锁,张某关闭空压机出气阀,此时张某发现发球端压力表显示为0.12 MPa(张某口述)。因接近中午下班时间,计划下午进行取球作业。下午14时30分,甄某和张某到达转油站,14时40分,南某、刘某到达计量站收球端。据姜某口述,15时04分,姜某到达收球端现场后,发现快开盲板已经打开,PMC人员未在现场。姜某在检查了两个放空口、确认无气流声响并用手测试无气体排出后,告知南某暂不要进行收球作业,待确认发球端空压机处于关闭状态、压力表指示归零后再进行收球作业。姜某通过电话联系正在转油站门口等候收球端指令的甄某,要求其确认发球端空压机是否处于关闭状态、压力表是否有压力指示。由于转油站手机信号不好,姜某与甄某分别在15时05分、15时06分及15时08分进行了三次通话,其中前两次通话没有听清内容,第三次通话甄某向姜某确认了空压机处于关闭状态,姜某向甄某询问压力情况,因甄某所处位置距发球筒有100 m左右的距离,需要返回发球筒进行查看。就在姜某等待甄某反馈信息的时候,15时10分,事故发生。此时姜某正站在背对收球筒东北侧约4.5 m的位置等候确认压力情况反馈,突然一股污水喷溅在其左侧身上及脸上,眼镜也被污水打落到鼻尖。姜某擦完眼镜后转身发现南某和刘某倒在地上,南某(头部)距离收球筒端口约7.7 m,刘某(头部)距离收球筒端口约9.7 m,清管球落地位置距离收球筒端口约9 m。事故发生后紧急将2人送往当地医院,15时50分现场医生确认2人临床死亡。

(二)原因分析

1. 直接原因

在管线清管通球作业中,南某、刘某被突然弹出的清管球打击造成死亡。

2. 间接原因

(1)清管球卡在收球端放空口处,管内压力无法通过放空口释放。

(2)未按施工技术措施安装通球指示器和跟踪仪,清管球卡在收球端未被及时发现。

(3)发球端未进行放空泄压操作。

(4)操作人员违规作业。在仅确认收球筒放空阀无压力的情况下,作业执行人南某、技术员刘某打开收球端快开盲板进行取球作业。

(5) 未完全落实收球端和发球端之间通信畅通。2018年5月12日编制的《拉菲亚计量站至转油站原油集输管线管道通球施工技术措施》要求保证清管管线范围内通信畅通,5月23日收球端未能通过通信手段及时确认发球端管内压力状态。

3. 管理原因

(1) 项目现场管理混乱,职责分工不明确,人员配备不充足,现场作业失控。

(2) 变更管理不到位。从临时收发球筒变更为正式收发球筒通球工艺,将收球筒作为发球端、发球筒作为收球端,未按项目变更管理要求履行变更管理程序。

(3) 危害因素辨识不充分,风险防控措施未落实。乍得分公司将使用正式收发球筒的管道通球作业评价为一般风险,未采取有效措施

(4) 技术方案编制程序存在缺项,审核不严格,技术交底不全面。

(5) 作业许可执行不规范,措施确认不到位。

(6) 体系审核发现问题整改不到位,安全培训开展不充分。

二、案例 2

2018年7月31日15时50分,某工程有限公司内蒙古焦化升级改造生产清洁化工产品项目,在进行钢结构预制作业过程中,1名员工被突然倒塌的H型钢砸中,经抢救无效死亡。

(一) 事故经过

2018年7月初,分包作业队队长周某安排一批型钢从料场倒运至工厂,成两排堆垛,供构架施工使用。

2018年7月30日,其中一垛仅剩余2根,另一垛有8根型钢,其中6根H300×300型钢(长12 m,重1.2 t/根)放置在底部、2根H350×350型钢(长12 m,重1.6 t/根)放置在上部。

2018年7月31日7时,分包作业负责人王某按照内蒙古家景镁业的要求,到项目部办理了起重吊装作业许可证及动火作业许可证,并安排铆工郭某、力工刘某在SS2区钢结构附近进行准备工作。

15时30分,铆工郭某协调吊车起重工白某,利用吊车将堆放场东侧的2根叠放在一起的H400×200型钢重新进行摊平摆放,便于下料预制。郭某背对型钢堆垛开始在H400×200型钢上进行测量划线,距离料堆1.6 m左右,力工刘某在旁配合。15时50分,8根型钢的堆垛突然发生倒塌,将正在作业的铆工郭某砸中,其胸部以下位置被H型钢挤压,本人大声呼救。16时09分第一辆救护车到达事故现场,对郭某进行抢救。16时28分第二辆救护车到达现场进行抢救。16时47分急救医生宣布郭某抢救无效死亡。

(二) 事故原因分析

1. 直接原因

型钢堆垛倾倒,滑落的型钢压在郭某后背,郭某被挤压在滑落的型钢与地面上的型钢(被划线的)之间,经抢救无效死亡。

2. 间接原因

(1) 堆垛倾倒。

① 型钢材料堆放处地面有坡度,近期降雨导致型钢堆垛倾斜加大,且堆放高度为1.4 m,

宽度为 0.30 m，导致堆垛重心不稳。

② 堆垛下未铺垫枕木，采用薄木片代替垫在堆垛下，堆垛容易发生倾覆、倒塌。

③ 2 根 H350×350 型钢放置在 6 根 H300×300 型钢上，容易导致型钢堆垛整体失稳。

④ 一垛型钢被移走后，失去了对另一垛型钢的侧向支撑。

(2) 人员站位。

① 作业位置距离堆垛约 1.6 m，现场测量堆垛倾倒后伤害范围达约 2.5 m。

② 作业人员背对型钢堆垛划线，不能及时察觉堆垛倾倒。

(3) 监护不到位。现场配备了区域安全监护，事发时不在事发现场，未及时发现作业风险。

3. 管理原因

(1) 危害因素识别不全面。对铆工进行的安全技术交底和工作前安全分析(JSA)中均未识别出型钢堆垛倒塌风险。将原设在预制场进行下料的作业更改在位于脚手架下方作业区进行下料，擅自变更作业地点和作业环境，未进行风险辨识。

(2) 监督检查不到位。型钢堆垛在脚手架下方临时堆放时间长达 1 个月，分包单位、项目部、监理单位在日常安全检查及联合检查中均未辨识出堆垛过高、堆垛型钢"上大下小"、堆垛地面不平整导致的堆垛坍塌风险，对在脚手架下方的危险区域进行下料作业没有进行及时制止。分包商未制定监督检查规定或办法，除监理、承包商组织的联合检查外，不能提供分包商自身监督检查资料。

(3) 分包商现场管理混乱。项目部 6 月份对分包商下发了多份罚款和隐患整改通知单，但未起到警示和减少违章的作用，查阅项目部 7 月份的 HSE 日常检查记录，发现分包商现场违章行为仍然较多，如铲车载人、吊装作业不设警戒线、气瓶倒放、高处作业不佩戴安全带、临边作业无防护措施等违章违规作业频繁，现场管理混乱。调查组发现现场脚手架搭设不规范，未挂绿牌，搭设脚手架未设置剪刀撑和安全网，危险作业区域未设置警戒线和标志标牌等问题。

(4) 分包商人员素质低。分包商现场安全监护人员蒲某，为当年 3 月临时聘用人员，进入项目前主要从事空调安装和家居卫浴安装工作，无从事大型工程项目建设安全管理经验，安全专业知识欠缺。访谈分包商项目部安全员潘某，发现其安全管理能力不足，缺乏危害辨识和风险评价知识，对现场作业活动不掌握，安全管理能力不足。

(5) HSE 培训管理不严肃。分包商虽然组织对所有入场人员进行了培训教育，但培训内容是固定课件，没有针对现场工作内容和施工方法进行针对性的培训，接受入场培训人员结业考试试卷中卷面全部正确，绝大部分人员均为 90 分和 95 分，扣分理由为字迹不清晰，因此未能及时发现不足和进行复训，造成人员 HSE 意识和知识不全面。

(6) 人员变更和能力评价不落实。经查事发前一周，现场作业队队长由周某变更为王某，但未履行正式变更程序，王某未进行入场安全教育。该分包商项目经理王某长期没有在项目履职，现场由执行经理刘某负责，但未履行人员变更，也未向总承包商执行请销假手续，也未进行上岗前能力评价。

(7) 分包商管理制度不健全，用工管理不规范。经查阅资料，发现振兴项目部只制定了《施工现场管理制度》，缺少风险管理、应急管理、现场监督检查、作业安全交底、教育培训等方面的管理制度。振兴项目部未与部分作业人员签订劳动合同，未给现场人员购买安全生产责任险。

（8）作业许可管理不规范。现场查阅高处作业、动火作业、有限空间作业等票证和现场安全交底记录，作业过程中未按照要求落实专职监护人进行现场监护，作业票证由 HSE 工程师韩某代签并确认"工作任务和安全措施"，但作业票应由项目施工负责人白某进行签发。

（9）施工总承包单位对施工分包商监管不到位。以上现场发现的管理原因说明存在施工总承包商对分包商管理不严、分包商履职不到位、制度职责不健全、现场检查问题不整改且屡查屡犯、人员变更不规范、HSE 培训流于形式、监督检查不到位等问题。

第十节　灼烫事故

一、案例 1

（一）事故经过

2019 年 1 月 30 日上午，某公司维修部经理戈某组织当班司炉工李某、维修工刘某开始给涉事锅炉注水，准备燃煤及引火之物，做启用前的准备工作。14 时 30 分左右，戈某向经理郁某汇报锅炉已点火启动后，返回锅炉房。15 时 55 分左右，正在前厅的总经理郁某听到锅炉房方向传来巨响声后，快速跑向后院，看见从锅炉房冒出黑烟，立即拨打"119"电话报警。随后郁某听到锅炉房有呼救声，遂进入锅炉房查看，发现地上全是水，戈某在锅炉房房门左前方 1 m 左右处坐着，就将其救到走廊门口。随后赶来的员工拨打"120"电话求救。郁某再次进入锅炉房查看，发现李某在门口右侧距墙根 2～3 m 处躺着，刘某在门口正前方 1.5～2 m 处半扒着，遂与赶到的消防救援人员一起将两人抬离锅炉房。正在更衣室浴后休息的后厨受伤员工尹某随后也被救援人员发现，一并获救。市 120 急救中心医护人员到达现场后，立即对 4 名受伤人员进行现场施救，经确认李某、刘某已死亡，戈某、尹某迅速被送至陆军第 81 集团军医院紧急救治。2019 年 6 月 30 日凌晨 1 时 30 分，戈某医治无效死亡，本起事故死亡人数上升至 3 人。

（二）原因分析

1. 直接原因

擅自非法连接、启用已明令淘汰的燃煤锅炉；操作人员在安全保护装置失效的情况下违反操作规程，致使炉内压力超过额定值后炉体破裂，涌出的高温汽水混合物灼烫致害 4 名现场工作人员。

2. 间接原因

（1）安全生产主体责任不落实。法人代表韩某长期不在岗，未履行法人代表（执行董事）工作职责。经理郁某法律意识淡薄，默许恢复启用已明令淘汰的燃煤锅炉；安全意识淡薄，没有设立安全生产组织机构和配置安全生产管理人员，未建立公司安全生产责任制、安全生产管理制度、安全操作规程，未对员工开展三级安全生产教育和考核。

（2）现场违章指挥、违章作业。维修部经理戈某盲目组织启用已明令淘汰的燃煤锅炉，未对作业现场、设备进行安全检查、确认。司炉工李某、维修工刘某对安全阀失效的情形不检不查，冒险作业；未对锅炉运行压力进行全程实时监控，未按规程操作打开锅炉与分气缸连接的主蒸汽管道阀门，致使危险源点失控。

（3）对上级工作要求漠然置之。没有按照当地政府"六个专项"百日攻坚行动安排制定安全生产事故隐患大排查大整治攻坚行动方案，不作传达、不作安排、不予落实，致使重大事故隐患得以长期存在。

二、案例2

2015年2月13日15时30分左右,承德某钢铁集团有限公司炼铁厂1号高炉发生一起炉料外泄引起的灼烫事故,造成2人死亡。

(一)事故经过

2015年2月13日15时30分左右,1号高炉正在进行第六次出铁水作业,当铁水流到第二包时,1号高炉西侧炉腰部位炉皮突然爆裂,大量炉料喷出,瞬间烟火弥漫,室内工长张某发现后立即采取紧急休风处理,关闭1号高炉风、水、电、煤气,并向总调度室报告,厂长石某第一时间赶到现场,简单了解现场情况后立即向安全副经理李某报告,并安排炉前工长侯某核查在岗人数,经清点未发现两名炉前水工(羿某、王某),电话也无法接通。此时集团副经理李某和其他领导赶到现场,询问现场采取的措施后,立即要求对2号高炉也进行紧急休风处理,并将现场情况上报至总经理,同时组织人员立即搜寻失踪者。因烟、火太大,公司调度室拨打"119"电话请求救援。十余分钟后搜救组在风口平台通往重力除尘的安全通道上发现了王某,看到其手扶着安全通道的栏杆,已经昏厥,几名工人将王某抬下后送往医院抢救,其他人员继续搜寻羿某,发现其被外泄炉料掩埋。该事故最终造成王某和羿某死亡。

(二)原因分析

1. 直接原因

经专家组实地勘察和实验,分析此次事故的直接原因是炉腰第6段20号冷却壁的大量漏水,遇到炙热焦炭发生剧烈的化学反应,炉内瞬间产生大量H_2、CO及水蒸气,导致炉内压力陡升,造成相邻薄弱处炉壳(2013年更换第19号冷却壁对炉壳进行气割和焊接部位)崩出,导致大量炉料外泄(约400 m^3),正在1号高炉西侧巡视的炉前水工王某被热浪击倒在栏杆处,羿某被外泄炉料掩埋,二人因高温灼烫致死。

2. 间接原因

(1)安全生产主体责任落实不到位。虽然1号高炉运行各项监测、监控数据和操作曲线均在正常范围,但应充分考虑进入炉役后期和设备老化因素,组织检修。

(2)安全防范措施不到位。2013年更换第19号冷却壁时曾对炉壳进行切割焊接,此过程势必影响炉壳原有强度,却未采取针对性的防范措施。

(3)企业存在拼设备现象。虽然高炉运行正常,但应考虑1号高炉炉役后期和设备老化等因素,及时调整各项运行参数。

(4)隐患排查制度落实不到位。未针对2013年第19号冷却壁漏水问题举一反三,且未及时对冷却系统进行排查治理。

(5)冷却水检测手段单一,未对各种运行记录进行及时收集和分析总结。

练习题

第一章 安全理念与要求

第一节 法律法规和规章制度

一、单选题(每题有 4 个选项,其中只有 1 个是正确的,将正确的选项号填入括号内)

1. 《中华人民共和国安全生产法》第五十九条规定:从业人员发现事故隐患或者其他不安全因素,应当立即向现场安全生产管理人员或者(　　)报告;接到报告的人员应当及时予以处理。
   A. 车间主任　　　　B. 技术主管　　　　C. 安全员　　　　D. 本单位负责人

2. 《中华人民共和国安全生产法》第五十四条规定:从业人员有权对本单位安全生产工作中存在的问题提出批评、检举、(　　)。
   A. 表扬　　　　　　B. 指责　　　　　　C. 控告　　　　　D. 揭发

3. "安全第一、预防为主、综合治理"是安全生产的基本方针,是《中华人民共和国安全生产法》的灵魂。新修订的《中华人民共和国安全生产法》明确提出了安全生产工作应当(　　),将坚持安全发展写入了总则。
   A. 政府监管　　　　B. 以人为本　　　　C. 全员参与　　　D. 齐抓共管

4. 《中华人民共和国安全生产法》(以下简称《安全生产法》)于 2002 年 6 月 29 日由第九届全国人大常委会第二十八次会议审议通过,2002 年 11 月 1 日起施行;2014 年 8 月 31 日第十二届全国人大常委会对《安全生产法》进行了修订;(　　)由第十三届全国人大常委会通过《全国人民代表大会常务委员会关于修改〈中华人民共和国安全生产法〉的决定》,自 2021 年 9 月 1 日起施行。
   A. 2020 年 11 月 1 日　　　　　　　　B. 2021 年 5 月 31 日
   C. 2021 年 8 月 1 日　　　　　　　　D. 2021 年 6 月 10 日

5. 《中华人民共和国环境保护法》是为保护和改善环境,防治污染和其他公害,(　　),推进生态文明建设,促进经济社会可持续发展制定的国家法律。
   A. 保障公众健康　　B. 保障个别人　　　C. 保障地方　　　D. 保障国家

6. 《中华人民共和国劳动法》第六十八条规定:用人单位应当建立职业培训制度,按照国家规定提取和使用职业培训经费,根据本单位实际,有计划地对劳动者进行职业培训。从事(　　)的劳动者,上岗前必须经过培训。
   A. 技术工种　　　　B. 体力劳动　　　　C. 脑力劳动　　　D. 企业管理

7. 《中华人民共和国职业病防治法》第三十四条规定劳动者应履行以下义务:劳动者应当学习和掌握相关的职业卫生知识,增强(　　),遵守职业病防治法律、法规、规章和操作规程。

A. 安全意识　　　　B. 职业病防范意识　　C. 法律意识　　　　D. 维权意识

8. 中国石油要求各企业要开展从业人员,尤其是基层操作人员、班组长、(　　)、转岗人员安全培训,确保从业人员具备相关的安全生产知识、技能以及事故预防和应急处理的能力。

A. 安全员　　　　　B. 青年员工　　　　　C. 老员工　　　　　D. 新上岗人员

9. 中国石油为了推进节约发展、清洁发展、和谐发展,在环境保护方面先后出台了《环境保护管理规定》(　　)《环境监测管理规定》《建设项目环境保护管理办法》《环境事件管理办法》《环境事件调查细则》等管理制度。

A.《大气污染管理规定》　　　　　　　　B.《环境污染处罚条例》
C.《环境管理法》　　　　　　　　　　　D.《环境保护先进集体和个人评选奖励办法》

10. 对因环保事故、事件被人民法院判处刑罚或(　　)免于刑事处罚的人员应同时给予行政处分,管理人员按照《中国石油天然气集团公司管理人员违纪违规行为处分规定》(中油〔2017〕44号)执行,其他人员参照执行。

A. 构成犯罪　　　　B. 记大过　　　　　　C. 罚款　　　　　　D. 通报批评

二、多选题(每题有4个选项,其中有2个或2个以上是正确的,将正确的选项号填入括号内)

1. 中国石油天然气集团有限公司作为集石油天然气勘探、开发、生产、炼制、储运、销售等施工服务为一体的特大型国有企业,生产现场具有(　　)等特点。

A. 点多面广　　　　B. 工艺复杂　　　　　C. 易燃易爆　　　　D. 危险点源多

2. 新《中华人民共和国安全生产法》的颁布实施对于建立健全"(　　)"安全生产责任体系,进一步强化安全生产工作的重要地位,落实生产经营单位主体责任,加强政府监管,强化责任追究,预防和减少生产安全事故,保障人民群众生命和财产安全,促进经济社会持续健康发展具有重大意义。

A. 一岗双责　　　　B. 企业落实　　　　　C. 齐抓共管　　　　D. 党政同责

3. "(　　)"是安全生产的基本方针。

A. 安全第一　　　　B. 预防为主　　　　　C. 以人为本　　　　D. 综合治理

4. 中国石油对安全生产风险工作按照"(　　)、过程控制、逐级落实"的原则进行管理。

A. 分层管理　　　　B. 属地管理　　　　　C. 分级防控　　　　D. 直线责任

5. 中国石油《职业卫生管理办法》中对员工职业健康权利和义务方面做出了明确规定:员工享有(　　)、职业健康监护权、拒绝违章指挥和强令冒险作业权等权利。

A. 职业病危害知情权　　　　　　　　　　B. 劳动保护权
C. 检举权、控告权　　　　　　　　　　　D. 学习并掌握职业卫生知识权

三、判断题(对的画"√",错的画"×")

(　　)1. 安全理念也叫安全价值观,是在安全方面衡量对与错、好与坏的最基本的道德规范和思想,对于企业来说它是一套系统,应当包括核心安全理念、安全方针、安全使命、安全原则以及安全愿景和安全目标等内容。

(　　)2. 法律体系是指我国全部现行的、不同的法律规范形成的有机联系的统一整体,是依据宪法的原则、立法原则制定的法律规范的集成。

(　　)3. 法律特指由全国人民代表大会及其常务委员会依照一定的立法程序制定和颁布

的规范性文件。法律是法律体系中的上位法,地位和效力仅次于宪法,高于行政法规、地方性法规、部门规章、地方政府规章等下位法。

(   ) 4. 地方性法规的法律地位和法律效力高于法律、行政法规,高于地方政府规章。

(   ) 5. 《中华人民共和国安全生产法》(以下简称《安全生产法》)于2002年6月29日由第九届全国人大常委会第二十八次会议审议通过,2002年11月1日起施行;2014年8月31日,第十二届全国人大常委会对《安全生产法》进行了修订,自2014年12月1日起施行;2021年6月10日,中华人民共和国第十三届全国人大常委会通过《全国人民代表大会常务委员会关于修改〈中华人民共和国安全生产法〉的决定》,自2021年6月10日起施行。

(   ) 6. 2014年4月24日第十二届全国人大常委会第八次会议对《中华人民共和国环境保护法》修订通过,并于2015年1月1日起实施。这是《中华人民共和国环境保护法》实施25年来进行的首次重大修改,此次修改的《中华人民共和国环境保护法》有针对性地解决了多年来制约我国环境保护的一些突出问题,被称为"史上最严"环保法。

(   ) 7. 用人单位违反《中华人民共和国劳动法》规定,情节较轻的,由劳动行政部门给予警告,责令改正;情节严重的,依法追究其刑事责任。

(   ) 8. 中国石油制定了《关于进一步加强安全生产工作的决定》,明确指出中国石油要严格遵守国家安全生产法律法规,树立"以人为本"的思想,坚持"安全第一、预防为主、综合治理"的基本方针。

(   ) 9. 中国石油对安全生产风险工作按照"分层管理、分级防控,直线责任、属地管理,过程控制、逐级落实"的原则进行管理。

(   ) 10. 中国石油在职业健康工作方面坚持"预防为主,防治结合"的方针,建立了以企业为主体、员工参与、分级管理、综合治理的"短、平、快"机制。

第二节　中国石油反违章禁令和 HSE 管理体系及原则

一、单选题(每题有4个选项,其中只有1个是正确的,将正确的选项号填入括号内)

1. 中国石油开展国际 HSE 合作,通过(　　)国外公司先进的 HSE 管理经验,扬其优势,摈其弊端,将中国石油的特点和 HSE 管理实践相结合,形成了具有中国石油特色的 HSE 管理体系。HSE 管理体系建设的重要成果之一就是形成了具有中国石油特色的先进 HSE 管理理念。
   A. 贯彻　　　　　　B. 执行　　　　　　C. 学习　　　　　　D. 学习与借鉴

2. 中国石油高度重视 HSE 管理工作,在指导思想上建立了"诚信、创新、业绩、和谐、安全"的(　　)管理理念。
   A. 联合经营　　　　B. 创新经营　　　　C. 核心经营　　　　D. 独立经营

3. (　　),中国石油又出台了《中国石油天然气集团公司健康安全环境(HSE)管理原则》,这是继发布《反违章禁令》之后进一步强化安全环保管理的又一治本之策。
   A. 2009年1月7日　B. 2009年1月8日　C. 2008年1月7日　D. 2008年1月8日

4. 特种作业不同于一般的施工作业,其技术性、(　　)和重要性都要远高于一般施工作业。

A. 持续性　　　　B. 操作性　　　　C. 安全性　　　　D. 危险性

5. 特种作业人员在特种作业操作证有效期内,连续从事本工种(　　)以上,严格遵守有关安全生产法律法规的,经原考核发证机关或者从业所在地考核发证机关同意,特种作业操作证复审时间可延长至每 6 年一次。

A. 5 年　　　　　B. 10 年　　　　 C. 15 年　　　　 D. 20 年

6. 《反违章禁令》重在规范全体员工岗位操作的规定动作,而《HSE 管理原则》是对各级管理者提出的 HSE 管理基本行为准则,是管理者的"(　　)"。

A. 底线　　　　　B. 禁令　　　　　C. 法规　　　　　D. 制度

7. 中国石油颁布的《反违章禁令》充分体现了中国石油强化安全管理,(　　)的坚定决心。

A. 根治违章　　　B. 杜绝违章　　　C. 治理违章　　　D. 消灭违章

8. 操作人员必须按照操作规程进行作业,国家有关法律都做出了明确规定,如(　　)第五十六条规定:劳动者在劳动过程中必须严格遵守安全操作规程。

A. 《中华人民共和国劳动法》　　　　B. 《中华人民共和国环境法》
C. 《中华人民共和国安全生产法》　　D. 《中华人民共和国反违章禁令》

9. "严禁脱岗、睡岗及酒后上岗"是"六大禁令"中唯一的一条有关违反(　　)的反违章条款。

A. HSE 管理原则　B. 劳动法　　　　C. 上岗操作　　　D. 劳动纪律

10. 任何决策必须优先考虑健康安全环境,良好的 HSE 表现是企业取得卓越业绩、树立良好社会形象的坚强基石和(　　)。

A. 必要条件　　　B. 持续动力　　　C. 发展理念　　　D. 前进方向

二、多选题(每题有 4 个选项,其中有 2 个或 2 个以上是正确的,将正确的选项号填入括号内)

1. 中国石油确立了"以人为本,预防为主,全员参与,持续改进"的 HSE 方针和"(　　)"的战略目标。

A. 零伤害　　　　B. 零污染　　　　C. 零事故　　　　D. 零死亡

2. 《反违章禁令》包括严禁特种作业无有效操作证人员上岗操作,(　　),严禁违章指挥、强令他人违章作业。

A. 严禁违反操作规程操作
B. 严禁无票证从事危险作业
C. 严禁脱岗、睡岗和酒后上岗
D. 严禁违反规定运输民爆物品、放射源和危险化学品

3. (　　)管理体系简称为 HSE 管理体系,或简单地用 HSE MS(Health Safety and Environment Management System)表示。

A. 环保　　　　　B. 安全　　　　　C. 环境　　　　　D. 健康

4. HSE 管理体系所体现的管理理念是先进的,这也正是它值得在组织的管理中进行深入推行的原因,它主要体现了(　　)的管理思想和理念。

A. 注重领导承诺
B. 以人为本
C. 预防为主、事故是可以预防
D. 贯穿持续改进可持续发展和全员参与

5. 从"九五"到"十三五"期间,中国石油 HSE 管理发展秉承并发扬了"(　　)"等优秀管理传

统和大庆精神、铁人精神。

A. 以人为本　　　　B. 安全第一　　　　C. 三老四严　　　　D. 四个一样

三、判断题（对的画"√"，错的画"×"）

（　　）1. 中国石油高度重视 HSE 管理工作，把 HSE 管理作为企业发展的战略基础，作为"天字号"工程摆在突出位置。

（　　）2. 在责任落实上，中国石油提出了落实有感领导、强化直线责任、推进属地管理的基本要求，促进了"谁污染，谁负责"原则的有效落实。

（　　）3. 在 HSE 培训上，中国石油树立了人人都是培训师，培训员工是落实直线领导的基本职责的观念。在事故管理上，中国石油树立了"一切事故都是可以避免的"观念，形成了"事故、事件是宝贵资源"的共识。

（　　）4. 2008 年 2 月 5 日，中国石油天然气集团公司颁布了《反违章禁令》。

（　　）5. 特种作业是指容易发生事故，对操作者本人、他人的安全健康及设备、设施的安全可能造成重大危害的作业。

（　　）6. 有令不行、有章不循，按照个人意愿行事，必将给安全生产埋下隐患，甚至危及员工生命，通过对近年来中国石油通报的生产安全事故分析可以看出，作业人员违反规章制度和操作规程，不是导致事故发生的主要原因。

（　　）7. HSE 管理体系所体现的管理理念是先进的，这也正是它值得在组织的管理中进行深入推行的原因。

（　　）8. 2009 年初，中国石油天然气集团公司颁布了《HSE 管理原则》。这是中国石油继发布《反违章禁令》之后，进一步强化安全环保管理的又一治本之策和深入推进 HSE 管理体系建设的重大举措。

（　　）9. 良好的 HSE 表现是企业取得卓越业绩、树立良好社会形象的坚强基石和持续动力。HSE 工作首先要做到预防为主、源头控制。

（　　）10. 企业不应将承包商 HSE 管理纳入内部 HSE 管理体系，实行统一管理，不应将承包商事故纳入企业事故统计中，承包商出事故企业无责。

第三节　危害辨识、风险评价与风险管控工具

一、单选题（每题有 4 个选项，其中只有 1 个是正确的，将正确的选项号填入括号内）

1. 工作循环分析表面上针对的是作业规程，但实际上还是对（　　）进行分析。

A. 作业结果　　　　B. 作业程序　　　　C. 作业目的　　　　D. 作业过程

2. 石油工程建设施工行业是一个高风险行业，涉及健康、安全与环境的危害因素较多，所以危害辨识就至关重要，通过危害辨识、风险评价，制定有效的（　　），达到预防事故发生的目的。

A. 预防措施　　　　B. 管理制度　　　　C. 风险管控措施　　　　D. 防治措施

3. 风险管控工具的使用对基层员工有效地辨识和防控基层（　　），防范事故发生起到积极作用。

A. 突发风险　　　　B. 高空风险　　　　C. 施工风险　　　　D. 现场作业风险

4. HSE需要全员参与,HSE职责必须明确,必须落实到全员,尤其是(　　)。员工的主动参与是HSE管理成败的关键。
   A. 基层员工　　　B. 基层领导　　　C. 中层领导　　　D. 班组长

5. 风险控制是指:采用工程建设制度、教育和管理等手段(　　)风险,通过制定或执行具体的方案(措施),实现对风险的控制,防止事故发生造成人员伤害、环境破坏或财产损失。
   A. 预判　　　B. 消除或削减　　　C. 控制　　　D. 防范

6. 鼓励基层单位针对任何工作都进行工作前的安全分析。但工作前安全分析的对象更多针对的是(　　)和高危作业,以及没有操作规程控制的作业。
   A. 非常规作业　　　B. 常规作业　　　C. 一般作业　　　D. 高风险

7. 危险性等级划分是以数值划分的,数值(　　)是最高等级,应立即停止作业。
   A. 大于50　　　B. 大于320　　　C. 大于220　　　D. 大于100

8. 上锁挂签是在检维修作业或其他作业过程中,为防止人员误操作导致危险能量和物料的意外释放而采取的一种对动力源、危险源进行锁定、挂签的(　　)措施。
   A. 风险管控　　　B. 管理　　　C. 预防　　　D. 有效

9. 安全观察与沟通是为各级管理人员特别设计的一种对安全行为和(　　)进行观察、沟通和干预的安全管理方法。
   A. 不安全行为　　　B. 一般行为　　　C. 突出行为　　　D. 生产行为

10. 不管任何人,只要观察到不安全行为就要(　　),否则就是对不安全行为的默许和放纵,会导致不安全行为进一步滋生蔓延。
    A. 置之不理　　　B. 马上报告　　　C. 马上离开　　　D. 马上制止

二、**多选题**(每题有4个选项,其中有2个或2个以上是正确的,将正确的选项号填入括号内)

1. 危害因素常分(　　)。
   A. 人的因素　　　B. 物的因素　　　C. 环境因素　　　D. 管理因素

2. 作业许可通常是针对非常规作业和高危作业采取的许可审批措施,实现对危害和风险的有效识别、评估、沟通和遵守,从而保证作业过程的安全。它遵循"(　　)"的原则。
   A. 一事一议　　　B. 一事一案　　　C. 一事一批　　　D. 一事多样

3. 上锁挂签管理流程通常分为(　　)等部分。
   A. 辨识　　　B. 隔离　　　C. 上锁挂签　　　D. 确认和解锁

4. 风险评价方法包括(　　)。
   A. 预估法　　　　　　　　B. 风险矩阵法
   C. 风险树评估法　　　　　D. 作业条件危险性评价法

5. 作业条件危险性评价法(LEC法)属于风险定量分析方法,是用与系统风险有关的3种因素指标值来评价操作人员伤亡风险的大小。这3种因素包括(　　)。
   A. 事故发生前的预防措施　　　　B. 事故发生的可能性
   C. 人员暴露于危险环境中的频繁程度　　　D. 一旦发生事故可能造成的后果

三、**判断题**(对的画"√",错的画"×")

(　　)1. 危害因素是指可能导致人身伤害和(或)健康损害、财产损失、工作环境破坏、有害的环境影响的根源、状态或者行为,或其组合。

( ) 2.危害因素辨识就是利用适当的科学技术手段与方法以及人的知识、技能、经验等,系统地找出生产作业中显在或潜在的与健康、安全和环境风险相关的危害因素。

( ) 3.工作前安全分析是指在作业前,由作业负责人组织施工作业人员识别作业环境、场地、设备工具、人员,以及整个作业过程中存在的危害,从而提前制定防范措施,以避免或减少事故的发生。

( ) 4.属地管理的重点是领导负责制,与员工没有直接关系。

( ) 5.风险控制主要是采用工程建设制度、教育和管理等手段消除或削减风险,通过制定或执行具体的方案(措施),实现对风险的控制,防止事故发生造成人员伤害、环境破坏或财产损失。

( ) 6.为了全面加强基层作业现场风险管控,中国石油2010年起推广应用工作前安全分析、工作循环分析、上锁挂签等风险管控工具,风险管控工具的使用对基层员工有效地辨识和防控基层现场作业风险,防范事故发生起到积极作用。

( ) 7.上锁挂签的对象通常是电器类设备,与其他设备无关。

( ) 8.启动前安全检查就是在设备启动和施工前对所有相关危害进行检查确认,然后批准启动的过程。

( ) 9.风险评价的目的是评价危险发生的可能性及其后果的严重程度,以寻求最低事故率、减少损失和最优安全投资效益。常用的风险评价方法有2种。

( ) 10.属地管理广义上是指主要领导的管理范围、副职领导的分管领域、职能部门的业务领域、基层单位和员工的生产作业区域。

第二章　基础安全知识

第一节　安全色与安全标志

一、单选题(每题有4个选项,其中只有1个是正确的,将正确的选项号填入括号内)

1.安全标记是采用(　　)和(或)对比色传递安全信息或者使某个对象或地点变得醒目的标记。
　A.白色　　　　　B.黄色　　　　　C.安全色　　　　　D.红色
2.黄色:传递注意、(　　)的信息。
　A.警告　　　　　B.禁止　　　　　C.停止　　　　　D.危险
3.禁止标志的基本形式是(　　)。
　A.正方形　　　　B.三角形　　　　C.圆形　　　　　D.带斜杠的圆边框
4.消防安全标志由几何形状、(　　)、表示特定消防安全信息的图形符号构成。
　A.安全话语　　　B.安全色　　　　C.蓝色　　　　　D.黑色
5.石油天然气生产专用安全标志是(　　)。

A. 禁止乱动阀门　　　B. 禁止吸烟　　　C. 火警电话　　　D. 安全通道

二、多选题（每题有4个选项,其中有2个或2个以上是正确的,将正确的选项号填入括号内）

1. 石油天然气生产专用安全标志规定了石油天然气（　　）等生产单位生产作业场所和设备、设施的专用安全标志。
   A. 勘探　　　B. 开发　　　C. 储运　　　D. 建设
2. 安全标志分（　　）四大类型。
   A. 禁止标志　　　B. 指令标志　　　C. 警告标志　　　D. 提示标志
3. 对比色是使安全色更加醒目的反衬色,对比色包括（　　）。
   A. 黑色　　　B. 红色　　　C. 白色　　　D. 黄色

三、判断题（对的画"√",错的画"×"）

(　　) 1. 安全色：传递安全信息含义的颜色,包括红、蓝、黄3种颜色。
(　　) 2. 安全标记：采用安全色和（或）对比色传递安全信息或者使某个对象或地点变得醒目的标记。
(　　) 3. 安全标志是用于表达特定安全信息的标志,由图形符号、安全色、几何形状（边框）或文字构成。
(　　) 4. 警告标志的基本形式是正三角形边框。
(　　) 5. 指令标志的基本形式是方形边框。

第二节　消防设施和器材

一、单选题（每题有4个选项,其中只有1个是正确的,将正确的选项号填入括号内）

1. 常用的 ABC 类干粉灭火器,不仅适用于扑救可燃液体、可燃气体和带电设备的火灾,还适用于扑救一般固体物质火灾,但都不能扑救（　　）火灾。
   A. 化工原料　　　B. 重金属　　　C. 轻金属　　　D. 仪器仪表
2. 灭火器结构简单、操作方便、轻便灵活、使用面广,是扑救（　　）火灾的重要消防器材。
   A. 初期　　　B. 中期　　　C. 后期　　　D. 中后期
3. 整套逃生装置的正常寿命为（　　）,到期应及时报废。
   A. 3年　　　B. 5年　　　C. 7年　　　D. 9年
4. 外部防雷装置由接闪器、（　　）和接地装置组成,即传统的防雷装置。
   A. 引下线　　　B. 引上线　　　C. 接电器　　　D. 接零装置
5. 在二层操作平台上,用2只手来回反复拉动位于缓降器两侧的限速拉绳,拉绳应有较大的抗拉阻力,证明（　　）有效。
   A. 加速功能　　　B. 缓降功能　　　C. 缓升功能　　　D. 限速拉绳

6. 爆炸可以由不同的原因引起,但不管是何种原因引起的爆炸,归根结底必须有一定的( )。按照其来源,爆炸可分为物理爆炸和化学爆炸。
   A. 浓度 B. 重量 C. 能量 D. 质量

7. 船上包括救助艇,救生艇,救生筏,救生浮具,( ),救生抛绳器,通信、烟火信号及艇筏的登乘、降落装置。
   A. 游泳圈 B. 游泳衣 C. 集体救生设备 D. 个人救生设备

8. 安全阀需要( )检测一次,检测合格后方可继续使用。
   A. 每半年 B. 每年 C. 每两年 D. 每三年

9. 物质在燃烧过程中,通常会产生烟雾,同时释放出称为气溶胶的燃烧气体,它们与空气中的( )发生化学反应,形成含有大量红外线和紫外线的火焰,导致周围环境温度逐渐升高。
   A. O_2 B. N_2 C. H_2 D. CO_2

10. 二氧化碳灭火器是利用其内部充装的液态二氧化碳的蒸气压将二氧化碳喷出灭火的一种灭火器具,其通过降低( ),使燃烧区窒息而灭火。
    A. 氮气含量 B. 一氧化碳含量 C. 空气含量 D. 氧气含量

二、**多选题**(每题有4个选项,其中有2个或2个以上是正确的,将正确的选项号填入括号内)

1. 在生产过程中对财产与人的健康、生命造成危害的因素大体上可以分为( )三方面。
   A. 物理 B. 化学 C. 动物 D. 生物

2. 燃烧要求同时具备( )。
   A. 氧化剂 B. 可燃物 C. 点火源 D. 催化剂

3. 消防水带是火场供水的必备器材。按材料不同可分为麻织、锦织涂胶、尼龙涂胶;按口径不同可分为 50 mm、65 mm、75 mm、90 mm;按承压不同可分为( )。
   A. 甲级 B. 乙级 C. 丙级 D. 丁级

4. 人体静电消除器采用一种无源式电路,利用人体上的静电使电路工作,最后达到消除静电的目的。它的特点有( )、不需电源、安装方便、消除静电时无感觉等。
   A. 体积小 B. 体积适中 C. 重量大 D. 重量小

5. 高空防坠落速差自控器由本体、( )等组成。
   A. 锦纶吊绳 B. 安全钩 C. 安全绳 D. 安全帽

三、**判断题**(对的画"√",错的画"×")

( ) 1. 根据工程建设企业生产实际,现场使用较多的气体检测仪主要有多功能的氧气含量检测仪、可燃气体检测仪以及四合一气体检测仪。

( ) 2. 根据危害源可将有毒有害气体分为可燃气体与有毒气体两大类。有毒气体又根据它们对人体不同的作用机理分为刺激性气体、窒息性气体和急性中毒的有机气体三大类。因此,快速检测出作业环境中存在有毒有害气体并及时报警对防范和降低相应伤害具有重要意义。

( ) 3. 消防设施和器材是指火灾自动报警系统、自动灭火系统、消火栓系统、防烟排烟系统应急广播和应急照明、安全疏散设施、灭火器、防毒面具等用于灭火、防火以及火灾逃生的设施和器材。

(　　)4.燃烧是物质与氧化剂之间的放热反应,通常同时释放出大量浓烟或可见光。

(　　)5.根据燃烧的基本条件,任何可燃物产生燃烧或持续燃烧都必须具备燃烧的必要条件和充分条件。因此,火灾发生后,灭火就是破坏燃烧条件、使燃烧反应终止的过程。

(　　)6.干粉灭火器以液态二氧化碳或氮气作为动力,将灭火器内的干粉灭火剂喷出,利用干粉的化学抑制作用灭火。它可以扑灭任何火源。

(　　)7.火灾探测器的基本功能就是对烟雾、温度、火焰和燃烧气体等火灾参量做出有效反应,通过敏感元件,将表征火灾参量的物理量转化为电信号,送到火灾报警控制器。

(　　)8.可燃物质(可燃气体、蒸气和粉尘)与空气(或氧气)在一定的浓度范围内均匀混合,形成预混气,遇着火源不会发生爆炸。

(　　)9.安全阀是安装在设备、容器或管道上,起超压保护作用的阀。

(　　)10.漏电保护器是指电路中发生漏电或触电时,能够自动切断电源的保护装置。它包括各类漏电保护开关(断路器)、漏电保护插头(座)、带漏电保护功能的组合电器等。

第三节　个人劳动防护用品

一、单选题(每题有4个选项,其中只有1个是正确的,将正确的选项号填入括号内)

1.佩戴安全帽时,应将安全帽戴正、戴牢,不能晃动,(　　),调节好后箍,以防安全帽脱落。
　　A.系紧下颌带　　B.选择合适大小　　C.不用系下颌带　　D.下颌带松紧适度

2.安全帽适用于大部分工作场所,在坠落物伤害、轻微磕碰、(　　)引起的打击、可能发生引爆的危险场所等应配备安全帽。
　　A.飞溅的小物品　　B.大块砖头　　C.粗、长的钢筋　　D.整块木板

3.在接触粉尘的作业场所,如打磨作业时、有限空间焊接作业时、喷砂作业时,作业人员应佩戴(　　)。
　　A.正压式呼吸器　　　　　　　　B.棉布口罩
　　C.医用口罩　　　　　　　　　　D.自吸过滤式防颗粒物呼吸器

4.足部防护用品是防止生产过程中(　　)和能量损伤劳动者足部的护具,主要指足部防护鞋(靴)。
　　A.有害物质　　B.有毒气体　　C.刺穿　　D.油污

5.安全带是防止高处作业人员(　　)或发生坠落后将作业人员安全悬挂的个体防护装备。
　　A.攀爬　　B.发生坠落　　C.防止碰撞　　D.已经坠落

6.安全带不使用时,存放地点不应接触高温、明火、(　　)或尖锐物体,不应存放在潮湿的地方。
　　A.污物　　B.油脂　　C.强酸强碱　　D.干燥

7.应急用呼吸器应保持待用状态,气瓶压力一般为28~30 MPa,低于(　　)时,应及时充气,充入的空气应确保清洁,严禁向气瓶内充填氧气或其他气体。
　　A.26 MPa　　B.28 MPa　　C.30 MPa　　D.24 MPa

8. 安全绳适用（　　）以上高度的二级悬空高处作业。
   A. 5 m　　　　　　　B. 8 m　　　　　　　C. 2 m　　　　　　　D. 10 m
9. 安全带应（　　），拴挂于牢固的构件或物体上，应防止挂点摆动或碰撞，禁止将安全带挂在移动、带有尖锐棱角或不牢固的物件上。
   A. 低挂高用　　　　B. 低挂低用　　　　C. 高挂高用　　　　D. 高挂低用
10. 耳塞是插入外耳道内，或置于外耳道口处的护耳器。耳塞的种类按其声衰减性能分为防低、中、高频声耳塞和（　　）。
    A. 隔高频声耳塞　　B. 隔中频声耳塞　　C. 隔低频声耳塞　　D. 隔超高频声耳塞

二、多选题（每题有4个选项，其中有2个或2个以上是正确的，将正确的选项号填入括号内）

1. 安全帽是指对人体头部受坠落物及其他特定因素引起的伤害起防护作用的防护用品，一般由（　　）组成。
   A. 帽壳　　　　　　B. 帽衬　　　　　　C. 下颌附件　　　　D. 帽徽
2. 面罩按照结构可分为（　　）。
   A. 永久式面罩　　　B. 全面罩　　　　　C. 半面罩　　　　　D. 随弃式面罩
3. 工程建设企业常用的手部防护用品主要有（　　）。
   A. 一般防护手套　　B. 耐酸碱手套　　　C. 绝缘手套　　　　D. 电焊手套
4. 工程建设企业常用的眼面部防护用品是（　　）。
   A. 防护眼镜　　　　B. 防护面罩　　　　C. 鼻夹　　　　　　D. 洗眼器

三、判断题（对的画"√"，错的画"×"）

（　）1. 安全帽是指对人体头部受坠落物及其他特定因素引起的伤害起防护作用的防护用品，一般由帽壳、帽衬、下颌附件组成。

（　）2. 使用安全帽时，要仔细检查合格证、使用说明、使用期限，并调整帽衬尺寸，其顶端与帽壳内顶之间应紧密接触不留空隙，才能形成一个能量吸收系统，使遭受的冲击力分布在头盖骨的整个面积上，减轻对头部的伤害。

（　）3. 在有毒有害气体（如氮氧化物、一氧化碳等）大量溢出的现场，以及氧气含量较低的作业现场，都应使用正压式呼吸器。

（　）4. 工程建设企业生产、抢险中常用的呼吸防护用品有自吸过滤式防颗粒物呼吸器（习惯上称为防尘口罩）和正压式呼吸器。

（　）5. 防护面罩是防止有害物质伤害眼面部、颈部的防护用品，分为手持式和头戴式两种基本形式。

（　）6. 听力防护用品是指保护听觉、使人耳免受噪声过度刺激的防护用品。

（　）7. 劳动防护手套根据使用环境要求分为一般防护手套和绝缘手套。

（　）8. 一般防护服是指防御普通伤害和脏污的躯体防护用品。工程建设企业根据生产现场需要，在一般防护服中加入导电纤维，使其具有防静电性能。

（　）9. 每次使用安全带前，除按要求检查安全带以外，还应检查安全绳及缓冲器装置各部位是否完好无损，安全绳、系带有无断股、撕裂、损坏、缝线开线、霉变；金属件是否齐全，有无裂纹、腐蚀、变形现象，弹簧弹性是否良好，以及是否有其他影响安全带性能的缺陷。

(　　)10.安全帽在外观没有大的或明显的缺陷时可以一直戴着不必更换。

第四节　职业健康危害及预防

一、单选题

1. 噪声作业是指接触噪声暴露大于(　　)的作业。
   A. 80 dB　　　　B. 85 dB　　　　C. 90 dB　　　　D. 95 dB

2. 粒径小于(　　)的尘粒,可进入呼吸道,称之为可吸入性粉尘。
   A. 1 μm　　　　B. 5 μm　　　　C. 10 μm　　　　D. 15 μm

3. (　　)年3月11日原卫生部印发的《职业病危害因素分类目录》废止。
   A. 2001　　　　B. 2002　　　　C. 2003　　　　D. 2004

4. 企业建立职业卫生和劳动者个人的(　　),是加强职业病防治管理的要求。
   A. 健康监护档案　　B. 疾病档案　　C. 人事档案　　D. 工作档案

5. 在工作场所有害因素的浓(强)度高于国家卫生标准,或因进行设备检修而不得不接触高浓(强)度有害物质时,必须配备有效的(　　)用品。
   A. 私人用品　　B. 个人防护　　C. 消毒用品　　D. 洗浴用品

6. 职业病患者在(　　)后被确认不宜继续从事原有害工作的,应调离原工作岗位,另行安排工作。
   A. 确诊　　　　B. 通知　　　　C. 治疗或疗养　　D. 认定

7. 放射源发射出来的射线具有一定的能量,它可以破坏(　　),从而对人体造成伤害。
   A. 表皮层　　　B. 真皮层　　　C. 细胞组织　　　D. 神经系统

8. 出现有毒有害气体泄漏时,应向(　　)、远离气源的通风处逃生,就高,避免到低洼地带。
   A. 上风向　　　B. 下风向　　　C. 顺风向　　　D. 无风处

9. 为贯彻落实(　　),切实保护劳动者健康权益,根据职业病防治工作需要,国家卫健委、安全监管总局、人力资源和社会保障部、全国总工会联合组织对职业病危害因素分类目录进行了修订。
   A.《中华人民共和国管道保护法》　　B.《中华人民共和国环境保护法》
   C.《中华人民共和国职业病防治法》　　D.《中华人民共和国劳动法》

10. 甲醇对人体有(　　),因为甲醇在人体新陈代谢中会氧化成比甲醇毒性更强的甲醛和甲酸(蚁酸),因此饮用含有甲醇的酒可引致失明、肝病,甚至死亡。
    A. 没有毒性　　B. 较强毒性　　C. 一般毒性　　D. 强烈毒性

二、多选题(每题有4个选项,其中有2个或2个以上是正确的,将正确的选项号填入括号内)

1. 根据《中华人民共和国职业病防治法》关于职业病防治工作的规定,职业病防治工作坚持(　　)的方针。
   A. 以人为本　　B. 防治结合　　C. 预防为主　　D. 安全第一

2. 对从事职业活动的劳动者可能导致职业病的各种危害统称为职业病危害因素。石油行业存在的主要职业病危害因素有(　　)。
   A. 粉尘　　　　B. 化学因素　　C. 物理因素　　D. 生物因素

3. 放射性工作人员所接受的外辐射强度与(　　)有着直接的关系。
   A. 剂量的大小　　　B. 照射距离的远近　　C. 照射时间的长短　　D. 屏蔽物的使用
4. 职业病的报告和统计为制定职业病防治规划和检验职业病防治工作的成效提供了重要的(　　)。
   A. 情报　　　　　　B. 信息　　　　　　C. 依据　　　　　　D. 线索

三、判断题(对的画"√",错的画"×")

(　　) 1. 高温作业是指有高气温、有强烈的热辐射或伴有高气湿相结合的异常气相条件,WBGT指数(湿球黑球温度)超过规定限制的作业。

(　　) 2. 紫外线和红外线均能引起白内障。

(　　) 3. 高频电磁场对人没有任何影响。

(　　) 4. 高气压下工作易得减压病。急性减压病多在数小时内发病。一般减压越快,症状出现越早,病情也越重。

(　　) 5. 长期噪声作业致使听力减弱、下降,时间长了可引起永久性耳聋,并引发消化不良、呕吐、头痛、血压升高、失眠等全身性病症。

(　　) 6. 长期吸入高浓度有毒有害气体后会出现流泪、眼痛、流涕、咳嗽、头痛、头晕、乏力、恶心、呕吐等症状。极高浓度时可在数秒内突然昏迷,呼吸和心搏骤停,导致死亡。

(　　) 7. 粉尘对人体的伤害与粒径成反比,即粉尘粒径越小,对人的呼吸系统影响和伤害越大。

(　　) 8. 国家制定和颁布了一系列劳动保护法规和数百个职业卫生标准,这些法规和标准都是实践和科学实验的经验总结,是搞好职业病预防和控制工作的依据,必须认真贯彻执行,并对执行情况进行监督检查。

(　　) 9. 从事放射性作业前,必须到职业病防治医院进行体检,合格者才可从事这一工作,以后每三年都必须进行一次体检,并由医院和工作单位建立体检档案。

(　　) 10. 职业病是指企业、事业单位和个体经济组织的劳动者在职业活动中,因接触粉尘、放射性物质和其他有毒、有害物质等因素而引起的疾病。

第五节　交通安全

一、单选题(每题有4个选项,其中只有1个是正确的,将正确的选项号填入括号内)

1. 驾驶员是环境的理解者和车辆操作指令的发出与执行者,是系统的核心;车和环境因素必须通过人才能起作用,(　　)协作运动才能实现道路交通系统的安全性要求。
   A. 单个要素　　　　B. 三个要素　　　　C. 两个要素　　　　D. 四个要素
2. 人的心理活动对驾驶具有指向和调节控制作用,人的(　　)是导致事故发生的直接原因。
   A. 不安全行为　　　B. 心理活动　　　　C. 思想不集中　　　D. 下意识行为
3. 当遇到紧急情况时(　　)没有足够的反应时间和制动距离。
   A. 低速　　　　　　B. 匀速　　　　　　C. 快速　　　　　　D. 超速
4. 行人的(　　),且与车辆的行驶速度差距很大,在捷径心理的支配下,往往会突然闯到机动车前,造成交通安全事故。
   A.密度大　　　　B.自由度大　　　　C.速度快　　　　D.力量大
5.按照《中国石油天然气集团公司道路交通安全管理办法》要求,一类和二类车辆应安装、使用符合国家和中国石油标准的(　　)系统车载终端,三类车辆可根据需要安装、使用车载终端。
   A.自动缴费　　　B.安全　　　　　　C.身份辨识　　　D.卫星定位
6.道路安全设施能在车辆出现操控异常后,有效地对车辆进行(　　),尽可能地减少人员伤亡和财产损失。
   A.隔离　　　　　B.防备　　　　　　C.提示　　　　　D.缓冲和防护
7.为满足车辆的安全运行要求,路面应具有以下性能:强度和刚度、稳定性、(　　)、表面抗滑性、耐久性。
   A.耐高温性　　　B.耐磨度　　　　　C.表面平整度　　D.粗糙度
8.雨天、雪天的路面以及北方冬季桥梁冰冻路面的摩擦系数降低,刹车距离(　　),司机要加大车距,延长刹车距离。
   A.波动　　　　　B.加大　　　　　　C.减小　　　　　D.不变
9.当前方出现异常情况时,不能高声喊叫或采取其他(　　)方式,应及时轻声提醒司机注意。
   A.提醒　　　　　B.冲突　　　　　　C.消极　　　　　D.激烈
10.天气昏暗时还应开启近光灯和(　　)。
   A.警报灯　　　　B.示宽灯　　　　　C.防雾灯　　　　D.远光灯

二、多选题(每题有4个选项,其中有2个或2个以上是正确的,将正确的选项号填入括号内)

1.道路交通系统有3个基本要素包括(　　)。
   A.人　　　　　　B.车　　　　　　　C.环境　　　　　D.物
2.行驶车辆应保证证照齐全,(　　)等齐全完好。
   A.随车工具　　　B.备胎　　　　　　C.灭火器　　　　D.急救包
3.雨雪天行车注意事项包括(　　)等。
   A.保持良好的视野　　　　　　　　　B.控制车速,不急转弯
   C.防止涉水陷车　　　　　　　　　　D.注意观察行人
4.《中国石油天然气集团公司道路交通安全管理办法》指出,道路交通安全工作坚持(　　)的方针,依据车辆运行安全风险,实施车辆运行分级监控和驾驶员分级管理。
   A.安全第一　　　B.预防为主　　　　C.综合治理　　　D.以人为本

三、判断题(对的画"√",错的画"×")

(　　)1.《中国石油天然气集团公司道路交通安全管理办法》指出,道路交通安全工作坚持"安全第一、预防为主、综合治理"的方针,依据车辆运行安全风险,实施车辆运行分级监控和驾驶员分级管理。

(　　)2.驾驶员是指中国石油及所属企业依法取得机动车驾驶证并持有驾驶相应车辆内部准驾证的人员(包含合同化员工及市场化用工人员)。驾驶员变更准驾车型不用重新申领相应类别车型的内部准驾证。

(　　)3. 按照《中国石油天然气集团公司道路交通安全管理办法》要求,一类和二类车辆应安装、使用符合国家和中国石油标准的卫星定位系统车载终端,三类车辆可根据需要安装、使用车载终端。

(　　)4. 安全设施和道路交通安全有很大关系,安全设施能够有效对驾驶员和其他出行者进行引导和约束,使驾驶员对车辆的操纵安全且规范,使其他出行者与机动车流保持合理的隔离,从而降低事故的发生率。

(　　)5. 涉及民爆物品运输的车辆应经设区的省级人民政府交通运输管理部门检验合格,并取得危险货物运输证。

(　　)6. 行车视距是指为了保证行车安全,司机应能看到行车路线上前方一定距离的道路,以便发现障碍物或迎面来车时,采取停车、避让、错车或超车等措施。

(　　)7. 交通事故是指车辆在道路上因为过错或者意外造成的人身伤亡或者财产损失的事件。

(　　)8. 路边上下车,只要注意来往车辆,就可以从两侧车门上下车。

(　　)9. 疲劳驾驶是指连续驾车超过 6 h,当日每名驾驶员累计驾驶时间超过 10 h。

第六节　危险化学品

一、单选题(每题有 4 个选项,其中只有 1 个是正确的,将正确的选项号填入括号内)

1. 对人体、设施、环境具有危害的剧毒化学品和其他化学品在生产、经营、储存、运输、使用和废弃物处置过程中,容易造成(　　)和财产损毁。
   A. 人身伤亡　　　　B. 环境污染　　　　C. 意外事故　　　　D. 泄漏事故

2. MSDS 是一份关于化学品燃爆、毒性和环境危害以及安全使用、泄漏应急处置、主要理化参数、法律法规等方面信息的(　　)。
   A. 综合性文件　　　B. 一般文件　　　　C. 专业文件　　　　D. 相关文件

3. 当某种化学品具有 2 种及 2 种以上的危险性时,用危险性(　　)的警示。警示词一般位于化学品名称下方,要求醒目、清晰。
   A. 较大　　　　　　B. 一般　　　　　　C. 最大　　　　　　D. 最小

4. 剧毒化学品在运输途中发生盗窃、丢失、流散、泄漏等情况时,承运人及押运人员应立即向当地(　　)报告,并采取一切可能的警示措施。
   A. 安全机关　　　　B. 政府　　　　　　C. 相关部门　　　　D. 公安机关

5. 剧毒化学品储存应设置危险等级和注意事项的标志牌,专库(柜)保管,实行(　　)管理,并报当地公安部门和负责危险化学品安全监督管理的机构备案。
   A. 独立　　　　　　B. 双人双锁　　　　C. 专人　　　　　　D. 单人单锁

6. 储存易燃和可燃化学品的仓库、露天堆垛附近,(　　)试验、分装、封焊、维修、动火等作业。
   A. 不准进行　　　　B. 可以进行　　　　C. 有条件进行　　　D. 必须进行

7. 使用危险化学品的场所,其报警和联锁保护系统等安全设施应符合(　　)和行业规范规定,并定期进行维护、维修、检测,保持系统完好和安全可靠。
   A. 行业标准　　　　B. 市级标准　　　　C. 国家标准　　　　D. 省部级标准

8. 危险化学品装卸作业应由（　　）在现场负责指挥,装卸运输作业人员应按所装运危险化学品的性质,佩戴相应的防护用品。
　　A. 专人　　　　　　B. 一般工人　　　　C. 起重工　　　　　D. 领导
9. 安全标签应粘贴、挂拴、喷印在危险化学品容器或包装的（　　）,粘贴、挂拴、喷印牢固,以防在运输、储存期间脱落。
　　A. 相关位置　　　　B. 明显位置　　　　C. 底部　　　　　　D. 下部
10. 强酸、强碱等物质能对人体组织、金属等物品造成损坏,接触人的皮肤、眼睛、肺部或食道等时,会引起（　　）坏死而造成灼伤。
　　A. 表皮组织　　　　B. 内部组织　　　　C. 相关组织　　　　D. 黏膜组织

二、多选题(每题有4个选项,其中有2个或2个以上是正确的,将正确的选项号填入括号内)

1. 危险化学品是指具有（　　）等性质,对人体、设施、环境具有危害的剧毒化学品和其他化学品。
　　A. 毒害　　　　　　B. 腐蚀　　　　　　C. 爆炸　　　　　　D. 燃烧或助燃
2. 根据化学品的危险程度,分别用（　　）进行危害程度的警示。
　　A. 危险　　　　　　B. 警告　　　　　　C. 注意　　　　　　D. 危害
3. 危险化学品应按其化学性质分类、分区存放,并有明显的标志,堆垛之间应留有足够的（　　）。
　　A. 垛距　　　　　　B. 墙距　　　　　　C. 顶距　　　　　　D. 安全通道
4. 危险化学品在报废销毁处理前,应进行分析、检验,根据物品的性质分别采取（　　）、焚烧等相应处理方法。
　　A. 分解　　　　　　B. 稀释　　　　　　C. 深埋　　　　　　D. 中和
5. 危险化学品安全标签是用（　　）组合形式表示化学品所具有的危险性和安全注意事项。
　　A. 人物头像　　　　B. 编码　　　　　　C. 图形符号　　　　D. 文字

三、判断题(对的画"√",错的画"×")

(　　) 1. 爆炸品、压缩气体和液化气体中的可燃性气体、易燃液体、易燃固体、自燃物品、遇湿易燃物品、有机过氧化物等,在条件具备时均可能发生燃烧。
(　　) 2. 许多危险化学品可通过一种或多种途径进入生命体内,当其在生命体内累积到一定量时,便会扰乱或破坏机体的正常生理功能,引起暂时性或持久性的病理改变,甚至危及生命。
(　　) 3. 剧毒物品的包装箱、纸袋、瓶、桶等包装废弃物,应由专人负责管理,统一销毁。
(　　) 4. 使用危险化学品的单位,因为安全标签、安全技术说明书上有使用说明,所以不用编制使用安全规程和注意事项。
(　　) 5.《中华人民共和国国家化学品安全标签编写规定》(GB 15258—2009)规定了危险化学品安全标签的内容、格式和制作等事项。
(　　) 6. 化学品安全技术说明书在国际上称作化学品安全信息卡,简称CSDS。
(　　) 7. 化学品可自行运输,不需要到当地安全机关报备。
(　　) 8. 危险化学品安全标签不用标出化学品的主要成分和含有的有害组分、含量或浓度。
(　　) 9. 严格执行危险化学品出入库管理制度,设专人管理,定期对库存危险化学品进行检查,严格核对、检验进出库物品的规格、质量、数量,并登记和做好记录。对无产地、无安全标签、无安全技术说明书和检验合格证的物品应单独入库。

(　　)10.化学品安全技术说明书由化学品生产供应企业编印,在交付商品时提供给用户;化学品的用户在接收、使用化学品时,要认真阅读技术说明书,了解和掌握化学品危险性,并根据使用的情形制定安全操作规程,选用合适的防护器具,培训作业人员。

第七节　现场救护与逃生

一、单选题(每题有4个选项,其中只有1个是正确的,将正确的选项号填入括号内)

1. 急性呼吸道异物堵塞在生活中并不少见,由于气道堵塞后患者无法进行呼吸,故可能致人因缺氧而意外死亡。(　　)是比较快速有效的急救方法。
   A. 用力咳嗽法　　　　　　　　B. 海姆里克腹部冲击法
   C. 按摩法　　　　　　　　　　D. 击打法

2. 身上着火后下列灭火处理方式中错误的是(　　)。
   A. 就地打滚　　　　　　　　　B. 用厚重衣物覆盖压灭火苗
   C. 迎风跑　　　　　　　　　　D. 脱掉着火衣物

3. 下列为安全电压的是(　　)。
   A. 36 V　　　　B. 48 V　　　　C. 54 V　　　　D. 70 V

4. H_2S的密度比空气的大,剧毒,有(　　),容易在地面富集。
   A. 水果味　　　B. 臭鸡蛋气味　　C. 香水味　　　D. 汽油味

5. 发生火灾时烟雾中含有大量的一氧化碳及塑料化纤燃烧产生的氯、苯等有害气体,火焰又可造成呼吸道灼伤及喉头水肿,这些因素足可使浓烟中的遇险者(　　)内中毒窒息身亡。
   A. 1~2 min　　B. 7~10 min　　C. 15 min　　　D. 3~5 min

6. 出现一定浓度的硫化氢时,首先应选择(　　)无毒处理,其次应提前做好疏散撤离的准备。
   A. 点火　　　　B. 稀释　　　　C. 吹扫　　　　D. 掩埋

7. 人体触电后如有电灼伤创面,在现场要注意(　　),减少污染。
   A. 水洗　　　　B. 消毒包扎　　　C. 用衣物覆盖　　D. 用风吹

8. 触电造成的假死现象一般都是随时发生的,但也有的在触电几分钟甚至(　　)后才突然出现假死的症状。
   A. 3 天　　　　B. 5 天　　　　C. 7 天　　　　D. 1~2 天

9. 固定骨折包扎应从躯体下的天然空隙处(颈、腰、膝、足踝)将(　　)穿过。包扎下肢时,除足踝处,其余均用宽带。
   A. 三角巾　　　B. 毛巾　　　　C. 毛毯　　　　D. 床单

10. 中暑后核心体温达到(　　)是预后严重不良的指征,体温超过40 ℃的严重中暑病死率为41.7%,若超过42 ℃,病死率为81.3%。
    A. 39 ℃　　　B. 40 ℃　　　　C. 41 ℃　　　　D. 42 ℃

二、**多选题**(每题有4个选项,其中有2个或2个以上是正确的,将正确的选项号填入括号内)

1. 灼伤是由于热力、化学物质、电流及放射线所致引起的皮肤、黏膜及深部组织器官的损伤。灼伤分为( )。
   A. 超高温灼伤 B. 高温灼伤 C. 低温灼伤 D. 中温灼伤

2. 通常情况下施工现场出现因食物变质导致的食物中毒的可能性大,症状以( )为主,往往伴有发烧,严重的还会脱水、酸中毒,甚至休克、昏迷等。
   A. 呕吐 B. 腹痛 C. 腹泻 D. 恶心

3. 进入沙漠施工前,施工人员应( )等,检查设备的完好程度,确保通信设施畅通,及时做好沙暴、大风等恶劣天气的防范措施。
   A. 穿戴信号服 B. 备足食物 C. 水 D. 通信器材

4. 救助被滑坡掩埋的人和物,需掌握正确的救助方法,其要领是:将滑坡体后缘的水排开。从滑坡体的侧面开始挖掘。救援原则是( )。
   A. 先救人 B. 后救物 C. 先救物 D. 人、物同时救

5. 作业现场常用的外出血止血方法有( )等。
   A. 包扎止血法 B. 屈曲肢体加垫止血法
   C. 止血带止血法 D. 指压止血法

三、**判断题**(对的画"√",错的画"×")

( ) 1. 只要有周到详细的安全措施、安全可靠的防护工具,就能做到绝对的安全。

( ) 2. 海姆里克腹部冲击法的原理是将人的肺部设想成一个气球,气管就是气球的气嘴,假如气嘴被异物阻塞,可以用手捏挤气球,气球受压球内空气上移,从而将阻塞气嘴的异物冲出,这就是海姆里克腹部冲击法的物理学原理。

( ) 3. 低温灼伤虽然灼伤温度不高,创面疼痛感不十分明显,但是持续时间长,创面损伤严重,而且由于未引起重视可能造成较为严重的后果。

( ) 4. 被电弧光灼伤的伤病者,表面看并不严重,但其实电流通过其身体时,已产生一定程度的体内灼伤。

( ) 5. 毒物是当人体摄入足够量后能损伤机体甚至致死的物质。

( ) 6. 当触电者脱离电源后,应根据触电者和具体情况,迅速对症救护。现场应用的主要救护方法是人工呼吸法和胸外心脏按压法。

( ) 7. 指压止血法是最简捷的止血方法,用手指或手掌压迫出血部位动脉近心端,控制出血,此方法是一种急救措施,止血效果有效且持久,故应在使用这种方法后不改用其他止血法。

( ) 8. 如化学物品不慎入眼后仍是粒状未溶解,可直接用大量清水冲洗,直至冲洗干净。

( ) 9. 现场作业发生地震时,第一感知人应立即大声呼喊"地震了,大家赶紧撤离",并利用其他有效方法发出警示信号。

( ) 10. 火灾造成人类死亡的主要原因是火焰烟雾中毒所致的窒息。

第三章 油气储运工程建设作业安全知识

第一节 土建工程

一、单选题(每题有4个选项,其中只有1个是正确的,将正确的选项号填入括号内)

1. 为确保安全施工,混凝土工施工作业前应确认作业内容、地点、时间和要求与(　　)规定一致,岗位环境风险控制措施已落实。
   A. 施工组织设计　　B. 作业许可证　　C. 监理实施细则　　D. 监理规划

2. 混凝土工夜间施工时,必须穿(　　),随身携带手电。
   A. 阻燃防护服　　　　　　　　B. 防水服
   C. 防中子辐射防护服　　　　　D. 反光防护服

3. 下列关于混凝土工 HSE 作业指南中混凝土工程作业前的要求的说法中错误的是(　　)。
   A. 接受施工前技术安全交底
   B. 确认混凝土施工机械设备等性能完好,安全附件齐全
   C. 确认使用的用电设备开关箱内装置漏电保护器插座、插头完好无损,电源线无漏电
   D. 确认插座都是公牛插座

4. 下列关于混凝土工在恶劣天气下作业的说法中错误的是(　　)。
   A. 出现六级及以上大风和雷电、暴雨、大雾等灾害性气象征兆时,员工要立即停止作业离开现场
   B. 雨、雪后清除模板内及操作平台上的冰、雪
   C. 大风、沙尘暴后检查使用的操作平台、模板稳定性是否完好,如有倾斜、变形等现象需拆除重新搭设安装
   D. 出现五级及以上大风和雷电、暴雨、大雾等灾害性气象征兆时,员工要立即停止作业离开现场

5. 在基坑内作业时,基坑塌方等危害因素最可能造成(　　)风险。
   A. 起重伤害　　　B. 坍塌　　　C. 机械伤害　　　D. 物体打击

6. 高处作业防护措施不当,造成人员跌落等危害因素最可能造成(　　)风险。
   A. 起重伤害　　　B. 物体打击　　C. 机械伤　　　D. 高处坠落

7. 夏季高温、冬季寒冷等危害因素最可能造成混凝土工(　　)风险。
   A. 起重伤害　　　B. 坍塌　　　C. 机械伤害　　　D. 中暑、冻伤

8. 下列关于模板工岗位职责的表述中错误的是(　　)。
   A. 执行本属地安全规定,对进入本属地人员进行风险告知
   B. 负责对本属地内工器具进行保管、使用、检查和日常维护
   C. 无权制止其他人员擅自安、拆模板,必要时向现场负责人反映情况
   D. 有权拒绝违章指挥和强令冒险作业

二、多选题(每题有4个选项,其中有2个或2个以上是正确的,将正确的选项号填入括号内)

1. 混凝土工夜间施工时,为保证施工安全,应( )。
   A. 确认照明充足,并设专人监护
   B. 确认照明充足,但不必专人监护
   C. 在现场设置明显的交通标志、安全标牌、警戒灯等,标志牌具备夜间荧光功能
   D. 夜间施工的人员白天必须保证充足睡眠,不得连续作业

2. 混凝土工作业前应确认( )及防尘口罩等劳动防护用品完好,并正确穿戴和使用。
   A. 安全帽　　　　B. 安全带　　　　C. 绝缘鞋　　　　D. 绝缘手套

3. 按照模板工 HSE 的要求,组合钢模板装拆时,( )。
   A. 上下应有人接应
   B. 钢模板及配件应随装拆随运送,严禁从高处掷下
   C. 高空拆模时,不用专人指挥
   D. 应在其下方标出工作区,用红白棋加以围栏,暂停人员过往

4. 模板工常见的岗位风险有( )。
   A. 坍塌　　　　B. 物体打击　　　　C. 高处坠落　　　　D. 起重伤害

5. 混凝土工作业前应确认( )牢靠无隐患。
   A. 模板的支撑　　B. 操作平台　　　C. 脚手架　　　　D. 安全通道

6. 冰雪路段行车应根据气候和道路情况,携带( )。
   A. 防滑链　　　　B. 三角木　　　　C. 牵引索　　　　D. 取暖物资

7. 超速对安全的影响有( )。
   A. 引起制动距离增加　　　　　　B. 车辆容易爆胎
   C. 车辆稳定性变差　　　　　　　D. 驾驶员容易疲劳

8. 各单位项目部应当根据识别的项目危害因素,对分包商作业过程中采用的( )等进行安全风险评估,对安全技术措施和应急预案的落实情况进行监督检查。
   A. 工艺　　　　B. 技术　　　　C. 设备　　　　D. 材料

9. 专业施工分包商安全资质审查内容包括( ),以及近三年安全生产业绩证明、HSE 或者职业健康安全管理体系第三方审核报告等有关资料。
   A. 安全生产许可证
   B. 安全监督管理机构设置
   C. HSE 或者职业健康安全管理体系
   D. 仅需要主要负责人、项目负责人、安全监督管理人员的安全资格证书

10. 作业许可审批人的书面审查内容包括( )。
    A. 作业的详细内容,包括作业过程中可能发生的施工资源、作业环境等条件变化
    B. 必要的支持文件,包括工作安全分析、安全工作方案、作业区域相关示意图、作业人员资质等
    C. 作业前后周围环境或相邻工作区域间的危害因素及安全预防措施与应急措施
    D. 为避免由于同时进行的作业相互冲突而引发风险,对现场正在进行的或计划进行的作业所采取的协调结果

三、判断题(对的画"√",错的画"×")

(　　)1. 混凝土工在施工现场行走时,必须走安全通道,禁止蹬踏土壁和固壁支撑以及攀爬脚手架、垂直运输设备架体、模板支撑和钢筋骨架等上下。

(　　)2. 混凝土工作业时,发现线路短路、漏电或突然停电,应立即切断线路电源,通知电工进行维检修。

(　　)3. 浇筑深基础混凝土施工过程中,应检查基坑边坡土质有无坍塌的危险,如发现危险现象,应立即离开,待隐患消除后再作业。

(　　)4. 按岗位职责要求,混凝土工应执行本属地安全规定,对进入本属地人员进行风险告知。

(　　)5. 模板工应掌握本岗位应急处置措施,发生紧急情况时按照应急处置程序,开展自救、互救和报告。

(　　)6. 出现六级及以上大风和雷电、暴雨、大雾等灾害性气象征兆时,模板工要立即停止作业离开现场。

(　　)7. 在作业过程中,可以使用挖掘机将泥浆工送至操作台。

(　　)8. 非施工人员任何时候都不能进入操作区。

(　　)9. 施工现场使用的电动油泵不得长时间空转,连接电源时应避免产生火花。

(　　)10. 发动机运行过程中,严禁检修发动机,但应及时更换破损的防护罩、防护网等防护设施。

第二节　油气管道安装

一、单选题(每题有4个选项,其中只有1个是正确的,将正确的选项号填入括号内)

1. 因工程建设需要占用、挖掘道路,或者跨越、穿越道路架设、增设管线设施,应当事先征得(　　)的同意。
   A. 公安机关　　　　B. 交通管理部门　　　C. 道路主管部门　　　D. 业主

2. 办公场所应确保疏散通道、安全出口、消防车通道畅通,并设置符合(　　)规定的消防安全疏散标志。
   A. 企业目视化　　　B. 国家　　　　　　　C. 集团公司　　　　　D. 项目部

3. 特种作业及特种设备操作人员,取得(　　)后,方可从事特种作业或特种设备作业,并按照规定进行复审。
   A. 安全培训合格证　　　　　　　　　　　B. 特种作业操作证
   C. 技术培训合格证　　　　　　　　　　　D. 考试合格证

4. (　　)应熟知作业许可规定的作业内容、作业过程中的风险及控制措施、与监护人员及现场负责人的沟通方式和应急处置措施。
   A. 所有与作业有关的人员
   B. 现场作业人员包括作业许可证涉及的所有作业人员
   C. 仅许可证申请人
   D. 作业监护人

5. (　　)应参与项目部、机组(作业队、车间、站)组织的施工作业工序的安全风险识别和施工过程中的动态风险识别工作。
　　A. 所有操作岗位员工　　　　　　　B. 仅关键操作岗位员工
　　C. 党员　　　　　　　　　　　　　D. 关键管理岗位员工

6. 未制定操作规程或操作规程不健全属于危害因素识别中的(　　)。
　　A. 人的不安全行为　　　　　　　　B. 物的不安全状态
　　C. 管理缺陷　　　　　　　　　　　D. 不良劳动环境和条件

7. 工作前安全分析是指事先或定期对某项工作任务进行风险评价,并根据评价结果制定和实施相应的控制措施,达到(　　)的方法。
　　A. 消除风险　　　　　　　　　　　B. 最低限度消除或控制风险
　　C. 最大限度消除或控制风险　　　　D. 避免风险

8. 没有或不认真实施安全防范措施,对现场工作缺乏检查属于危害因素识别中的(　　)。
　　A. 人的不安全行为　　　　　　　　B. 物的不安全状态
　　C. 管理缺陷　　　　　　　　　　　D. 不良劳动环境和条件

9. 除锈工应执行本属地安全规定,对进入本属地人员进行(　　)。
　　A. 风险告知　　B. 安全检查　　C. 安全考核　　D. 安全测试

10. 厨师岗位危害因素中最容易造成中毒风险的是(　　)。
　　A. 高压容器使用不当　　　　　　　B. 用电设备设施超负荷运转
　　C. 搬运重物不当　　　　　　　　　D. 食物保存不当变质

11. 全部属于低压电工安全作业岗位风险的是(　　)。
　　A. 高处坠落、坍塌、触电、火灾、爆炸
　　B. 高处坠落、车辆伤害、坍塌、火灾、触电
　　C. 坍塌、冒顶片帮、车辆伤害、火灾、触电
　　D. 触电、机械伤害、容器爆炸、坍塌

12. 电焊工作业最容易造成触电风险的危害因素是(　　)。
　　A. 潮湿地带施工　　B. 钢丝绳破损　　C. 焊接烟尘　　D. 电焊弧光

13. 电焊工作业最容易造成中毒窒息风险的危害因素是(　　)。
　　A. 电焊弧光　　B. 夏季高温　　C. 焊接烟尘　　D. 潮湿地带施工

14. 电焊工作业最容易造成物体打击风险的危害因素是(　　)。
　　A. 吊管机滑绳　　　　　　　　　　B. 强力组对焊接时弹管
　　C. 密闭施焊作业通风不良　　　　　D. 防爆区域使用非防爆工具

15. 下列选项中,不属于容易造成电焊工起重伤害风险的危害因素是(　　)。
　　A. 吊管机滑绳　　　　　　　　　　B. 钢丝绳断裂
　　C. 吊带破损　　　　　　　　　　　D. 防爆区域使用非防爆工具

16. 施工现场滚管容易导致电焊工(　　)风险。
　　A. 触电　　B. 烧伤　　C. 物体打击　　D. 坍塌

17. 管工应执行本属地安全规定,对进入本属地人员进行(　　)。
　　A. 风险告知　　B. 安全检查　　C. 安全考核　　D. 所带物品检查

18. 机械修理作业时设备停放位置不当、未掩牢,作业人员在设备运转时修理旋转部件,容易造成(　　)风险。

A. 机械伤害　　　　B. 物体打击　　　　C. 触电　　　　　　D. 高处坠落

19. 搬运、移动刚刚焊割加工后的工件可能导致(　　)风险。
A. 触电　　　　　　B. 灼烫　　　　　　C. 中毒和窒息　　　D. 火灾

20. 铆工作业过程中人员上下罐不走安全通道可能导致(　　)风险。
A. 物体打击　　　　B. 机械伤害　　　　C. 起重伤害　　　　D. 高处坠落

21. 职工配合试压施工时,拆卸收球筒时应站在收球筒(　　),避免快开盲板突然打开发生事故。
A. 正面　　　　　　B. 侧面　　　　　　C. 前面　　　　　　D. 后面

22. 从业人员有权对本单位安全生产工作中存在的问题提出批评、检举和控告;有权拒绝(　　)和强令冒险作业。
A. 作业规程　　　　B. 工作安排　　　　C. 违章指挥　　　　D. 上级指挥

23. 职工在属地管理人员和现场负责人的指挥下,配合各专业工种完成相应任务,以下(　　)不属于普工的岗位职责。
A. 清楚作业内容,熟悉作业环境
B. 识别岗位风险并采取有效防控措施
C. 负责对属地内工器具保管、使用、检查和日常维修
D. 对进入属地人员进行风险告知,制止其他人员违章行为

24. 气焊工在作业前要确认作业内容、地点、时间和要求与作业许可证规定一致,(　　)控制措施已落实。
A. 岗位管理风险　　B. 岗位技术风险　　C. 岗位操作风险　　D. 岗位环境风险

25. 以下危害因素中不属于气焊工岗位安全作业指南中的火灾风险因素的是(　　)。
A. 回火
B. 气体泄漏
C. 乙炔瓶倒放或与氧气瓶安全距离不够　　D. 焊接烟尘

26. 气焊工在气焊作业时触碰高温焊件造成烫伤属于(　　)风险。
A. 物体打击　　　　B. 其他伤害　　　　C. 火灾　　　　　　D. 机械伤害

27. 探伤工应确认作业区域内已设置(　　),操作人员已保持安全距离。
A. 围栏和警示标识　　　　　　　　　　B. 围栏
C. 警示标识　　　　　　　　　　　　　D. 安全绳

28. 外线电工作业中遇蚊虫叮咬、野兽咬伤易引起(　　)风险。
A. 野生动物伤　　　B. 中暑　　　　　　C. 摔伤　　　　　　D. 高处坠落

29. 下列选项中,不属于外线电工岗位安全作业风险的是(　　)。
A. 触电　　　　　　B. 物体打击　　　　C. 起重伤害　　　　D. 冒顶片帮

30. 下列关于吊管机管口组对安全作业要求的说法中错误的是(　　)。
A. 组对时应使用吊带或专用吊具,吊装索具应选用有专业制造资质的厂家购买或定制
B. 应有专人指挥,缓慢行动
C. 山区坡道组对焊接应执行山区坡道作业要求
D. 确需设备在横向坡行走、作业,应将配重侧处于坡上的一侧,避免设备重心偏移

二、**多选题**(每题有4个选项,其中有2个或2个以上是正确的,将正确的选项号填入括号内)

1. 管线下沟作业若存在(　　)情形,严禁作业。

A. 在节假日期间作业的
B. 未进行人员撤离,人员密集区未进行隔离和设置人员看护的
C. 吊装设备不符合施工方案规定和配备要求的
D. 未设置专人统一指挥人员的

2. 动火作业在( )情形时严禁作业。
   A. 未按规定办理和执行作业许可证的
   B. 作业现场风险不受控的
   C. 作业现场未配备应急人员和应急设施的
   D. 未制定施工方案的

3. 如果在实际工作中( )、工法等发生变更,应对作业风险进行重新分析。
   A. 施工人员   B. 设备   C. 设施   D. 环境

4. 工作前安全分析小组应针对识别出的每项风险制定控制措施,之后还应确定的问题包括( )等。
   A. 是否全面有效地制定了所有的控制措施
   B. 对实施该项工作的人员还需要提出什么要求
   C. 风险是否能得到有效控制
   D. 所有措施是否考虑经济、可行

5. 下列有关办公场所(驻地)用电安全的表述中正确的是( )。
   A. 严禁重物压迫电源线,如出现破损应及时更换
   B. 严禁带电移动、修理电气设备,或湿手触摸电源
   C. 员工离开办公场所时要关闭照明、空调、电脑、打印机、电风扇等所有用电设备
   D. 严禁私自在办公场所使用大功率电器

6. 班前喊话就当天作业的( )等事项向作业人员进行施工前的交底,员工应熟知本岗位风险和应对的控制措施。
   A. 内容   B. 分工情况   C. 操作规程   D. 风险控制

7. 施工现场危害因素识别范围包括( )。
   A. 人的不安全行为   B. 物的不安全状态
   C. 不良劳动环境和条件   D. 管理缺陷

8. 所有操作岗位员工应参与项目部、机组(作业队、车间、站)组织的施工作业工序的安全风险识别和施工过程中的动态风险识别工作,共同制定完善的( )。
   A. 一般安全风险工序作业清单   B. 较大安全风险工序作业清单
   C. 重大安全风险工序作业清单   D. 专项施工方案

9. 下列属于厨师岗位主要风险因素的有( )。
   A. 火灾及爆炸 B. 触电   C. 灼烫   D. 物体打击

10. 电焊工在山地进行沟下作业时应确认( )。
    A. 管沟附近山体无滑坡、塌方、落石隐患
    B. 设备停放在平缓地段,或达到规定坡度的坡面
    C. 设备与管沟保持一定的安全距离
    D. 无作业时必须离开沟内不得停留

11. 常规环境作业前,电焊工应注意的安全事项包括( )等。

A. 确认焊机、送丝机、自动焊机及轨道、发电机、角磨机等设备性能完好

B. 临时用电线路连接完好,线缆无破损,接地可靠

C. 确认二次线双线放置牢固,不易滑落

D. 确认作业区域12 m范围内无易燃易爆物品

12. 防腐工应每天( )。

A. 清楚当天作业内容　　　　　　　B. 熟悉作业环境

C. 识别岗位风险　　　　　　　　　D. 采取有效防控措施

13. 高压作业环境中,防爆区域使用非防爆工具易引起( )风险。

A. 物体打击　　　B. 火灾　　　　C. 触电　　　　D. 起重伤害

14. 雨季施工作业中,暴风雨时高压电工应做到( )。

A. 立即停止室外施工作业　　　　　B. 人员迅速撤到安全地带

C. 切断所用电源　　　　　　　　　D. 立即组织人员做好防水措施

15. 在( )情况下,管道施工现场有造成物体打击的风险。

A. 砂轮片破碎、铁屑飞溅　　　　　B. 外对口器、角磨机滑落

C. 站在管口间或手扶管口组对　　　D. 焊口承压能力足

16. 铆工作业前岗位安全操作要求包括( )等。

A. 检查确认劳保服、防护耳塞、防护眼镜、防护手套、安全带、防尘口罩等个人防护用品完好,并正确佩戴、使用

B. 接受施工前技术安全交底

C. 检查确认作业内容、地点、时间和措施与作业许可证规定一致,岗位风险控制措施落实可靠

D. 检查确认浮船临时支架、脚手架、吊篮、跳板、阻燃防火安全网等防护措施稳固

17. 容易造成起重设备倾覆风险的因素有( )等。

A. 起重机机械故障　　　　　　　　B. 地基坍塌

C. 起重机站位不当　　　　　　　　D. 超载起吊重物

18. 外线电工岗位在野外进行复测作业,要在( )设置明显标志,以防走失。

A. 道路　　　B. 明显标志物处　　　C. 转弯处　　　D. 人员身上

19. 吊管机作业前外观检查应确认( )等安全保护装置完整、有效。

A. 设备安全带　　　B. 防脱钩挡板　　　C. 倒车报警器　　　D. 车胎压力

20. 操作人员用砂轮机进行手工磨削工件时,属于安全行为的是( )。

A. 禁止侧面磨削　　　　　　　　　B. 不准站在侧面操作

C. 禁止站在正面操作　　　　　　　D. 不准共同操作

三、判断题(对的画"√",错的画"×")

( ) 1. 管道试压时严禁使用氧气。

( ) 2. 进入受限空间作业前未制定施工方案或方案未获批准的,严禁作业。

( ) 3. 用电设备以及电气线路的周围需留有足够的安全通道和工作空间,且不应堆放易燃、易爆和腐蚀性物品。

( ) 4. 工作前安全分析小组应针对识别出的每项风险制定控制措施,将风险完全削减。

( ) 5. 施工现场风险辨识需要重点识别的风险包括施工现场地形、地貌、地质构造、自然

(　　)6.任何作业人员都有权利和责任停止他们认为不安全的或者风险没有得到有效控制的工作,并向上级汇报。

(　　)7.高空作业中,低压电工的安全带双挂钩应分别挂在物体不同部位的牢固构件上,应高挂低用。

(　　)8.在室内密闭空间焊接进行作业时必须打开通风排烟设备,否则不能进行作业。

(　　)9.电气设备全部或部分停电作业时,严禁使用不符合规定的导线做接地线或短路线,接地线可以使用缠绕的方法进行接地或短路。

(　　)10.机械维修人员进行设备维修作业时,运转设备没有停稳、停妥,不能进行检修。

(　　)11.铆工作业前应清楚当天作业内容,熟悉作业环境,识别岗位风险并采取有效防控措施。

(　　)12.起吊中,因故中断起吊,必须采取措施,已吊起的重物不得长时间停滞在空中。

(　　)13.起重操作人员无论何时都必须遵照执行现场指挥人员命令。

(　　)14.气焊工在作业结束后,应检查操作地点,确认无起火隐患后方可离开。

(　　)15.外线电工岗位普通放线作业中牵引绳、导地线出现勾挂时,排障人员要站在挂角内侧,不得直接用手去拉,防止碰伤或被带起摔伤。

(　　)16.仪表工冬季作业前,应确认作业环境中的防冻、防滑、防火、防烫伤等措施全部落实到位。

(　　)17.挖掘机在开挖过程中发现有埋地管道、光电缆及其他特殊埋设物,应继续作业但要按程序上报。

(　　)18.作业后,操作手可以将坡口机胀在钢管内。

(　　)19.运管车在大角度爬坡行驶过程中,应提前观察道路状况,了解坡顶和下坡道路路况,确认安全后逐辆通行,禁止跟车爬坡。

(　　)20.吊管机操作手熟悉作业环境:观察并确认设备周围是否存在人员、光电缆、构筑物、在役管道等障碍物,掌握工作区域天气、地形、地质和地貌。

第三节　海洋管道安装

一、单选题(每题有4个选项,其中只有1个是正确的,将正确的选项号填入括号内)

1.路由项可能存在的工作包括清理(　　)发现的路由障碍物(礁石、渔网等),施工区域预挖沟、不平整处理以及在役管缆的挖沟下沉和保护等。
　　A.预处理　　　　B.预调查　　　　C.预挖沟　　　　D.后挖沟

2.潜水员通过潜水梯入水时,水流速度应不大于0.5 m/s,蒲福风力等级应不大于(　　)。
　　A.3级　　　　　B.4级　　　　　C.5级　　　　　D.6级

3.海管拖拉施工中沿海管路由使用海上限位桩的作用为(　　),限制管线拖拉过程中的形变,确保拖拉过程安全。
　　A.保护拖拉管线　B.系泊船只　　　C.作为海上标识　D.绑扎管道

4.海管标志物海上部分主要为警示浮标,沿(　　)设置,用于警示过往船只。
　　A.作业边界线　　B.海域权属边界　C.海管路由　　　D.航道

5.预调查作业人员在船舷边作业时,为预防落水,需安排作业安全监督,穿着(　　)。

A. 工鞋　　　　　B. 安全帽　　　　C. 救生衣　　　　D. 工服

6. 海上运管船承担运管任务至铺管船周边时,如果当时不能卸管,运输船需要(　　)。

　　A. 等待卸管通知　B. 返航　　　　　C. 原地等待　　　D. 自行安排

7. 海底管道岸拖过程中,为减小过往船只撞漂浮管道风险,以下错误的是(　　)。

　　A. 夜间停工　　　B. 设置警戒区域　C. 提前拦截通知　D. 发布海事公告

8. 下列对预防海管受力过大、应力超标、发生屈曲的措施中描述错误的是(　　)。

　　A. 监控张紧器张力　　　　　　　　B. 监控托管架角度
　　C. 全面进行铺管分析　　　　　　　D. 使用最大张紧力

9. 海底管线连头作业时管线起吊和下放应(　　)。

　　A. 按照作业书步骤执行　　　　　　B. 各舷吊自由操作
　　C. 连头完成后直接释放吊力下放　　D. 现场根据司索经验确定步骤

10. 水上作业人员必须经过(　　)培训。

　　A. 水上救生和逃生　B. 游泳　　　　C. 打捞　　　　　D. 船舶驾驶

二、多选题(每题有4个选项,其中有2个或2个以上是正确的,将正确的选项号填入括号内)

1. 海上铺管前预调查主要对(　　)进行调查。

　　A. 地形　　　　　B. 地貌　　　　　C. 障碍物　　　　D. 地层分布

2. 海上管道过驳吊装需提前核算(　　)。

　　A. 吊装锁具　　　B. 吊装能力　　　C. 防腐层厚度　　D. 船舶尺寸

3. 以下可能造成海管铺设路由与设计不符的有(　　)。

　　A. 定位设备未标定　　　　　　　　B. 抛锚未按布锚图实施
　　C. 海管受力过大　　　　　　　　　D. 船舶无动力

4. 以下属于海管弃拾管危害因素的有(　　)。

　　A. 临时弃拾管选择时机不合适　　　B. 牺牲缆断裂
　　C. 张紧器和A/R绞车配合不及时　　D. 膨胀弯长度偏大

5. 路由预处理包含(　　)多项可能存在的工作,如清理预调查发现的路由障碍物(礁石、渔网等)、施工区域等。

　　A. 预挖沟　　　　　　　　　　　　B. 不平整处理
　　C. 在役管缆的挖沟下沉和保护　　　D. 水产养殖打捞

三、判断题(对的画"√",错的画"×")

(　　)1. 依据业主提供的海底调查报告,施工方不需要进行二次调查核实。

(　　)2. 因特殊情况需要潜水时,应评估现场具体条件,采取更有效的安全防护措施,确保潜水员安全。蒲福风力等级大于5级小于6级(风速为22~27节,浪高为3.0 m)时,应评估现场具体条件决定是否潜水。

(　　)3. 打限位桩需提前获取地质资料,并对打桩深度进行计算,核算单桩侧向承载力,并按计算要求打到指定深度。

(　　)4. 海上作业中的钢丝绳在作业前需进行检测。

(　　)5. 为预防海上作业风险,实时关注海上作业天气是必不可少的一项工作。

第四节 非开挖工程——水平定向钻穿越

一、单选题(每题有4个选项,其中只有1个是正确的,将正确的选项号填入括号内)

1. 在进行扫线作业时,存在的危害因素有(　　)。
   A. 树木砍伐倾倒、设备移动伤人
   B. 吊装运输坠落伤人
   C. 推土机、挖掘机频繁移动,碰撞到作业人员
   D. 管道连接处脱落导致人员伤害

2. 下列扫线作业危害因素的防控措施中正确的是(　　)。
   A. 现场要有专人指挥、专人监护,非相关人员可以在设备作业区域内活动
   B. 推土机、挖掘机开动前应对周围、底部及行走机构进行检查,确认无人和无障碍物后方可开动,开动时应发出信号
   C. 操作手工作时可以接打电话
   D. 不需要设备维修检验及运转记录

3. 泥浆配制作业不存在(　　)的危害因素。
   A. 膨润土粉尘被人员吸入,造成人体伤害
   B. 搅拌机、泥浆罐、泥浆泵等设备伤人
   C. 泥浆渗漏、外溢,人员淹溺
   D. 钻杆滚落,人员伤害

4. 下列泥浆配制作业危害因素的防控措施中错误的是(　　)。
   A. 作业区域设置防风围挡设施并且作业人员佩戴防尘口罩
   B. 设备移动、回转时,需在做动作前鸣笛示警,人员禁止在设备工作半径内停留
   C. 使用普通卡具连接泥浆管路即可
   D. 泥浆罐开口处设置警示标识

5. 下列泥浆配制作业危害因素的防控措施中正确的是(　　)。
   A. 泥浆罐爬梯安装的扶手、护栏完整牢固,连接踏板稳固
   B. 回收的泥浆做简单填埋处理即可
   C. 泥浆池只需设置硬围护及警示标识
   D. 夜间作业无需充足照明

6. 设备安装与拆卸不存在(　　)的危害因素。
   A. 设备移动和起重吊装造成人员伤害
   B. 泥浆罐上登高作业坠落
   C. 钻杆滚落造成人员伤害
   D. 电缆漏电,未按要求铺设线缆导致人员触电

7. 下列设备安装与拆卸作业危害因素的防控措施中错误的是(　　)。
   A. 非工作人员可以进入现场
   B. 设备进场前设置警示带,严禁闲杂人等进入
   C. 设备移动前鸣笛警示

D. 起重吊装作业设专人指挥,旗语、信号清晰明确

8. 定向钻穿越作业不存在(　　)的危害因素。
   A. 设备碰撞、物体打击造成人员伤害
   B. 高压液压管爆裂造成人员伤害
   C. 钻机平台上卸钻杆过程中工作人员坠落造成人员伤害及产生噪音造成听力伤害
   D. 滚管下沟造成人员伤害

9. 下列定向钻穿越作业危害因素的防控措施中错误的是(　　)。
   A. 钻机工作时,要确保两岸通信工具电量充足,信号良好,联络畅通
   B. 作业人员配备耳塞,并在人口密集区域设置遮挡
   C. 钻机周边设置隔离带,无需护栏
   D. 油料存放区设置隔离带,与作业区域保持安全距离

10. 辅助作业不存在(　　)的危害因素。
    A. 设备碰撞、物体打击造成人员伤害
    B. 滚管下沟、动作不一造成人员伤害
    C. 推土机、挖掘机等工程机械工作造成人员伤害
    D. 泥浆坑处理不当,环境污染,人员伤害

二、多选题(每题有4个选项,其中有2个或2个以上是正确的,将正确的选项号填入括号内)

1. 定向钻穿越施工具有(　　)等优点。
   A. 施工速度快　　B. 施工精度高　　C. 成本低　　D. 开挖管段少

2. 水平定向钻施工有(　　)等多种穿越方式。
   A. 陆-陆穿越　　B. 陆-海穿越　　C. 海-陆穿越　　D. 海-海穿越

3. 水平定向钻的施工准备有(　　)。
   A. 扫线作业　　B. 便道施工　　C. 卫星定位　　D. 泥浆配制

4. 水平定向钻穿越作业的内容包括(　　)。
   A. 导向钻进　　B. 扩孔　　C. 洗孔　　D. 管道回拖

5. 水平定向钻辅助作业包括(　　)。
   A. 发送沟开挖　　B. 注水　　C. 管线下沟　　D. 地貌恢复

6. 起重机作业时存在人员伤害的危害因素,应采取的防控措施包括(　　)。
   A. 起重吊装作业设专人指挥,旗语、信号清晰明确
   B. 起重机进行回转、变幅、吊钩升降等动作之前,应鸣笛警示
   C. 起重机械作业时,起重臂旋转半径内严禁有人停留、作业或通过;严禁用起重机载运人员
   D. 起吊重物应绑扎牢固,不得在重物上再堆放或悬挂散物件

三、判断题(对的画"√",错的画"×")

(　　)1. 定向钻穿越是将石油工业的定向钻进技术和传统的管线施工方法结合在一起的施工技术,可用于输送石油、天然气、石化产品、水(污水)等流体和电力、光缆各类管道的施工。

(　　)2. 进行设备安装与拆卸作业时,起吊重物应绑扎牢固,不得在重物上再堆放或悬挂

散物件;标有起吊悬挂位置的物件,应按标明的位置悬挂起吊;吊索与重物棱角之间应加衬垫。

(　　)3.定向钻作业时要定期对高压液压管路进行检查,及时进行更换老化的液压管路,保证管路连接正确并牢固可靠,及时进行补充高压液压管路液压油。

(　　)4.辅助作业时泥浆坑处理不当会造成人员伤害,但对环境没有污染。

(　　)5.辅助作业时管线下沟要统一指挥,设置警示标志,专人监护巡视,滚轮架基础要平整密实,就位保持同一轴线,吊装就位滚轮架时鸣笛警示,现场设专人指挥。

第五节　非开挖工程——盾构、顶管、直接铺管

一、单选题(每题有4个选项,其中只有1个是正确的,将正确的选项号填入括号内)

1.盾构顶管在砂层中始发时,易发生洞门涌水涌砂现象,易发生地面大面积(　　)。
　A.隆起　　　　　B.沉降　　　　　C.漏水　　　　　D.板结

2.盾构始发和砂层掘进时,应严格控制掘进参数和(　　),控制开挖面水土压力平衡地层压力,保证掘进不超挖。
　A.导向参数　　　B.推进压力　　　C.出渣量　　　　D.循环流量

3.盾构掘进时应及时补充(　　),防止盾尾密封受损而导致盾尾涌水涌砂。
　A.刀盘油脂　　　B.黄油　　　　　C.机油　　　　　D.盾尾油脂

4.盾构发生过量的自转可采取的有效措施是(　　)。
　A.更换刀盘转向　B.调整水平导向　C.调整垂直导向　D.收缩铰接油缸

5.在钢套筒洞门密封上和钢管支撑切割作业过程中,施工人员应系好(　　)以防止坠落。
　A.口罩　　　　　B.安全带　　　　C.安全帽　　　　D.手套

6.地下水丰富、工作水压较大,将直接导致顶力增大,同时将对(　　)造成威胁。
　A.反力墙　　　　B.油缸支架　　　C.洞门密封　　　D.始发轨道

7.在硬岩顶进过程中,应调配性能良好的循环泥浆,可有效降低刀具工作温度,进而保护刀具。循环泥浆还应具备良好的(　　)能力,使渣土悬浮于浆液中顺畅排出。
　A.降温　　　　　B.减阻　　　　　C.润滑　　　　　D.携渣

8.顶管施工中应及时注入润滑减阻泥浆,一方面泥浆可在管节外形成泥浆套减小阻力,另一方面一定压力的泥浆可填充管节与土体间隙起到一定的(　　)作用。
　A.降温　　　　　B.支撑　　　　　C.润滑　　　　　D.携渣

9.顶管施工前需计算每米理论注入量,施工过程中根据实际顶进速度调整泥浆(　　)。
　A.注入速度　　　B.注入压力　　　C.注入时间　　　D.注入位置

10.带压作业完成后如减压不彻底发生不良反应,应立即进入(　　)实施急救治疗。
　A.高压氧舱　　　B.隔离室　　　　C.急诊室　　　　D.ICU

二、多选题(每题有4个选项,其中有2个或2个以上是正确的,将正确的选项号填入括号内)

1.竖井施工主要涉及的高危作业内容有(　　)。
　A.爆破作业　　　B.高空安全作业　C.起重作业　　　D.开挖作业

2.直接铺管基坑施工过程中存在的危害主要有(　　)。

A. 机械伤害　　　　　B. 掩埋　　　　　　C. 跌落　　　　　　D. 环境污染
3. 钢板桩拔除或洞门前方土体开挖时,可能发生的伤害主要有(　　)。
A. 物体打击　　　　　B. 环境污染　　　　C. 电击　　　　　　D. 跌落
4. 盾构、顶管等非开挖施工时,地层有可能存在(　　)等有害气体,人员作业安全存在较大隐患。
A. 硫化氢　　　　　　B. 氯气　　　　　　C. 一氧化碳　　　　D. 甲烷
5. 注浆压力最佳值应在综合考虑(　　)的基础上确定。
A. 地基条件　　　　　B. 管片强度　　　　C. 浆液特性　　　　D. 水土压力

三、判断题(对的画"√",错的画"×")

(　　)1. 高压旋喷桩加固盾构机进洞区域加固效果不好,在始发时,容易造成洞门、地层与盾构机壳体间形成涌水、涌砂通道,可能造成竖井被淹、地表沉降、坍塌等风险。

(　　)2. 直接铺管工作基坑周边5 m范围内不允许堆土或重型车辆通行。

(　　)3. 人员高处作业时应系好安全带,做到高挂低用,井壁作业时应搭好脚手架,做好四周维护保证牢固。

(　　)4. 在富水的松散地层进行盾构、顶管施工,应对管片、管节密封标准、规格进行适当提升。

(　　)5. 理论上注浆压力(压入口处)应略小于地层土压和水压之和。

第四章　石油石化设备安装作业安全知识

第一节　储罐安装作业安全知识

一、单选题(每题有4个选项,其中只有1个是正确的,将正确的选项号填入括号内)

1. 球形压力容器的优点是(　　)。
A. 形状特点为轴对称　　　　　　　B. 承载能力最高
C. 易制造　　　　　　　　　　　　D. 节约空间
2. 压力容器按在生产工艺过程中的作用原理分为反应压力容器、换热压力容器、分离压力容器、储存压力容器。反应压力容器的代号是(　　)。
A. R　　　　　　　　B. E　　　　　　　　C. S　　　　　　　　D. C
3. 控制压力容器压力、温度波动的主要目的是(　　)。
A. 节约能源　　　　　B. 防止韧性破坏　　C. 防止蠕变　　　　D. 防止疲劳破坏
4. 压力容器开工经吹扫贯通时,必须先(　　)。
A. 进行联合质量检查和设备试运行
B. 按照堵盲板图纸,逐个抽出检修时所加盲板
C. 加固密封

D. 除锈

5. 压力容器的安全附件主要有( )等。
   A. 安全阀、爆破片、压力表
   B. 安全阀、压力表、温度计
   C. 安全阀、爆破片、压力表、温度计、液面计
   D. 安全阀、爆破片、液面计

6. 离心泵发生( )现象危害很大,会使材料疲劳损坏、表面剥蚀,出现大小不一的蜂窝状蚀洞。
   A. 汽蚀   B. 抽空   C. 气缚   D. 离心

7. 在敞口的储罐内安装浮舱顶的储罐为( )。
   A. 浮顶罐   B. 内浮顶罐   C. 拱顶罐   D. 低压罐

8. 常见钢制储罐的安装方法中,高处作业最多的是( )。
   A. 正装   B. 倒装   C. 气顶   D. 水浮

9. 锥顶储罐、拱顶储罐、自支撑伞形储罐等均属于( )。
   A. 无力矩顶储罐 B. 套顶储罐   C. 固定顶储罐   D. 浮顶储罐

10. 高处作业少,安装速度快,但需要吊装能力较大的起重机械等,故仅适用于中、小型球罐安装的球罐拼装方法是( )。
    A. 拼大片组装法   B. 分带分片混合组装法
    C. 拼半球组装法   D. 环带组装法

二、多选题(每题有4个选项,其中有2个或2个以上是正确的,将正确的选项号填入括号内)

1. 反应器安装应根据项目特征(内有复杂装置的反应器、内有填料的反应器、安装高度、质量),以"台"为计量单位,按设计图示数量计算。其工程内容包括:安装和( )。
   A. 水压试验   B. 除锈   C. 补刷面漆   D. 绝热

2. 下列( )属于储罐罐顶附件。
   A. 透光孔   B. 检尺孔   C. 呼吸阀   D. 阻火器

3. 就结构而言,与拱顶储罐比较,内浮顶储罐的优点有( )。
   A. 能防止风沙、灰尘侵入罐内   B. 减少空气污染
   C. 减少罐壁腐蚀   D. 维修复杂

4. 储罐按结构分属于固定顶储罐的有( )。
   A. 浮顶储罐   B. 自支撑伞形储罐 C. 拱顶储罐   D. 锥顶储罐

5. 与拱顶储罐相比,内浮顶储罐的缺点有( )。
   A. 不能承受较高的剩余压力   B. 增加储液蒸发损失
   C. 钢材耗量比较大   D. 施工要求高

三、判断题(对的画"√",错的画"×")

(   ) 1. 在运行的装置、管道、储罐、容器等危险场所进行的作业,为特级动火作业。
(   ) 2. 在燃气输配管道、储罐、容器等部位进行的动火作业属于一级动火作业。
(   ) 3. 储罐按位置可分为地上储罐、地下储罐和半地下储罐等。
(   ) 4. 倒罐作业时,介质是从压力高的储罐向压力低的储罐流动。

(　　)5.压力容器的压力试验是指耐压试验和气密性试验,耐压试验包括液压和气压试验。

第二节　动设备安装作业安全知识

一、**单选题**(每题有4个选项,其中只有1个是正确的,将正确的选项号填入括号内)

1.离心泵的扬程是指(　　)。
　A.实际流体升扬高度　　　　　　B.液体出泵和进泵压差换算成的液柱高度
　C.泵的吸上高度　　　　　　　　D.单位重量的液体通过泵所获得的能量

2.离心泵铭牌上的性能参数一般是用20 ℃的(　　)做介质实验得到的。
　A.水　　　　B.煤油　　　　C.汽油　　　　D.柴油

3.泵缸往复泵出口流量调节不可采用(　　)的方式。
　A.出口返回线调节　　　　　　　B.改变活塞冲程
　C.改变往复泵电机转速　　　　　D.调节出口阀

4.离心泵抽空将造成叶轮的(　　)靠近盖板部位和叶片的入口附近出现"麻点"或蜂窝状破坏,有时后盖板也会有这种破坏现象;严重时,甚至会穿透前后盖板。
　A.出口处　　　B.表面上部　　　C.入口处　　　D.表面下部

5.机械密封中(　　)属于动密封。
　A.动环与静环之间的密封　　　　B.动环与轴之间的密封
　C.静环与盖板之间的密封　　　　D.泵体与泵盖板之间的密封

6.螺杆压缩机的实际工作过程为(　　)。
　A.吸气、排气、压缩　　　　　　B.压缩、吸气、排气
　C.吸气、压缩、排气　　　　　　D.压缩、排气、吸气

7.塔式起重机在装设附着框和附着壁时,要通过调整附着杆保证(　　)。
　A.平衡臂的稳定性　　　　　　　B.起重臂的稳定性
　C.塔身的稳定性　　　　　　　　D.塔身的垂直度

8.塔式起重机标准节连接螺栓应不采用锤击即可顺利穿入,螺栓按规定紧固后主肢端面接触面积不小于接触面积的(　　)。
　A.70%　　　　B.80%　　　　C.90%　　　　D.100%

9.塔式起重机安装拆卸时风速应低于(　　)。
　A.8.3 m/s　　B.13 m/s　　C.12 m/s　　D.20 m/s

10.塔式起重机液压顶升系统应有防止过载和液压冲击的安全装置,安全溢流阀和调定压力不得大于系统额定工作压力的(　　)。
　A.100%　　　B.110%　　　C.115%　　　D.120%

二、**多选题**(每题有4个选项,其中有2个或2个以上是正确的,将正确的选项号填入括号内)

1.在安装塔式起重机平衡重时,平衡重的(　　)应按照使用说明书的要求进行安装。
　A.数量　　　　B.质量　　　　C.顺序　　　　D.固定方法

2.塔式起重机安装检验包括(　　)等。

A. 安装单位自检 B. 检测单位检测 C. 四方验收 D. 施工企业自检

3.塔式起重机起重臂节间一般采用销轴连接,常用(　　)等来防止销轴的轴向移动。

A. 开口销 B. 螺栓固定的轴端挡板

C. 焊接固定的轴端挡板 D. 保险片

4.塔式起重机安装时,高强度螺栓应用(　　)紧固,并达到规定的预紧力矩。

A. 开口扳手 B. 扭力扳手 C. 专用扳手 D. 梅花扳手

5.自升式塔式起重机顶升前应符合(　　)的规定。

A. 塔式起重机下支座与顶升套架应可靠连接

B. 应确保顶升横梁搁置可靠

C. 应将塔式起重机配平

D. 应将标准节与回转下支座可靠连接

三、判断题(对的画"√",错的画"×")

(　　)1.润滑就是通过润滑剂的作用,将摩擦体用润滑剂的润滑层或润滑剂中的某些分子形成的表面膜将摩擦体的表面隔开或部分隔开。

(　　)2.设备润滑常用的润滑剂是润滑油和润滑脂。

(　　)3.止推轴承的作用是承受转子的径向力,并保持转子与定子元件间的轴向间隙。

(　　)4.根据离心泵的压头 H 和流量 Q 算出的功率是泵的轴功率。

(　　)5.给转动设备添加润滑油时,润滑油经过"五定"就可以加入油箱中。

第三节　炉类安装作业安全知识

一、单选题(每题有4个选项,其中只有1个是正确的,将正确的选项号填入括号内)

1.烧烫伤后应用冷水持续淋洗(　　)。

A. 3～4 min B. 5～10 min C. 10～20 min D. 15～30 min

2.一般作业许可证的有效期时间为(　　)。

A. 当天 B. 2 天

C. 随着开始而开始,结束而结束 D. 1 周

3.进入密闭空间作业前与作业中每(　　)应进行可燃气体、有毒有害气体和氧气浓度检测。

A. 20 min B. 30 min C. 35 min D. 40 min

4.安全阀使用(　　)应校验一次。

A. 1 年 B. 一季度 C. 半年 D. 2 年

5.安全阀应(　　)安装在锅炉最高位置。

A. 水平 B. 倾斜 C. 垂直 D. 倒立

6.2 m 以上高处作业必须设置可靠的(　　)。

A. 作业平台 B. 梯子 C. 救援装置 D. 缓冲垫

7.动火作业证的有效期是(　　)。

A. 当天 B. 随着开始而开始,结束而结束

C. 1 周 D. 1 年

8. 叉车在车间和仓库行驶时速度不得超过(　　)。
   A. 8 km/h　　　　B. 15 km/h　　　　C. 10 km/h　　　　D. 5 km/h
9. 批准方协调人应用(　　)锁定锁箱。
   A. 绿锁　　　　　B. 蓝锁　　　　　C. 红锁　　　　　D. 黑锁
10. 深度大于(　　)的沟道、贮池等属于密闭空间作业,进入许可证管理范围。
   A. 2 m　　　　　B. 1.5 m　　　　　C. 1.2 m　　　　　D. 1.0 m

二、多选题(每题有4个选项,其中有2个或2个以上是正确的,将正确的选项号填入括号内)

1. 烧伤的救援处理步骤可分为(　　)。
   A. 冲　　　　　　B. 脱　　　　　　C. 泡　　　　　　D. 盖和送
2. 进入生产区域时最基本的个人防护用品为(　　)。
   A. 安全帽　　　　B. 防护眼镜　　　C. 防护手套　　　D. 防护鞋
3. 影响锅炉安全运行的三大要素是温度、(　　)。
   A. 噪声　　　　　B. 水位　　　　　C. 压力　　　　　D. 水质
4. 三不伤害包括(　　)。
   A. 不伤害自己　　B. 不伤害设备　　C. 不被他人伤害　D. 不伤害他人

三、判断题(对的画"√",错的画"×")

(　) 1. 对任何影响锅炉安全运行的违章指挥、违章作业都应拒绝。
(　) 2. 进入设备内部作业前应完成对设备所有外接能源的有效隔离和锁定。
(　) 3. 进入炉膛前应打开所有人孔、手孔、料孔、风孔和烟孔等进行自然通风。
(　) 4. 柴油是可燃性液体,遇到明火、高温或与氧化剂接触会引起燃烧,但不会有爆炸的危险。
(　) 5. 利用柴油对冷渣加热升温,存在碳爆炸的危险。
(　) 6. 锅炉因缺水紧急停炉后,应采取强制措施向炉内进水。

第四节　起重设备安装作业安全知识

一、单选题(每题有4个选项,其中只有1个是正确的,将正确的选项号填入括号内)

1. 吊运熔融金属的起重机应定期检验,一般应(　　)检验一次。
   A. 2 年　　　　　B. 1 年　　　　　C. 半年　　　　　D. 3 年
2. 常闭式制动器在制动装置静态时处于(　　)状态。
   A. 打开　　　　　B. 制动　　　　　C. 一挡　　　　　D. 二挡
3. 多台合吊限定使用(　　)合吊,并尽量使用起重性能技术参数相近的起重机。
   A. 2 机　　　　　B. 3 机　　　　　C. 4 机　　　　　D. 5 机
4. 起重机械能使用(　　)吊钩。
   A. 锻造　　　　　B. 铸造　　　　　C. 铝制　　　　　D. 木质
5. 起重机操作中,突然停电的处理方法为(　　)。
   (1) 驾驶员首先把所有的控制器手柄放到零位

(2) 拉下保险箱闸刀开关

(3) 若短时间停电,驾驶员在驾驶室耐心等待;若长时间停电,应撬开起升机构制动器,放下荷载

(4) 询问停电情况

A.(3)—(2)—(1)—(4) B.(2)—(3)—(4)—(1)
C.(4)—(1)—(2)—(3) D.(1)—(2)—(4)—(3)

6.《中华人民共和国特种设备安全法》已由第十二届全国人民代表大会常务委员会第三次会议于2013年6月29日通过,自(　　)起实施。

A. 2014年11月1日 B. 2013年9月1日
C. 2014年12月30日 D. 2014年1月1日

7. 在吊重状态下,司机(　　)驾驶室。

A. 不准离开 B. 可以短时间离开
C. 可以长时间离开 D. 可以找熟人代替他在

8. 起重机械投入使用前或自投入使用起30日内应当向设备所在地(　　)。

A. 市级质检监督部门登记 B. 检验机构登记
C. 县级质检监督部门登记 D. 省级质检监督部门登记

9. 起重机械是指额定起重量在(　　)及以上的起重机。

A. 0.5 t B. 1 t C. 2 t D. 3 t

10. 起重机使用过程中,突遇火灾的处置方法为(　　)。

(1) 用干粉或二氧化碳灭火器灭火

(2) 拉下闸刀开关切断电源

(3) 手柄放到零位,或拉下紧急开关

(4) 若焰火很大,难以扑灭,及时逃离,并打电话119报警

A.(3)—(2)—(1)—(4) B.(2)—(3)—(4)—(1)
C.(4)—(1)—(2)—(3) D.(1)—(2)—(4)—(3)

二、多选题(每题有4个选项,其中有2个或2个以上是正确的,将正确的选项号填入括号内)

1. 下列选项中,属于桥式起重机的有(　　)。

A. 电动单梁起重机 B. 通用桥式起重机 C. 架桥机 D. 冶金桥式起重机

2. 起重机械一般由(　　)构成。

A. 金属结构 B. 机械部分 C. 电器控制部分 D. 安全保护装置

3. 下列选项中,属于限制起重机运行方向装置的有(　　)。

A. 行程限制器 B. 起升高度限制器
C. 起重量限制器 D. 风速仪

4. 钢丝绳磨损过快的原因包括(　　)。

A. 超载使用 B. 有脏物,缺润滑
C. 滑轮或卷筒直径过小 D. 绳槽尺寸与绳径不相匹配

5. 交接班时,接班的司机应进行空载运行检查,特别是(　　)等是否安全可靠。

A. 凸轮开关 B. 限位开关 C. 紧急开关 D. 行程开关

三、判断题(对的画"√",错的画"×")

(　　)1. 新更换的钢丝绳应与原安装的钢丝绳同类型、同规格。
(　　)2. 起重机轨道的接地电阻以及起重机上任何一点的接地电阻均不得大于20 Ω。
(　　)3. 起重机起升机构的钢丝绳一般采用顺绕绳。
(　　)4. 在操作起重机时非指挥人员紧急叫停,司机可以不理睬其指令。
(　　)5. 葫芦式起重机在正常作业中可使缓冲器与阻挡器冲撞,以达到停车的目的。

第五章　石油金属结构制作安装作业安全知识

一、单选题(每题有4个选项,其中只有1个是正确的,将正确的选项号填入括号内)

1. 等离子切割作业时,佩戴面罩除了黑色目镜外,最好加上吸收(　　)的防护镜片。
   A. 红外线　　　　B. 紫外线　　　　C. α射线　　　　D. γ射线
2. 移动式、手持式电动工具应加单独的电源开关和(　　)。
   A. 漏电保护器　　B. 外接电源　　　C. 电线　　　　　D. 使用说明书
3. 钻孔作业时(　　)戴手套,并应系好衣扣,扎紧袖口。
   A. 必须　　　　　B. 可以　　　　　C. 可随意　　　　D. 严禁
4. 安装锤柄时,锤头的安装孔内应同时加楔,楔子以金属楔为好,楔子的长度不要大于安装孔深的(　　)。
   A. 2/3　　　　　B. 1/3　　　　　C. 1/2　　　　　D. 全长
5. 砂轮片有效半径磨损至(　　)时必须更换。
   A. 1/2　　　　　B. 2/3　　　　　C. 1/3　　　　　D. 1/4
6. 严禁超负荷使用手拉葫芦,操作中根据(　　)的大小决定拉链的人数。
   A. 起重能力　　　B. 吊装的高度　　C. 个人的体重　　D. 吊物的重量
7. 使用剪板机时钢板应放置平稳,上剪未复位不可送料,手不得伸入压脚下方,应离开剪刀(　　)以上,不准剪切超过规定厚度和压不到的窄钢板。
   A. 200 mm　　　B. 400 mm　　　C. 500 mm　　　D. 800 mm
8. 卷板时应站在卷板机的(　　),钢板滚到尾端要留有足够余量,以免脱落伤人。
   A. 前面　　　　　B. 后面　　　　　C. 两侧　　　　　D. 上面
9. 罐体组对安装使用顶升装置时,应检查顶升装置是否完好,控制顶升限位,仔细观察,(　　)进行升降操作。
   A. 快速　　　　　B. 缓慢　　　　　C. 快慢结合　　　D. 先快后慢
10. 高处作业时(　　)走单梁与踩踏没有固定的平台板。
    A. 禁止　　　　　B. 可小心　　　　C. 可看情况　　　D. 一定要
11. 调整脚手架应由架子工进行,其他人员(　　)随意切割、拆卸跳板和杆件。
    A. 可以　　　　　B. 经领导允许可以　C. 不准　　　　　D. 看情况可

12. 进入施工现场（　　）使用个人劳保用品。
   A. 必须按规定正确　　B. 没必要　　　　C. 看情况　　　　D. 可随意
13. 施工前对所使用的工具应详细检查，破损的（　　）使用。
   A. 需修好后　　　　B. 需小心　　　　C. 严禁　　　　　D. 可以
14. （　　）在开动的滚床出料面和被滚物件上站立或走动。
   A. 不准　　　　　　B. 可以　　　　　C. 可小心　　　　D. 经领导同意后可以
15. 安装压力表应使用扳手，（　　）直接转动表头强力安装。
   A. 可以　　　　　　B. 严禁　　　　　C. 可看情况　　　D. 一定要
16. 水压试验时容器的（　　）要设置放空阀，试压后应先将放空阀打开，然后从最低处将水放净，冬季试水压要采取防冻措施。
   A. 任意位置　　　　B. 最低点　　　　C. 最高点　　　　D. 中间位置
17. 在空气潮湿、易燃易爆或金属容器内作业时，应使用安全行灯，且安全电压不大于（　　）。
   A. 10 V　　　　　　B. 50 V　　　　　C. 36 V　　　　　D. 12 V
18. 在容器内焊接时，应使用（　　）供气。
   A. 经处理的压缩空气　　　　　　　　B. 氧气
   C. 空气　　　　　　　　　　　　　　D. 选项 A、B 或 C
19. 电焊机着火时首先要做的事是（　　）。
   A. 用水冲　　　　　B. 拖走电焊机　　C. 用干砂抛洒　　D. 切断电源
20. 没有（　　）不准直接使用氧气、乙炔瓶内的气体，以免发生危险。
   A. 阀门　　　　　　B. 减压阀　　　　C. 开关　　　　　D. 把手

二、**多选题**（每题有 4 个选项，其中有 2 个或 2 个以上是正确的，将正确的选项号填入括号内）

1. 气带不应有（　　）等现象，如发现损坏处，应将其切掉，用双面接头管连接并扎紧，不应用补贴或包扎等方式连接，与割炬连接处要绑扎紧。
   A. 表面破损　　　　B. 鼓包　　　　　C. 裂缝　　　　　D. 漏气
2. 使用手持式磨光机前，应检查（　　）电气保护装置是否绝缘良好，各部防护罩是否齐全、牢固、可靠。
   A. 电线　　　　　　B. 插头　　　　　C. 插座　　　　　D. 开关
3. 在（　　）使用磁力钻时，应有防止因中途停电而造成电钻坠落的措施。
   A. 正常　　　　　　B. 高处　　　　　C. 平台　　　　　D. 横向
4. 配合起重吊装作业时一定要注意（　　）的转动方向。
   A. 吊钩　　　　　　B. 重物　　　　　C. 把杆　　　　　D. 令旗
5. 对打大锤的规定有（　　），并注意前方不能有人，所有受锤击的工具顶部一律不准淬火，锤与锤不准对击。
   A. 严禁戴手套打大锤　　　　　　　　B. 打锤前应检查锤头是否松动
   C. 打锤时两人不得对站　　　　　　　D. 打锤时两人可对站，但不能太近
6. 高处作业无平台护栏时，必须（　　），并应设立安全网，作业下方应设警示标志，禁止高空抛物。
   A. 设置生命绳　　　B. 挂好安全带　　C. 安装临时栏杆　　D. 设置拦网
7. 与电焊工协作工作时，必须戴防护眼镜，以防（　　）。

A. 飞溅物进入眼内　　B. 灰尘进入眼内　　C. 电弧光刺激伤眼　　D. 虫子进入眼里

8. 进入有限空间作业,除了需要办理进入有限空间作业票,还必须遵守( )等有关规定。
   A. 动火　　　　　　B. 临时用电　　　　C. 高处作业　　　　D. 预防有毒物质产生

9. 扳手采用工具钢、合金钢或可锻铸铁制成,一般分为( )三大类,使用时应根据螺栓、螺母的形状、规格及工作条件选用规格相适应的扳手。
   A. 通用扳手　　　　B. 专用扳手　　　　C. 梅花扳手　　　　D. 特殊扳手

10. 在脚手架上工作时,必须先检查架子是否安全牢固,( ),防止发生事故。
    A. 承载能力是否符合要求　　　　　B. 螺丝是否把紧
    C. 跳板是否把紧　　　　　　　　　D. 脚手架是否挂牌

11. 焊接过程中对人体的有害因素主要指的是( )等。
    A. 弧光辐射　　　　B. 金属飞溅　　　　C. 粉尘和有毒气体　D. 高频电磁场

12. 高空焊接或切割作业时应具备的条件是( )。
    A. 佩戴标准安全带　　　　　　　　B. 把电缆和氧气、乙炔管固定在架上
    C. 把电缆和氧气、乙炔管缠在身上　　D. 施焊处下方的易燃易爆物品被移开

13. 气瓶泄漏导致的起火可通过关闭瓶阀、采用( )等手段予以扑灭。
    A. 砂土　　　　　　B. 湿布　　　　　　C. 灭火器　　　　　D. 水

14. ( )应禁止与钢丝绳、氧气瓶、乙炔瓶接触,更不得用钢丝绳或机电设备代替焊机二次线。
    A. 电源线　　　　　B. 电焊把线　　　　C. 二次线　　　　　D. 湿布

15. 使用磨光机必须佩戴( )。
    A. 护目镜　　　　　B. 劳保手套　　　　C. 劳保鞋　　　　　D. 安全带

16. 无有效操作证人员不得从事( ),且不得乱动专业工具。
    A. 金属切割作业　　B. 焊接作业　　　　C. 铆工作业　　　　D. 管工作业

17. 受限空间作业的主要风险有( )。
    A. 缺氧窒息　　　　B. 有毒气体中毒　　C. 触电　　　　　　D. 物体打击

18. 作业人员单项工程施工前应接受技术交底,并有( )。
    A. 技术措施　　　　B. 风险分析　　　　C. 预防措施　　　　D. 通风措施

19. 在容器内作业,应办理进入有限空间作业票,( )并规定相互联络信号。
    A. 做好通风措施　　B. 办好动火票　　　C. 设立监护人　　　D. 做好技术措施

三、判断题(对的画"√",错的画"×")

(　) 1. 使用刨边机时工件必须卡牢,小车行走轨道上不得有障碍物,清除刨屑要停车并且戴手套。

(　) 2. 试压时临时盲板厚度应满足强度要求,螺栓要上齐,并做出明确标志,试压后应及时拆除。

(　) 3. 进行打磨和除锈时,施工人员要及时佩戴防护口罩和防尘眼镜等防护用具。

(　) 4. 使用剪板机剪切时只要不过载,可将数块板料重叠起来剪切。

(　) 5. 工作时要随时清理边角余料,半成品和成品要放置在指定地点。

(　) 6. 使用电动工具时若有开关控制,则不必装漏电保护器。

(　) 7. 所有受锤击的工具顶部一律不准淬火,但锤与锤可以对击。

(　　)8.构件移动、翻身时撬棍支点要垫稳,滚动或滑动时前方不准站人。

(　　)9.搬抬材料和工件时要统一指挥、步调一致,用机械搬运时要有专人指挥。

(　　)10.高、窄预制件立放时应采取可靠的防靠近措施。

(　　)11.冲剪钢板和刨边时,手应离开剪刀、刨刀200 mm以外。

(　　)12.可小心攀登没有上紧地脚螺栓的框架和立柱。

(　　)13.使用活动扳手拧紧螺丝时用力不可过猛,当力量不够时可使用套管加长力臂。

(　　)14.不得手持连接胶管的焊、割炬爬高、登高。

(　　)15.检查焊接设备故障时必须先切断供电电源。

(　　)16.焊件必须放置平稳、牢固才能施焊;允许在吊车吊起或叉车铲起的工件上施焊。

(　　)17.焊接光辐射不仅会危害作业人员的眼睛,还会危害作业人员的皮肤。

(　　)18.使用碳弧气刨时应戴防护面罩,防止弧光和铁渣飞溅伤眼;作业区域不能有易燃易爆物品。

(　　)19.脚手架在使用期间,有时可以拆除主节点外的纵横向水平杆、扫地杆、连墙杆。

(　　)20.回火火焰进入胶管造成胶管内壁损伤的,不可继续使用。

第六章　电气安装及变电运行作业安全知识

第一节　机电设备安装

一、单选题(每题有4个选项,其中只有1个是正确的,将正确的选项号填入括号内)

1.室外安装的SF_6组合电器组对时应搭设(　　),且选在晴好的天气进行。
　A.防晒防雨棚　　　B.防风保暖棚　　　C.防风防尘棚　　　D.防晒防雨棚

2.组合电器气室抽真空时,真空泵使用的电源要有(　　),避免因其他用电负荷跳闸而造成真空泵意外断电。
　A.单独回路　　　B.专用回路　　　C.备用回路　　　D.跳闸回路

3.经电弧分解的SF_6气体具有(　　),SF_6组合电器检修作业中SF_6气体要由专用装置进行回收。
　A.黏性　　　B.惰性　　　C.易爆性　　　D.毒性

4.变压器做高压耐压试验时,负责升压的人要随时注意周围的情况,一旦发现异常应立即(　　),查明原因并排除后方可继续试验,试验完毕进行充分放电。
　A.降压并断开电源　　　　　　B.降压并停止试验
　C.断开电源停止试验　　　　　D.将高压端短路

5.组合电器气室进行两遍抽真空,第一遍抽真空当真空度达到(　　)后再继续保证抽真空时间以利于气室内水分的排出,在SF_6气体充注前再对气室进行第二遍抽真空有利于水分进一步的排出,每次抽真空时要记录好开始时间和结束时间。
　A.80 Pa　　　B.133 Pa　　　C.233 Pa　　　D.500 Pa

6. 盘柜临时电源按规定办理(　　)，电缆截面应能保证盘柜调试时的用电负荷。
   A. 临时用电许可　　　　　　　　B. 临时用电动火许可
   C. 临时接入许可　　　　　　　　D. 临时用电方案

7. 盘柜调试必须在(　　)工作已完成之后才能进行，柜前的电缆沟应用木板或者电缆沟盖板盖好，保证地面平整。
   A. 土建　　　　B. 安装　　　　C. 稳盘　　　　D. 电缆施放

8. 电缆运输时，应有防止电缆盘在车上滚动的措施，盘上的电缆头应固定好，卸电缆盘严禁(　　)。
   A. 从车上直接滚下　B. 徒手抬下　C. 从车上直接滑下　D. 从车上直接推下

9. 施放电缆时，放线架需安放在平稳的地面上，电缆盘应架设牢固平稳，盘边缘距地面不得小于(　　)，电缆应从盘的上方引出，放线架处设专人看护，施放人员听从统一指挥。
   A. 100 mm　　　B. 120 mm　　　C. 150 mm　　　D. 180 mm

10. 埋地电缆应符合规程要求，埋深大于(　　)，转角、分支和直线超过50 m应设置标识，电缆引出地面2 m以下应穿管保护。
    A. 0.5 m　　　B. 0.6 m　　　C. 0.7 m　　　D. 0.8 m

11. 施工现场临时用电必须采用(　　)系统。
    A. TT　　　B. IT　　　C. TN-C　　　D. TN-S

12. 移动电站启动、行走、作业前均应鸣笛示警，观察并确认无影响行走和作业的人员；行驶或作业中驾驶室内不得堆放杂物，不得搭载人员；保持设备间距不小于(　　)，在坡道上作业时必须用掩木掩牢。
    A. 0.8 m　　　B. 1.0 m　　　C. 1.2 m　　　D. 1.5 m

13. 搭设越线架时绝缘网宽度应满足导线风偏后的保护范围，绝缘网长度宜伸出被保护的电力线外(　　)。
    A. 5 m　　　B. 10 m　　　C. 15 m　　　D. 20 m

14. 新建线路交叉或平行接近带电线路时，工作人员登杆作业时应做好临时工作接地再进行工作，以防(　　)。
    A. 触电　　　B. 感应电击　　　C. 直接电击　　　D. 放电

15. 电机旋转时，禁止施工人员(　　)作业，调整电机安装位置和调节皮带。
    A. 戴手套　　　B. 夜间　　　C. 戴安全帽　　　D. 扎紧袖口

二、多选题(每题有4个选项，其中有2个或2个以上是正确的，将正确的选项号填入括号内)

1. SF_6组合电器是供电系统中的一种重要设备，主要用于35 kV以上电压等级的系统中。在安装过程中主要有起重伤害，碰、砸伤，(　　)等危害因素。
   A. 高处坠落　　B. 触电和电击　　C. 中毒　　D. 环境污染

2. 不能及时回填的电缆沟，必须(　　)，危险场所夜晚应设警示灯，以免摔伤事故发生。
   A. 拉设警示带　　B. 拉设隔离带　　C. 设置硬围挡　　D. 设置阻挡板

3. 作业过程中有可能因高低温天气中暑或冻伤，或因(　　)、洪水、泥石流、雷击造成人员伤害及设备损毁。
   A. 紫外线灼伤　　B. 暴风雨和沙尘暴　　C. 雷电　　D. 暴雪

4. 井场配电作业遇到(　　)时，停止起重作业。

A. 大雪　　　　B. 暴雨　　　　C. 大雾　　　　D. 六级及以上大风

三、判断题(对的画"√",错的画"×")

(　　)1. 装有气体继电器的变压器应有 1.5%～3% 的坡度,高的一侧装在油枕方向。

(　　)2. 电缆沟开挖时,电缆、光缆和管线等两侧 1 m 范围内采用人工挖沟方式。

(　　)3. 临时用电线路架空时,应保证足够的高度,跨越道路时不低于 5 m,装置内不低于 2.5 m。

(　　)4. 进行架空线路沿路或过路作业时,应设置明显的警示标志,并穿着醒目的服装;严禁在路上嬉戏打闹;有专人监护和指挥。

(　　)5. 进行架空作业时,作业人员应携带工具袋,将工具放入随身携带的工具袋内;统一指挥,协调配合;安全带要高挂低用。

(　　)6. 油井电动机更换作业时,抽油机刹车系统完好,抽油机曲柄停在上止点并刹紧刹车,井口坐方卡子,采用抽油机刹车保险装置。

第二节　变电运行

一、单选题(每题有 4 个选项,其中只有 1 个是正确的,将正确的选项号填入括号内)

1. 验电应使用(　　)电压等级的、合格的接触式验电器。
   A. 相应　　　　B. 合适　　　　C. 高一个　　　　D. 感应

2. 因故间断电气工作(　　)以上者,应重新学习安全生产规范,经考试合格后,方能恢复工作。
   A. 3 个月　　　B. 半年　　　　C. 1 年　　　　D. 9 个月

3. 运维人员巡视(　　)设备时,应随手关门。
   A. 室外　　　　B. 变电　　　　C. 室内　　　　D. 配电

4. 高压室的钥匙至少应有 3 把,由(　　)负责保管,按值移交。
   A. 设备运维管理单位　　　　　　B. 检修工作负责人
   C. 运维人员　　　　　　　　　　D. 领导

5. 操作设备应具有明显的标志,包括命名、编号、(　　)、旋转方向、切换位置的指示及设备相色等。
   A. 接地标识　　B. 分合指示　　C. 禁止标志　　D. 警告信息

6. 操作中发现问题时,应立即停止操作,并向(　　)报告。
   A. 调度　　　　B. 值长　　　　C. 发令人　　　　D. 工作负责人

7. 不直接在高压设备上工作,但需将高压设备停电或要做安全措施者应填用(　　)工作票。
   A. 第一种　　　B. 第二种　　　C. 带电作业　　　D. 应急抢修单

8. 作业人员的基本条件之一是:具备必要的(　　)知识,学会紧急救护法,特别要学会触电急救。
   A. 应急处置　　B. 卫生保健　　C. 安全生产　　　D. 电力设备

9. 在一个电气连接部分同时有检修和试验时,可填用一张工作票,但在试验前应得到(　　)的许可。

A. 检修工作负责人　　B. 工作许可人　　C. 试验工作负责人　　D. 工作票签发人

10. 做设备停电的安全措施时,对难以做到与电源完全断开的检修设备,（　　）。
    A. 必须将来电设备停电　　　　　　　B. 应放弃停电,检修工作改为带电作业
    C. 可以拆除设备与电源之间的电气连接　D. 应装设隔板

11. 雷电天气时,不宜进行电气操作,不应（　　）操作。
    A. 进行就地电气　　B. 进行任何　　C. 按程序　　D. 进行电气

12. 操作过程中应按照操作票填写的顺序（　　）操作。
    A. 逐项　　B. 按值班长命令　　C. 按签发人命令　　D. 逆向

13. 当验明设备确已无电压后,应立即将检修设备接地并三相短路。（　　）及电容器接地前应逐相充分放电。
    A. 避雷器　　B. 电缆　　C. 电抗器　　D. 阻波器

14. 检修部分若分为几个在电气上不相连接的部分,则（　　）。
    A. 应在最接近电源的侧段进行三相验电接地短路
    B. 应在远离电源的侧段进行三相验电
    C. 各段应分别验电接地短路
    D. 将某几段验电接地短路

15. 在一经合闸即可送电到工作线路上的断路器（开关）和隔离开关（刀闸）的操作把手上,均应悬挂（　　）标示牌。
    A. "禁止触碰,有人工作"　　　B. "禁止合闸,线路有人工作"
    C. "禁止分闸"　　　　　　　　D. "禁止攀登,高压危险"

16. 在室内,设备充装 SF_6 气体时,周围环境相对湿度应不大于（　　）,同时应开启通风系统,并避免 SF_6 气体泄漏到工作区。
    A. 60%　　B. 70%　　C. 80%　　D. 90%

17. SF_6 断路器（开关）进行操作时,禁止检修人员在其（　　）上进行工作。
    A. 构架　　B. 二次回路　　C. 机构　　D. 外壳

18. 在继电保护装置、安全自动装置及自动化监控系统屏间的通道上搬运试验设备时,不能阻塞通道,要与（　　）保持一定距离。
    A. 检修设备　　B. 运行设备　　C. 带电设备　　D. 二次回路

19. 二次工作安全措施票的工作内容及安全措施内容由（　　）填写,由技术人员或班长审核并签发。
    A. 工作票签发人　　B. 工作负责人　　C. 专职监护人　　D. 有经验的人员

20. 任何运行中的星形接线设备的中性点,应视为（　　）设备。
    A. 大电流接地　　B. 不带电　　C. 带电　　D. 停电

二、**多选题**(每题有4个选项,其中有2个或2个以上是正确的,将正确的选项号填入括号内)

1. 任何人在发现直接危及（　　）安全的紧急情况时,有权停止作业或者在采取可能的紧急措施后撤离作业场所,并立即报告。
   A. 人身　　B. 电网　　C. 设备　　D. 交通

2. 高压设备的巡视要求包括（　　）。
   A. 雷雨天气需要巡视室外高压设备时,应穿绝缘靴,并且不准靠近避雷器和避雷针

B. 高压设备发生接地时,室内人员应距离故障点 4 m 以外,室外人员应距离故障点 8 m 以外

C. 巡视室内设备时应随手关门

D. 巡视时发现缺陷应马上处理

3. 运用中的电气设备是指( )的电气设备。
   A. 全部带有电压　　　　　　　　B. 一部分带有电压
   C. 一经操作即带有电压　　　　　D. 正在安装

4. 下列选项中,( )可以填用变电站第一种工作票。
   A. 高压设备上工作需要全部停电或部分停电者
   B. 二次系统和照明等回路上的工作,需要将高压设备停电者或做安全措施者
   C. 控制盘和低压配电盘、配电箱上的工作
   D. 高压电力电缆需停电的工作

5. 高压验电时,保护验电者自身安全的措施有( )。
   A. 戴绝缘手套,手握在手柄处不得超过护环
   B. 验电器的伸缩式绝缘棒长度应拉足
   C. 人体与验电设备保持安全距离
   D. 雨雪天气时不得进行室外直接验电

6. 下列情况中,需要加挂机械锁的有( )。
   A. 电气设备处于冷备用,网门闭锁失去作用时的有电间隔网门
   B. 未装防误操作闭锁装置或闭锁装置失灵的隔离开关手柄
   C. 设备检修时,回路中各来电侧隔离开关操作手柄
   D. 检修开关的端子箱门把手

7. 在电气设备上工作,保证安全的组织制度有( )。
   A. 现场勘察制度　　　　　　　　B. 工作票制度
   C. 工作许可制度和工作监护制度　D. 工作间断、转移和终结制度

8. 下列选项中,( )是工作许可人的安全责任。
   A. 负责审查工作票所列安全措施是否正确、完备,是否符合现场条件
   B. 向工作班成员告知危险点和安全注意事项
   C. 负责检查检修设备有无突然来电的危险
   D. 检查工作现场布置的安全措施是否完善,必要时予以补充

9. 工作许可人在完成施工现场的安全措施后,还应完成的手续有( )。
   A. 会同工作负责人到现场再次检查所做的安全措施,对具体的设备指明实际的隔离措施,证明检修设备确无电压
   B. 交代工作内容、人员分工、带电部位和现场安全措施
   C. 对工作负责人指明带电设备的位置和注意事项
   D. 和工作负责人在工作票上分别确认、签名

10. 间接验电时根据( )项目进行检查、判断。
    A. 设备的机械指示位置变化
    B. 电气指示变化
    C. 仪表变化

D. 带电显示装置指示的变化以及各种遥测、遥信等信号的变化

三、判断题(对的画"√",错的画"×")

(　　)1. 高压设备发生接地时,室内人员应距离故障点 4 m 以外,室外人员应距离故障点 8 m 以外。

(　　)2. 发生人身触电时,首先汇报调度,然后立即断开有关设备的电源。

(　　)3. 倒闸操作应根据值班调控人员或运维负责人的指令,使用经事先审核合格的操作票。

(　　)4. 线路的停电、送电均应按照调度机构或线路运行维护单位的指令执行,可以约时停电、送电。

(　　)5. 继电保护装置、安全自动装置、自动化监控系统在运行中改变装置原有定值,不影响一次设备运行的,应填用变电站(发电厂)第二种工作票。

(　　)6. 防误操作闭锁装置不得随意退出运行,停用防误操作闭锁装置应经设备运维管理单位批准。

(　　)7. 在变电站的带电区域内或临近带电线路处,可以使用金属梯子。

(　　)8. 各类作业人员应接受相应的安全生产教育,经领导批准后方能上岗。

(　　)9. 新参加电气工作的人员、实习人员和临时参加劳动的人员(管理人员、非全日制用工等),经过岗位技能培训后,方可在现场单独从事简单工作。

(　　)10. 高压设备停电时,作业人员可以独自移开遮栏进行工作,工作完成后应立即恢复。

(　　)11. 在带电作业过程中如设备突然停电,作业人员应视设备仍然带电。

(　　)12. 室内母线分段部分、母线交叉部分及部分停电检修易误碰有电设备的,应设临时绝缘挡板将其隔离。

(　　)13. 操作人员(包括监护人)应了解操作目的和操作顺序。对指令有疑问时应向发令人询问清楚无误后执行。

(　　)14. 在发生人身触电事故时,应立即报告上级领导,并断开有关设备的电源。

(　　)15. 单人操作在倒闸操作过程中,如遇闭锁装置故障,在取得当值调控人员同意后,可以进行解锁操作。

(　　)16. 在电气设备上工作,保证安全的组织措施包括:工作票制度、工作许可制度、工作监护制度和工作终结制度。

(　　)17. 运维人员实施不需高压设备停电或做安全措施的变电运维一体化业务项目时,可不使用工作票,但应以书面形式记录相应的操作和工作等内容。

(　　)18. 接地线应使用专用的线夹固定在导体上,禁止用缠绕的方法进行接地或短路。

(　　)19. 降压变电站全部停电时,应将各个可能来电侧的部分接地短路,其余部分不必每段都装设接地线或合上接地刀闸(装置)。

(　　)20. 对于因平行或邻近带电设备导致检修设备可能产生感应电压时,应加装工作接地线或使用个人保安线,加装的接地线应登记在工作票上,个人保安线由作业人员自装自拆。

第七章 特殊作业安全

一、单选题(每题有4个选项,其中只有1个是正确的,将正确的选项号填入括号内)

1. 高压试验作业中更换试验引线或试验结束时,不应采取的措施是( )。
   A. 断开试验电源　　　　　　　　B. 对被试验设备、电缆充分放电
   C. 将升压设备的低压部分短路接地　D. 在被试验电缆上加装临时接地线

2. 高压试验作业中,对( )的设备和试品接地放电时,应先用带电阻的接地棒或临时代用的放电电阻放电,然后再直接接地或短路放电。
   A. 大电容的交流试验设备和试品以及交流试验电压超过 100 kV
   B. 大电容的交流试验设备和试品以及直流试验电压超过 100 kV
   C. 大电容的直流试验设备和试品以及交流试验电压超过 100 kV
   D. 大电容的直流试验设备和试品以及直流试验电压超过 100 kV

3. 电气检修作业场站进线电缆(电缆引至隔离开关、引至进线高压柜),线路与站内同时检修时,检修隔离开关、高压柜、进线电缆时,存在架空线路感应电压或架空线路突然来电的风险,三相短路接地线必须将( ),短路接地线在站内检修结束前不得拆除。
   A. 进线电缆终端靠近架空线路侧
   B. 110 kV(35 kV)变压器高压侧断路器下口靠近站内侧
   C. 隔离开关靠近站内侧
   D. 相应母线位置靠近站内侧

4. 起重作业要严格依照指挥信号进行,( )发出紧急停车信号时应立即停止。
   A. 只有作业指挥人员　　B. 只有安全监督人员
   C. 只有属地主管　　　　D. 任何人

5. 下列选项中不需要与起吊装置相匹配的是( )。
   A. 起吊高度　　B. 吊物的重量　　C. 起吊距离　　D. 吊物的属性

6. 电缆沟支架安装作业中,不符合要求的选项是( )。
   A. 进入受限空间前应确认已进行气体检测
   B. 作业过程中应确认进行连续气体检测
   C. 气体检测 30 min 后可以开始作业
   D. 如作业中断,再次进入受限空间之前应重新进行气体检测

7. 使用周期在( )的临时用电线路,可采用架空或地面走线方式。
   A. 1 个月以内　　B. 1 个月以上　　C. 3 个月以内　　D. 3 个月以上

8. 遇有五级及以上强风、浓雾、大雪及雷雨等恶劣天气,不得进行( )脚手架搭设作业。
   A. 露天　　B. 室内　　C. 移动式　　D. 固定式

9. 高度在 30 m(含 30 m)以上称为( )高处作业。

A. 四级   B. 三级   C. 二级   D. 特级

10. (　　)应熟知作业许可规定的作业内容、作业过程中的风险及控制措施、与监护人员及现场负责人的沟通方式和应急处置措施。

    A. 仅现场作业人员

    B. 现场作业人员(包括作业许可证涉及的所有作业人员)

    C. 仅许可证申请人

    D. 作业监护人

二、多选题(每题有4个选项,其中有2个或2个以上是正确的,将正确的选项号填入括号内)

1. 电力行业的"两票"是指(　　)。

    A. 操作票   B. 工作票

    C. 交接班作业票   D. 设备巡视检查作业票

2. 在二次回路传动试验作业中,用钳形电流表测量高压电缆线路的电流时,钳形电流表与高压裸露部分的距离应符合(　　)。

    A. 电压等级 6 kV,最小允许距离为 700 mm

    B. 电压等级 10 kV,最小允许距离为 500 mm

    C. 电压等级 20 kV,最小允许距离为 700 mm

    D. 电压等级 60 kV,最小允许距离为 1 000 mm

3. 下沟作业时,起重工(指挥信号/司索)岗位安全注意事项包括(　　)。

    A. 根据情况可安排多个指挥人员同时发出指挥信号

    B. 当吊管机数量不足时可以使用推土机进行作业

    C. 作业段的沟内、管段与管沟间不得有人员、设备及杂物

    D. 采取切实有效的措施防止滚管

4. 施工现场应重点对(　　)等产生的危害因素和环境因素进行系统的识别。

    A. 各施工工序或岗位作业活动中

    B. 所使用的机械设备在运行、维护、修理及故障抢修中

    C. 施工临时设施中

    D. 工程材料

5. 下列关于员工驻地用电的表述正确的是(　　)。

    A. 严禁私拉乱接电源

    B. 手机、电脑、充电宝等充电完成后应切断电源或拔掉充电器

    C. 严禁重物压迫电源线,如出现破损应及时更换

    D. 严禁私自改动室内线路

6. 安全帽的正确佩戴包括(　　)等。

    A. 将安全帽戴正,拉紧下颌带,帽箍调到合适位置

    B. 使用前检查各部件是否完好,保持帽壳与头顶有足够的缓冲距离

    C. 下颌带和后帽箍拴系牢固,以防帽子滑落与碰掉

    D. 为了更安全,可以在安全帽内佩戴其他帽子

7. 事故处理的"四不放过"原则包括(　　)等。

A. 事故原因未查清不放过　　　　　　B. 责任人员未处理不放过
C. 整改措施未落实不放过　　　　　　D. 有关人员未受到教育不放过

8. 所有操作岗位员工应参与项目部、机组（作业队、车间、站）组织的施工作业工序的安全风险识别和施工过程中的动态风险识别工作，共同制定完善的（　　）。
A. 一般安全风险工序作业清单　　　　B. 较大安全风险工序作业清单
C. 重大安全风险工序作业清单　　　　D. 专项施工方案

9. 所有参与施工的人员需掌握所从事工作的（　　）。
A. 内容　　　　B. 操作方法　　　　C. 技术要求　　　　D. 安全措施

10. 工作前安全分析应用于（　　）活动。
A. 新的作业　　　　　　　　　　　B. 非常规性（临时）的作业
C. 改变现有的作业　　　　　　　　D. 评估现有的作业

三、判断题（对的画"√"，错的画"×"）

（　）1. 管道试压时严禁使用氧气。

（　）2. 高危作业区域安全生产"区长"对本作业区域内的安全生产总负责。

（　）3. 进入受限空间作业前未制定施工方案或方案未获批准的，严禁作业。

（　）4. 节假日、夜晚原则上不允许在油气生产、炼化、油气管道、储运、销售等的设施进行动火作业、临时用电作业、管线打开作业、受限空间作业、高处作业以及在有油气管线附近进行挖掘等作业。

（　）5. 若属地主管未制止本区域内的违章行为，则不视为违章。

（　）6. 特种设备安全管理人员应当对特种设备使用状况进行经常性检查，发现问题应当立即处理；但情况紧急时，无权决定停止使用特种设备。

（　）7. 办公场所内严禁存放易燃易爆物品。

（　）8. 外雇普工、临时工等作业前要求参加过项目部或机组组织的HSE风险交底和培训，之后方可发放施工作业现场准入证。

（　）9. 对不能确定是否需要办理许可证的其他工作，选择不开许可证。

（　）10. 用电设备以及电气线路的周围需留有足够的安全通道和工作空间，且不应堆放易燃、易爆和腐蚀性物品。

（　）11. 可以使用挖掘机进行吊装作业。

（　）12. 使用大型移动式起重机或吊管机吊装作业，应配齐配重块并完全展开，重物的重心应尽量保持在最大高度。

（　）13. 特种设备操作人员持有特种设备作业人员证即可从事特种设备作业，不必再经过专门的安全技术培训。

（　）14. 各项目部、机组（作业队、车间、站）均要成立工作前安全分析小组，单位不需要成立。

（　）15. 对于违规违章用电的单位和个人，所有员工都有检举和监督的义务。

第八章 生产事件、事故的应急处置

第一节 事件、事故的分类分级

一、单选题(每题有4个选项,其中只有1个是正确的,将正确的选项号填入括号内)

1. 工业生产安全事件、道路交通事件、火灾事件以及其他事件根据损害程度可分为( )。
   A. 5级　　　　　　B. 4级　　　　　　C. 3级　　　　　　D. 2级
2. 事件发生在国内的,应当在事件发生后( )工作日内完成分析工作,并按照生产安全事件分类分级录入HSE信息系统。
   A. 2个　　　　　　B. 3个　　　　　　C. 4个　　　　　　D. 5个
3. 事故是一种迫使进行着的生产、生活活动暂时停止或( )的事件。
   A. 受限运行　　　　B. 永久停止　　　　C. 紧急停止　　　　D. 受限制
4. 事故有其自身特有的属性,掌握和研究这些特性,对于指导人们认识事故、了解事故和( )具有重要意义。
   A. 报道事故　　　　B. 分析事故　　　　C. 研究事故　　　　D. 预防事故
5. 生产安全事件是指在生产经营活动中,由于( )原因可能或已经造成人员伤害或经济损失,但未达到集团公司生产安全事故管理办法所规定事故等级的事件。
   A. 人为　　　　　　B. 车辆　　　　　　C. 火灾　　　　　　D. 其他
6. 事故是一种发生在人类生产、生活活动中的( ),人类的任何生产、生活活动过程中都可能发生事故。
   A. 重大事件　　　　B. 常见事件　　　　C. 特殊事件　　　　D. 一般事件
7. 事故是一种突然发生的、出乎人们意料的意外事件。由于导致事故发生的原因非常复杂,往往包括许多偶然因素,因而事故的发生具有( )性质。
   A. 随机　　　　　　B. 突发　　　　　　C. 偶然　　　　　　D. 复杂
8. 人们采取措施预防事故,只能延长事故发生的时间间隔,降低事故发生的概率,而不能完全( )事故。
   A. 杜绝　　　　　　B. 分析　　　　　　C. 了解　　　　　　D. 解决
9. 制定( ),加强应急救援训练,提高作业人员的应急反应能力和应急救援水平,对于减少人员伤亡和财产损失尤为重要。
   A. 法律　　　　　　B. 规章　　　　　　C. 事故预案　　　　D. 方法
10. 一般事故是指造成3人以下死亡,或者( )以下重伤,或者1 000万元以下直接经济损失的事故。
    A. 10人　　　　　　B. 8人　　　　　　C. 6人　　　　　　D. 4人

二、多选题(每题有4个选项,其中有2个或2个以上是正确的,将正确的选项号填入括号内)

1. 按照生产事件的性质、过程和机理的不同,可将生产事件分为(　　)。
   A. 工业生产安全事件　　　　　　　B. 道路交通事件
   C. 火灾事件　　　　　　　　　　　D. 其他事件
2. 安全事故按其性质可分为(　　)。
   A. 工业生产安全事故　　　　　　　B. 道路交通事故
   C. 医疗事故　　　　　　　　　　　D. 火灾事故
3. 根据事故造成的人员伤亡或者直接经济损失,事故可分为(　　)。
   A. 一般事故　　B. 重大事故　　C. 特别重大事故　　D. 较大事故
4. 生产事件一般分为(　　)。
   A. 急救箱事件　　　　　　　　　　B. 医疗事件
   C. 限工事件　　　　　　　　　　　D. 未遂事件和经济损失事件
5. 大量的事故(　　)表明,事故有其自身特有的属性。
   A. 调查　　　　B. 统计　　　　C. 分析　　　　D. 报道

三、判断题(对的画"√",错的画"×")

(　　)1. 事件是指比较重大,对一定的人群会产生一定影响的事情或极可能导致事故的情况。
(　　)2. 事故是指造成人员伤亡、人员职业病、设备损坏、财产损失或环境破坏的一个或一系列事件。事故是发生在人们的生产、生活活动中的意外事件。
(　　)3. 人类的生产、生活过程中也总是伴随着危险。所以,发生事故的可能性普遍存在。
(　　)4. 危险是客观存在的,不是绝对的。
(　　)5. 事故的发生具有突变性,但在事故发生之前存在一个量变过程,亦即系统内部相关参数的渐变过程,所以事故不具有潜伏性。
(　　)6. 事件发生后,现场有关人员应当视现场实际情况按规定封锁现场,不让人随意出入,防止事件进一步扩大。
(　　)7. 管理上的缺陷是事故的间接原因,是事故的直接原因得以存在的条件。
(　　)8. 企业应当建立事件报告奖励制度,鼓励、发动员工发现和积极报告各类事件信息,对发现、报告各类事件信息的人员,进行奖励。
(　　)9. 工业生产安全事故是指在生产场所内从事生产经营活动中发生的造成单位员工和单位外人员人身伤亡、急性中毒或者直接经济损失的事故,也包括火灾事故和道路交通事故。
(　　)10. 火灾事故是指失去控制并对财物和人身造成损害的燃烧现象。爆炸不算火灾事故。

第二节　事件、事故处置方法与流程

一、单选题(每题有4个选项,其中只有1个是正确的,将正确的选项号填入括号内)

1. 事故发生后应(　　)上报。
   A. 处理完后　　B. 逐级　　　　C. 越级　　　　D. 直接

2. 发生较大及以上事故,或者已经发生一般事故(　　),并可能造成次生事故时,企业主要负责人和相关职能部门负责人应当赶赴事故现场。企业主要领导公出在外时,接到事故报告后,应当立即赶赴事故现场。

　　A. C级　　　　　　B. 4级　　　　　　C. 2级　　　　　　D. A级

3. 在确保抢险救援人员安全的前提下,开辟(　　),及时对受伤人员全力进行救治。

　　A. 绿色通道　　　B. 蓝色通道　　　C. 红色通道　　　D. 黄色通道

4. 当发生事故时,应按照有关程序展开(　　)行动。

　　A. 应急响应　　　B. 专项　　　　　C. 联合　　　　　D. 救灾

5. 发生重大及以上事故,应在事故发生后(　　)之内由发生事故的企业办公室向集团公司办公厅和安全主管部门报告。

　　A. 1 h　　　　　　B. 2 h　　　　　　C. 30 min　　　　D. 3 h

二、**多选题**(每题有4个选项,其中有2个或2个以上是正确的,将正确的选项号填入括号内)

1. 书面报告至少包括以下内容:事故发生单位概况,事故发生的(　　),事故现场情况,事故的简要经过,事故已经造成或者可能造成的伤亡人数和初步估计的直接经济损失,已经采取的措施以及其他应当报告的情况。

　　A. 时间　　　　　B. 地点　　　　　C. 人物　　　　　D. 后果

2. 事故发生后,事发企业应当根据事故应急救援需要划定警戒区域,配合当地政府有关部门及时(　　)事故可能影响的周边居民和群众。

　　A. 运输　　　　　B. 疏散　　　　　C. 遣返　　　　　D. 安置

3. 所属企业应当明确并落实生产现场带班人员、班组长和调度人员在突发紧急状况下的直接(　　)。

　　A. 处置权　　　　B. 知情权　　　　C. 指挥权　　　　D. 建议权

三、**判断题**(对的画"√",错的画"×")

(　　)1. 应急是指需要立即采取某些超出正常工作程序的行动,以避免事故发生或减轻事故后果的状态。

(　　)2. 发生事故后,企业在上报集团公司的同时,应当于1 h内向事故发生地县级以上人民政府安全生产监督管理部门和负有安全生产监督管理职责的有关部门报告。

(　　)3. 以人为本,减少危害。强化红线意识,始终把保障单位利益作为首要任务,最大限度减少突发事件造成的危害。

(　　)4. 因抢救人员、防止事故扩大以及疏通交通等原因,需要移动事故现场物件的,应当做出标志、绘出现场简图并做出书面记录,妥善保存现场重要痕迹、物证。

(　　)5. 事故发生后,事故现场有关人员应当立即向本单位领导汇报。

第三节　应急救援

一、**单选题**(每题有4个选项,其中只有1个是正确的,将正确的选项号填入括号内)

1. 救援人员进入事故区执行救援任务时,应以(　　)为一组,集体行动,互相照应;带好通信联系工具,随时保持通信联系。

A. 10 人　　　　B. 2~3 人　　　　C. 4~5 人　　　　D. 6 人

2. 熟练掌握个人防护装备和通信装备的使用,属于应急训练的(　　)。
   A. 基础培训与训练　　B. 专业训练　　C. 战术训练　　D. 其他训练

3. 集团公司要求必须对(　　)进行应急救援预案培训。
   A. 全体员工　　B. 管理人员　　C. 技术人员　　D. 生产人员

4. 一个完整的应急体系应由组织体制、运作机制、(　　)机制和应急保障系统构成。
   A. 属地为主　　B. 公众动员　　C. 法制基础　　D. 分级响应

5. 指挥部、救援或急救医疗点,均应设置(　　)的标志,方便救援人员和伤员识别。
   A. 单个　　B. 方形　　C. 醒目　　D. 圆形

二、多选题(每题有4个选项,其中有2个或2个以上是正确的,将正确的选项号填入括号内)

1. (　　),把保障公众的生命安全和身体健康、最大限度地预防和减少突发事件造成的人员伤亡作为首要任务,切实加强应急救援人员的安全防护。
   A. 以人为本　　B. 安全第一　　C. 进度第一　　D. 质量至上

2. 事故报警的(　　)是及时实施应急救援的关键。
   A. 真实　　B. 及时　　C. 准确　　D. 到位

3. 以下不属于应急救援处置原则的有(　　)。
   A. 以人为本,减少危害　　B. 先设备后人员
   C. 统一指挥、分级管理　　D. 单位自救为主

三、判断题(对的画"√",错的画"×")

(　)1. 应急救援一般是指通过事故发生前的计划,在事故发生后充分利用一切可能的力量,能够迅速控制事故的发展,保护现场和场外人员安全,将事故对人员、财产和环境造成的损失降到最低。

(　)2. 重大事故发生的突然性、发生后的迅速扩散性以及波及范围广的特点,决定了应急救援行动必须统一指挥,各相关部门密切配合,才能迅速、有序和有效地实施救援工作。

(　)3. 应急救援结束后切勿放松警惕,所有人员必须立即撤离现场远离事发地点,做好人员清点。认真分析事故原因,制定防范措施,落实安全责任制,防止类似事故发生。

(　)4. 发生事故的企业,应该积极组织自救,不必将事故向有关部门报告。

(　)5. 现场自救和互救时,必须保持统一指挥和严密的组织,严禁冒险蛮干和惊慌失措,严禁个人擅自行动。

第九章　安全案例及分析

一、单选题(每题有4个选项,其中只有1个是正确的,将正确的选项号填入括号内)

1. 没有或不认真实施安全防范措施,对现场工作缺乏检查属于危害因素识别中的(　　)。

A. 人的不安全行为 B. 物的不安全状态
C. 管理缺陷 D. 不良劳动环境和条件

2. 受限空间内氧气体积分数应保持在( )。
   A. 10%~20% B. 15%~25% C. 19.5%~23.5% D. 16.5%~23.5%

3. 不能确定暴露的地下设施特性时,作业人员应( ),报告挖掘作业批准人,按其要求落实保护措施后,方可重新作业。
   A. 采取保护措施后继续作业 B. 立即报告安全总监
   C. 立即停止作业 D. 继续作业

4. 高度在 2 m 及以上 5 m 以下的作业称为( )高处作业。
   A. 四级 B. 三级 C. 二级 D. 一级

5. 工作前安全分析是指事先或定期对某项工作任务进行风险评价,并根据评价结果制定和实施相应的控制措施,达到( )的方法。
   A. 消除风险 B. 最低限度消除或控制风险
   C. 最大限度消除或控制风险 D. 避免风险

6. 电击死亡是电流引起心室颤动或窒息造成的,即为( )电流。
   A. 摆脱 B. 致命 C. 感应 D. 不安全

7. 动火区域内车辆、设备必须安装( )。
   A. 防火帽 B. 防火毯 C. 防静电装置 D. 导热装置

8. 严禁设备和管子在管沟边沿( )内摆放。
   A. 1 m B. 0.5 m C. 0.1 m D. 0.6 m

9. 动火前,气体检测时间距动火时间不能超过( )。
   A. 10 min B. 20 min C. 30 min D. 15 min

10. 职工发现事故隐患或者其他不安全因素,应当( )向本单位负责人报告。
    A. 在上班时间 B. 根据情况 C. 拨打电话 D. 立即

11. 气瓶的放置地点不得靠近热源,应与办公、居住区域保持( )以上。
    A. 10 m B. 6 m C. 8 m D. 5 m

12. 在架空线路上不得进行接头连接,如果必须接头,则需进行( ),确保接头不承受拉、张力。
    A. 隔离 B. 绝缘处理 C. 减振 D. 结构支撑

13. 下列选项中,不是从业人员安全方面权利的是( )。
    A. 知情 B. 拒绝冒险作业
    C. 正确使用劳保用品 D. 紧急避险

14. 高度在 15 m 及以上 30 m 以下的作业称为( )高处作业。
    A. 四级 B. 三级 C. 二级 D. 一级

15. 电气设备发生火灾时,要立即切断电源,不能切断时应使用( )灭火。
    A. 泡沫灭火器 B. 水
    C. 干粉灭火器或二氧化碳灭火器 D. 酸碱灭火器

二、多选题(每题有 4 个选项,其中有 2 个或 2 个以上是正确的,将正确的选项号填入括号内)

1. 下列选项中,严禁动火作业的有( )。

A. 未按规定办理和执行作业许可证的

B. 作业现场风险不受控或安全措施未按施工方案和作业许可证要求落实的

C. 作业现场未配备应急人员和应急设施的

D. 未制定施工方案的

2. 下列选项中,属于不良劳动环境和条件的有( )。

  A. 照明光线不良,作业场所狭窄   B. 交通线路配置不安全

  C. 操作工序设计或配置不安全   D. 地面有油或其他液体

3. 需要办理作业许可的专项高危作业包括( )。

  A. 动火作业   B. 沟下作业   C. 临时用电作业   D. 挖掘作业

4. 下列关于脚手架作业的表述正确的有( )。

  A. 严禁脚手架作业人员携带物品上下脚手架,所有物品应使用绳索或其他传送设施传递

  B. 脚手架作业过程中禁止高空抛物或上下同时拆卸

  C. 杆件尚未绑稳时,禁止中途停止作业

  D. 大风过后,脚手架作业单位应组织检查脚手架作业安全设施

5. 下列选项中,属于非常规作业的有( )。

  A. 在生产或施工作业区域内,进行没有安全程序可遵循的工作

  B. 进行偏离安全标准、规则、程序要求的工作

  C. 交叉作业

  D. 中断报警、连锁、安全应急系统

6. 工作前安全分析小组实地考察工作现场,核查的内容包括( )。

  A. 以前此项工作任务中出现的健康、安全、环境问题和事故

  B. 工作中是否涉及新工艺、设备、设施、材料、工器具等

  C. 工作环境、空间、照明、通风、出口和入口等

  D. 工作任务的关键环节

7. 高处作业现场出现( )时应立即停止作业离开现场。

  A. 六级及以上大风

  B. 环境温度达到40 ℃以上高温

  C. 环境温度达到-20 ℃以下低温

  D. 雷电、暴雨、大雾等灾害性气象征兆

8. 施工现场环境因素识别中,重点要考虑施工中产生的( )、辐射、能源消耗、资源消耗、土地资源占用、植被破坏、对周边社区乡镇和野生动植物影响等因素,同时还要考虑因工程项目施工给周边将来的生态环境带来的潜在影响。

  A. 固废排放   B. 废水、废液排放

  C. 粉尘、烟尘   D. 噪声、振动

9. 紧急救护伤者的程序包括拨打急救电话、迅速将伤者移至就近安全的地方、( )等。

  A. 对伤者进行必要的急救措施   B. 快速对伤者进行分类

  C. 先抢救危重者   D. 优先护送危重者

10. 施工现场危害因素识别范围包括( )。

  A. 人的不安全行为   B. 物的不安全状态

  C. 不良劳动环境和条件   D. 管理缺陷

三、判断题（对的画"√"，错的画"×"）

（　　）1. 施工作业前应进行安全交底。

（　　）2. 所有人员不得在坑、沟槽内或设备周围休息，不得在升降设备、挖掘设备下或坑、沟槽上端边沿逗留、走动。

（　　）3. 依据《建筑施工特种作业人员管理规定》，特种作业资格证书有效期为 3 年。

（　　）4. 我国规定工频安全电压的上限值，即在任何情况下，两导体间或任一导体与地之间均不得超过工频电压有效值 50 V。

（　　）5. 安全色是指传递安全信息的颜色。

（　　）6. 未经 HSE 培训合格的从业人员，不得上岗作业。

（　　）7. 我国采用的交流电频率是 30 Hz。

（　　）8. 非本项目或本属地的临时外来人员进入现场调研、检查、参观等时需佩戴参观卡。

（　　）9. 作业人员要尽量减少在沟下停留的时间，完成沟下作业后，要立即离开沟下转移至沟上安全地带。

（　　）10. 未经技术（安全）交底不得施工。

（　　）11. 坡口机操作人员需持有管道局设备操作证或地方培训合格证。

（　　）12. 施工现场可以使用挖掘机铲斗斗齿进行吊装作业。

（　　）13. 处在受管线打开影响区域外（位于路障或警戒线之外但能够看见工作区域）的人员，可不穿戴个人防护装备，所以也不用准备个人防护装备。

（　　）14. 施工现场风险辨识需要重点识别的风险包括施工现场地形、地貌、地质构造、自然条件、生态系统等带来的潜在危害因素和环境因素。

（　　）15. 任何作业人员都有权利和责任停止他们认为不安全的或者风险没有得到有效控制的工作，并向上级汇报。

参考答案

第一章 安全理念与要求

第一节 法律法规和规章制度

一、单选题

1. D   2. C   3. B   4. D   5. A   6. A   7. B   8. D   9. D   10. A

二、多选题

1. ABCD   2. ACD   3. ABD   4. ABCD   5. ABCD

三、判断题

1. √   2. √   3. √   4. ×   5. ×   6. √   7. ×   8. √   9. √   10. ×

4. 正确:地方性法规的法律地位和法律效力低于法律、行政法规,高于地方政府规章。

5. 正确:《中华人民共和国安全生产法》(以下简称《安全生产法》)于 2002 年 6 月 29 日由第九届全国人大常委会第二十八次会议审议通过,2002 年 11 月 1 日起施行;2014 年 8 月 31 日,第十二届全国人大常委会对《安全生产法》进行了修订,自 2014 年 12 月 1 日起施行;2021 年 6 月 10 日,中华人民共和国第十三届全国人民代表大会常务委员会第二十九次会议通过《全国人民代表大会常务委员会关于修改〈中华人民共和国安全生产法〉的决定》,自 2021 年 9 月 1 日起施行。

7. 正确:用人单位违反《中华人民共和国劳动法》规定,情节较轻的,由劳动行政部门给予警告,责令改正,并可以处以罚款;情节严重的,依法追究其刑事责任。

10. 正确:中国石油在职业健康工作方面坚持"预防为主,防治结合"的方针,建立了以企业为主体、员工参与、分级管理、综合治理的长效机制。

第二节 中国石油反违章禁令和 HSE 管理体系及原则

一、单选题

1. D   2. C   3. A   4. D   5. B   6. B   7. A   8. A   9. D   10. B

二、多选题

1. ABC   2. ABCD   3. BCD   4. ABCD   5. CD

三、判断题

1. √ 2. × 3. √ 4. √ 5. √ 6. × 7. √ 8. √ 9. √ 10. ×

2. 正确：在责任落实上，中国石油提出了落实有感领导、强化直线责任、推进属地管理的基本要求，促进了"谁主管，谁负责"原则的有效落实。

6. 正确：有令不行、有章不循，按照个人意愿行事，必将给安全生产埋下隐患，甚至危及员工生命，通过对近年来中国石油通报的生产安全事故分析可以看出，作业人员违反规章制度和操作规程，是导致事故发生的主要原因。

10. 正确：企业应将承包商 HSE 管理纳入内部 HSE 管理体系，实行统一管理，应将承包商事故纳入企业事故统计中，承包商出事故企业有责。

第三节　危害辨识、风险评价与风险管控工具

一、单选题

1. D 2. C 3. D 4. A 5. B 6. A 7. B 8. A 9. A 10. D

二、多选题

1. ABCD 2. ABC 3. ABCD 4. BD 5. BCD

三、判断

1. √ 2. √ 3. √ 4. × 5. √ 6. √ 7. × 8. × 9. √ 10. √

4. 正确：属地管理的重点是领导负责制，与员工有直接关系。

7. 正确：上锁挂签的对象通常是控制各种能量（机械能、电能、热能、化学能、辐射能等）意外释放的各种开关、按钮、阀门、手柄、插头等（如转盘控制手柄、电机开关、管道阀门、液压站电源）。

8. 正确：启动前安全检查就是在设备启动和施工前对所有相关危害进行检查确认，并将所有必改项问题整改完成，确保不留隐患，然后批准启动的过程。

第二章　基础安全知识

第一节　安全色与安全标志

一、单选题

1. C 2. A 3. D 4. B 5. A

二、多选题

1. ABCD   2. ABCD   3. AC

三、判断题

1. ×   2. √   3. √   4. √   5. ×

1. 正确:安全色:传递安全信息含义的颜色,包括红、蓝、黄、绿 4 种颜色。
5. 正确:指令标志的基本形式是圆形边框。

第二节　消防设施和器材

一、单选题

1. C   2. A   3. B   4. A   5. B   6. C   7. D   8. B   9. A   10. D

二、多选题

1. ABD   2. ABC   3. ABCD   4. AD   5. ABC

三、判断题

1. ×   2. √   3. √   4. ×   5. √   6. ×   7. √   8. ×   9. √   10. √

1. 正确:根据工程建设企业生产实际,现场使用较多的气体检测仪主要有单功能的硫化氢气体检测仪、氧气含量检测仪、可燃气体检测仪以及四合一气体检测仪。
4. 正确:燃烧是物质与氧化剂之间的放热反应,通常同时释放出火焰或可见光。
6. 正确:干粉灭火器以液态二氧化碳或氮气作为动力,将灭火器内的干粉灭火剂喷出,利用干粉的化学抑制作用灭火,不能扑救轻金属火灾。
8. 正确:可燃物质(可燃气体、蒸气和粉尘)与空气(或氧气)在一定的浓度范围内均匀混合,形成预混气,遇着火源才会发生爆炸。

第三节　个人劳动防护用品

一、单选题

1. A   2. A   3. D   4. A   5. B   6. C   7. B   8. A   9. D   10. A

二、多选题

1. ABC   2. BCD   3. ABCD   4. ABD

三、判断题

1. √   2. ×   3. √   4. √   5. ×   6. √   7. ×   8. √   9. √   10. ×

2. 正确:使用安全帽时,要仔细检查合格证、使用说明、使用期限,并调整帽衬尺寸,其顶端与帽壳内顶之间必须保持 20~50 mm 的空间。有了这个空间,才能形成一个能量吸收系统,使遭受的冲击力分布在头盖骨的整个面积上,减轻对头部的伤害。

5. 正确:防护面罩是防止有害物质伤害眼面部、颈部的防护用品,分为手持式、头戴式、全面罩、半面罩等多种形式。

7. 正确:劳动防护手套根据使用环境要求分为一般防护手套、各种特殊防护(防水、防寒、防高温、防振)手套、绝缘手套等。

10. 正确:破损或变形的安全帽以及出厂年限达到两年半(即 30 个月)的安全帽应进行报废处理。需要特别注意的是,受到严重冲击的安全帽,虽然其整体外观可能没有明显损坏,但其实际防护性能已大大下降,也应报废处理。

第四节　职业健康危害及预防

一、单选题

1. A　　2. D　　3. B　　4. A　　5. B　　6. C　　7. C　　8. A　　9. C　　10. D

二、多选题

1. BC　　　　2. ABCD　　　　3. ABCD　　　　4. BC

三、判断题

1. √　　2. ×　　3. ×　　4. √　　5. √　　6. ×　　7. √　　8. √　　9. ×　　10. √

2. 正确:紫外线作用于眼部可引起结膜炎,红外线会引起白内障。

3. 正确:高频电磁场能引起自主神经功能紊乱和神经衰弱,表现为全身不适、头昏头痛、疲乏、食欲缺乏、失眠及血压偏低等症状。

6. 正确:短期吸入高浓度有毒有害气体后即可出现流泪、眼痛、流涕、咳嗽、头痛、头晕、乏力、恶心、呕吐等症状。极高浓度时可在数秒内突然昏迷,呼吸和心搏骤停,导致死亡。

9. 正确:从事放射性作业前,必须到职业病防治医院进行体检,合格者才可从事这一工作,以后每年都必须进行一次体检,并由医院和工作单位建立体检档案。

第五节　交通安全

一、单选题

1. B　　2. A　　3. D　　4. B　　5. D　　6. D　　7. C　　8. B　　9. D　　10. C

二、多选题

1. ABC　　　　2. ABCD　　　　3. ABCD　　　　4. ABC

三、判断题

1. √ 2. × 3. √ 4. √ 5. × 6. √ 7. √ 8. × 9. ×

2. 正确：驾驶员是指中国石油及所属企业依法取得机动车驾驶证并持有驾驶相应车辆内部准驾证的人员（包含合同化员工及市场化用工人员）。驾驶员变更准驾车型应重新申领相应类别车型的内部准驾证。

5. 正确：涉及民爆物品运输的车辆应经设区的市级人民政府交通运输管理部门检验合格，并取得危险货物运输证。

8. 正确：路边上下车，注意来往车辆，尽量从路边一侧车门上下车。

9. 正确：疲劳驾驶是指连续驾车超过 4 h，当日每名驾驶员累计驾驶时间超过 8 h。

第六节　危险化学品

一、单选题

1. A 2. A 3. C 4. D 5. B 6. A 7. C 8. A 9. B 10. A

二、多选题

1. ABCD 2. ABC 3. ABCD 4. ACD 5. BCD

三、判断题

1. √ 2. √ 3. √ 4. × 5. √ 6. √ 7. × 8. × 9. × 10. √

4. 正确：使用危险化学品的单位，应编制相应的安全操作规程，设置工艺控制卡片。

7. 正确：危险化学品承运企业应取得危险化学品运输资质，否则不得从事危险化学品运输。化学品储存和处置需向当地公安部门报备。

8. 正确：《中华人民共和国国家化学品安全标签编写规定》(GB 15258—2009)规定了危险化学品安全标签的内容、格式和制作等事项，主要包括名称、分子式、化学成分及组成等共 9 项。

9. 正确：严格执行危险化学品出入库管理制度，设专人管理，定期对库存危险化学品进行检查，严格核对、检验进出库物品的规格、质量、数量，并登记和做好记录。对无产地、无安全标签、无安全技术说明书和检验合格证的物品不得入库。

第七节　现场救护与逃生

一、单选题

1. B 2. C 3. A 4. B 5. D 6. A 7. B 8. D 9. A 10. C

二、多选题

1. BC 2. ABCD 3. ABCD 4. AB 5. ABCD

三、判断题

1. ×   2. √   3. √   4. ×   5. √   6. √   7. ×   8. ×   9. √   10. √

1. 正确：有周到详细的安全措施、安全可靠的防护工具，也不能保证做到绝对的安全。
4. 正确：被电灼伤的伤病者，表面看并不严重，但其实电流通过其身体时，已产生一定程度的体内灼伤。
7. 正确：指压止血法是最简捷的临时止血方法，用手指或手掌压迫出血部位动脉近心端，暂时控制出血，此方法是一种应急措施，止血效果有效但不能持久，故应在使用这种方法后最短时间内改用其他止血法。
8. 正确：如化学物品不慎入眼后仍是粒状未溶解，则先用布揩擦清除，再用大量清水冲洗。

第三章 油气储运工程建设作业安全知识

第一节 土建工程

一、单选题

1. B   2. D   3. D   4. D   5. B   6. D   7. D   8. C

二、多选题

1. AC   2. ABCD   3. ABD   4. ABCD   5. ABCD
6. ABCD   7. ABCD   8. ABCD   9. ABC   10. ABCD

三、判断题

1. √   2. √   3. √   4. √   5. √   6. ×   7. ×   8. ×   9. √   10. √

6. 正确：出现五级及以上大风和雷电、暴雨、大雾等灾害性气象征兆时，模板工要立即停止作业离开现场。
7. 正确：在作业过程中，不可以使用挖掘机将泥浆工送至操作台。
8. 正确：非施工人员在经过允许确保安全的情况下可以进入操作区。

第二节 油气管道安装

一、单选题

1. C   2. B   3. B   4. B   5. A   6. C   7. C   8. C   9. A   10. D
11. A   12. A   13. C   14. B   15. D   16. C   17. A   18A   19. B   20. D

21. B 22. C 23. C 24. D 25. D 26. B 27. A 28. A 29. D 30. D

二、多选题

1. BCD	2. ABCD	3. ABCD	4. ABCD	5. ABCD
6. ABCD	7. ABCD	8. ABCD	9. ABCD	10. ABCD
11. ABC	12. ABCD	13. BC	14. ABC	15. ABC
16. ABCD	17. ABCD	18. ABC	19. ABC	20. ACD

三、判断题

1. √	2. √	3. √	4. ×	5. √	6. √	7. √	8. √	9. √	10. √
11. √	12. √	13. ×	14. √	15. ×	16. √	17. ×	18. ×	19. √	20. √

4. 正确：工作前安全分析小组应针对识别出的每项风险制定控制措施，将风险降低。

13. 正确：起重操作人员必须遵照执行现场指挥人员命令，但发现危险时除外。

15. 正确：外线电工岗位普通放线作业中牵引绳、导地线出现勾挂时，排障人员要站在挂角外侧，不得直接用手去拉，防止碰伤或被带起摔伤。

17. 正确：挖掘机在开挖过程中发现有埋地管道、光电缆及其他特殊埋设物，应立即停止作业要按程序上报。

18. 正确：作业后，操作手不可以将坡口机胀在钢管内。

第三节　海洋管道安装

一、单选题

1. B 2. B 3. C 4. C 5. C 6. A 7. A 8. D 9. A 10. A

二、多选题

1. ABCD　　2. AB　　3. AB　　4. ABC　　5. ABC

三、判断题

1. ×　　2. √　　3. √　　4. √　　5. √

1. 正确：虽然业主提供了海底调查报告，但施工方还需要进行二次调查核实。

第四节　非开挖工程——定向钻穿越

一、单选题

1. C 2. B 3. D 4. C 5. A 6. B 7. A 8. D 9. C 10. A

二、多选题

1. ABC　　2. BD　　3. BD　　4. ABCD　　5. ABCD

6. ABCD

三、判断题

1. √   2. √   3. √   4. ×   5. √

4. 正确：辅助作业时泥浆坑处理不当会造成人员伤害，也会对环境造成污染，比如：引起土壤板结（盐、碱成分），影响植物的生长等。

第五节 非开挖工程——盾构、顶管、直接铺管

一、单选题

1. B   2. C   3. D   4. A   5. B   6. C   7. D   8. B   9. A   10. A

二、多选题

1. ABCD   2. ABCD   3. AD   4. ACD   5. ABCD

三、判断题

1. √   2. ×   3. √   4. √   5. ×

2. 正确：直接铺管工作基坑周边 1.5 m 范围内不宜堆载，3 m 以内限制堆载，坑边严禁重型车辆通行。

5. 正确：理论上注浆压力（压入口处）应略大于地层土压和水压之和。

第四章 石油石化设备安装作业安全知识

第一节 储罐安装作业安全知识

一、单选题

1. B   2. A   3. D   4. B   5. C   6. A   7. A   8. A   9. C   10. C

二、多选题

1. ACD   2. ABCD   3. ABC   4. BCD   5. CD

三、判断题

1. √   2. ×   3. √   4. √   5. √

2. 正确：在燃气输配管道、储罐、容器等部位进行的动火作业属于特级动火作业。

第二节　动设备安装作业安全知识

一、单选题

1. D　　2. A　　3. D　　4. C　　5. A　　6. C　　7. D　　8. A　　9. C　　10. B

二、多选题

1. ABCD　　2. ABCD　　3. AC　　4. BC　　5. ABC

三、判断题

1. √　　2. √　　3. ×　　4. ×　　5. ×

3. 正确：止推轴承的作用是承受转子的轴向力，并保持转子与定子元件间的轴向间隙。
4. 正确：轴功率的简单计算公式为：轴功率＝(流量×扬程×0.272 5)/效率。
5. 正确：转动设备添加润滑油时，润滑油要经过"五定""三过滤""三清洁"方可加入油箱。

第三节　炉类安装作业安全知识

一、单选题

1. D　　2. C　　3. B　　4. A　　5. C　　6. A　　7. A　　8. D　　9. A　　10. C

二、多选题

1. ABCD　　2. ABD　　3. BC　　4. ACD

三、判断题

1. √　　2. √　　3. √　　4. ×　　5. √　　6. ×

4. 正确：柴油是可燃性液体，遇到明火、高温或与氧化剂接触会引起燃烧，如遇高热或容器内压力增大，会有开裂和爆炸的危险。
6. 正确：锅炉因缺水而需紧急停炉时，严禁给锅炉上水，以免造成锅炉爆炸事故。

第四节　起重设备安装作业安全知识

一、单选题

1. B　　2. B　　3. A　　4. A　　5. D　　6. D　　7. A　　8. A　　9. C　　10. A

二、多选题

1. ABD　　2. ABCD　　3. AB　　4. BCD　　5. BCD

三、判断题

1. √   2. ×   3. ×   4. ×   5. ×

2. 正确：起重机轨道的接地电阻以及起重机上任何一点的接地电阻均不得大于 4 Ω。

3. 正确：起重机起升机构的钢丝绳一般采用交互捻绳。

4. 正确：操作起重机时被非指挥人员紧急叫停，司机应立即观察现场情况，及时停止操作，避免发生意外事故。

5. 正确：葫芦式起重机在正常作业中不可把缓冲器与阻挡器当做急停开关，以达到停车的目的。

第五章　石油金属结构制作安装作业安全知识

一、单项题

1. B   2. A   3. D   4. A   5. B   6. A   7. A   8. C   9. B   10. A
11. C   12. A   13. A   14. A   15. B   16. C   17. D   18. A   19. D   20. B

二、多选题

1. BCD   2. ABC   3. BD   4. AB   5. ABC
6. AB   7. AC   8. ABC   9. ABD   10. ABCD
11. ABCD   12. ABD   13. ABCD   14. ABC   15. AB
16. AB   17. ABC   18. BC   19. AC

三、判断题

1. √   2. √   3. √   4. ×   5. √   6. ×   7. ×   8. √   9. √   10. ×
11. √   12. ×   13. ×   14. √   15. √   16. ×   17. √   18. √   19. ×   20. √

4. 正确：使用剪板机剪切时，不得将数块板料重叠起来剪切。

6. 正确：电动工具必须安装漏电保护器。

7. 正确：所有受锤击的工具顶部一律不准淬火，锤与锤不准对击。

10. 正确：高、窄预制件立放应采取可靠的防倾倒措施。

12. 正确：不准攀登没有上紧地脚螺栓的框架和立柱。

13. 正确：拧紧螺丝时用力不可过猛，不准在活动扳手上加套管，也不准使用自制的拧紧工具。

16. 正确：焊件必须放置平稳、牢固才能施焊；不允许在吊车吊起或叉车铲起的工件上施焊，否则可能发生物体失稳造成人员伤亡事故。

19. 正确:脚手架在使用期间,严禁拆除主节点外的纵横向水平杆、扫地杆、连墙杆。

第六章　电气安装及变电运行作业安全知识

第一节　机电设备安装

一、单选题

1. C　　2. B　　3. D　　4. C　　5. B　　6. A　　7. B　　8. D　　9. A　　10. C
11. D　　12. C　　13. D　　14. B　　15. A

二、多选题

1. ABCD　　2. AC　　3. ABCD　　4. ABCD

三、判断题

1. ×　　2. ×　　3. √　　4. √　　5. √　　6. ×

1. 正确:装有气体继电器的变压器应有1‰～1.5‰的坡度,高的一侧装在油枕方向。
2. 正确:电缆沟开挖时,电缆、光缆和管线等两侧3 m范围内采用人工挖沟方式。
6. 正确:油井电动机更换作业时,抽油机刹车系统完好,抽油机曲柄停在下止点并刹紧刹车,井口坐方卡子,采用抽油机刹车保险装置。

第二节　变电运行

一、单选题

1. A　　2. A　　3. C　　4. C　　5. B　　6. C　　7. A　　8. C　　9. A　　10. C
11. A　　12. A　　13. B　　14. C　　15. B　　16. C　　17. D　　18. B　　19. B　　20. C

二、多选题

1. ABCD　　2. ABC　　3. ABC　　4. ABD　　5. ABCD
6. ABC　　7. ABCD　　8. ACD　　9. ACD　　10. ABCD

三、判断题

1. √　　2. ×　　3. √　　4. ×　　5. √　　6. √　　7. ×　　8. ×　　9. √　　10. ×
11. √　　12. ×　　13. √　　14. ×　　15. ×　　16. ×　　17. √　　18. √　　19. √　　20. √

2. 正确:发生人身触电时,应立即断开有关设备的电源,再汇报调度。

4. 正确:线路的停电、送电均应按照调度机构或线路运行维护单位的指令执行,不应约时停电、送电。

7. 正确:在变电站的带电区域内或临近带电线路处,不应使用金属梯子。

8. 正确:各类作业人员应接受相应的安全生产教育和岗位技能培训,经考试合格上岗。

9. 正确:新参加电气工作的人员、实习人员和临时参加劳动的人员(管理人员、非全日制用工等),经过安全知识教育后,方可到现场参加指定的工作,并且不得单独工作。

10. 正确:无论高压设备是否带电,作业人员不得单独移开或越过遮栏进行工作。

12. 正确:室内母线分段部分、母线交叉部分及部分停电检修易误碰有电设备的,应设有明显标志的永久性隔离挡板。

14. 正确:在发生人身触电事故时,可以不经许可,立即切断电源,事后报告调度控制中心和上级部门。

15. 正确:单人操作在倒闸操作过程中,如遇闭锁装置故障,应经运维管理部门防误操作装置专责人或运维管理部门指定并经书面公布的人员到现场核实无误并签字后,由运维人员告知当值调控人员,方能使用解锁工具(钥匙)。

16. 正确:在电气设备上工作,保证安全的组织措施包括:现场勘察制度,工作票制度,工作许可制度,工作监护制度,工作间断、转移和终结制度。

第七章　特殊作业安全

一、单选题

1. C　　2. D　　3. A　　4. D　　5. D　　6. C　　7. A　　8. A　　9. D　　10. B

二、多选题

1. AB　　　　2. BCD　　　3. CD　　　　4. ABCD　　　5. ABCD
6. ABC　　　7. ABCD　　8. ABCD　　9. ABCD　　　10. ABCD

三、判断题

1. √　　2. √　　3. √　　4. √　　5. ×　　6. ×　　7. √　　8. √　　9. ×　　10. √
11. √　　12. ×　　13. ×　　14. ×　　15. √

5. 正确:若属地主管未制止本区域内的违章行为,则视为违章。

6. 正确:特种设备安全管理人员应当对特种设备使用状况进行经常性检查,发现问题应当立即处理;情况紧急时,有权决定停止使用特种设备。

9. 正确:对不能确定是否需要办理许可证的其他工作,应按照作业许可流程办理。

12. 正确:使用大型移动式起重机或吊管机吊装作业,应配齐配重块并完全展开,重物的重心应尽量保持在最小高度。

13. 正确:特种设备操作人员持有特种设备作业人员证即可从事特种设备作业,同时需要经过专门的安全技术培训。
14. 正确:各单位、项目部、机组(作业队、车间、站)均要成立工作前安全分析小组。

第八章 生产事件、事故的应急处置

第一节 事件、事故的分类分级

一、单选题

1. A 2. D 3. B 4. D 5. A 6. C 7. A 8. A 9. C 10. A

二、多选题

1. ABCD 2. ABD 3. ABCD 4. ABCD 5. ABC

三、判断题

1. √ 2. √ 3. √ 4. × 5. × 6. × 7. √ 8. √ 9. × 10. ×

4. 正确:危险是客观存在的,而且是绝对的。

5. 正确:事故的发生具有突变性,但在事故发生之前存在一个量变过程,亦即系统内部相关参数的渐变过程,所以事故具有潜伏性。

6. 正确:事件发生后,现场有关人员应当视现场实际情况按规定启动应急处理程序,防止事件进一步扩大。

9. 正确:工业生产安全事故是指在生产场所内从事生产经营活动中发生的造成单位员工和单位外人员人身伤亡、急性中毒或者直接经济损失的事故,不包括火灾事故和道路交通事故。

10. 正确:火灾事故是指失去控制并对财物和人身造成损害的燃烧现象。以下情况也列入火灾统计范围:民用爆炸物品爆炸引起的火灾;易燃可燃液体、可燃气体、蒸气、粉尘以及其他化学易燃易爆物品爆炸和爆炸引起的火灾等。

第二节 事件、事故处置方法与流程

一、单选题

1. B 2. D 3. A 4. A 5. C

二、多选题

1. AB 2. BD 3. AC

三、判断题

1. √   2. √   3. ×   4. √   5. ×

3. 正确：以人为本,减少危害。强化红线意识,始终把保障员工生命安全作为首要任务,最大限度减少突发事件造成的危害。

5. 正确：事故发生后,事故现场有关人员应当立即向基层单位负责人报告,基层单位负责人应当立即向上一级安全主管部门报告,安全主管部门逐级上报直至企业安全主管部门,由安全主管部门向本单位领导报告。

第三节　应急救援

一、单选题

1. B   2. A   3. A   4. D   5. C

二、多选题

1. AB   2. BC   3. BD

三、判断题

1. √   2. √   3. √   4. ×   5. √

4. 正确：发生事故后,企业在上报集团公司的同时,应当于1 h内向事故发生地县级以上人民政府安全生产监督管理部门和负有安全生产监督管理职责的有关部门报告。

第九章　安全案例及分析

一、单选题

1. C   2. C   3. C   4. D   5. C   6. B   7. A   8. A   9. C   10. D
11. A   12. D   13. C   14. B   15. C

二、多选题

1. ABCD   2. ABCD   3. ABCD   4. ABCD   5. ABCD
6. ABCD   7. ABCD   8. ABCD   9. ABCD   10. ABCD

三、判断题

1. √   2. √   3. ×   4. √   5. √   6. √   7. ×   8. √   9. √   10. √

11. √　12. ×　13. ×　14. √　15. √

3. 正确:依据《建筑施工特种作业人员管理规定》,特种作业资格证书有效期为 6 年。

7. 正确:我国采用的交流电频率是 50 Hz。

12. 正确:施工现场不可以使用挖掘机铲斗斗齿进行吊装作业。

13. 正确:处在受管线打开影响区域外(位于路障或警戒线之外但能够看见工作区域)的人员,也需要穿戴个人防护装备。

参 考 文 献

[1] 卢世红,周文,丛金玲.中国石化油田企业 HSE 培训教材:法律法规[M].青岛:中国石油大学出版社,2016.

[2] 中国石油天然气集团公司安全环保与节能部.HSE 管理体系基础知识[M].北京:石油工业出版社,2014.

[3] 中国石油天然气集团公司安全环保与节能部.HSE 风险管理理论与实践[M].北京:石油工业出版社,2013.

[4] 中国石油天然气集团公司安全环保与节能部.反违章禁令学习手册[M].北京:石油工业出版社,2008.

[5] 中国石油天然气集团公司安全环保与节能部.HSE 管理原则学习手册[M].北京:石油工业出版社,2009.

[6] 《企业安全生产基本知识》编委会.企业安全生产基本知识[M].北京:石油工业出版社,2007.

[7] 中国石油长城钻探工程有限公司.石油天然气工程境外作业人员 HSE 培训教程[M].北京:石油工业出版社,2009.

[8] 卢世红,王智晓,周振杰,等.中国石化油田企业 HSE 培训教材:油田交通[M].青岛:中国石油大学出版社,2015.

[9] 卢世红,王其敬,袁吉鲁,等.中国石化油田企业 HSE 培训教材:录井[M].青岛:中国石油大学出版社,2016.

[10] 刘景凯.企业突发事件应急管理[M].北京:石油工业出版社,2010.

[11] 杨楠,申琪玉.大口径长距离水平定向钻穿越项目施工安全风险评价研究[J].项目管理技术,2021,19(7):64-70.

[12] 王喜曼,曾天明.水平定向钻穿越施工及风险管控路径研究[J].工程建设与设计,2021(11):146-148.

[13] 朱利杰,何志文.浅谈定向钻穿越技术及风险管理——以甬台温天然气和成品油管道工程为例[J].化工管理,2015(3):56.

[14] 李智慧.长输管道水平定向钻穿越工程项目施工风险管理研究[D].青岛:中国石油大学(华东),2013.

[15] 刘盛兵,向启贵,刘坤.水平定向钻穿越施工及其风险控制措施探讨[J].石油与天然气化工,2008(4):266-356.

[16] 蒲世东.定向钻穿越施工危害评价与风险削减[J].油气田地面工程,2006(05):52.
[17] 何贵霞.钢结构框架地面组对和高处安装的安全管理.炼油技术与工程,2010,40(11):56-59.
[18] 彬彬,王海蓉.石油化工工程建设项目危险源辨识及控制管理.施工技术,2009,38:330-333.